基礎から学ぶ
統計学

著／中原　治

羊土社
YODOSHA

序

　本書は、統計学の入門書です。本書が仮定する予備知識は、主に高校1〜2年で学ぶ数学の基礎です。

　著者は、北海道大学農学部で20年間、学部2〜3年生を対象に、統計学の入門レベルの講義を担当してきました。この教育現場での試行錯誤から、著者の講義は、3つの特色を持つようになりました。

　特色の1つめは「図を多用する」です。統計学の学習では、計算の意味を見失うことが多いです。図は、学習する上で、大きな助けとなります。そして時には、図は、学習を楽しいものにしてくれます。この講義は「可能な限り図に語らせる」という方針を土台にしています。

　特色の2つめは「実践的な手法を中心に学ぶ」です。通常、統計学の入門課程では、その理論的な基礎を中心に教えます。このスタイルは、非の打ち所がない王道です。しかし実際には「数学が難しい」と「何の役に立つのか？実感できない」という理由から、学習者が挫折しやすい欠点があります。この講義では「統計学は道具として役に立つ」と実感できる基本的手法を中心に、その計算の原理を学びます。このスタイルの学習を通して、統計学の基礎に対する、理解とセンスを身につけます。

　特色の3つめは「数学のハードルを下げる」です。この講義では、高校1〜2年で学ぶ数学で理解できる学習内容は、数学として理解することを目指します。一方、それ以上のレベルの内容は「知識として身につける」という方針に切り替え、定性的な理解だけを目指します。

　現在、著者の講義は、北大農学部の名物講義の1つとなっています。授業アンケートでは「一学期で一番楽しかった」「数学は苦手だけど理解できた」「学生の立場に立って、難しい統計学を一番分かりやすい説明で教えてくれた」「これまで受けた講義の中でダントツの満足度だった」といった評価を、受けています（「履修者の声」参照）。

　こうした手応えを得て、この3つの特色を土台にした、入門書の執筆に取り組んできました。目指したのは「世界で1番わかりやすい1冊」かつ「独習が可能な1冊」となることです。原稿を少しずつ作っては、教科書代わりの配布資料として、印刷したプリントを配ってきました。学生たちの意見や感想、不満、質問やリクエストを土台に、原稿の改善を続けてきました。地道で長い作業でした。結局、10年かかって、ようやく、完成しました。それが本書です。

　本書が、1人でも多くの、「統計学の基礎を身につけたい」と考える方々の学習の手助けになることを、祈っています。

2022年8月

中原　治

履修者の声

新型コロナウィルス (COVID-19) の感染拡大のため、遠隔授業を行わざるをえない年がありました。この年は、履修者には、配布資料（本書の原稿）を使って独習してもらいました。授業アンケートで、自由コメント欄に寄せられた履修者の声を紹介します。

資料配布のみの授業だったが、毎回とても分かりやすく、やっていて楽しかった。資料だけでこのレベルの授業なら、対面で授業を受けたかった。

授業資料が生徒の立場からよく考えられて作られていたので、とてもよかったです。

統計学は理解が難しいものであると思っていましたが、導出が複雑な式を順序立てて丁寧に、初見では分かりにくい箇所は繰り返し説明してくださったので、途中で迷子になることなく学習を進めることができました。また、理論のイメージを掴みやすいように、図が多用されていたことも大変助かりました。

自分は数学に対して苦手意識があり、統計を取った友達にも「統計難しくて分かんない…」という話をよく聞いていたので、ハッキリいうとめちゃくちゃ構えて、シブシブ履修登録をしました。でも、毎回のプリントは分かりやすく、やる気が削がれることはなかったです。本当に、履修して良かったと思いました。

資料の質がとても高いと思いました。私は１年生の時にも統計学をとっており、その時はぼんやりとしか理解できなかったのですが、そこで分からなかった内容が、今回の授業ではおどろくほどスラスラ理解できました。

教員の熱意が伝わってきた。生徒の理解を重視していた。理解すべきところと、レベルが高いため知識として覚えるべきところが区別されていたのがとても良かった。

統計学は、全学教育のときも履修しましたが、あまり理解できず退屈でしたが、この授業の教材はとても分かりやすくて説明が頭に入ってきました。

初学者にやさしい教材だったので、理解しやすかった。例題や宿題は、実際にある（ありそうな）ものを取り上げていて、「こういう研究に統計学が用いられるのか」と知ることができた。単なる方法としてではなく、実際に使うことまでも教えてもらったのがとても良かったと思う。

とにかくわかりやすい。統計学の講義は数学者によってなされることが多く、数式がメインで図が乏しいことが多いが、本授業は図が豊富で直感的に理解できる。私は経済学部だが農学部以外の学生にもおすすめできる。

謝辞

この20年の間に、著者の講義を履修してくれた、北海道大学農学部の在校生および卒業生の全員に感謝します。彼・彼女らから、多くのことを学びました。その存在なしに、この講義の改善はあり得ませんでした。それだけでなく、本書の前身となる配布資料に対し、たくさんの質問・意見・不満・リクエスト・提案・感想をもらいました。配布資料（本書の原稿）にもらったコメントは、数千件にもなります。これなしには、本書は生まれませんでした。感謝しています。本当に、ありがとうございました。

羊土社編集部の冨塚達也氏に感謝します。本書は、分かりやすさだけを最優先して作りました。冨塚さんには、カラーでページ数も多くなった原稿にそれを上回る良さがあることを認めていただき、出版に至るまでの手助けをして頂きました。

この他に、感謝したい方が14名います。

第一に、20年以上前、著者の学位論文の指導をしてくださった九州大学の和田信一郎名誉教授に感謝します。古典熱力学を得意とする彼から、論理の凄みと重みを間近で学びました。

著者は、学生時代から15年近く、時間のとれる週末は障害児支援のボランティアに関わりました。とりわけ、NPO法人「渋谷なかよしぐるーぷ」のボランティアたちから多くのことを学びました。特に、浦野耕司、近藤真史、諸根あや、柳田未幸、溝部容子、井上節子、白石みゆきの7名に感謝します。彼・彼女らが、障害をもった子供たちと心を通わせていく過程や姿に何度も感動しました。著者は、講義を準備するときも、本書を執筆する際も、常に「彼・彼女らから学んだことを、どうやったら反映できるだろうか？」と考えることから始めます。向き合った相手に気持ちや意思を伝える技術の基礎の全てを、彼・彼女らから学びました。本書に、類書にはない良さが1つでもあれば、それは全て、彼・彼女らから学んだものに由来します。

書籍化の発想は、国立研究開発法人農業環境技術研究所の研究者の方々との交流がきっかけでした。平舘俊太郎氏(現 九州大学)、山口紀子氏、和穎朗太氏、浅野眞希氏(現 筑波大学)の4名に感謝します。彼・彼女らとの交流なしには、とりわけ浅野さんなしには、「統計学の入門書を書こう」という発想は、生まれませんでした。

本書の執筆はストレスのかかる作業でした。執筆を思い立ってから完成まで、10年かかりました。その間、何でも話せる2人の親友の存在に助けられました。泣き言を漏らすのも、雑談で気晴らしするのも、相手はいつも九州大学農学部の宮島祐子か、岡山協立病院の森久仁子でした。ありがとうございました。

父の故・尚道と、母の澄子と、故・西井戸正子に、本書を捧げます。

❖ 目次概略 ❖

序章 はじめに

第Ⅰ部 統計的仮説検定の論理

1章 検定の論理 (二項検定を教材として)

2章 検定統計量 (Wilcoxon-Mann-Whitney 検定を教材として)

3章 第1種の過誤と第2種の過誤

第Ⅱ部 統計学の理論的基礎

4章 平均・分散・標準偏差・自由度

5章 正規分布と統計理論の初歩

6章 t 分布と母平均 μ の95%信頼区間

第Ⅲ部 母平均 μ に対する統計解析

7章 関連2群の t 検定 (対応のある t 検定)

8章 独立2群の t 検定 (対応のない t 検定)

9章 P 値

10章 一元配置分散分析

11章 多重比較 (Bonferroni 補正と Tukey-Kramer 法)

第Ⅳ部 2つの変数 x と y の間の関係

12章 相関分析

13章 単回帰分析

本書の使い方

統計学を学ぶ心がけ

統計学の専門家を目指すのではない限り、統計学の学習に必要な心構えは、良い意味での「妥協」です。統計学は、高度な理論を背景にもつ応用数学の一分野です。「天才」という形容詞がふさわしい数学者たちが、この体系を築いてきました。

数学の高度な専門教育を受けない限り、統計学を「数学として理解」することは不可能です。一方、私たち、統計学のユーザーの大半は、興味の対象は数学ではありません。興味の中心は、それぞれの専門分野の研究や業務の中にあります。私たちにとって、統計学は、必要な道具のうちの1つでしかありません。

本書に限らず、統計学を学ぶ際に大切なのは「理解できることは理解する。理解できないことは知識として身につける」という、メリハリの効いた姿勢を維持し続けることです。

統計学の学習を始めてみると、理解できない学習項目に出会う機会が、驚くほど増えます。こんなときは、誰でも悲しくなるものです。どうしても「自分には能力が足りないかもしれない」という、ネガティブな感情が、自然に湧いてきます。統計学を学ぶときは、常に「数学は自分の専門ではないので、理解できないことがあっても、そんなのは当たり前。何ひとつ、恥ずかしいことはない」と、自分を励ましてあげてください。

予備知識

本書の予備知識は、主に、高校1〜2年で学ぶ、確率、場合の数、数列の基礎です。数列は「Σが総和の記号」であることを理解している程度で十分です。微積分はほとんど使いません。微積分が苦手な方でも、本書は理解できます。

本書の学び方

本書は、独習が可能な入門書です。第1章から順番に、読み進めてください。本書は、学習項目の順序が、従来の教科書とは異なっています。これは、北大農学部の学生たちを相手に、何年も試行錯誤した結果です。統計学の基礎を身につけるには、これが、最も手堅いです。

1章ごとに、本文を読み、理解を目指してください。次に、練習問題に取り組んでください。解答は巻末の付録にあります。解答は、丁寧に作っています。しっかりと、答え合わせを行ってください。

もし、理解できない学習項目が現れたときは、数日程度の時間を置いてから、再挑戦してみてください。それでもダメなら、理解できなかった内容を、「これはどういうことだろうか？」という疑問とともに、覚えておけば十分です。次の章へ進んでください。理解できなかった学習項目は「知識として身につける」ことが大切です。疑問をしっかり記憶に残しておけば、多くの場合、時間が解決します。

地道に、1章ごとに、こうした作業を繰り返すことです。第9章を終える頃には、盤石な、統計学の基礎的な知識とセンスが、身についているはずです。

のんびり取り組む

本書は大部です。北大農学部の著者の授業では、本書の内容を3ヶ月（授業12回分）かけて学びます。

本書を使って独習する場合は、同じように3ヶ月程度を使って、のんびりと学ぶことをお薦めします。本書の多くの章は、15〜30ページ程度の分量があります。1つの章に1週間かける目安で学んでください。これなら、3ヶ月程度で学習が終了します。

なお、**第9章「P値」**だけは、内容が簡潔なので、数日の学習で十分だと思います。一方、**第10章「一元配置分散分析」**と**第11章「多重比較」**は、分量が多いため、2週間かけても構いません（著者の授業では、この2つの章の学習に、授業3回分を使っています）。

本書の難所

本書の学習で、理解に苦労する可能性が高い学習項目が、4つあります。

まず**第3章「第1種の過誤と第2種の過誤」**です。ここでは、検定の論理を学びます。この内容は、初学者にはチンプンカンプンかもしれません。この学習項目を初めて学ぶときは「なんで、こんな、重箱の隅を突くような、細かい議論に付き合わないといけないんだっ！」と、ストレスや、軽い苦痛を感じるかもしれません。もしそう感じたら、読まずに飛ばしてください。著者の授業では、20人に1人が理解できずに終わります。そして、4人に1人は「内容がややこしくて、理解するのに少し手間どった」とコメントしています。この章の学習を放棄する場合は、統計を**学ぶ段階**から、統計を**使う段階**に変わる時点で、必ず、改めて、挑戦してください。内容自体は極めて重要です。第3章を理解すれば、統計手法を利用したときに、その解析結果を、正しく解釈できるようになります。

次に、**第5章「正規分布と統計理論の初歩」**です。本書の基礎編である第I部と第II部の中では、難易度が最も高いです。著者の授業でも「ここで一気にレベルが上がった」とコメントする学生が多いです。7人に1人が「難しい」と感じ、理解するのに苦労しています。第5章では、天下り式に定理や公式が与えられます。その度に、練習問題があります。数学が苦手な場合、第5章の学習は苦痛かもしれません。しかし、第5章は、統計学を学ぶ以上、避けて通れぬ内容です。統計学の理論の、必要最低限の初歩だけを紹介しています。そこで、第5章だけは、「難しい」と感じても避けることなく、真正面から向き合ってください。1週間では無理なら、2週間かけても、3週間かけても、1ヶ月かけても、それ以上でも、構いません。第5章を修得しない限り、それ以降の章は、理解できません。統計学の理解もあり得ません。

本書の最難関は、**第10章「一元配置分散分析」**です。著者の授業では、3人に1人が「難しい」と感じます。5人に1人は、十分な理解までたどり着けません。15人に1人は、まったく理解できないままで終わります。理解できなかった場合は「仕方ない」と、潔く、しっかり割り切ることです。その上で、半年後とか数年後に、再度、挑戦してみてください。ひとたび「なるほど」と実感できれば、計算の原理はとてもシンプルです。理解してしまえば「実は、分散分析は、この本の中で一番簡単で、最も安直な学習項目だった」と実感できます。

第10章が理解できない場合、**第11章「多重比較」**も苦戦します。多重比較では、一元配置分散分析の計算の一部を利用します。

以上をまとめます。本書を初めて読むときは、**第3章と第10章、第11章**は要注意です。少し読んで「これは難しい。理解できそうにない」と感じたら、その学習を避けても構いません。その上で、今後の学習目標として、しっかり時間をおいた上で、再挑戦してください。

練習問題を解く

本書では、大半の章で1～5題の練習問題があります。復習が目的の、簡単な問題です。必ず取り組んでください。これを怠ると、学習効果が極端に落ちます。

本書を使った著者の講義では、関数電卓で計算してもらっています。関数電卓の統計計算の機能は限られています。しかし、これが大切です。限られた機能で取り組むことで、計算の原理を理解しやすくなります。

本書で独習する場合は、Excelでも構わないと思います。ただし、この場合は、関数電卓と同程度の機能だけを使用してください。Excelは機能が多過ぎるため、それに頼ると、学習効率が極端に落ちます。

Excelの場合、四則計算 (＋と－と＊と/) とべき乗の計算 (5^2なら5^2) 以外に、以下の関数だけを使うことを薦めます。

関数 COMBIN　　二項係数 (組み合わせ $_nC_r$)
関数 AVERAGE　標本平均
関数 STDEV.S　標本標準偏差
関数 VAR.S　　　標本分散
関数 DEVSQ　　偏差平方和
関数 SQRT　　　平方根
関数 CORREL　相関係数
関数 INTERCEPT　　　回帰直線のy–切片
関数 SLOPE　　回帰直線の傾き

Excelの関数は全て、関数のヘルプに、使用方法が解説されています。

数学が得意なら

著者が講義を担当している北大農学部には、数学を、生理的に受け付けないレベルで嫌っている学生から、大好きな学生まで、様々な学生がいます。著者の講義は「全員が理解できる」を目指しているため、可能な限り、数式が中心の解説を省いています。これは本書も同様です。しかし、数学が好きな学生には、物足りない内容となっています。

こうした学習者のために、web特典を作成しています（アクセス方法は右段をご参照ください）。このweb特典では、高校で学んだ数学で説明が可能な学習項目を、数学として解説しています。もし興味があったら、目を通してみてください。

ただし、数学が苦手なら、特典は無視してもらっても構いません。web特典を読まなくても、本文の理解には、何の問題もありません。その点は、安心してください。

ご協力ください

もし、本書で学習を進める中で、気になることがあれば、著者に連絡をもらえると助かります。本書用のメールアドレスは

1st.step.stat@gmail.com

です。素朴な疑問から、理解できない説明、学習していて感じるストレス、教材への不満、誤字脱字の指摘、内容への批判、その他の様々な指摘まで、歓迎します。

著者の日常の業務の忙しさがあるため、メールをいただいても、返信できない場合が大半だと思います。しかし、いただいたメールは、必ず目を通します。

これまでの経験から、学習者からの指摘ほど、教材の改善に役立つものはありません。可能でしたら、本書の改善のため、ご協力ください。よろしくお願いします。

特典ページへのアクセス方法

1 羊土社ホームページ (www.yodosha.co.jp/) にアクセス（URL入力または「羊土社」で検索）

2 羊土社ホームページのトップページ右上の 書籍・雑誌付録特典（スマートフォンの場合は 付録特典）をクリック

3 コード入力欄に下記をご入力ください

コード: bvw - uuol - efek ※すべて半角アルファベット小文字

4 本書特典ページへのリンクが表示されます

※ 羊土社会員にご登録いただきますと、2 回目以降のご利用の際はコード入力は不要です
※ 羊土社会員の詳細につきましては，羊土社HPをご覧ください
※ 付録特典サービスは，予告なく休止または中止することがございます．本サービスの提供情報は羊土社HPをご参照ください

✥ 目　次 ✥

本書の使い方 ⸻⸻⸻⸻⸻⸻⸻⸻ 9
　　統計学を学ぶ心がけ／予備知識／本書の学び方／のんびり取り組む／本書の難所／練習問題を解く／
　　数学が得意なら／ご協力ください

序章　はじめに ⸻⸻⸻⸻⸻⸻⸻⸻ **20**

1. **統計学の必要性** ⸻⸻⸻⸻⸻⸻⸻ 20
2. **散らばり（バラツキ）** ⸻⸻⸻⸻⸻ 22
3. **基本的な用語と概念** ⸻⸻⸻⸻⸻ 23
　　1 観測値と標本　2 母集団　3 統計学の目的　4 統計学の理論を支える土台　5 単純無作為標本
4. **本書の2本柱** ⸻⸻⸻⸻⸻⸻⸻ 26
　　1 平均の比較　2 2変数の関係
5. **検定統計量** ⸻⸻⸻⸻⸻⸻⸻ 28

第Ⅰ部　統計的仮説検定の論理

1章　検定の論理（二項検定を教材として） **30**

1. **例題1：B薬はA薬より有効か?** ⸻⸻⸻ 30
　　1 例題1.1：18人に効果がある場合　2 例題1.2：14人に効果がある場合　3 例題の解答
2. **二項分布** ⸻⸻⸻⸻⸻⸻⸻⸻ 32
　　1 二項係数 $_nC_x$　2 コブ斜面を降りる　3 ゴール2へ降りる確率　4 二項分布　5 二項分布の応用
3. **期待値 $E[X]$** ⸻⸻⸻⸻⸻⸻⸻ 38
4. **練習問題A** ⸻⸻⸻⸻⸻⸻⸻ 40
5. **二項検定** ⸻⸻⸻⸻⸻⸻⸻⸻ 40
　　1 STEP 1：帰無仮説 H_0 と対立仮説 H_A　2 STEP 2：検定統計量　3 STEP 3：帰無分布
　　4 二項分布の特徴　5 STEP 4：棄却域と有意水準　6 STEP 5：有意差の有無の判断
6. **検定の論理（まとめ）** ⸻⸻⸻⸻⸻ 46
7. **練習問題B** ⸻⸻⸻⸻⸻⸻⸻ 47

2章　検定統計量（Wilcoxon-Mann-Whitney検定を教材として） **49**

1. **例題2：肥料Aと肥料Bの収量に差はあるか?** ⸻ 49
　　1 栽培実験　2 基本的な用語と記号
2. **WMW検定の目的** ⸻⸻⸻⸻⸻⸻ 50
　　1 2つの母集団　2 2つの標本　3 2つの可能性
3. **検定統計量** ⸻⸻⸻⸻⸻⸻⸻ 51
4. **WMW検定の手順** ⸻⸻⸻⸻⸻⸻ 52
　　1 帰無仮説 H_0 と対立仮説 H_A　2 ノンパラメトリック統計　3 WMW検定の手順　4 STEP 1：検定
　　統計量 U の計算　5 U の定義　6 STEP 2：U の臨界値 $U_{0.05}$　7 STEP 3：有意差の有無の判断
5. **練習問題C** ⸻⸻⸻⸻⸻⸻⸻ 56
6. **数学者たちに感謝** ⸻⸻⸻⸻⸻⸻ 56

7. WMW検定の定性的理解 ———————————————— 57

　① 可能な結果の全て　② 検定統計量 U の性質　③ 帰無分布　④ 棄却域

8. WMW検定の実践的な技術 ———————————————— 63

　① 標本サイズ n が大きい場合の U_1 と U_2 の計算　② タイ（等しい値）がある場合の U の計算

9. WMW検定を発明した自然科学者たち ——————————— 66

　① Frank Wilcoxon　② Henry Berthold Mann と Donald Ransom Whitney

10. 統計学を学ぶための心がけ ————————————————— 68

11. WMW検定の手順（まとめ） ————————————————— 69

12. 練習問題 D ———————————————————————— 70

3章　第1種の過誤と第2種の過誤　　　　　　　　　　　　**71**

1. 検定の論理の復習 ————————————————————— 71

　① 二項検定の復習　② 説明のスタイル

2. 4つの可能性 —————————————————————————— 73

3. 第1種の過誤 —————————————————————————— 73

　① 帰無仮説 H_0 が間違っているとき　② 帰無仮説 H_0 が正しいときの「有意差なし」　③ 帰無仮説 H_0
　が正しいときの「有意差あり ($P<0.05$)」　④ 「有意差あり ($P<0.05$)」の意味

4. 第2種の過誤 —————————————————————————— 76

　① 帰無仮説 H_0 が正しいとき　② 帰無仮説 H_0 が間違っているときの「有意差あり ($P<0.05$)」
　③ 帰無仮説 H_0 が間違っているときの「有意差なし」　④ 第1種の過誤と第2種の過誤の性質の違い
　⑤ 「有意差なし」は帰無仮説 H_0 の証明ではない

5. データの解釈と言葉遣いに、気をつける ——————————— 83

　① 「有意差あり ($P<0.05$)」のとき　② 「有意差なし」のとき

第 II 部　統計学の理論的基礎

4章　平均・分散・標準偏差・自由度　　　　　　　　　　**86**

1. 例題4：3つの観測値 ———————————————————— 86

2. 母集団と標本 —————————————————————————— 87

3. 平均 ——————————————————————————————— 87

　① 母平均 μ（算術平均）　② 母平均 μ（期待値）　③ 標本平均 $\bar{x}$　④ 不偏推定量

4. 分散と標準偏差の基礎 ———————————————————— 90

　① μ が既知だと仮定する　② 偏差　③ 平均偏差（偏差を絶対値で正にする）
　④ 分散（偏差を2乗で正にする）　⑤ 標準偏差

5. 母分散 σ^2 と母標準偏差 σ ————————————————— 92

　① 偏差と偏差平方和 SS　② 母分散 σ^2（算術平均）　③ 母分散 σ^2（期待値）　④ 母標準偏差 σ

6. 標本分散 s^2 と標本標準偏差 s ——————————————— 94

　① 偏差の起点に代役を使う　② 偏差平方和 SS と自由度 df

7. 母数と統計量 —————————————————————————— 96

　① 母数　② 統計量

8. 自由度 df の概念を確立してきた自然科学者たち ————— 98

　① Friedrich Bessel　② Ronald Aylmer Fisher

9. 自由度 df ——————————————————————————— 100

　① 制約条件と自由度　② 偏差に課された制約条件　③ 統計学における自由度の意味

10. 標本分散 s^2 の計算の手順 （まとめ） ……………………………… 105

11. 練習問題 E ……………………………………………………………… 106

5章　正規分布と統計理論の初歩　　107

1. 正規分布 ………………………………………………………………… 107
　　①二項分布から正規分布へ　②確率密度　③母数（パラメータ）　④±σ・±2σ・±3σの範囲

2. 標準正規分布 …………………………………………………………… 112
　　①μ=0でσ=1の正規分布　②標準正規分布表　③臨界値 $z_{0.05}$

3. 練習問題 F ……………………………………………………………… 113

4. 標準化 …………………………………………………………………… 114
　　①標準化の簡単な例題　②標準化の視覚的な理解　③標準化して得たzが従う確率分布

5. 練習問題 G ……………………………………………………………… 117

6. 定理1：標本平均が従う確率分布 …………………………………… 117
　　①標本平均は散らばりが小さい　②散らばりが小さくなる理由　③標本平均 $\bar{x}$ が従う確率分布
　　④大数の法則　⑤標本分布と標準誤差

7. 練習問題 H ……………………………………………………………… 121

8. 定理2：中心極限定理 ………………………………………………… 122

9. 定理3：正規分布の再生性 …………………………………………… 125

10. 練習問題 I ……………………………………………………………… 126

11. 定理4：2つの標本平均の差が従う確率分布 ……………………… 126

12. 練習問題 J ……………………………………………………………… 128

13. 定理（まとめ） ………………………………………………………… 129

6章　t 分布と母平均 μ の95%信頼区間　　130

1. 例題6：7つの観測値の背後にいる母平均 μ は？ ………………… 130

2. 母標準偏差 σ が既知の場合の95%信頼区間 …………………… 131
　　①前提条件　②標本平均の確率分布　③標本平均の標準化　④σが既知の95%信頼区間
　　⑤例題の解答（σが既知の場合）

3. 練習問題 K ……………………………………………………………… 133

4. σ を s で代用してみる ……………………………………………… 133
　　①σはsで代用するしかないが　②σをsで代用した標準化

5. Gosset が発明した t 分布 …………………………………………… 136
　　①Karl Pearson　②William Sealy Gosset

6. 標準化と Student 化 （まとめ） ……………………………………… 138

7. t 分布の定性的理解 …………………………………………………… 139
　　①t分布は背が低くて幅が広い　②t分布は標本サイズnによって形が少しずつ変化する
　　③母数（パラメータ）は自由度 df 　④臨界値 $t_{0.05}(df)$

8. 母標準偏差 σ が未知の場合の95%信頼区間 …………………… 142
　　①公式の導出　②例題の解答（σが未知の場合）

9. 95%信頼区間の「95%」の意味 ……………………………………… 144

10. 母平均 μ の95%信頼区間の手順 （まとめ） ……………………… 146

11. 練習問題 L ……………………………………………………………… 147

第Ⅲ部　母平均 μ に対する統計解析

7章　関連2群の t 検定（対応のある t 検定）　150

1. 関連2群（対応のあるデータ）の特徴 ———————————————————— 150
   1 例題7.1：サプリメントの効果　2 例題7.2：肥料の効果
2. 対応する2つの観測値の差 d ———————————————————————— 152
   1 観測値の差に注目　2 2つの可能性
3. 帰無仮説 H_0 と対立仮説 H_A ———————————————————————— 152
   1 前提条件　2 帰無仮説 H_0 と対立仮説 H_A
4. σ_d が既知の場合 ———————————————————————————————— 154
   1 検定統計量 z と帰無分布　2 例題の解答（ σ_d が既知の場合）
5. 練習問題 M ————————————————————————————————————— 156
6. σ_d が未知の場合 ———————————————————————————————— 156
   1 検定統計量 t と帰無分布　2 関連2群の t 検定の手順（まとめ）　3 例題の解答（ σ_d が未知の場合）
7. 練習問題 N ————————————————————————————————————— 160
8. 検定統計量 t の定性的理解（3つの判断基準）————————————— 160
   1 差 d の標本平均の効果　2 差 d の標本標準偏差の効果　3 標本サイズの効果
9. 検定統計量 t の性質（まとめ）————————————————————————— 167

8章　独立2群の t 検定（対応のない t 検定）　168

1. 独立2群（対応のないデータ）の特徴 ————————————————————— 168
   1 例題8.1：サプリメントの効果　2 例題8.2：精神障害
2. 標本平均の差 ————————————————————————————————————— 170
   1 2つの可能性　2 独立2群の t 検定の前提条件　3 標本平均の差の確率分布
3. 帰無仮説 H_0 と対立仮説 H_A ———————————————————————— 173
4. σ が既知の場合 ———————————————————————————————— 173
   1 検定統計量 z と帰無分布　2 例題の解答（ σ が既知の場合）
5. 練習問題 O ————————————————————————————————————— 176
6. σ が未知の場合 ———————————————————————————————— 176
   1 σ の推定（その1）：2つの標本標準偏差　2 σ の推定（その2）：合算標準偏差 s_p
   3 検定統計量 t と帰無分布　4 独立2群の t 検定の手順（まとめ）　5 例題の解答（ σ が未知の場合）
7. 練習問題 P ————————————————————————————————————— 186
8. 検定統計量 t は煩雑 ————————————————————————————————— 186
9. 練習問題 Q：Student の t をシンプルにする ————————————— 186
10. 検定統計量 t の定性的理解（3つの判断基準）———————————— 187
    1 標本平均の差　2 標本標準偏差　3 標本サイズ
11. 検定統計量 t の性質（まとめ）————————————————————————— 190

9章　 P 値　191

1. 検定の枠組み ———————————————————————————————————— 191
2. 2択だけの判断は不十分 ————————————————————————————— 192
   1 有意差がない場合　2 有意差がある場合

3. **P値** 194
    ① P値の定義　② P値を得たら、まず0.05と比較する　③ 例題8.1の場合
    ④ 「有意差あり」の表記法　⑤ 「有意差なし」の表記法

10章　一元配置分散分析　197

1. **一元配置分散分析のデータの特徴** 197
    ① 例題10.1：サプリメントの効果　② 例題10.2：ニジマスに与える餌
2. **2つの可能性** 199
3. **一元配置分散分析の前提条件** 199
4. **帰無仮説 H_0 と対立仮説 H_A** 200
5. **新しい記号：$k, N, \bar{\bar{x}}$** 201
    ① 標本の数（群）k　② 観測値の総数 N と総平均 $\bar{\bar{x}}$
6. **一元配置分散分析の大まかな流れ** 203
    ① 誤差平均平方（群内分散）MS_{within}　② 処理平均平方（群間分散）$MS_{between}$
    ③ 全平均平方 MS_{total}　④ 分散分析表　⑤ 検定統計量 F
7. **誤差平均平方（群内分散）MS_{within}** 207
    ① 偏差平方和 SS_{within}　② 自由度 df_{within}　③ 誤差平均平方（群内分散）MS_{within}
8. **練習問題 R** 210
9. **処理平均平方（群間分散）$MS_{between}$** 210
    ① 予備知識の復習　② 母分散 σ^2 の推定　③ 処理平均平方（群間分散）$MS_{between}$
    ④ 偏差平方和 $SS_{between}$ と自由度 $df_{between}$
10. **練習問題 S** 214
11. **全平均平方 MS_{total}** 216
12. **練習問題 T** 218
13. **分散分析表と検定統計量 F** 218
14. **検定統計量 F の定性的理解** 219
    ① 分母の MS_{within} の役割　② 分子の $MS_{between}$ の役割　③ 例題10.1の場合　④ F分布と臨界値 $F_{0.05}$
15. **一元配置分散分析の手順（まとめ）** 226
16. **練習問題 U** 227
17. **標本サイズが不揃いのときの計算** 228

11章　多重比較（Bonferroni補正とTukey-Kramer法）　229

1. **多重比較のデータの特徴** 229
    ① 例題11.1：サプリメントの効果　② 例題：11.2. ニジマスに与える餌
2. **アルファベットを使った結果の表示** 230
3. **多重比較の出発点** 231
4. **多重性という課題** 232
    ① 帰無仮説 H_0 が正しいとき　② 第1種の過誤と有意水準 α　③ FWER（全体としての有意水準）
    ④ ライフルで的を狙う　⑤ 多重性（まとめ）
5. **Bonferroni補正** 235
    ① Bonferroni補正の方法　② 多重比較の火点
6. **Tukey-Kramer法** 237
    ① Tukey-Kramer法の前提条件　② 帰無仮説 H_0 と対立仮説 H_A　③ 検定統計量 q

7. Tukey–Kramer 法の計算 ———————————————— 241
　　① 対戦表　② 検定統計量 q の分子　③ 検定統計量 q の分母　④ 検定統計量 q
　　⑤ 臨界値 $q_{0.05}(k, df_{within})$

8. Tukey–Kramer 法の手順（まとめ） ———————————— 243

9. アルファベットの割り当て ————————————————— 244
　　① 割り当ての方法　② アルファベットの役割（まとめ）

10. 練習問題 Ⅴ ————————————————————————— 248

第Ⅳ部　2つの変数 x と y の間の関係

12章　相関分析　　250

1. 例題12：2つの変数の関係は? ——————————————— 250
　　① 例題12.1：かき氷の売上と気温　② 例題12.2：ホタルと農薬

2. 新しい記号：(x_i, y_i) —————————————————— 251

3. 正の相関と負の相関 ———————————————————— 251

4. 強い相関と弱い相関 ———————————————————— 252

5. 相関係数 r の性質 ———————————————————— 253

6. 標本共分散 s_{xy} ————————————————————— 255
　　① 偏差の積　② 偏差の積の和　③ 自由度　④ 共分散の性質（その1）：無相関のとき
　　⑤ 共分散の性質（その2）：正の相関があるとき　⑥ 共分散の性質（その3）：負の相関があるとき

7. 相関係数 r ——————————————————————— 263
　　① 共分散 s_{xy} は単位に依存する　② s_{xy} を標準偏差 s_x と s_y で割る理由

8. 相関係数 r の計算 ———————————————————— 267

9. 練習問題 Ⅶ ————————————————————————— 267

10. 相関の検定 ————————————————————————— 267
　　① 相関分析の前提条件　② 母相関係数 ρ　③ 帰無仮説 H_0 と対立仮説 H_A
　　④ 検定統計量 t と帰無分布　⑤ 例題12.1の解答

11. より簡便な検定方法 ———————————————————— 269

12. 練習問題 Ⅹ ————————————————————————— 270

13. 線形 vs. 非線形（相関係数 r の苦手な状況） ——————— 271

14. 対数変換 —————————————————————————— 271
　　① 実例（その1）：北海道の湖沼　② 実例（その2）：ガラパゴス諸島

15. Spearman の順位相関係数 ————————————————— 275
　　① 順位で散布図を描く　② 順位相関係数 r_s の計算

16. 相関は因果関係の証明にはならない ————————————— 277

13章　単回帰分析　　279

1. 例題13：他の変数から予測できるか? ——————————— 279
　　① 例題13.1：かき氷の売上と気温　② 例題13.2：定量実験における基本的な作業

2. 単回帰分析の前提条件 ——————————————————— 281

3. 最小2乗法 —————————————————————————— 283

4. 回帰直線の性質 ——————————————————————— 284
　　① 回帰直線が通る点　② 回帰直線の傾き

5. *x*と*y*を逆にしない 288

6. *y*–切片*a*と傾き*b*の計算 289

7. 内挿と外挿 290

8. 決定係数 r^2 291

  ① 全平方和 SS_{total} ② 残差平方和 $SS_{residual}$ ③ 回帰平方和 $SS_{regression}$ ④ 回帰の恒等式
  ⑤ 決定係数（その1）：一般的な定義 ⑥ 決定係数（その2）：もう1つの定義
  ⑦ 決定係数（その3）：実際の計算方法

9. 練習問題 Y 299

10. 単回帰分析における検定と推定 299

  ① 計算に必要な2つの統計量 SS_x と $MS_{residual}$ ② 傾き*b*の必要性を確認する検定
  ③ 母回帰係数*β*の95%信頼区間 ④ 条件付き期待値 $E[y|x]$ の95%信頼区間（信頼帯）
  ⑤ 観測値*y*の95%予測区間（予測帯）

付録 **解答と付表** **305**

  解答 306

  付表1 Wilcoxon-Mann-Whitney検定の検定統計量*U*の臨界値 $U_{0.05}$ 321

  付表2 標準正規分布表（下側確率） 322

  付表3 *t*分布表（パーセント点） 324

  付表4 *F*分布表（パーセント点） 325

  付表5 Student化された範囲の分布の上側5%点 326

  付表6 Pearsonの積率相関係数*r*の有意水準5%($\alpha=0.05$)と1%($\alpha=0.01$)の臨界値 $r_{0.05}$ と $r_{0.01}$ 327

  付表7 Spearmanの順位相関係数 r_S の有意水準5%($\alpha=0.05$)と1%($\alpha=0.01$)の臨界値 $r_{S\ 0.05}$ と $r_{S\ 0.01}$ 328

  索 引 **329**

Column

● 片側検定は要注意！ 45
● レポートや学術論文、研究につなぐ 84
● 期待値を使った母平均*μ*をもう少し詳しく 89
● 「不偏分散」という隠語 97
● 離散型と連続型の母平均*μ*と母分散 σ^2 の定義 .. 110
● 別々の偏差平方和を計算する理由 181
● 合算標準偏差 s_p のもう1つの定義式 182
● SS_{within} の実際の計算 208
● $SS_{between}$ の実際の計算 215
● SS_{total} の実際の計算 217

■ **正誤表・更新情報**

https://www.yodosha.co.jp/textbook/book/7027/index.html

本書発行後に変更，更新，追加された情報や，訂正箇所のある場合は，上記のページ中ほどの「正誤表・更新情報」を随時更新しお知らせします．

■ **お問い合わせ**

https://www.yodosha.co.jp/textbook/inquiry/other.html

本書に関するご意見・ご感想や，弊社の教科書に関するお問い合わせは上記のリンク先からお願いします．

基礎から学ぶ
統計学

序章 はじめに

本章では、本書で統計学を学ぶ人たちへの、ガイダンスを行います。前半では、統計学の概要を、ざっくりと、紹介します。要点は「統計学は、散らばった数値と付き合う方法を教えてくれる」です。そして、基本的な概念と用語を紹介します。後半では、本書で学ぶ統計手法のうち、主なものを、手短に紹介します。きっと、誰もが「これなら、どこかで使い道がありそう」と感じると思います。本書で学ぶのは、基本中の基本の手法です。そして、本章の最後では、本書の主な学習目標を示します。本書の解説の大半は「検定統計量」と呼ばれる計算に費やされます。ほとんどの統計手法では、検定統計量が計算されます。その定義式のいくつかを見てもらいます。今の時点では、サラッと眺めるだけで十分です。式を見ると、誰もが「複雑で難しそうな式だ…」と感じると思います。読者はどうか、「統計学を学ぶ」とはこうした計算の意味を理解する努力を行うことだと、しっかり覚悟してください。検定統計量の計算の意味を理解できるようになると、「統計学は便利で役立つ道具だな」と素直に感じられるようになります。

0-1 統計学の必要性

統計学の必要性を実感できる一例として、遺伝学の基礎を築いた Gregor Johann Mendel（1822〜1884）の研究を見てみます。

Mendelはエンドウ豆の遺伝について、不可思議な現象をいくつか発見しました。そのうち、最も簡単な例を見てみます。

Mendelは、ツルツルのエンドウ豆と、しわくちゃのエンドウ豆を交配しました。すると、全てツルツルの豆になりました。

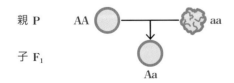

Mendelはさらに、このツルツルの豆同士を交配しました。すると今度は、なんと、**3:1の比率**で、ツルツルの豆としわくちゃの豆が生じました。

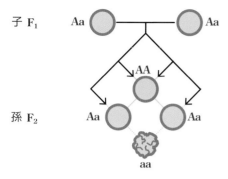

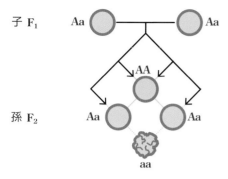

数学の話に入ります。この現象で大切な特徴は、この3:1という比が、厳密な数値の比ではなく、**確率の比**だという点です。その意味は「とある1個の新しい豆が生まれるとき、この豆は3/4の確率でツルツルになり、1/4の確率でしわくちゃになる」です。

Mendelたちは、この**気まぐれな性質**に翻弄されました。

Mendelたちが直面した、この問題の難しさを、身近な例で例えてみます。コイン投げを考えます。表と裏の出る確率の比は、1:1であるとします。

Noel / stock.adobe.com

このコインを100回投げることを考えます。当然、表が50回、裏も50回となる結果が期待されます。しかし、実際に100回投げてみると、正確に表と裏が50回ずつ出ることは、なかなか起こりません。実際には、表が48回と裏が52回とか、表が54回と裏が46回とか、1:1には近いものの、正確に1:1とはならない結果ばかりが起こります。

Mendelの実験も同様でした。交配で400粒のエン

ドウ豆を得たとします。しかし、正確に300粒:100粒という結果は、起こりませんでした。

実際には

 288粒 : 112粒

だったり

309粒 : 91粒

だったり。3:1に近い結果にはなりますが、正確な3:1ではありません。**結果は常に偶然に左右されます。**

Mendelは、遺伝学の基礎を築いた偉大な自然科学者です。Mendelの天才の理由の1つは、こうした気まぐれな数値の比から「3:1」という整数の比を見抜いた洞察力にあります。

しかし当時、Mendelや実験補佐員たちは「正確に3:1とはならない実験結果では、Mendel自身の理論を裏づけるデータとして不十分なのではないか？」と、強い不安を感じたようです。

結局、Mendelの著作で発表されたデータの大半は、彼の理論的予測に極めて近い、ねつ造された数値だったそうです。現在なら、彼の理論と実験結果の整合性を評価するために、χ^2適合度検定という手法があります。しかし、この手法が発明されたのは、Mendelが亡くなってから16年後でした。

医療、看護、薬学、工業、生物、農業、生態、環境、心理、教育、社会、経済、経営、ビジネスなど、様々な分野で行われる実験や調査では、観測された数値に散らばり（もしくはバラツキ）が生じます。**散らばりを示すデータから、適切な推論を導くための道具が、統計学です。**もしくは、**気まぐれで散らばった数値との付き合い方を教えてくれるのが、統計学です。**

0-2 散らばり（バラツキ）

観測される数値の散らばりは、どこにでも見られます。例を挙げたら、きりがありません。

例えば人間。例として、子供のかけっこを考えます。

s_fukumura / PIXTA(ピクスタ)

同じ年齢でも、足が速い子もいれば、遅い子もいます。加えて、身長や体重も散らばります。背の高い子もいれば、低い子もいます。重い子もいれば、軽い子もいます。

人間の場合、好み・気分・感情・信念などに基づいた散らばりもあります。例として、ラーメンを考えます。同じ性別で同じ年齢であっても、あっさりした塩ラーメンが好きな人もいれば

shige hattori / PIXTA(ピクスタ)

コッテリした豚骨ラーメンが好きな人もいます。

shige hattori / PIXTA(ピクスタ)

そのうえ、まったく同一の人物でも「今日は塩かな」とか「今日は豚骨だろ」と、気まぐれに変化します。

ラーメン屋の店主の立場になってみます。「今日は意外に塩がよく売れた」という日もあれば、「今日は豚骨の注文が目立った」という日もあります。

散らばりは、人間だけではありません。例えば、植物も散らばりだらけです。例として、観葉植物のシクラメンを考えます。

瑞風 / PIXTA(ピクスタ)

栽培農家が、全ての鉢を等しく、大事に育てます。しかし、花の多い鉢もあれば、花が少ない鉢もあります。花の数が散らばります。

他の生き物も同じです。例えば、ニワトリの卵。

Skylight / PIXTA(ピクスタ)

ニワトリが産む卵は、大きな卵（LLサイズ）から、小さな卵（SSサイズ）まで、サイズが様々です。

散らばりは、工業製品にもあります。例えばネジ。同じ規格のネジは、同一の形状と重さを持つことが望まれます。

phuchit / PIXTA(ピクスタ)

しかしネジの重さも、精度を高めた測定を行うと、

わずかに散らばっていることが分かります。

こうした散らばりは、私たちには当たり前過ぎる、見慣れた存在です。素人目には、こうした散らばりが学問の対象になるとは思えません。しかし、この数百年の間、こうした、デタラメにしか見えない数値の性質を、一部の数学者たちが、探求し続けてきました。

この過程で、**数学者たちは、散らばりを見せる数値の背後に、美しい数理があることを発見してきました。その知識の体系が「統計学」です。**本書では、統計学がこれまでに生み出した、使用頻度の高い手法の、初歩を学びます。

本書で学ぶ統計手法は、統計学を必要とする学部・学科なら、理系・文系を問わず必ず学ぶ、基本的な手法ばかりです。

0-3 基本的な用語と概念

統計学の基本的な用語と概念を、ここで、簡単に説明しておきます。統計学の、大まかな全体像を見渡すのが、目的です。

① 観測値と標本

具体例を使って紹介します。ここでは「ポット（植木鉢）を4つ用意して小麦を育てる」という簡単な栽培実験を考えてみます。

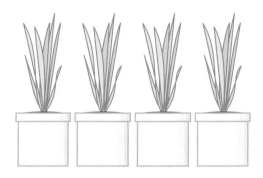

栽培した後に、収量（種の重さ）を調べると、数値が以下の4つだったとします。

5.55　　4.56　　4.79　　4.38

こうした数値を数直線上に示します。

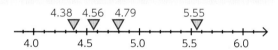

すると、まったく同じ栽培をしたのに、数値が同一ではなく、散らばっていることが分かります。

用語を紹介します。この1つ1つの数値を**観測値**（observation）とか**測定値**（measurement）と呼びます。本書では「観測値」と呼びます。

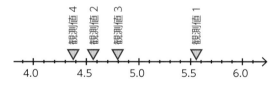

観測値の集合を、**標本**（sample）とか**サンプル**と呼びます。本書では「標本」と呼びます。

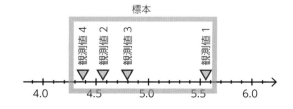

② 母集団

標本と同様に、**母集団**（population）は、統計学に

おいて基本的な概念です。母集団は「興味の対象となる要素（個体）の集団全体」です。例を2つ見てみます。

ある保育関係の研究者が、日本の幼稚園児の成長に興味を持ったとします。

つむぎ / PIXTA(ピクスタ)

この場合、日本で生活する幼稚園児の全員が、母集団を構成します。もし、とある市町村の幼稚園児に興味があるなら、その市町村に住む全ての幼稚園児が、母集団を構成します。

一方、私たちが行う実験の多くでは、仮想的な母集団を想定する場合も多いです。

例えば、栽培実験を考えます。ポットを無数に用意し、無数の観測値を得ることを想像してみてください。この無数のポットの集合が、母集団です。

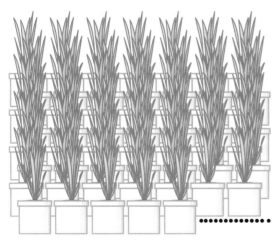

③ 統計学の目的

統計学の目的はシンプルです。**統計学は、数が限ら**

れた観測値からなる標本を使い、母集団に対して、推論を行う学問です。

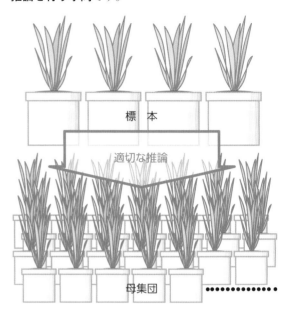

④ 統計学の理論を支える土台

Advice 本節の内容は、統計学の初学者には、ピンとこない内容だと思います。数学色が強過ぎます。サラッと読み流してください。理解したフリして「あっそう」と強がっておく程度で十分です。

「標本から母集団の性質を推定する」という目的を実行するために、統計学では「**散らばる数値（観測値）は、確率変数（random variable）である**」と仮定します。

確率変数という概念には、2つの内容があります。栽培実験を例に説明します。ポットをいくつか用意して、小麦を育てることを考えます。

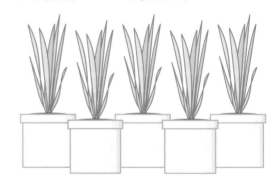

こうしたポットの個々の収量は、測ってみるまで、まったく予想がつきません。この「**どんな値が得ら**

れるのかが偶然に左右され、事前に予測するのが不可能な数値」が、確率変数の1つめの内容です。

しかし、確率変数は「完全にデタラメな数値」ではありません。確率変数が持つもう1つの内容は「**確率変数は確率分布**（probability distribution）**に従う**」です。

確率分布は、例えば、以下のような図で表されます。

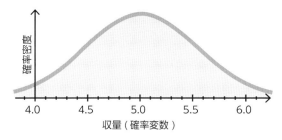

確率分布の役割は「**確率変数が取りうる数値の全てに対して、その数値が起こる確率を割り当てる**」です。その結果、起こり得る全ての観測値は、事前に、その値が起こる確率が与えられています。

以上をまとめます。確率変数は「**取りうる値の全てに、予め確率が定められている数値（変数）。しかし、実際の実験や調査では、事前の予測が不可能な、完全に気まぐれにしか見えない数値（変数）**」となります。

数学者たちは、この**確率変数**という概念を土台に、統計学の理論を築いてきました。その結果、現在、私たちが多用する様々な統計手法が生まれました。

最後に、記号の約束事について説明しておきます。統計学では、確率変数に**大文字の X** を使うのが慣習的な約束です。一方、私たちが実験や調査で手に入れる具体的な数値には、**小文字の x** を使います。栽培実験なら、以下のようになります。

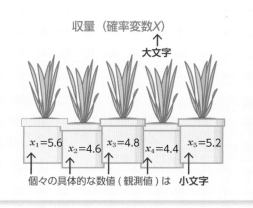

ただし、**大文字の X と小文字の x** の区別は、本書のレベルの入門課程では必要ありません。むしろ、この区別を明確に区別すると、入門者を混乱させます。そこで本書では「区別がどうしても必要」というとき以外は、**小文字の x** だけを使います。用語も「観測値」を主に使います。必要なときだけ「観測値（確率変数）」と併記します。読者は「**大文字の X も小文字の x も同じ。事前の予想が不可能な、散らばりを見せる数値**」程度に受けとめて、本書を読み進めてください。

5 単純無作為標本

統計学の「標本から母集団の性質を推定する」という目的を果たすためには、大切な前提があります。**単純無作為抽出**（simple random sampling）です。単純無作為抽出の原則は「**母集団を構成する各要素（個体）が、等しい確率で、完全に偶然に任せた形で標本に選ばれる**」です。

例として、とある地域の幼稚園児を母集団として、調査を行うことを考えます。仮に、この地域に幼稚園児が6,295人いたとします。そして、この母集団から、50人からなる標本を得るとします。この標本を使って、6,295人からなる母集団に対し、統計的な推定を行うことを考えます。

このとき、大切なのは、標本の選ばれ方です。全ての幼稚園児の1人1人が、標本に選ばれる確率が等しくなることが、不可欠です。

$$\frac{50}{6295} = 0.00794281\cdots$$

そして、完全に偶然に左右される形で、50人の幼稚

園児を標本に選びます。

Advice 「完全に偶然に左右される」を補足します。この例では、母集団は、6,295人で構成されます。この母集団から、50人からなる標本を得るとき、標本を構成する幼稚園児の組み合わせは、高校で習った「組み合わせ」の公式を使い、${}_{6295}C_{50}$ 通りとなります。${}_{6295}C_{50}$ は

$$ {}_{6295}C_{50} = \frac{6295!}{50!\,(6295-50)!} $$

と計算されます。「完全に偶然に左右される」という表現は「この ${}_{6295}C_{50}$ 通りの1つ1つが、全て等しい確率で起こる」を意図します。

このようにして得られた標本を**単純無作為標本**（simple random sample）と呼びます。単純無作為標本が手に入れば、統計手法は、適切な推定を行ってくれます。

0-4 本書の2本柱

本書で学ぶ統計手法は、大きく2つに分類されます。以下、この2つを簡単に紹介します。今の時点で、学習の目標を知っておいてください。

① 平均の比較

本書の主題の1つは、平均の比較です。特に重要な手法は3つ、**独立2群の t 検定**、**一元配置分散分析**、**多重比較**です。本書の第Ⅲ部で、こうした手法を学びます。

これらの手法は、**統計的仮説検定**（statistical hypothesis test）とか**仮説検定**（hypothesis test）と呼ばれます。本書では、単に**検定**と呼びます。

ここでは、この3つの手法の用途を簡単に説明します。

❶ 独立2群の t 検定
栽培実験の例を使って説明します。統計手法の基本は2標本の比較です。ポットを8つ用意し、2種類に分けます。4つでは肥料Aを使い、残りの4つでは肥料Bを使ったとします。

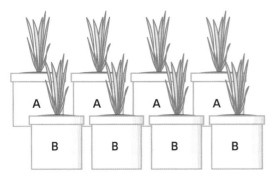

栽培後にポット毎の収量（種の重さ）を測定します。

この実験での疑問は「肥料Aと肥料Bでは、収量が異なるのか？」です。**独立2群の t 検定**（Student's t test）や **Wilcoxon-Mann-Whitney 検定**（Wilcoxon–Mann–Whitney test）が、この疑問に答えてくれます。

❷ 一元配置分散分析と多重比較
次に、3標本以上の比較を考えます。例えばポットを16個用意し、4つずつに分け、肥料A、肥料B、肥料C、肥料Dの、4種類を試したとします。

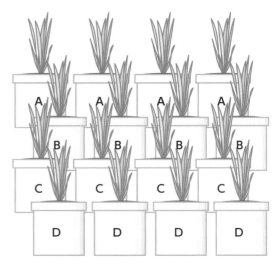

この実験では、疑問を2つに分割します。最初の疑問は「そもそも、肥料の違いは収量に影響するのか？」です。**一元配置分散分析**（one-way ANOVA）が、この疑問に答えてくれます。

もう1つの疑問は「どの肥料が1番良いのか？2番目の肥料は？3番目は？4番目は？」です。**多重比較**（multiple comparison）が、この疑問に答えてくれ

ます。本書では、多重比較の中でも、最も基本的な、Bonferroni補正（Bonferroni correction）とTukey–Kramer法（Tukey HSD）を学びます。

② 2変数の関係

本書の2つめの主題は、2つの変数、xとyの間の関係です。本書の第IV部で、2つの手法を学びます。

ここでも、栽培実験の例を使います。8つのポットを用意し、肥料の量（施肥量）を8段階（0, 1, 2, 3, 4, 5, 6, 7）にして与えたとします。

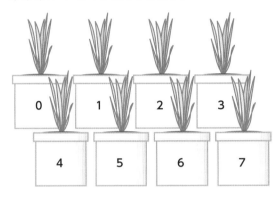

栽培後にポット毎の収量（種の重さ）を測定します。この結果を使い、施肥量と収量を、**散布図**（scatter plot）と呼ばれるグラフにし、以下のようになったとします。

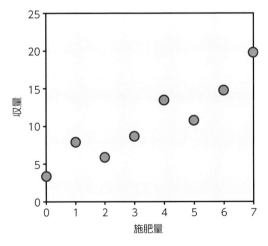

施肥量が上昇するほど、収量が上昇する傾向が見えます。このように、1つの変数（施肥量）の変化に対応して、もう1つの変数（収量）が変化する傾向を、**相関**（correlation）と呼びます。相関の有無を判断するのが**相関分析**（correlation analysis）です。

2つの変数の間に相関がある場合、xとyの間に、直線を引くと便利なことが多々あります。

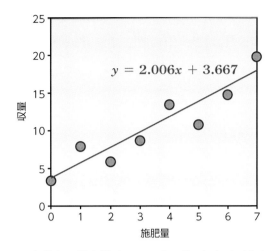

$$y = 2.006x + 3.667$$

この直線を**回帰直線**（regression line）と呼びます。回帰直線を求める手法を**単回帰分析**（simple linear regression analysis）と呼びます。

Advice 実は、統計手法の柱として、もう1つ「比率の比較」があります。本書では、紙面の都合で解説することができません。ここでは、その導入だけを行っておきます。

本節で紹介した「平均の比較」や「2変数の関係」では、観測値は**数値**でした。しかし、実験や調査の種類によっては、観測値が**種類の区別**である場合があります。例を見てみます。例えば、人間の血液型です。

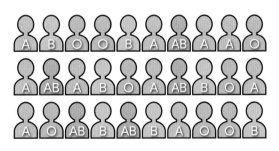

この場合、観測値はA, B, AB, Oの4種類の区別です。もう1つの例は、花の色です。

この場合、観測値は**黄，白，青**の３種類の区別です。こうしたデータを**カテゴリカルデータ**（categorical data）と呼びます。カテゴリカルデータでは、比率が重要な役割を果たします。そして、比率に関する推定や検定の、様々な手法が開発されています。

0-5 検定統計量

道具としての統計学を学ぶ場合「これだけは絶対に理解したい学習項目」が**検定統計量**（test statistic）です。ほぼ全ての検定で、実験や調査の結果から「検定統計量」と呼ばれる数値を計算します。

検定統計量は「**差があるのか？それとも差があるとは言えないのか？**」を判断するための**数値**を計算します。検定統計量は「**差があることに対する確信の強さを示す数値**」と言えます。どの検定においても、中心的な役割を果たします。

ところが、統計学の学習の挫折の原因も、これです。検定統計量は、統計学の学習において、大きなハードルとなります。

例として、節 **0-4** 1 「平均の比較」の３つの手法の検定統計量の定義式を見てみます。個々の記号の説明は省略します。式全体を、サラッと眺めてみてください。まず、独立２群の t 検定です。

独立２群の t 検定の検定統計量 t

$$t = \frac{\overline{x}_A - \overline{x}_B}{\sqrt{\dfrac{\sum\limits_{i=1}^{n_A}(x_{A_i} - \overline{x}_A)^2 + \sum\limits_{i=1}^{n_B}(x_{B_i} - \overline{x}_B)^2}{n_A + n_B - 2}} \sqrt{\dfrac{1}{n_A} + \dfrac{1}{n_B}}}$$

次いで、一元配置分散分析です。

一元配置分散分析の検定統計量 F

$$F = \frac{\dfrac{\sum\limits_{j=1}^{k} n_j (\overline{x}_j - \overline{\overline{x}})^2}{k-1}}{\dfrac{\sum\limits_{j=1}^{k}\sum\limits_{i=1}^{n_j}(x_{ji} - \overline{x}_j)^2}{N-k}}$$

最後に、多重比較（Tukey-Kramer 法）です。

多重比較（Tukey-Kramer 法）の検定統計量 q

$$q = \frac{\overline{x}_A - \overline{x}_B}{\sqrt{\dfrac{\sum\limits_{j=1}^{k}\sum\limits_{i=1}^{n_j}(x_{ji} - \overline{x}_j)^2}{N-k}} \sqrt{\dfrac{1}{2}\left(\dfrac{1}{n_A} + \dfrac{1}{n_B}\right)}}$$

この３つの式を眺めると、かなり複雑な計算式であることが分かります。と同時に「この計算の意味を自分に理解できるだろうか？」という不安が生まれます。

しかし、安心してください。いくつかの定理や公式を学んでしまえば、あとは高校１〜２年で学んだ数学だけで、この３つの式を導くことができます。本書では、この導出を、丁寧に解説します。

本書は、検定統計量の計算の、直感的で定性的な理解を目指します。階段を一段一段登るように、統計学の基礎を１つずつ身につけていきます。全ての説明は、数式だけでなく、直感的に理解しやすい図も使います。そして最終的に、こうした計算の意味を理解することを目指します。

検定統計量の計算の意味を、直感で「なるほどっ！」と理解できるようになると、途端に、統計学は**身近な存在**になります。そして、統計手法を「**頼りになる大切な道具**」だと、心の底から、実感できるようになります。本書の目標は、１人でも多くの読者に、この境地に達してもらうことです。

統計的仮説検定の論理

第 I 部では、基本的な統計手法である「統計的仮説検定（statistical hypothesis test）」の基本的な論理を学びます。本書では「検定」と呼びます。検定の論理は、独特です。検定は「背理法（proof by contradiction）」と呼ばれる論理と、考え方の枠組みが似ています。

私たちが実験や調査を行う場合、多くの場合「何か」と「何か」を比較します。例題1であれば「従来の薬の効果」と「新しい薬の効果」を比較します。そして、差の有無の判断をするために「検定」を使います。

検定では、まず最初に「比べるもの同士は等しい」という仮説を立てます。これを「帰無仮説」と呼びます。「帰無」は「きむ」と読みます。「無に帰する」という表現に由来します。帰無仮説は、検定の土台をなす概念です。

検定は「**帰無仮説は、実験や調査の結果を、適切に説明するのか?**」を調べます。適切に説明すれば「差があるとは言えない」と判断します。一方、適切な説明が難しい場合には「おそらく、差があるだろう」と判断します。

第 I 部は、この論理に慣れることを目指します。慣れるのに時間がかかるかもしれません。しかし、慣れてしまえば簡単です。是非、しっかり時間をかけて、この論理に慣れてください。

第 I 部では、2つの手法を学びます。**二項検定**（第1章）と **WMW 検定**（第2章）です。二項検定は、高校1〜2年で学ぶ数学で、計算の原理を完全に理解できます。WMW 検定は、高校程度のレベルでは、数学として完全に理解するのは不可能です。しかし、定性的もしくは直感的な理解を目指すだけなら、十分に可能です。

この2つの手法を学んだ後、第3章では、統計手法が犯しうる過ちについて学びます。統計手法は、数が限られた観測値からなる標本を使い、母集団に対して推論を行います。当然、間違った推論を犯す可能性があります。検定で起こり得る、誤った推論には**第1種の過誤**と**第2種の過誤**の2つがあります。

1章

検定の論理

二項検定を教材として

本章では、二項検定を学びます。二項検定は、本書で学ぶ統計手法の中では、最も使用頻度が低い手法です。しかし、統計学の入門に最適な学習項目です。理由が3つあります。第一に、高校1〜2年で学んだ数学だけで、この手法の原理を完全に理解できます。統計手法はたくさんありますが、唯一この手法だけは、全て手作りの計算で実行できます。第二に、面倒な検定統計量の計算を必要としません。第三に、二項検定には、検定の論理の全てが詰まっています。こうした理由から、読者のお父さんやお母さん、もしくは、お爺ちゃんやお婆ちゃんの世代では、二項検定は、高校の数学の教科書で解説されていました。この「とても分かりやすい」という長所を、活用しない手はありません。本書では、統計学の学習を、二項検定から始めます。本章では、当時の大学入試の頻出問題をさらに簡単にした例題を使って、学びます。

1-1　例題1：B薬はA薬より有効か？

本章で取り組む例題を紹介します。とある疾患に対し、従来から定評のある**A薬**があるとします。A薬の有効率は0.6です。

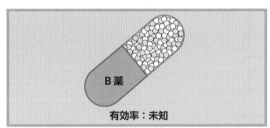

A薬
有効率：0.6

有効率は、患者が服用して効果がある確率です。つまり「有効率が0.6」は、無数の患者がA薬を服用した場合に「**60%の患者に効果があり、40%の患者に効果がない**」を意味します。

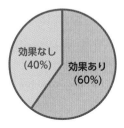

さて、A薬より効果の高い新薬を求めて、**B薬**が開発されたとします。B薬の有効率は、現時点では不明です。

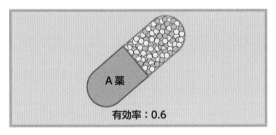

B薬
有効率：未知

そこで臨床試験を行います。20人の患者の協力を得たとします。B薬を服用してもらい、効果の有無を観察します。「**B薬はA薬よりも有効なのか？**」これが知りたい疑問です。

以下、2つのケースを考えます。

① 例題1.1：18人に効果がある場合

B薬を服用した20人の患者のうち、18人に効果が
あったとします。

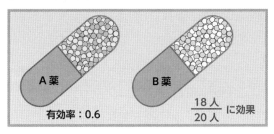

この場合、20人中18人に効果があったので

$$\frac{18}{20} = 0.9$$

と計算して、90%の患者に効果があったことになります。

この0.9という数値は、A薬の有効率0.6より高い数
値です。しかし、たった20人の結果から得た数値で
す。被験者の数が少ないので「この結果から、明確
な結論が得られるのか？」という不安が残ります。
**「一体、この結果から、B薬はA薬より優れていると
判断できるだろうか？」**という問題を考えます。

② 例題1.2：14人に効果がある場合

2つめのケースです。B薬を服用した20人のうち、
14人に効果があったとします。

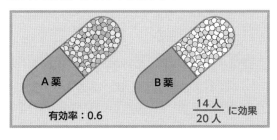

この場合、20人中14人に効果があったので

$$\frac{14}{20} = 0.7$$

と計算して、70%の患者に効果があったことになり
ます。

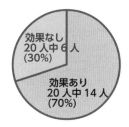

この0.7という数値も、A薬の有効率0.6より高い数
値です。しかし、たった20人の結果から得た数値で
す。被験者の数が少ないので「この結果から、明確
な結論が得られるのか？」という不安が残ります。
**「一体、この結果から、B薬はA薬より優れていると
判断できるだろうか？」**という問題を考えます。

③ 例題の解答

結論から書きます。**二項検定**（binomial test）を使
うと、例題1.1では**「おそらく、B薬はA薬より優れ
ているだろう」**と判断します。一方、例題1.2では
**「B薬とA薬の間に、差があるのかどうか、分からな
かった…」**と判断します。

本章では、こうした判断を下すに至った論理の枠組
みを学びます。この論理は、全ての検定に共通する、
統計学特有の論理です。

二項検定を理解するには、その前に、2つの学習項
目、**二項分布**と**期待値**を学ぶ必要があります。

二項分布

二項検定の理解には、**二項分布**（binomial distribution）と呼ばれる確率分布の理解が欠かせません。**確率分布**（probability distribution）とは、起こりうる全ての結果に対し、その確率が逐一計算された一覧のことです。

二項分布を理解するには、まず、**二項係数**（binomial coefficient）の復習が必要です。二項係数は、第2章のWMW検定でも、欠かせない予備知識となります。

① 二項係数 $_nC_x$

私たちは、二項係数を、高校1年の時に**組み合わせ**（combination）として、すでに学んでいます。

具体例を使って復習します。緑の玉が2つあるとします。2つの緑玉は、互いに区別がつかないとします。

紫の玉が3つあるとします。3つの紫玉も、互いに区別がつかないとします。

ここで、2つの緑玉と3つの紫玉を、一列に並べてみます。このとき「何通りの並べ方があるだろうか？」という問題を考えます。

この場合、玉の数の合計がたった5個ですから、試行錯誤して、可能な並べ方の全てを揃えることは難しくありません。実際に行うと、以下の10通りの並べ方があることが分かります。

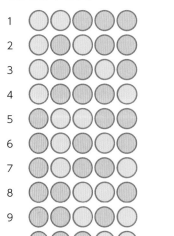

しかし、この方法での数え上げは面倒です。簡単な計算で答えが得られると、助かります。

この答えを教えてくれるのが**二項係数 $_nC_x$** です。公式は

> **二項係数（組み合わせ）**
> $$_nC_x = \frac{n!}{x!\,(n-x)!}$$

です。ここで、n は緑玉と紫玉の数の合計です。x は緑玉の数、もしくは、紫玉の数でもよいです。

今回の例なら、n は
$$n = 2 + 3 = 5$$
です。x は、緑玉の数
$$x = 2$$
でもよいし、紫玉の数
$$x = 3$$
でもよいです。どちらでも、同じ答えを教えてくれます。

実際に計算してみます。すると
$$_5C_2 = \frac{5!}{2!\,3!} = \frac{(5\cdot4\cdot3\cdot2\cdot1)}{(2\cdot1)\times(3\cdot2\cdot1)} = 10$$
もしくは
$$_5C_3 = \frac{5!}{3!\,2!} = \frac{(5\cdot4\cdot3\cdot2\cdot1)}{(3\cdot2\cdot1)\times(2\cdot1)} = 10$$

となります。この計算は**10通り**という答えを教えてくれます。たしかに、試行錯誤して得た、左図と同じ答えになっています。

Advice 表記の補足をしておきます。二項係数の表記として、日本では高校で「$_nC_x$」と教わります。しかし、国際的には、この C を用いた表記は極めて少数派です。普通は

$$\binom{n}{x} = \frac{n!}{x!\,(n-x)!}$$

と表記します。読者がさらに統計学の学習を進めると、この表記が中心となります。そこで、この表記があることを、今の時点で知っておいてください。

② コブ斜面を降りる

二項分布の説明に入ります。二項分布を学ぶ題材は、パチンコかスキーが視覚的で分かりやすいです。本書では、スキーの例で説明します。

karagrubis / stock.adobe.com

ここでは、スキーの初心者がコブ斜面に挑戦することを、単純化して考えてみます。

コブ斜面を、以下のように模式化します。コースの真ん中（三角印）の場所から、斜面を降ります。

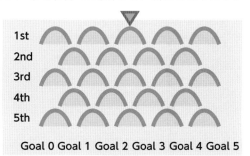

この斜面を降りきるために、コブを1つ1つ、左右どちらかによけながら降ります。この例では、5つのコブをよけます。径路の1つを下図に示しました。この場合、ゴール4に降りてきました。

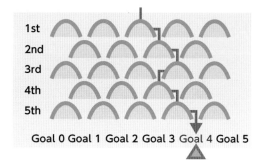

最終的に降りてくるゴールには、ゴール0からゴール5まで、6つの可能性があります。

計算を簡単にしたいので、単純な仮定を立てます。スキー初心者にありがちなように、この初心者は利き足を踏ん張りがちです。そこで、コブを右によけるのと左によけるのとでは、得手不得手があるとします。

今回は、斜面の下から見て、右によける確率を0.6とし、左によける確率を0.4と仮定します。この確率は「常に一定」と仮定します。

この仮定の下、以下の6つの確率

● ゴール0に降りてくる確率
● ゴール1に降りてくる確率
● ゴール2に降りてくる確率
● ゴール3に降りてくる確率
● ゴール4に降りてくる確率
● ゴール5に降りてくる確率

を計算します。この全てを計算すれば、二項分布が完成します。

3 ゴール2へ降りる確率

本章の内容を冗長にしないために、ここではゴール2へ降りてくる確率だけを、丁寧に見ていきます。

まず、ゴール2へ降りてくる径路のうち、2つを適当に選んで示します。1つめ。

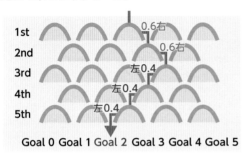

2つめ。

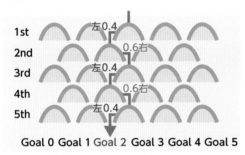

この2つの径路を観察すると、1つの共通点が見つかります。どちらの径路でも、右によける回数が2回で、左によける回数が3回です。試してみると、この「右2回・左3回」以外、ゴール2に降りてくる径路がないことが分かります。

そこで、1つめの径路も2つめの径路も、他の径路も、同じ確率で起こることが分かります。計算は、1つめの径路が

$0.6 \times 0.6 \times 0.4 \times 0.4 \times 0.4 = 0.02304$

で、2つめの径路が

$0.4 \times 0.6 \times 0.4 \times 0.6 \times 0.4 = 0.02304$

です。掛け算の順番が違うだけで、どちらも同じ

$0.6^2 \times 0.4^3 = 0.02304$

という式に統一できます。ゴール2に降りる全ての径路が「右によけるのが2回」と「左によけるのが3回」からなる以上、ゴール2に降りる全ての径路が、同じ確率で起こります。

そこで、ゴール2に降りてくる確率は、上記の確率 $0.6^2 \times 0.4^3 = 0.02304$ に加えて、ゴール2に降りてくる径路は何通りか？さえ分かれば、計算できます。

ここで**二項係数**が登場します。節 **1−2 1** の緑玉と紫玉の並びを再度用意します。緑玉を「右によける」に、紫玉を「左によける」に対応させます。

	1st	2nd	3rd	4th	5th
1	右	右	左	左	左
2	右	左	右	左	左
3	右	左	左	右	左
4	右	左	左	左	右
5	左	右	右	左	左
6	左	右	左	右	左
7	左	右	左	左	右
8	左	左	右	右	左
9	左	左	右	左	右
10	左	左	左	右	右

こう対応させることで、ゴール2に降りてくる径路が、全部で10通りあることが分かります。以下、この10通りの径路を全て並べます。サラッと眺めてみてください。

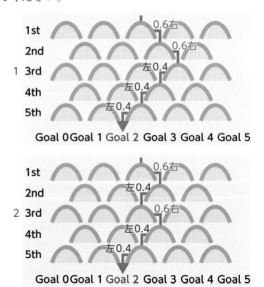

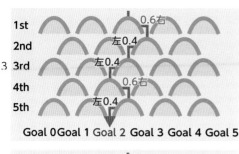

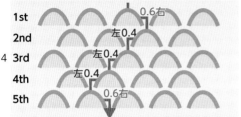

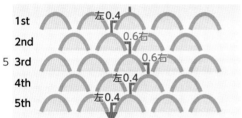

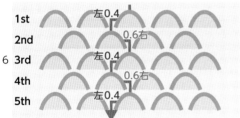

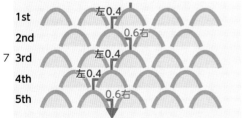

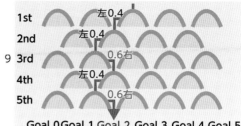

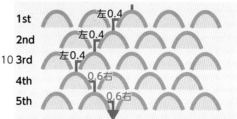

このように、ゴール2に降りてくる径路が何通りか？を、二項係数が教えてくれます。この図で示したどの径路を通る確率も、全て等しく

$$0.6^2 \times 0.4^3 = 0.02304$$

です。そして、全部で10通りの径路があります。そこで、ゴール2に降りてくる確率は、この2つの積

$$10 \times (0.6^2 \times 0.4^3) = 0.2304$$

で得られます。形式を重んじて書き直すと、二項係数を使って

$$_5C_2 \times 0.6^2 \times 0.4^3$$

$$= \frac{5!}{2!\,3!} \times 0.6^2 \times 0.4^3$$

$$= 0.2304$$

となります。他のゴールに降りてくる確率も、同じ考え方で計算できます。

④ 二項分布

二項分布の一般式を示します。

二項分布

$$P(X = x) = {}_nC_x \cdot p^x \cdot (1-p)^{n-x}$$

$$= \frac{n!}{x!\,(n-x)!} \cdot p^x \cdot (1-p)^{n-x}$$

コブ斜面の例を使って、記号を説明します。まず、大文字のXです。**確率変数**（random variable）と呼ばれます。コブ斜面の例なら、Xは、降りてくるゴールの番号です。そして、この大文字のXは「一

体、どんな番号のゴールとなるのかは予測できない」という意味を持ちます。次に小文字のxです。xは、降りてくるゴールの具体的な番号で、0, 1, 2, 3, 4, 5です。$P(X=x)$はゴールxに降りてくる確率です。nは乗り越えるコブの数で、この例なら5です。pはコブを右によける確率で、この例なら0.6です。$1-p$はコブを左によける確率で、この例なら0.4です。

Advice 本書では、二項分布の説明に、スキーを例に使いました。理由は「計算の細部を視覚的に表現できる」です。ただし、一部の学生は、スキーを例にした説明に違和感を感じます。「ゴールにはA, B, C, D, E, Fのように記号を割り当てるのが普通なのに、わざわざ数値を割り当てて、その上で、その数値に数字としての意味を持たせることに違和感を感じる」という指摘を、毎年、数名の学生から受けます。それから、「ゴールの番号を、1からでなく、0から始める理由が分からない」という指摘もあります。

こうした指摘に答えます。本章のスキーの説明では、ゴールの番号、0から5には「コブを右に避ける回数」を対応させています。例えばゴール0は「右によける回数が0回のときに降りてくる場所」です。このような形で、明確に「ゴール0」を「0」という数字と対応させています。ゴール2なら「右によける回数が2回のときに降りてくる場所」です。「ゴール2」の「2」には「2回よける」という形で、数字の「2」に明確に対応させています。ですから、本章のスキーの例では、ゴールの番号には、明確に、数字としての意味があります。

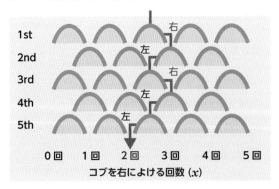

コブを右によける回数 (x)

そして、このように定式化しておくと、次節で示すように広範な応用が可能となります。もし、読者が「ゴールの番号」について違和感を感じた場合は、気

にせずに、読み進めてください。

こうした値

$$n = 5 \qquad \text{（よけるコブの数）}$$
$$p = 0.6 \qquad \text{（右によける確率）}$$
$$1 - p = 0.4 \qquad \text{（左によける確率）}$$

を二項分布の式に代入すると

$$P(X = x) = \frac{5!}{x!(5-x)!} \times 0.6^x \times 0.4^{5-x}$$

となります。この式の右辺を見ると、xだけの関数になってることが分かります。そこで、あとは、xに0, 1, 2, 3, 4, 5を順番に入れていくだけです。これで、ゴールxに降りてくる確率が計算できます。全て計算すると

ゴール	計算式	確率
ゴール 0	$_5C_0 \times 0.6^0 \times 0.4^5$	0.01024
ゴール 1	$_5C_1 \times 0.6^1 \times 0.4^4$	0.0768
ゴール 2	$_5C_2 \times 0.6^2 \times 0.4^3$	0.2304
ゴール 3	$_5C_3 \times 0.6^3 \times 0.4^2$	0.3456
ゴール 4	$_5C_4 \times 0.6^4 \times 0.4^1$	0.2592
ゴール 5	$_5C_5 \times 0.6^5 \times 0.4^0$	0.07776

となります。これで、**二項分布**と呼ばれる**確率分布**が完成しました。確率分布は、一覧表よりも、グラフで示すのが一般的です。

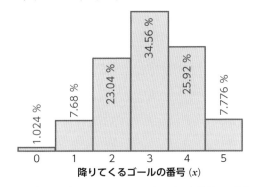

降りてくるゴールの番号 (x)

二項分布のように、グラフにすると階段状の形状を示す確率分布のことを**離散型分布**（discrete distribution）と呼びます。

⑤ 二項分布の応用

二項分布は、最も基本的な離散型の確率分布です。多くの応用があります。様々な現象の、モデル化や統計解析の基礎となります。簡単な例を3つ紹介します。

❶コイン投げ

1つめの例は、コイン投げです。

weyo / stock.adobe.com

コインを投げることを考えます。表が出る確率がpで、裏が出る確率が$1-p$であったとします。このコインを5回投げたとき、表がx回出る確率$P(X=x)$は、コブ斜面と同じ計算で得られます。スキーの図を、次のように読み替えます。

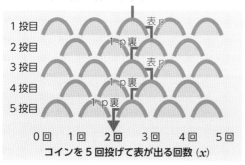

コインを5回投げて表が出る回数(x)

ここで確率pに仮定を設けます。このコインは裏表が非対称で、表が出る確率が$p=0.6$、裏が出る確率が$1-p=0.4$だったとします。すると、このコインを5回投げたときに表が出る回数Xの確率分布は、スキーの場合とまったく同じになります。

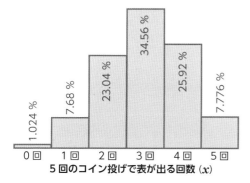

5回のコイン投げで表が出る回数(x)

❷街頭調査

2つめの例は、街頭調査です。

oka / stock.adobe.com

街頭で、無作為に選んだ有権者5人に「政府を支持するか？」と質問したとします。真の支持率がpであったとします。不支持の確率は$1-p$です。このとき、x人の有権者が「支持する」と答える確率$P(X=x)$の計算では、スキーの図を次のように読み替えます。

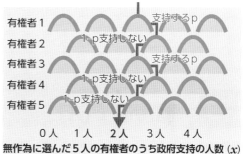

無作為に選んだ5人の有権者のうち政府支持の人数(x)

ここでpに仮定を設けます。真の支持率が$p=0.6$であったとします。不支持の確率は$1-p=0.4$です。すると、無作為に選んだ5人のうち、「政府を支持する」と答える人数Xの確率分布は、スキーの場合とまったく同じになります。

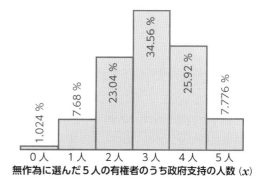

無作為に選んだ5人の有権者のうち政府支持の人数(x)

❸薬の効果

3つめの例は、本章の例題です。

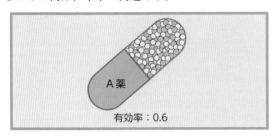

有効率 $p=0.6$ のA薬を、患者5人が服用したとします。効果のある患者の数が x 人である確率 $P(X=x)$ も、同じ計算で得られます。スキーの図を次のように読み替えます。

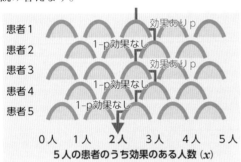

5人の患者のうち効果のある人数 (x)

有効率が0.6なので、効果がある確率が $p=0.6$、効果がない確率が $1-p=0.4$ です。そこで、5人の患者のうち、効果がある人数 X の確率分布は、スキーの場合と同じです。

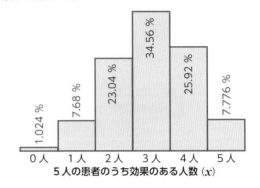

5人の患者のうち効果のある人数 (x)

1-3　期待値 $E[X]$

期待値（expected value, expectation）は、確率分布を特徴付ける、重要な数値の1つです。**平均**とも呼ばれます。その意味は、文字通り「期待される値」です。確率変数 X の期待値を $E[X]$ と書きます。「E」という記号は「expectation（期待値）」の頭文字に由来します。定義は

期待値 $E[X]$

$$E[X] = \sum_{i=1}^{n} x_i p_i$$
$$= x_1 p_1 + x_2 p_2 + x_3 p_3 + \cdots + x_n p_n$$

です。記号を説明します。まず、$E[X]$ の中の大文字 X は確率変数です。スキーの例なら、降りてくるゴールの番号です。小文字 x_i ($x_1, x_2, x_3, \dots , x_n$) は、確率変数 X がとりうる具体的な数値です。スキーの例なら、x_i は、0, 1, 2, 3, 4, 5の6個です。p_i は x_i が起こる確率です。スキーの例の場合、p_i はすでに節 **1–2** ④ で

計算しています。

期待値 $E[X]$ の計算は「**確率 p_i で重み付けした平均**」と言えます。以下に、期待値 $E[X]$ の計算をスキーの例を使って示します。まず、x_i と p_i の一覧を用意します。

ゴールの番号	確率
x_i	p_i
0	0.01024
1	0.0768
2	0.2304
3	0.3456
4	0.2592
5	0.07776

Advice 本節の計算例では x_i に「ゴールの番号」を使っています。一部の読者は「これでは実感を伴わない」と感じるかもしれません。その場合は「ゴールの番号」を、前節の応用例「コイン投げで表が出る回数」や「街頭調査での政府支持の人数」「A薬で

効果のあった患者の数」で読み替えてみてください。

次に、x_i と p_i を掛け算します。

ゴールの番号		確率		番号 × 確率
x_i		p_i		$x_i\ p_i$
0	×	0.01024	=	0
1	×	0.0768	=	0.0768
2	×	0.2304	=	0.4608
3	×	0.3456	=	1.0368
4	×	0.2592	=	1.0368
5	×	0.07776	=	0.3888

最後に、x_i と p_i の積を合計すれば、期待値 $E[X]$ が得られます。

$$E[X] = \sum_{i=1}^{n} x_i p_i$$
$$= 0 + 0.0768 + 0.4608 + 1.0368$$
$$\qquad + 1.0368 + 0.3888$$
$$= 3$$

Advice 「確率 p_i で重み付けした平均」を補足します。「重み付けした平均」は正確には**加重平均**〔weighted (arithmetic) mean〕と言います。加重平均を説明します。計算に用いる観測値を

$$x_1, x_2, x_3, \cdots, x_n$$

とします。次いで、それぞれの重みの係数を

$$w_1, w_2, w_3, \cdots, w_n$$

とします。すると、加重平均は

$$\frac{w_1 x_1 + w_2 x_2 + w_3 x_3 + \cdots + w_n x_n}{w_1 + w_2 + w_3 + \cdots + w_n}$$

と計算されます。もし、すべての重みが等しいときは、重みの係数は「全て1」と書けます。

$$1 = w_1 = w_2 = w_3 = \cdots = w_n$$

このとき、加重平均は

$$\frac{x_1 + x_2 + x_3 + \cdots + x_n}{1 + 1 + 1 + \cdots + 1} = \frac{x_1 + x_2 + x_3 + \cdots + x_n}{n}$$

となって、単純な算術平均となります。次に、重みの係数を、確率 p_i にしてみます。加重平均は

$$\frac{p_1 x_1 + p_2 x_2 + p_3 x_3 + \cdots + p_n x_n}{p_1 + p_2 + p_3 + \cdots + p_n}$$

です。ここで、1から n までの、すべての確率 p_i を合計すると1になります。

$$p_1 + p_2 + p_3 + \cdots + p_n = 1$$

そこで、確率 p_i で重み付けした加重平均は

$$p_1 x_1 + p_2 x_2 + p_3 x_3 + \cdots + p_n x_n$$

となって、期待値の定義そのものとなります。

二項分布における、期待値 $E[X]$ の位置を、図で示します。

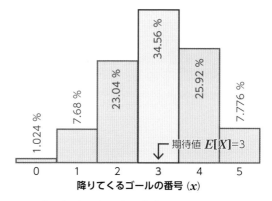

二項分布の場合、期待値 $E[X]$ は、確率が最も高い、確率分布の頂点の位置を教えてくれます。

Advice このAdviceは、読み飛ばしても構いません。上の文章では、厳密には正しくない記述をしています。二項分布の頂点の位置は、以下のように定まります。まず

$$(n+1)p$$

という計算をします。スキーの例なら

$$(5+1) \times 0.6 = 3.6$$

です。もしこの値が整数でない場合、二項分布の頂点の位置は $(n+1)p$ 以下の最大の整数です。スキーの例なら3.6で、整数ではありません。そこで、頂点の位置は3.6以下の最大の整数、3になります。一方、$(n+1)p$ が整数のときは、二項分布の頂点の位置は、隣り合う $(n+1)p$ と $(n+1)p-1$ の2つになります。ただし、こうした知識は、私たちのような統計学のユーザーにとっては、必要ではありません。「二項分布では、期待値 $E[X]$ のすぐ側に、分布の頂点がある」程度に理解しておけば、十分です。

コイン投げを考える。表が出る確率と裏が出る確率は等しく、ともに1/2だと仮定する。

Noel / stock.adobe.com

表が出る回数	確率
x_i	p_i
0	0.015625
1	0.09375
2	0.234375
3	0.3125
4	0.234375
5	0.09375
6	0.015625

このコインを6回投げ「表が何回出るか？」を考える。結果を事前に正確に予想することは不可能である。しかし、直感的に

$6 \times 0.5 = 3$

と計算して「おそらく表は3回くらいだろう」と予想できる。

この予想「表が3回」が6回のコイン投げの期待値と一致するかをこの練習問題で確認する。6回のコイン投げに対する二項分布は、二項分布の式

$$P(X=x) = \frac{n!}{x!\,(n-x)!} \cdot p^x \cdot (1-p)^{n-x}$$

に

$n = 6$ 　（コインを投げる回数）

$p = 0.5$（表が出る確率）

を代入して

$$P(X=x) = \frac{6!}{x!\,(6-x)!} \times 0.5^x \times 0.5^{6-x}$$
$$= \frac{6!}{x!\,(6-x)!} \times 0.5^6$$

となる。xに$0, 1, 2, 3, 4, 5, 6$を順番に代入すれば、以下の確率分布が得られる。

問 　この結果を使い、コインを6回投げたときの表が出る回数の期待値$E[X]$を計算しなさい。そして、下の図で、期待値$E[X]$の位置を、蛍光ペン等で示しなさい。

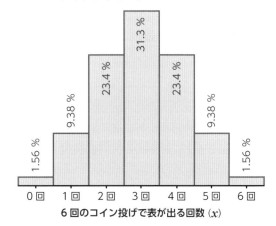

6回のコイン投げで表が出る回数 (x)

Advice 　この練習問題を行うと、二項分布の期待値$E[X]$は

$$E[X] = np$$

で与えられるだろうと、誰もが感じます。この直感は正しいです。

1-5 　二項検定

以上で、二項検定を理解する準備が整いました。本章は、ここからが本番です。

以下、例題1.1と例題1.2を使って、二項検定を説明します。二項検定は、全部で5つのステップからなります。**この5つは、全ての検定に共通する手順です。**

① STEP 1：帰無仮説 H_0 と対立仮説 H_A

最初のステップです。**帰無仮説**（null hypothesis）と**対立仮説**（alternative hypothesis）という、2つの仮説を立てます。

帰無仮説は記号でH_0と書きます。帰無仮説H_0は簡単です。基本は「比べるもの同士が等しい」です。

例題1なら「A薬とB薬の有効率は、等しく0.6である」という仮説を立てます。

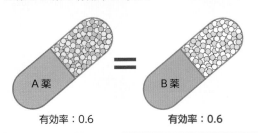

A薬　有効率：0.6　　B薬　有効率：0.6

対立仮説は記号にH_AやH_1を使います。対立仮説H_Aも簡単です。対立仮説H_Aは、帰無仮説H_0と**正反対**の内容（もしくは**否定**の内容）です。「比べるものが等しくない」という仮説を立てます。例題1なら「B薬の有効率は0.6ではない」です。

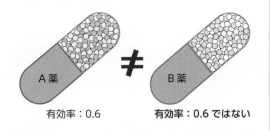

A薬　有効率：0.6　　B薬　有効率：0.6 ではない

検定では「**帰無仮説H_0と対立仮説H_Aは、実験や調査で得た結果の説明として、どちらが妥当な判断か？**」という問題を考えます。

2つの仮説のうち、より重要なのは、帰無仮説H_0です。検定は5つのステップからなりますが、大きく分けると、2つの作業からなります。

STEP 1
帰無仮説H_0「比べるもの同士が等しい」を立てる。そして、帰無仮説H_0が正しいと仮定する

STEP 2~5
帰無仮説H_0は、実験や調査で得たデータの説明として妥当か？をチェックする

帰無仮説H_0は、検定の根幹をなす概念です。全ての検定は、帰無仮説H_0「比べるもの同士が等しい」が正しいと仮定したときに「**実験や調査で得た結果は、起こりやすい結果だったか？それとも起こりにくい結果だったか？**」を調べます。

② STEP 2：検定統計量

2番目のステップです。実験や調査で得た結果を使って、**検定統計量**（test statistic）と呼ばれる数値を計算します。

検定統計量は、検定において、最重要の役割を果たします。**差があるのか？ それとも、差はないのか？**という疑問に対し、最終的な判断を下すための数値です。

一般に、検定統計量の計算は面倒です。しかし、二項検定だけは例外です。何の計算も必要としません。例題1なら、20人中B薬の効果があった人数xが、そのまま検定統計量になります。例題1.1なら**18**です。例題1.2なら**14**です。

③ STEP 3：帰無分布

3番目のステップです。**帰無分布**（null distribution）を作ります。これは、帰無仮説H_0「比べるもの同士が等しい」が正しいと仮定したときに、検定統計量が従う確率分布です。

二項検定は、この点でも易しいです。節**1-2**の計算法をそのまま使えます。まず、二項分布の一般式を用意します。
$$P(X=x) = {}_nC_x \cdot p^x \cdot (1-p)^{n-x}$$
次に数値を代入します。例題1の場合、20人の患者がB薬を服用します。そこでnは患者の数の20です。
$$n = 20$$
帰無仮説H_0「比べるもの同士が等しい」が正しいなら、B薬の有効率は、A薬と等しく0.6なので
$$p = 0.6$$
となります。この2つを代入すると、二項分布の式は
$$P(X=x) = {}_{20}C_x \times 0.6^x \times 0.4^{20-x}$$
となります。ここでxは、B薬で効果のある人数です。

この式で、x を0から20まで、順番に代入していくと、帰無分布が完成します。

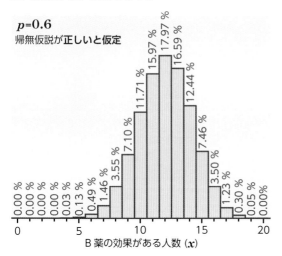

要点をまとめます。患者20人のうち、B薬で効果がある人数は、もし帰無仮説 H_0「比べるもの同士が等しい」が正しいなら、この帰無分布に従います。

4 二項分布の特徴

次のステップに進む前に、この確率分布の特徴を観察しておきます。大切な特徴が3つあります。

❶期待値 $E[X]$

節 1-3 の計算に従い、この帰無分布の期待値 $E[X]$ を計算すると

$$E[X] = 12$$

となります。この期待値 $E[X]=12$ の意味は「B薬の有効率が0.6であるなら、20人中、その60%の12人に効果があると期待される」です。

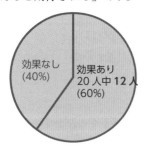

帰無分布の中での期待値 $E[X]=12$ の位置は

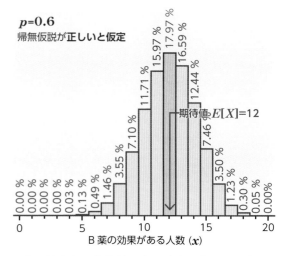

です。12人という結果が出る確率は約18%です。この確率分布の中で、最も高い確率です。

しかし、たったの18%でもあります。これは、5回に1回程度の頻度でしか起こらないことを意味します。そこで「**実験や調査の結果が、正確に期待値 $E[X]$ に等しくなることは、あまり起こらない**」と言えます。

❷期待値 $E[X]$ 周辺の値

次に、期待値 $E[X]$ の12人の周囲にある数値を見てみます。ここでは、8人から11人、13人から16人を見てみます。

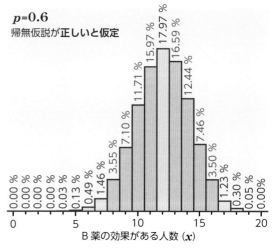

1つ1つの確率は、期待値 $E[X]$ の12人の確率よりも低いです。しかし、全て合計して、期待値 $E[X]$ 周辺の結果が起こる確率を求めると、約78%です。これは5回中4回程度の頻度です。

そこで「期待値 $E[X]$ そのものではなく、期待値 $E[X]$ 周辺のどれか1つの結果が出る確率が最も高い」と言えます。

❸ 期待値 $E[X]$ から、かなり離れた値

最後に、期待値 $E[X]$ の12人から離れた値を見てみます。ここでは、7人以下や17人以上を見てみます。

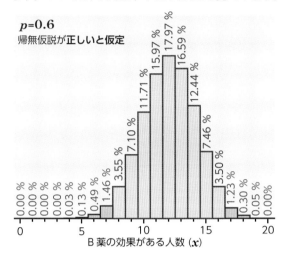

明らかに、こうした結果が出る確率は低いです。7人以下もしくは17人以上となる確率を全て足し合わせても、約4%しかありません。この確率は、とても低いです。

ただし、決してゼロではないことに注意する必要があります。この場合、25回中1回程度の頻度です。ゼロではない以上「絶対に起こらない」とは断言できず、無視はできません。そこで「**期待値 $E[X]$ からかけ離れた値は、たまに偶然起こりうる。無視はできない**」と言えます。

⑤ STEP 4：棄却域と有意水準

本題の、二項検定の手順に戻ります。4番目のステップです。帰無分布に**棄却域**（rejection region, critical region）と呼ばれる領域を作ります。例題1であれば、7人以下と17人以上の領域を棄却域とします。

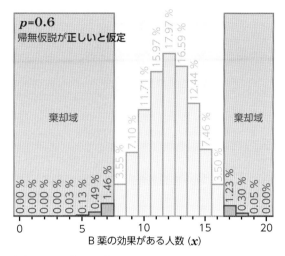

棄却域を設定する基本ルールは2つあります。1つめのルールは「**棄却域は、帰無仮説 H_0『比べるもの同士が等しい』の予想から離れた、帰無分布の端っこに設定する**」です。例題1の場合、期待値 $E[X]$ が12人です。そこで、12人と比べて、多過ぎる人数と少な過ぎる人数の2カ所に棄却域を作ります。このように、帰無分布の両側に棄却域を作る方法を**両側検定**（two-tailed test, two-sided test）と呼びます。

2つめのルールは「**棄却域の確率の合計を5%か1%に設定する**」です。棄却域の確率の合計を**有意水準**（significance level）と呼びます。有意水準の記号には α を使います。慣習的に、有意水準は、5%（$\alpha = 0.05$）か1%（$\alpha = 0.01$）に設定されます。実際の統計解析では、5%を採用する場合が大半です。そこで、本書でも「5%」を使うことにします。今回の二項検定の場合なら、左右に2.5%ずつの棄却域を作り、合計5%とします。

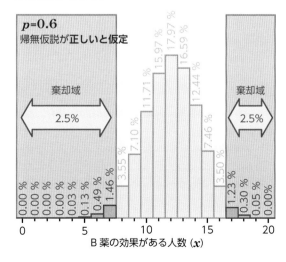

ただし、本章の二項検定や、次章のWMW検定の場合、問題があります。**確率分布が離散型なので、正確に5%ピッタリになる棄却域が設定できません。**この場合、左右の棄却域が2.5%未満の最大値となるように、キリのよい区切りを探し、棄却域を作ります。

⑥ STEP 5：有意差の有無の判断

5番目の、最後のステップです。検定統計量である「B薬で効果のあった患者の人数」が棄却域に入るかどうか、チェックします。

例題1.1では、18人に効果がありました。18は、棄却域に入っています。

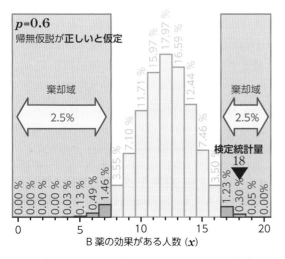

この場合、2つの可能性があります。1つの見方は

> **可能性　その1**
> 帰無仮説 H_0 は正しい。A薬とB薬の有効率は等しい。しかし今回の実験では、たまたま偶然、確率5%の起こりにくい結果のうち、1つが出てしまった。ただそれだけのこと。帰無仮説 H_0 が正しくても、たまに、こんなことは起こりうる。帰無仮説 H_0 を疑う必要はまったくない。

です。もう1つの見方は

> **可能性　その2**
> 今回の結果は、帰無仮説 H_0 から予想される期待値 $E[X]$ の12人から離れ過ぎている。予想外の結果が起きてしまった。こうなった以上、そもそも帰無仮説 H_0 自体が間違っているのではないか？帰無仮説 H_0 自体を疑うべきだ。帰無仮説 H_0 が間違っている可能性は、十分に高い。

です。

統計学では、検定統計量が棄却域に入ったとき、後者の立場をとります。そこで、**帰無仮説 H_0「比べるもの同士は等しい」を棄却（reject）**します。そして「おそらく、**対立仮説 H_A『比べるもの同士は異なる』の方が適切であろう**」と判断します。

検定統計量が棄却域に入った場合、レポートや論文では「A薬とB薬の有効率に統計的に有意な差が認められた（$P < 0.05$）」と記述します。「**統計的に有意な差**」は「**有意差**」と短く表現されることも多いです。「統計的に有意な（statistically significant）」という表現は「差があるとした判断は、統計学の立場からは、おそらく妥当だろう」という程度の意味の形容詞です。「有意」という用語は「**意味が有る**」に由来します。文末にある（$P < 0.05$）という不等式は「有意水準5%の検定で認められた有意差である」ことを示しています。

Advice「統計的に有意な差が認められた（$P < 0.05$）」という表現の、正確な意味は、第3章と第9章で解説します。今の時点では、上述した程度に受け止めてもらえたら、十分です。

なお、この例題1.1では、結果の記述において、さらに一歩進めた表現を使うことを薦めます。この例題では、A薬とB薬の2つを比べています。「**差があるだろう**」と判断した以上、A薬とB薬の有効率は「どちらかが上で、どちらかが下」です。この例題では、検定統計量は18です。18は、帰無仮説 H_0 が予想する期待値の $E[X] = 12$ より高く、右側の棄却域に入ります。そこで「**B薬の有効率はA薬の有効率より統計的に有意に高かった（$P < 0.05$）**」と書くのが適切な結論です。「高かった」と書くことで、実験の結果が、より明確に示されます。

次に、例題1.2です。例題1.2では14人に効果があ
りました。14は、棄却域に入りません。

帰無仮説 H_0「比べるもの同士は等しい」が正しいと
きに起こりやすい、95%の領域に入っています。

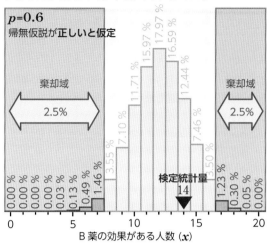

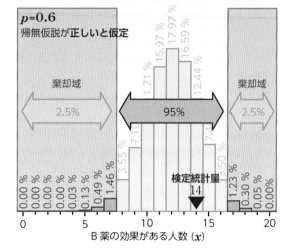

Column　片側検定は要注意！

このコラムは、本書を最初に読むときは、読み飛ば
してください。初学者には難解な内容です。統計解析
の専門家の間でも、意見が別れます。

ここでは、もう1つの用語「片側検定」を紹介しま
す。下図では、棄却域を帰無分布の右側の5%だけに
設定しています。

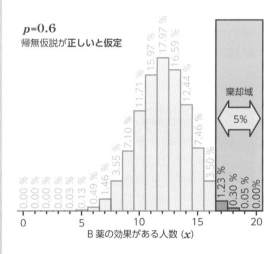

この方法は**片側検定**（one-tailed test, one-sided
test）と呼ばれます。本章の例題1.1と1.2では「**新
開発のB薬は、A薬より効果があるか？**」に注目して
います。こうした場合、一部の解説書は「片側検定が
適している。帰無分布の右側だけに、5%の棄却域を
作ればよい」とアドバイスしています。

ただし、この立場は、実際の学術研究の場では、受
け入れられない場合が多いです。この理由を説明して
おきます。

例題1の帰無仮説 H_0 は「A薬とB薬の有効率は等
しい」です。一方、対立仮説 H_A は、帰無仮説 H_0 の
内容の否定です。ですから、対立仮説 H_A は「A薬と
B薬の有効率は等しくない」となります。対立仮説
H_A の「等しくない」は、2つの内容を含みます。
　◎ A薬の有効率 ＜ B薬の有効率
　◎ A薬の有効率 ＞ B薬の有効率
2つの可能性がある以上、どちらにも対応するように
帰無分布の両側に棄却域を設定するのが、自然な論理
です。ここで片側検定を用いることには「**検定の基本
的な論理を無視する**」という致命的な問題を生じます。

例題1の場合、第三者から一切クレームを受けるこ
となく片側検定を行えるのは、予め「B薬の有効率が
A薬より低いことが、100%完全に、起こり得ない」
ことが保証されている場合だけです。そして、こうし
た事前情報「B薬の有効率はA薬以上」があるなら
ば、そもそも、実験を行う必要も、検定を行う必要も
ありません。

二項検定や第7～8章で学ぶ t 検定のように、両側
検定ができる手法において、あえて片側検定を行うと
きは、指導教員や上司と十分に話し合ってください。
片側検定を行うと、学会や論文審査の場で「恣意的に
しか見えない。なぜ、基本の両側検定を行わないの
か？なぜ片側検定を行うべきなのか？根拠を明確に説
明しなさい」と指摘される場合があります。**片側検定
は要注意！**です。

この場合「帰無仮説 H_0『比べるもの同士は等しい』が正しいと仮定しても、実験や調査の結果を十分に説明できる」と判断します。A薬とB薬の間に差があることを積極的に支持する根拠がありません。そこで「A薬とB薬の有効率に統計的に有意な差は認められなかった」と結論します。

Advice 例題1.2の場合、帰無仮説 H_0「比べるもの同士は等しい」がデータを十分に説明しました。そこで「帰無仮説 H_0 は正しく、A薬とB薬の有効率は等しかった」と結論したくなるかもしれません。しかし、この判断は間違いです。あくまで「明確な差を見出せなかった」という表現に止めます。この理由は、第3章で解説します。

1-6 検定の論理（まとめ）

最後に、全ての検定に共通する「論理の構造」をまとめます。

STEP 1
帰無仮説 H_0「比べるもの同士が等しい」を立てる。そして、帰無仮説 H_0 が正しいと仮定する。

STEP 2
検定統計量を定義し、実験や調査から得たデータを使い、計算する。

STEP 3
帰無分布（帰無仮説 H_0 が正しいときに、検定統計量が従う確率分布）を作成する。

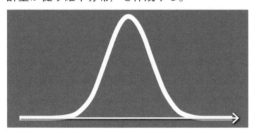

STEP 4
帰無仮説 H_0 が正しければ「**起こりにくい**」と考えられる5%を棄却域とする。

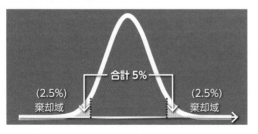

STEP 5.1
検定統計量が棄却域に入ったら「**帰無仮説 H_0『比べるもの同士が等しい』はデータの説明として適切ではない**」と判断する。

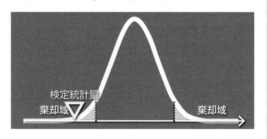

「統計的に有意な差が認められた（$P<0.05$）」と結論する。

STEP 5.2
検定統計量が棄却域に入らなかったら「**帰無仮説 H_0『比べるもの同士が等しい』が正しいと考えても、データは十分に説明できる**」と判断する。

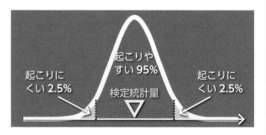

「統計的に有意な差は認められなかった」と結論する。

検定の論理は、初学者には「回りくどい」という印象を与えます。しっかり時間をかけて、この論理に慣れてください。慣れてしまえば、簡単です。

人間には利き腕があるが、これと同様に、人間には利き耳がある。

Liza5450 / stock.adobe.com

利き耳を調べるのは簡単である。ある人の利き耳を知りたければ、騒音の中で、小声で話しかけてみればよい。耳に手を当て、こちらに向けた耳が利き耳である。

そこで、騒音だらけの街頭で、無作為に選んだ18人に小声で話しかけ、利き耳を調べてみたとする。

f11photo / stock.adobe.com

その結果、利き耳が右耳である人が14人、左耳である人が4人であったとする。

この結果から、利き耳が右耳である人が、利き耳が左耳である人よりも多いと言えるだろうか？それとも、逆に聞き耳が左耳の人の方が、聞き耳が右耳の人より多いのだろうか？それとも、利き耳が右耳である確率と左耳である確率が等しく0.5と仮定しても、この結果を妥当に説明できるのだろうか？

以下の設問に従い、有意水準5%の二項検定を実行しなさい。

問1　利き耳が右耳である人の確率をpとする。この二項検定の帰無仮説H_0を書きなさい。

問2　18人中のうち、右耳が利き耳の人の人数をxとする。帰無仮説H_0が正しいと仮定したうえで、二項分布の式を書きなさい。

問3　帰無仮説H_0が正しいと仮定した場合の、右耳が利き耳の人数が0人から18人まで、全ての確率$P(X=x)$を計算しなさい。

右耳が利き耳の人数	確率	
0人		%
1人		%
2人		%
3人		%
4人		%
5人		%
6人		%
7人		%
8人		%
9人		%
10人		%
11人		%
12人		%
13人		%
14人		%
15人		%
16人		%
17人		%
18人		%

Advice　この計算は、関数電卓では面倒です。表計算ソフトのExcelを使ってください。二項係数の計算は関数COMBINを使います。例えば「$_5C_2$」を計算するなら「＝COMBIN(5,2)」と入力します。べき乗の計算は「^」を使います。例えば「7^5」を計算するなら「＝7^5」と入力します。四則計算は、足し算は「＋」引算は「－」掛け算は「*」割り算は「/」です。な

お、Excelの計算結果で、Excelの初心者には見慣れない表記があります。例えば「3.8147E−06」です。ここでの「E−06」は「10のマイナス6乗 (10^{-6})」を意味します。そこで「3.8147E−06」は「3.8147 × 10^{-6}」もしくは「0.0000038147」を意味します。

問4 問3の計算結果を使い、帰無分布のグラフを作成し、棄却域を設定しなさい。

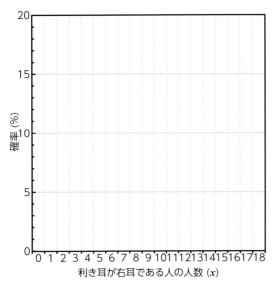

問5 この二項検定における検定統計量は、実際に確認された右耳が利き耳である人数の14である。この数値14は棄却域に入ったか、それを確認しなさい。この結果に基づいた結論として、以下の2つのうち、どちらが適切か？適切な結論を選びなさい。

> 利き耳が右耳である人の割合は、利き耳が左耳である人よりも**統計的に有意に高い** (*P*<0.05)。

> 利き耳が右耳である人と、利き耳が左耳である人の割合に**統計的に有意な違いは認められなかった**。

2章

検定統計量
Wilcoxon-Mann-Whitney 検定を教材として

本章の主題は「初めて学ぶ検定統計量」です。二項検定以外、全ての検定では検定統計量と呼ばれる数値を計算します。検定統計量は、有意差の有無を判断するための数値です。全ての検定において、検定統計量は最も重要な役割を果たします。しかし、統計学の初学者には、学習上のハードルとなります。新しい検定統計量を学ぶたびに、その計算の意味を理解する努力が要求されるからです。本章では、検定統計量を学ぶ最初の教材として、Wilcoxon-Mann-Whitney（WMW）検定を学びます。WMW検定は、ノンパラメトリック統計と呼ばれる統計手法の代表格です。そして何より、計算が簡単で、検定統計量の最初の教材として最適です。WMW検定は3段階の作業からなります。1番目に、実験や調査で得た結果から、検定統計量 U を計算します。2番目に、数表から検定統計量の臨界値 $U_{0.05}$ を見つけます。3番目に、2つの数値、U と $U_{0.05}$ の大小の比較から、有意差の有無を判断します。この3段階の手順は、本章以降で学ぶ全ての検定で共通する手順です。本章の目的は2つです。1つめの目的は、読者が、この3段階の作業の流れに慣れることです。2つめの目的は、検定統計量の計算の意味を理解するための、最初の努力を体験することです。

2-1　例題2：肥料Aと肥料Bの収量に差はあるか？

Wilcoxon-Mann-Whitney（WMW）検定は、Mann-Whitney の **U検定**（Mann-Whitney U test）と呼ばれる手法と Wilcoxon の順位和検定（Wilcoxon rank-sum test）と呼ばれる手法の総称です。本章では、前者を解説します。栽培実験の例題を使い、WMW検定の基礎を学びます。

1 栽培実験

小麦の収量（種の重さ）に対する、肥料Aと肥料Bの効果を調べます。8つのポットを用意します。

8つのポットのうち、4つでは、肥料Aを使います。

残りの4つは、肥料Bを使います。

8つのポットを一定期間栽培した後、収量を測り、以下の結果を得たとします。

肥料 A の収量	肥料 B の収量
9.6	12.5
15.3	11.1
8.7	10.1
10.6	16.3

本章では「この結果から、肥料Aと肥料Bの収量に、差があると言えるのか？」という問題に取り組みます。

② 基本的な用語と記号

基本的な用語を確認していきます。表では、収量の個々の数値（赤い三角）を示しています。数値が全部で8個あります。こうした個々の数値を**観測値**（observation）と呼びます。記号には、小文字のxを使います。肥料Aの観測値は$x_{A1} \sim x_{A4}$、肥料Bの観測値は$x_{B1} \sim x_{B4}$です。

肥料 A の収量		肥料 B の収量	
x_{A1}	9.6 ◀	x_{B1}	12.5 ◀
x_{A2}	15.3 ◀	x_{B2}	11.1 ◀
x_{A3}	8.7 ◀	x_{B3}	10.1 ◀
x_{A4}	10.6 ◀	x_{B4}	16.3 ◀

観測値の集合を**標本**（sample）と呼びます。この例題の場合、肥料Aの観測値4つをまとめて、**標本A**と呼ぶことにします。肥料Bの観測値4つをまとめて、**標本B**と呼ぶことにします。

標本 A	標本 B
肥料 A の収量	肥料 B の収量
9.6	12.5
15.3	11.1
8.7	10.1
10.6	16.3

もう1つの用語は、英語では「sample size」です。日本語では、**サンプルサイズ**とか**標本の大きさ**、**標本サイズ**と呼びます。本書では「標本サイズ」を使います。標本サイズは、標本が含む観測値の数です。記号には小文字の「n」を使います。この例題の場合、標本Aの標本サイズn_Aと標本Bの標本サイズn_Bは、ともに4です。

標本 A		標本 B	
1	9.6	1	12.5
2	15.3	2	11.1
3	8.7	3	10.1
4	10.6	4	16.3

$n_A = 4$ $\qquad\qquad$ $n_B = 4$

Advice 用語の誤用について、注意します。「標本サイズ」のことを「標本数」とか「サンプル数」と呼ぶ人がいます。大学の教員にも、データ解析のプロにも、この誤用をする人がいます。読者は、この誤用をしないように、注意してください。「標本数（サンプル数）」は、文字通り、標本（サンプル）の数です。今回の例題なら、標本（サンプル）がAとBの2つあるので「標本数（サンプル数）」は2です。

2-2 WMW 検定の目的

① 2つの母集団

WMW検定では、2つの母集団（p.23 参照）を想定します。この例題なら、1つは、肥料Aを使った無数のポットの集合です。

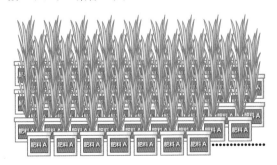

この集合を「母集団A」と呼んでおきます。WMW検定は、母集団Aが「何らかの確率分布に従っている」と仮定します。

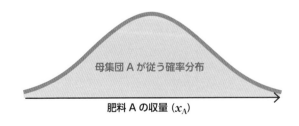

母集団 A が従う確率分布

肥料 A の収量 (x_A)

もう1つの母集団は、肥料Bを使った無数のポットの集合です。「母集団B」と呼んでおきます。

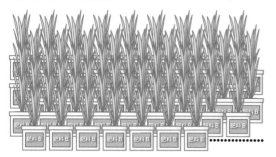

WMW検定は、母集団Bも「母集団Aと同じ形状をした、何らかの確率分布に従っている」と仮定します。

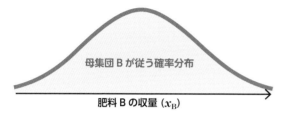

母集団Bが従う確率分布

肥料Bの収量 (x_B)

② 2つの標本

統計手法は、母集団から標本が得られるとき、それが**単純無作為標本**（simple random sample）であると仮定します。この例題の場合、無数のポットからなる母集団から「個々のポットが、等しい確率で、かつ完全に偶然に左右される形で、標本に選ばれる」と仮定されます。

例題2を見てみます。標本Aは、母集団Aから無作為に選ばれた、4つの観測値からなる集合です。

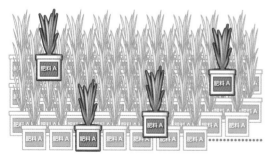

標本Bも同様です。この標本も、母集団Bから無作為に選ばれた、4つの観測値からなる集合です。

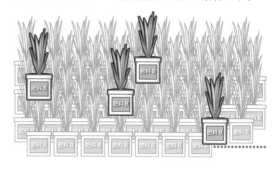

③ 2つの可能性

2つの母集団の比較を考えます。2つの可能性があります。1つの可能性は、肥料の効果に差はなく「2つの母集団は同一の確率分布に従う」です。

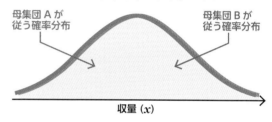

母集団Aが
従う確率分布　　母集団Bが
従う確率分布

収量 (x)

もう1つの可能性は、肥料の効果に差があり「2つの母集団が従う確率分布は、異なっている」です。

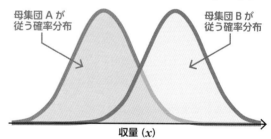

母集団Aが
従う確率分布　　母集団Bが
従う確率分布

収量 (x)

WMW検定の目的は、実験や調査で得られた標本を使い「この2つの可能性のうち、実験や調査の結果の説明として、どちらがより妥当か？」を判断することにあります。

2-3 検定統計量

検定統計量（test statistic）は「差がありそうか？」もしくは「差はなさそうか？」を判定するための数値です。検定の手法ごとに、それぞれの検定統計量が定義されています。本章では「U」と記号が付けられた検定統計量を計算します。次節でUの計算を、節**2-7**でUの性質を学びますが、その前に、この数

値の基本的な性質を説明します。

検定統計量Uは、2つの母集団が同じ確率分布に従うとき、大きな数値になる性質があります。

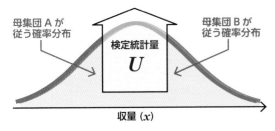

一方、2つの母集団が異なる確率分布に従うときは、ゼロに近い、小さな数値になる性質があります。

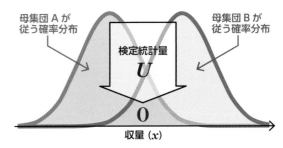

WMW検定は、このUの性質を利用して、差の有無を判断します。実験や調査の結果から計算したUが、大きければ「差はなさそうだ」と判断し、小さければ「差がありそうだ」と判断します。

2-4 WMW検定の手順

WMW検定は計算が簡単です。本節では、検定統計量Uの計算の手順と、WMW検定の作業の流れを、学びます。

1 帰無仮説H_0と対立仮説H_A

まず最初に、帰無仮説H_0と対立仮説H_Aを立てます。帰無仮説H_0は、第1章で学んだ通り「**比べるもの同士が等しい**」です。これは、全ての検定における原則です。WMW検定の場合なら、「母集団Aと母集団Bは同じ確率分布に従う」となります。

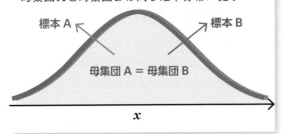

一方、対立仮説H_Aは「比べるものが等しくない」です。WMW検定の場合なら「母集団Aと母集団Bは異なる確率分布に従う」となります。

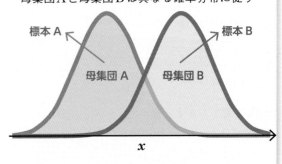

Advice WMW検定の帰無仮説H_0の立て方には、いくつかの流儀があります。ここでは、初学者がもっとも理解しやすいものを選びました。多くの解説書で採用されている帰無仮説H_0は、「中央値（median）が2つの母集団で等しい」とするものです。

この2つの仮説のうち、より重要なのは帰無仮説H_0です。検定は、まず最初に「帰無仮説H_0『比べるもの同士が等しい』は正しい」と仮定します。そして、この仮定の下、実験や調査で得られた結果は「**起こりやすい結果だったのか？**」それとも「**起こりにくい結果だったのか？**」を調べます。WMW検定でも、当然、同じ論理を使います。

② ノンパラメトリック統計

用語を1つ紹介します。**ノンパラメトリック統計**（nonparametric statistics）です。母集団が従う確率分布には、いろいろな種類があります。例えば、多くの解説書でよく見かける、1つ山の分布（単峰性）。

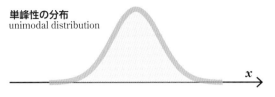

単峰性の分布
unimodal distribution

2つ山の分布（双峰性）も、時おり、現れます。

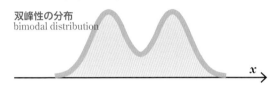

双峰性の分布
bimodal distribution

それから、自然界で意外と多いのは、歪んだ分布です。

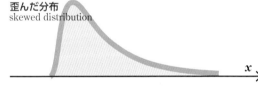

歪んだ分布
skewed distribution

ノンパラメトリック統計は、母集団がどんな確率分布に従おうと、使える手法です。本章で学ぶWMW検定は、ノンパラメトリック統計の代表格です。WMW検定は、特定の確率分布を仮定しません。**WMW検定は、得られた観測値の順位だけを考察の対象にします。**

例題2を使って説明します。全部で8個の観測値を並べます。このとき、標本Aに赤玉を、標本Bに黄玉を割り当て、AとBを区別できるようにしておきます。

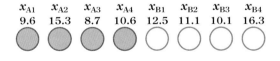

| x_{A1} | x_{A2} | x_{A3} | x_{A4} | x_{B1} | x_{B2} | x_{B3} | x_{B4} |
| 9.6 | 15.3 | 8.7 | 10.6 | 12.5 | 11.1 | 10.1 | 16.3 |

次に、**全ての数値を、昇順で並べ替えます。**

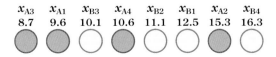

| x_{A3} | x_{A1} | x_{B3} | x_{A4} | x_{B2} | x_{B1} | x_{A2} | x_{B4} |
| 8.7 | 9.6 | 10.1 | 10.6 | 11.1 | 12.5 | 15.3 | 16.3 |

WMW検定では、赤玉と黄玉の並び順さえ決まってしまえば、具体的な数値は無用になります。**観測値の順位だけが必要な情報です。**

この並びに対して、WMW検定を行います。

③ WMW検定の手順

有意水準5%のWMW検定の大まかな流れは、以下の3段階からなります。

STEP 1
実験や調査の結果から、検定統計量Uを計算する。

STEP 2
数表で、検定統計量Uの臨界値$U_{0.05}$を見つける。

STEP 3
もしデータから計算したUが、臨界値$U_{0.05}$以下であれば「有意差があった（$P<0.05$）」と結論する。

以下、この流れを、例題2を使って見てもらいます。

④ STEP 1：検定統計量Uの計算

WMW検定では、Uと名付けられた**検定統計量**を計算します。Uは、以下の3つの手順を通して計算します。

STEP 1-1
Uの候補として、U_1を計算する。

STEP 1-2
Uの候補として、U_2を計算する。

STEP 1-3
U_1とU_2のうち、より小さい値をUとする。

❶U_1の計算

U_1を計算します。まず、節2-4②の赤玉と黄玉の並びを用意します。

1番左の赤玉を選び、この赤玉より右にある黄玉の数を数えます。4個あります。

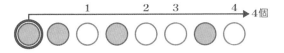

左から2番目の赤玉を選び、この赤玉より右にある黄玉の数を数えます。4個あります。

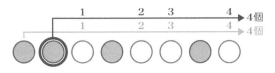

3番目の赤玉を選び、この赤玉より右にある黄玉の数を数えます。3個あります。

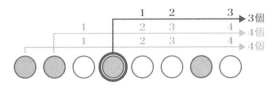

最後の赤玉を選び、この赤玉より右にある黄玉の数を数えます。1個あります。

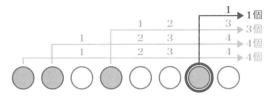

数えた数を全て足し合わせると、U_1 が完成します。

$$U_1 = 4 + 4 + 3 + 1 = 12$$

U_1 は12です。計算は、足し算だけです。

❷ U_2 の計算

次に、U_2 を計算します。黄玉を使って、まったく同じことを行います。1番左の黄玉は、右側に2個の赤玉があります。

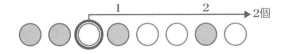

2番目の黄玉は、右側に1個の赤玉があります。

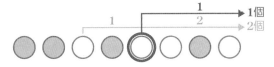

3番目の黄玉は、右側に1個の赤玉があります。

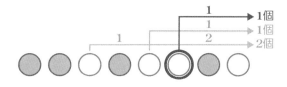

最後の黄玉は、右側にある赤玉は0個です。

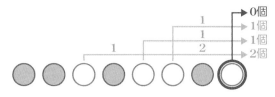

そこで U_2 は

$$U_2 = 2 + 1 + 1 + 0 = 4$$

と計算して、4となります。

❸ U_1 の U_2 の小さい方を選ぶ

以上の結果から、U を決めます。U_1 と U_2 のうち、小さい方を U とします。この場合なら、$U_1 = 12$ と $U_2 = 4$ なので

$$U = U_2 = 4$$

を得ます。これで、検定統計量 U が完成しました。

⑤ U の定義

U の定義を、正確な形で紹介しておきます。

標本Aに n_A 個の観測値があるとします。

標本Bに n_B 個の観測値があるとします。

このとき、x_A と x_B の間に、全部で $n_A \times n_B$ 個の対（赤矢印）をつくることができます。

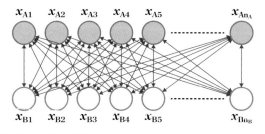

こうした対のうち

$x_A < x_B$

となる対の数を U_1 とし

$x_A > x_B$

となる対の数を U_2 とします。U_1 と U_2 のうち、より小さい値を U に選びます。

これが検定統計量 U の定義です。この計算を簡単に行うために、節 **2–4** **4** で説明した作業を行いました。

6 STEP 2：U の臨界値 $U_{0.05}$

検定統計量 U を得たら、**付表1**（p.321参照）の WMW 検定の数表で、U の**臨界値**（critical value）の $U_{0.05}$ を探します。臨界値とは、検定統計量 U の帰無分布において**棄却域が始まる値**のことです。例題 2.1 の場合なら、$n_1 = 4$ と $n_2 = 4$ として、臨界値 $U_{0.05}$ を探します。すると、$U_{0.05} = 0$ であることが見つかります。

7 STEP 3：有意差の有無の判断

有意差の有無は、実験や調査から得た U と臨界値 $U_{0.05}$ との大小関係から判断します。もし U が $U_{0.05}$ 以下であれば「統計的に有意な差が認められた（$P<0.05$）」と結論します。

> **有意差の有無の判断**
> 実験や調査の結果から計算した U と、臨界値 $U_{0.05}$ の間に以下の不等式が成立するとき
> $$U \leq U_{0.05}$$
> 「統計的に有意な差が認められた（$P<0.05$）」と結論する。
> この不等式が満たされなければ「統計的に有意な差は認められなかった」と結論する。

例題2の場合、データから得た $U = 4$ は、臨界値の $U_{0.05} = 0$ より大きく、この不等式を満たしません。そこで「統計的に有意な差は認められなかった」と結論します。この結論は「**母集団Aと母集団Bの間には明確な差を見出せなかった**」を意味します。

ここまでで、WMW 検定の基本の手順を学びました。練習問題を解いて、WMW 検定の手順を復習してください。

Wilcoxon-Mann-Whitney 検定の検定統計量 U の臨界値 $U_{0.05}$ (有意水準 5%)

		2	3	4	5	6	7	8	9	10	11	12	13	14	15	16	17	18	19	20
													n_1							
	2	–	–	–	–	–	–	0	0	0	0	1	1	1	1	1	2	2	2	2
	3	–	–	–	0	1	1	2	2	3	3	4	4	5	5	6	6	7	7	8
	4	–	–	0	1	2	3	4	4	5	6	7	8	9	10	11	11	12	13	13
	5	–	0	1	2	3	5	6	7	8	9	11	12	13	14	15	17	18	19	20
	6	–	1	2	3	5	6	8	10	11	13	14	16	17	19	21	22	24	25	27
	7	–	1	3	5	6	8	10	12	14	16	18	20	22	24	26	28	30	32	34
	8	0	2	4	6	8	10	13	15	17	19	22	24	26	29	31	34	36	38	41
	9	0	2	4	7	10	12	15	17	20	23	26	28	31	34	37	39	42	45	48
	10	0	3	5	8	11	14	17	20	23	26	29	33	36	39	42	45	48	52	55
n_2	**11**	0	3	6	9	13	16	19	23	26	30	33	37	40	44	47	51	55	58	62
	12	1	4	7	11	14	18	22	26	29	33	37	41	45	49	53	57	61	65	69
	13	1	4	8	12	16	20	24	28	33	37	41	45	50	54	59	63	67	72	76
	14	1	5	9	13	17	22	26	31	36	40	45	50	55	59	64	67	74	78	83
	15	1	5	10	14	19	24	29	34	39	44	49	54	59	64	70	75	80	85	90
	16	1	6	11	15	21	26	31	37	42	47	53	59	64	70	75	81	86	92	98
	17	2	6	11	17	22	28	34	39	45	51	57	63	67	75	81	87	93	99	105
	18	2	7	12	18	24	30	36	42	48	55	61	67	74	80	86	93	99	106	112
	19	2	7	13	19	25	32	38	45	52	58	65	72	78	85	92	99	106	113	119
	20	2	8	13	20	27	34	41	48	55	62	69	76	83	90	98	105	112	119	127

とある実験（もしくは調査）で、以下の2つの標本を得たとする。

標本A	標本B
2.4	2.8
2.2	3.6
2.7	3.8
1.9	2.9

得られた数値を昇順で並べると以下のようになった。

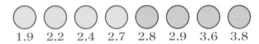

2つの標本の観測値は完全に分離していて、異なる母集団に由来するとしか思えない状況である。

問1　たしかに「統計的に有意な差がある」と結論できるかどうか、有意水準5％のWMW検定を行って確認しなさい。

別のとある実験（もしくは調査）で、以下の2つの標本を得たとする。

標本A	標本B
5.2	5.0
3.5	8.0
2.5	5.5
6.4	2.9

得られた数値を昇順で並べると以下のようになった。

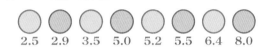

2つの標本の観測値は完全に混ざり合っていて、同一の母集団に由来するようにしか見えない。

問2　たしかに「統計的に有意な差はない」と結論されるかどうか、有意水準5％のWMW検定を行って確認しなさい。

2–6　数学者たちに感謝

WMW検定を行ってみると、第1章の二項検定とは、若干、手順が異なっていることに気付きます。WMW検定では、私たち自身の手で、帰無分布を作る必要がありません。棄却域を設定する必要もありません。一方で、二項検定にはなかった、臨界値の数表があります。

検定の基本的な手順は、第1章で学んだ通りです。これは、全ての検定に共通する論理です。

> **検定の基本的な手順**
> 1．帰無仮説と対立仮説を立てる
> 2．データから検定統計量を計算する
> 3．帰無分布を作成する
> 4．帰無分布に棄却域を設定する
> 5．検定統計量が棄却域に入るかをチェックする

しかし大半の検定では、黄色の枠で囲んだ手順3と手順4は、数学の高度な専門教育を受けない限り、計算は不可能です。

そこで、統計手法を開拓してきた数学者たちは、数学の専門教育を受けていない人でも検定を行えるように、検定統計量を計算するマニュアルと、臨界値（棄却域が始まる境界の値）の一覧表を残してくれています。私たちが検定をするときは、このマニュアルと数表を利用します。

この結果、私たちが検定で行うべき作業はこの「**① 検定統計量を計算し、② 数表の中に臨界値を探し、③ 2つの大小を比べること**」だけです。しかも、検定統計量の計算は、どの検定でも、四則計算と平方根の計算程度ですみます。

> **統計学のユーザーが行う検定の手順**
> ① データから検定統計量を計算する
> ② 数表から臨界値を読み取る
> ③ 検定統計量と臨界値の大小を比べる

統計手法を道具として使う私たちにとって、これは、とてもありがたい話です。困難な仕事は、全て数学者たちが行ってくれています。私たちはただ、検定統計量を計算し、臨界値との大小を比べるだけです。それだけで、有意差の有無が判断できます。

2-7 WMW検定の定性的理解

節**2-4**ではWMW検定の手順を学びました。本節では、WMW検定の仕組みについて、定性的な理解を目指します。

WMW検定は、標本サイズnが小さければ、高校1〜2年に学んだ数学だけで、帰無分布を作り、棄却域を設定することが可能です。本節では、この作業に取り組んでみます。

① 可能な結果の全て

標本サイズが$n_1=4, n_2=4$と小さい例で学びます。

標本 A
$n_A=4$　　標本 B
$n_B=4$

最初に、4個の赤玉と4個の黄玉の可能な並び方について調べます。この並び方は、二項係数を使い

$$_8C_4 = \frac{8!}{4! \cdot 4!} = 70$$

と計算して、70通りあることが分かります。そこで、検定統計量Uの性質を調べるために、70通りの全ての並び方を揃えるところから始めます。

以下に、可能な70通りを全て示しました。さらに、全ての並び方で、U_1とU_2を数え、Uを決めました。1つ1つをじっくり見る必要はありません。サラッと眺めてみてください。

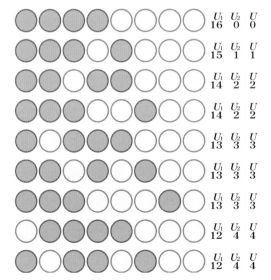

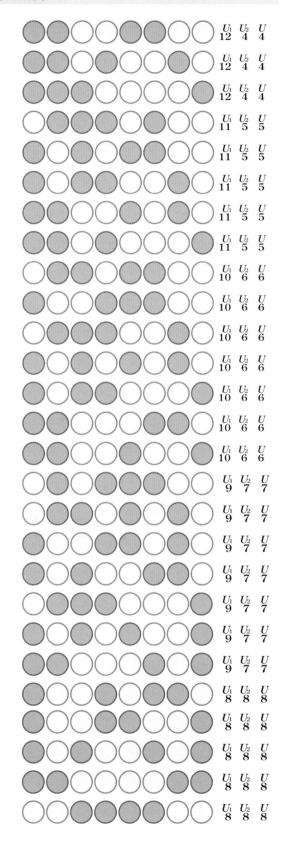

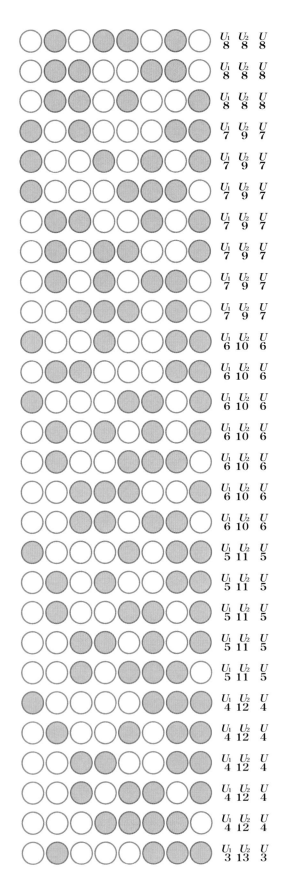

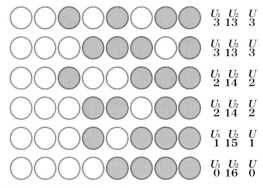

以上が可能な70通りです。

私たちが、実験や調査を行ったと想像してみてください。その結果、標本サイズが $n_A = 4$ と $n_B = 4$ の2つの標本を得たとします。このとき、合計8個の観測値の並び方は、この70通りのうちの、どれか1つとなります。そして、その並び方から、私たちは「差があるに違いない」とか「差があるとは言えそうにない」という判断を下す必要があります。

② 検定統計量 U の性質

本節では、検定統計量 U の性質について学びます。前節では、70通り全ての並び方に対して、U を計算しました。この70個の U の数値を一覧にします。

0	1	2	2	3	3	3	4	4	4	4	4	5	5
5	5	5	6	6	6	6	6	6	6	7	7	7	
7	7	7	8	8	8	8	8	8	8	7	7	7	
7	7	7	6	6	6	6	6	6	6	5	5	5	
5	5	4	4	4	4	4	3	3	3	2	2	1	0

すると、0から8までの整数であることが分かります。ここで、次節での計算のために、U の数値を集計しておきます。

U	並び方の数
0	2
1	2
2	4
3	6
4	10
5	10
6	14
7	14
8	8

本題に入ります。本節の目標は、U の性質を理解することです。そのために、まず、U の最小値と最大

値を観察します。

最小値は$U=0$です。$U=0$が2つあることが分かります。

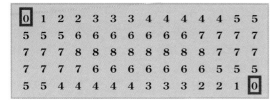

$U=0$となる並び方を探すと

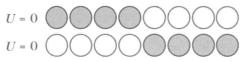

となります。赤玉と黄玉が完全に分離しています。こんなとき、私たちは「母集団Aと母集団Bは、間違いなく、異なる確率分布に従っているだろう」と感じます。

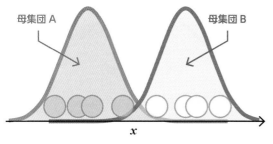

もしくは「標本AとBの間には、統計的に有意な差があるに違いない」と感じます。

次に最大値です。$U=8$が8つあります。

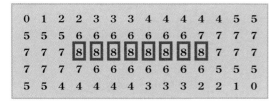

$U=8$となる並び方を探してみると

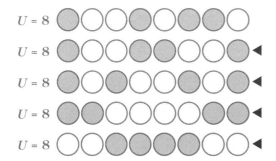

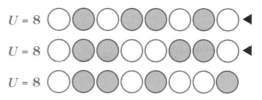

となります。赤玉と黄玉がほぼ完全に混じり合っていることが分かります。特に、赤い三角で示した6つの並びでは、完全に左右対称に並んでいます。

こんなとき、私たちは「母集団Aと母集団Bは、おそらく、同じ確率分布に従っているだろう」と感じます。

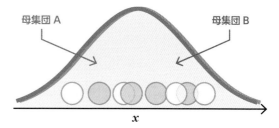

もしくは「標本AとBの間には、とても統計的に有意な差があるとは思えない」と感じます。

こうした観察から、検定統計量Uは、最小値の$U=0$では赤玉と黄玉が完全に分離し、最大値の$U=8$で完全に混じり合うことが分かります。

次に、$U=0$から$U=8$までの9段階で、それぞれ1つずつ、適当に選んだ並び方を揃えてみます。

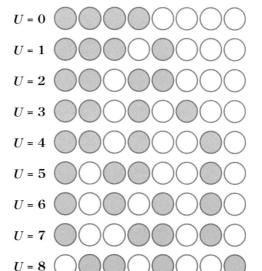

この図を観察すると、$U=0$で完全に分離していた赤玉と黄玉が、徐々に混ざり合い、$U=6$以上では、完

全に混ざり合っているように見えます。

以上の観察結果から、検定統計量Uの性質が分かりました。3つの特徴をまとめます。

検定統計量Uは、赤玉と黄玉が**完全に分離**したとき、最低値の0となります。

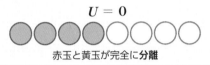

Uの特徴（その1）

$$U = 0$$

赤玉と黄玉が完全に**分離**

一方、検定統計量Uが最大値か、最大値に近いときには、赤玉と黄玉が**完全に混合**しています。

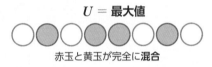

Uの特徴（その2）

$$U = 最大値$$

赤玉と黄玉が完全に**混合**

検定統計量Uは、赤玉と黄玉が混じり合う過程で上昇していきます。

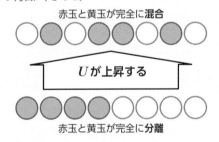

Uの特徴（その3）

赤玉と黄玉が完全に**混合**

Uが上昇する

赤玉と黄玉が完全に**分離**

検定統計量Uのこうした性質は、有意差の有無を判断するうえで、この上なく貴重です。実験や調査から得たUが小さく、ゼロに近づくほど、私たちは「**標本AとBの間に、差があるに違いない**」と自信を深めます。逆に、Uが大きいほど「**標本AとBの間に、差があるとは、とても思えない**」と自信を深めます。検定統計量は、**差の有無に対する確信の度合い**を、数値として、私たちに教えてくれます。

③ 帰無分布

帰無分布は、帰無仮説H_0「比べるもの同士が等し

い」が正しいときに、検定統計量Uが従う確率分布です。本節では、帰無分布を計算します。

❶帰無仮説H_0からの帰結

帰無分布を計算するために、本節では「**帰無仮説H_0が正しいとき、赤玉と黄玉の並びに対して、何が期待できるか？**」を考えます。

簡単な例から始めます。帰無仮説H_0が正しい場合、母集団Aと母集団Bは同じ確率分布に従います。

母集団A ＝ 母集団B

この前提の下、この確率分布から、無作為に1個の観測値を取り出し、これを標本Aの観測値x_Aとします。

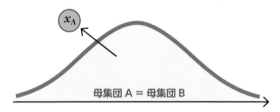

母集団A ＝ 母集団B

さらにもう1個、同じ母集団から無作為に観測値を取り出して、これを、標本Bの観測値x_Bとします。

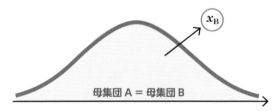

母集団A ＝ 母集団B

ここで、この2つの大小を比較することを考えます。1つの可能性は、x_Aの方が大きい、です。

もう1つの可能性は、x_Bの方が大きい、です。

この2つの不等式のうち「**どちらがより起こりやすいか？**」を考えます。答えは明らかに「**等しい確率1/2で起こる**」です。x_Aとx_Bの2つとも、同じ母集団から無作為に選ばれています。そこで、どちらか一方が、他の一方より起こりやすい理由はありません。

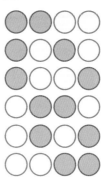

Advice この説明では、x_Aとx_Bのうち、どちらか一方が大きい「$x_A < x_B$」と「$x_B < x_A$」の2つの状況だけを考えています。そこで、一部の読者は「x_Aとx_Bが等しい『$x_B = x_A$』を無視している」と、違和感を抱くかもしれません。これを補足します。WMW検定を支える理論では、x_Aとx_Bが実数であると仮定しています。具体例を考えます。母集団から無作為に取り出した観測値x_Aが、例えば「3.605551275463989…」だったとします。ここでは、有効数字を16桁でしか表示していません。しかし実数は、数直線上では、幅を持たない「点」です。ですから、小数点以下に、0から9までの数字のどれかが、延々と並びます。小数点以下の桁の数は、無限大です。この結果、もう一つ、同じ母集団から無作為に取り出した観測値x_Bが、正確に「$x_B = x_A$」となる確率はゼロです。小数点以下の無限大の全ての桁で、x_Bの数字がx_Aの数字に全て正確に等しくなるなんてことは、絶対に起こり得ない…ということです。そこで、「$x_B = x_A$」を無視し、「$x_A < x_B$」と「$x_B < x_A$」の2つだけを考えます。

ただし、観測値が整数であったり、有効数字が2～3桁程度の数値である場合は、等しい観測値が生じることは、十分に起こり得ます。この場合の対処方法は、節**2–8** 2 で解説します。

次に、観測値の数を増やしてみます。この母集団から2つの観測値を無作為に取り出し、標本Aとします。

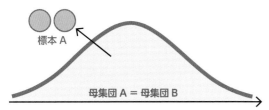

標本A

母集団A = 母集団B

同じ母集団から、さらに2つの観測値を無作為に取り出し、標本Bの観測値とします。

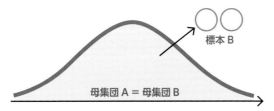

標本B

母集団A = 母集団B

ここで、合計4つの観測値を昇順に並べることを考えてみます。この場合、全部で6通りの可能な並び方が起こり得ます。

次に、この6つの並び方のうち「どれか、起こりやすい並び方はあるだろうか？」と考えます。しかし、この6通りのうち、どれか特定の並び方が、他の並び方より起こりやすい理由はありません。そこで、全ての並び方が等しく1/6の確率で起こります。

同じことが、節**2–7** 1 の70通りの並び方にも言えます。もし帰無仮説H_0が正しく、2つの標本が同一の母集団に由来するなら、70通りの並び方は全て等しい確率1/70で起こります。そこで、70個のUの数値も、全て等しい確率1/70で起こります。

全ての数値が確率 1/70 で起こる													
0	1	2	2	3	3	3	4	4	4	4	5	5	
5	5	5	6	6	6	6	6	6	7	7	7		
7	7	7	8	8	8	8	8	8	8	7	7	7	
7	7	7	6	6	6	6	6	6	5	5	5		
5	5	4	4	4	4	4	3	3	3	2	2	1	0

❷ 帰無分布の計算

これで帰無分布が計算できます。まず、節**2–7** 2 で作った一覧表を用意します。

U	並び方の数
0	2
1	2
2	4
3	6
4	10
5	10
6	14
7	14
8	8

前節の結論によると、帰無仮説H_0が正しいなら、並び方1つ当たりの確率は、全て1/70です。

U	並び方の数	1つの並び方 当たりの確率
0	2	1/70
1	2	1/70
2	4	1/70
3	6	1/70
4	10	1/70
5	10	1/70
6	14	1/70
7	14	1/70
8	8	1/70

そこで、この1/70と「並び方の数」を掛けてやれば「帰無仮説H_0が正しいときの、各Uが起こる確率」が計算できます。

U	並び方の数		1つの並び方 当たりの確率		帰無仮説が正しい時 にUが起きる確率
0	2	×	1/70	=	2/70 （2.86%）
1	2	×	1/70	=	2/70 （2.86%）
2	4	×	1/70	=	4/70 （5.71%）
3	6	×	1/70	=	6/70 （8.57%）
4	10	×	1/70	=	10/70 （14.3%）
5	10	×	1/70	=	10/70 （14.3%）
6	14	×	1/70	=	14/70 （20%）
7	14	×	1/70	=	14/70 （20%）
8	8	×	1/70	=	8/70 （11.4%）

これで「帰無仮説H_0が正しいときの検定統計量Uの確率分布」である帰無分布が完成しました。

最後に、この一覧表をグラフにして、視覚的に見やすくしておきます。この図の横軸は検定統計量Uです。縦軸は確率です。

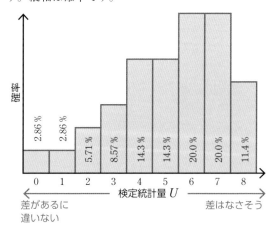

ここまでを要約します。帰無仮説H_0「比べるもの同士が等しい」が正しいときには、検定統計量Uは、

この確率分布に従って観測されます。

④ 棄却域

帰無分布を得たので、次に、棄却域を設定します。有意水準を5%とします。

WMW検定の場合「差があるに違いない」と確信できるのは検定統計量Uが0に近い場合だけです。このことを、節**2-7**②で確認しました。そこで、棄却域は、確率分布の左側だけに設定します。

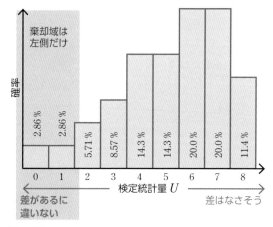

Advice 第1章の二項検定では、帰無分布の両側に棄却域を作りました。今回は、帰無分布の左側だけに棄却域を作ります。初学者は、違和感があるかもしれません。これ以降に学ぶ検定では、検定統計量の性質に応じて、帰無分布の両側に棄却域を作る場合もあれば、帰無分布の片側だけに棄却域を作る場合もあります。

まず$U=0$から見てみます。$U=0$では、赤玉と黄玉は完全に分離します。この並び方が得られたら、2つの母集団は異なるとしか思えません。もしくは、2つの標本間には差があるとしか思えません。

帰無仮説H_0「比べるもの同士が等しい」が正しいとき、$U=0$が起こる確率は2.86%です。これは有意水準の5%より小さいです。

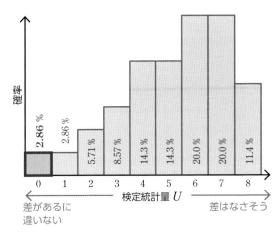

差があるに違いない ← 検定統計量 U → 差はなさそう

そこで、$U=0$ を棄却域に含めます。

次いで、$U=0$ の次に U が小さい、$U=1$ を見てみます。$U=1$ となる並び方は 2 通りです。

$U=1$ ⬤⬤⬤⬤⬤◯◯◯
$U=1$ ◯◯◯◯⬤⬤⬤⬤

この場合も、見た感じでは、赤玉と黄玉はかなり分離しています。2 つの母集団が異なっているように感じます。もしくは、2 つの標本には差がありそうです。帰無仮説 H_0 が正しいとき、$U=1$ が起こる確率は 2.86% です。

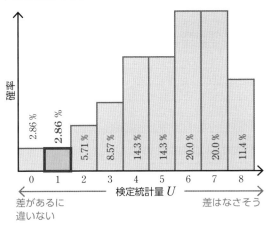

差があるに違いない ← 検定統計量 U → 差はなさそう

そこで、$U=1$ も棄却域に含めたくなります。しか

し、これを行うと問題が生じます。$U=0$ と $U=1$ を棄却域にすると、棄却域の確率が

2.86% ＋ 2.86% ＝ 5.72%

となって、5% を超えてしまいます。そこで、$U-1$ を棄却域に含めないことにします。

以上の判断から、$U=0$ だけを棄却域とします。有意水準 5% の検定ですが、実質的には、有意水準 2.86% の検定を行うことになります。

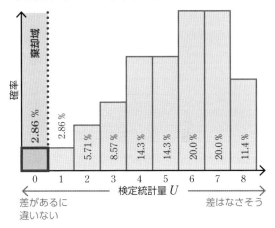

棄却域

差があるに違いない ← 検定統計量 U → 差はなさそう

これで棄却域を設定できました。節 **2–4** **6** では、付表 1 の数表から、$n_1=4$, $n_2=4$ における U の臨界値が $U_{0.05}=0$ であることを見つけました。

Wilcoxon-Mann-Whitney 検

	2	3	**4**	5	6	7	8
2	–	–	–	–	–	–	0
3	–	–	0	1	1	2	
4	–	0	**0**	1	2	3	4
5	–	0	1	2	3	5	6
6	–	1	2	3	5	6	8
7	–	1	3	5	6	8	10

私たちは今、この臨界値 $U_{0.05}=0$ が導かれる過程を確認したことになります。

2–8　WMW 検定の実践的な技術

前節までの学習で、WMW 検定の計算の意味を定性的に理解しました。

しかし、実践的な手法として WMW 検定を使うに

は、検定統計量 U の計算方法について、あと 2 つ、知っておくべき技術があります。

1 標本サイズnが大きい場合の U_1とU_2の計算

節 **2-4** **4** で説明したU_1とU_2の計算方法は、単純で、直感的に理解しやすい長所があります。しかし、数え上げが面倒な欠点があります。標本サイズnが大きくなるにつれて、U_1とU_2の計算は、どんどん面倒になります。

ここでは、標本サイズを$n_A=8$、$n_B=8$と、例題2の倍に増やした例を見てみます。

標本 A	標本 B
9.9	7.3
3.9	12.2
12.5	12.0
10.2	7.7
10.3	12.9
12.1	9.3
11.1	10.4
11.8	10.1

このデータに対し、節 **2-4** **4** で説明した方法でU_1とU_2を数えてみます。U_1は

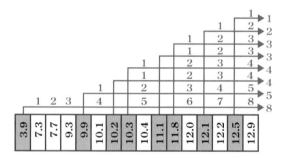

と数えて、合計して

$U_1=8+5+4+4+3+3+2+1=30$

です。U_2は

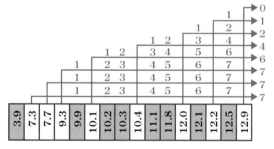

と数えて、合計して

$U_2=7+7+7+6+4+2+1+0=34$

です。そこで検定統計量Uは、30と34の小さい方を選び

$U=U_1=30$

となります。

こうしたUの計算方法は単純ですが、退屈で面倒です。標本サイズnがさらに大きくなると、苦痛になります。

検定統計量Uを発明したHB MannとDR Whitneyは、U_1とU_2をもう少し楽に求める計算式を提案しました。

この方法を以下に示します。まず、全ての観測値を昇順で並べます。

3.9	7.3	7.7	9.3	9.9	10.1	10.2	10.3	10.4	11.1	11.8	12.0	12.1	12.2	12.5	12.9

次いで、観測値に順位を割り当てます。

1	2	3	4	5	6	7	8	9	10	11	12	13	14	15	16
3.9	7.3	7.7	9.3	9.9	10.1	10.2	10.3	10.4	11.1	11.8	12.0	12.1	12.2	12.5	12.9

ここで、観測値の一覧表に、順位を書き加えておくと、計算ミスを防ぐのに便利です。

標本 A		標本 B	
9.9	5	7.3	2
3.9	1	12.2	14
12.5	15	12.0	12
10.2	7	7.7	3
10.3	8	12.9	16
12.1	13	9.3	4
11.1	10	10.4	9
11.8	11	10.1	6

次いで、標本ごとに、順位を合計します。これを**順位和**（rank sum）と呼びます。記号にRを使います。

標本Aの順位和R_Aは

$R_A=5+1+15+7+8+13+10+11=70$

です。標本Bの順位和R_Bは

$R_B=2+14+12+3+16+4+9+6=66$

です。

順位和のR_AとR_Bを計算したら、以下の計算式を使って、U_1とU_2を計算します。

U_1 と U_2 の簡便な計算法

$$U_1 = n_A n_B + \frac{1}{2} n_A (n_A + 1) - R_A$$

$$U_2 = n_A n_B + \frac{1}{2} n_B (n_B + 1) - R_B$$

ここで、n_A と n_B は標本Aと標本Bの標本サイズです。R_A と R_B は、標本Aと標本Bの順位和です。U_1 と U_2 の小さい方を U として選びます。

Advice この計算式の導出を、**web特典A.1** で紹介しています。興味のある読者は、目を通してみてください。一方「数学とは、可能な限り関わりたくない」という読者も多いと思います。こうした方々は、web特典を読む必要は、一切ありません。

今回の例では、標本サイズが

$$n_A = n_B = 8$$

です。この値と、順位和 $R_A = 70$ と $R_B = 66$ を使い

$$U_1 = 8 \cdot 8 + \frac{1}{2} \cdot 8(8 + 1) - 70 = 30$$

$$U_2 = 8 \cdot 8 + \frac{1}{2} \cdot 8(8 + 1) - 66 = 34$$

と計算されます。確かに、素朴に数え上げた方法と同じ値 ($U_1 = 30$ と $U_2 = 34$) が計算されています。かつ、この方法なら、計算の手間をかなり減らせます。

② タイ（等しい値）がある場合の Uの計算

知っておくべき、実践的技術の2つめです。観測値の数が増えると、時々、等しい観測値が現れる場合があります。これを**タイ**（tie）と呼んでいます。タイは、観測値が整数となるような実験や調査で、特に、起こりやすい現象です。

簡単な例題を考えてみます。12個のポットを用意し、そのうちの6個には品種Aのシクラメンを植えます。

varts / stock.adobe.com

残りの6個には品種Bのシクラメンを植えます。

varts / stock.adobe.com

12個のポット全て、同じ栽培を行い、花期に生まれた花の数を数え、以下の結果を得たとします。

花の数（品種 A）	花の数（品種 B）
30 ◀	21
26	30 ◀
36	32
30 ◀	24 ◀
18	39
24 ◀	27

この一覧を見ると、30という観測値が3つあります（赤三角）。24という観測値が2つあります（青三角）。

この場合の、順位の数え方を説明します。全ての観測値を昇順で並べます。

18	21	24	24	26	27	30	30	30	32	36	39

タイが2カ所あります。

18	21	24	24	26	27	30	30	30	32	36	39

まず最初に、タイは気にせず、機械的に順位を付けていきます。

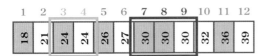

次に、タイに対して、順位の算術平均を計算します。1つめのタイは「24」という観測値です。順位は3番目と4番目です。平均すると

$$\frac{3+4}{2}=3.5$$

となります。次のタイは「30」という観測値です。順位は7番目と8番目と9番目です。算術平均を計算すると

$$\frac{7+8+9}{3}=8$$

となります。そこで改めて、タイに対して順位の算術平均を割り当て直します。観測値24の順位は3.5、観測値30の順位は8です。

以上の順位をまとめました。

花の数 (品種 A)		花の数 (品種 B)	
30	8	21	2
26	5	30	8
36	11	32	10
30	8	24	3.5
18	1	39	12
24	3.5	27	6

あとは前節 **2-8** $\boxed{1}$ の計算式に従って、U_1 と U_2 を計算し、U を決定します。

2-9 WMW 検定を発明した自然科学者たち

統計学は、応用数学の一分野です。数学の才能に恵まれた天才たちが創りあげてきました。しかし、数学の才能以外では、私たちと変わらない、普通の人たちです。夢をもったり、辛い時期を耐え抜いたり、挫折を味わったり、その人生は私たちと変わりません。WMW 検定は、3人の自然科学者の努力から生まれました。

$\boxed{1}$ Frank Wilcoxon

Frank Wilcoxon（1892-1965）は、自然科学者としては少し風変わりな経歴の持ち主です。彼はアイルランド生まれで、ニューヨークで裕福な家庭に育ちます。16歳の時、彼は家出をして、貨物船の乗組員となったそうです。家出した理由は記録に残っていません。しかし、船に乗ることもなく、彼はそこからも逃げ出しました。その後しばらくの間、身を隠すように、ヴァージニア州西部の砂漠地帯で、油田の労働者をしたり、樹木医の仕事をしたりして生活の糧を得たそうです。しかし結局、失意のもと、実家に戻りました。その後、ペンシルベニア陸軍大学に入学させられました（当時は第1次世界大戦の最中でした）。

卒業後、彼は就職します。しかし28歳でラトガース大学に入学し直し、化学の修士号を得ます。その後、コーネル大学で物理化学の博士号を得ます。この時

すでに32歳でした。その後、彼は民間企業で、殺菌剤や殺虫剤の開発、植物病理学に関わる研究に従事しました。

こうしたキャリアを積む中で、彼は統計学への興味を深めます。ある時、特定の確率分布に依存しない、観測値の順位だけに基づいた簡単な統計手法の必要性を痛感したそうです。彼は当初「こんな簡単なアイディアは、はるか昔に開拓し尽くされているだろう」と考え、過去の文献にこのアイディアを探しました。しかし、見つかりません。そこで彼は、彼自身のアイディアをまとめ、生物統計学の学術雑誌 Biometrics Bulletin に投稿しました。こうしておけば、編集部から「こんなアイディアはすでに調べ尽くされている」と却下の知らせを受けるはずです。しかし同時に、探していた文献を紹介してもらえるだろうと期待しました。この時、彼は53歳で、これが、彼が初めて執筆した統計学の論文でした。

彼の意に反して、彼のアイディアは完全に新規であると判断され、驚きをもって統計学のコミュニティーに受け入れられました。ノンパラメトリック統計のアイディア自体は、F Wilcoxon 以前にもありました。しかし、彼の論文までは「ノンパラメトリック統計には、統計学に抜本的な変革をもたらす可能性がある」とは、誰も想像しませんでした。彼の論文以降、統計学者の間に、ノンパラメトリック統計への興味が一気に高まります。

彼の手法は、現在、**Wilcoxon の順位和検定**と呼ばれています。この検定では、検定統計量に **W** という記号が付けられています。

② Henry Berthold Mann と Donald Ransom Whitney

Henry Berthold Mann（1905-2000, 画像右上）はオーストリアのウィーン生まれです。ウィーン大学で数学の博士号を取った後、移民としてニューヨークに渡ります。その後数年間はチューター（家庭教師）として生活の糧を得ていたそうです。この期間に彼は統計学への興味を深めます。アメリカ渡航から6年後、カーネギー財団から研究費を得て、よう

オハイオ州立大学の数学部より許諾を得て掲載

やく本格的な統計学の研究を始めます。その4年後、オハイオ州立大学で職を得ました。41歳の時でした。

Donald Ransom Whitney（1915-2007, 画像下）は、オハイオ州生まれで、同州のオーバリン大学で学士号を取りました。この大学は、アメリカ合衆国で初めて女子学生を受け入れ、有色人種の学生の受け入れも極めて早かったことで有名な大学です。

オハイオ州立大学の数学部より許諾を得て掲載

彼はプリンストン大学で数学の修士号を取った後、メリーワシントン大学で数学の講師となります。その数年後には、海軍で、航海法の基礎教育の一環を担う仕事に就きます（当時は第2次世界大戦の最中でした）。戦後、オハイオ州立大学で数学の博士号を取り、この大学で職を得ます。「統計学は応用数学であり、他の様々な研究分野の研究者達を助けるものでなくてはならない」という正義感が強い人でした。彼は同大学に統計学研究所を設立し、様々な研究分野の数百人もの研究者や大学院生達に対し、統計学の側面から彼らの研究をサポートしました。

HB Mann と DR Whitney が共同研究していた当時、

彼らは「1940年と1944年の賃金の分布を比較する」という問題に取り組んでいました。この研究の中で「数値の順位だけに基づく」という、F Wilcoxon とまったく同じアイディアに、まったく独立に辿り着きました。彼らの手法は Mann-Whitney の U 検定と呼ばれています。彼らの検定統計量には U という記号が付けられました。根底にあるアイディアは同一ですが、F Wilcoxon の W とは定義が異なっています。

この2人の論文が出版されたのは F Wilcoxon の2年後です。すぐに、この2つの方法は完全に同じ検定結果を与えることが証明されました。

本書で紹介したのは Mann-Whitney の U 検定です。しかし近年は、3人の功績を等しく認める Wilcoxon-Mann-Whitney 検定という総称も一般的です。そこで、本書ではこの表現を使いました。

2-10 統計学を学ぶための心がけ

前章と本章では、理解しやすい学習項目だけを選んで学びました。第Ⅱ部以降は、数学を苦手にする読者には、ストレスを与える内容が少しずつ入ってきます。

統計学の学習では「統計学や、統計学を専門とする数学者たちの存在に感謝する」という気持ちが大切です。それを、実例で説明します。再度、WMW 検定の臨界値 $U_{0.05}$ の数表を見てみます。

Wilcoxon-Mann-Whitney 検定の検定統計量 U の臨界値 $U_{0.05}$ (有意水準 5%)

		2	3	4	5	6	7	8	9	10	11	12	13	14	15	16	17	18	19	20
	2	–	–	–	–	–	–	0	0	0	0	1	1	1	1	1	2	2	2	2
	3	–	–	0	1	1	2	2	3	3	4	4	5	5	6	6	7	7	8	8
	4	–	0	0	1	2	3	4	4	5	6	7	8	9	10	11	11	12	13	13
	5	–	0	1	2	3	5	6	7	8	9	11	12	13	14	15	17	18	19	20
	6	–	1	2	3	5	6	8	10	11	13	14	16	17	19	21	22	24	25	27
	7	–	1	3	5	6	8	10	12	14	16	18	20	22	24	26	28	30	32	34
	8	0	2	4	6	8	10	13	15	17	19	22	24	26	29	31	34	36	38	41
	9	0	2	4	7	10	12	15	17	20	23	26	28	31	34	37	39	42	45	48
	10	0	3	5	8	11	14	17	20	23	26	29	33	36	39	42	45	48	52	55
n2	11	0	3	6	9	13	16	19	23	26	30	33	37	40	44	47	51	55	58	62
	12	1	4	7	11	14	18	22	26	29	33	37	41	45	49	53	57	61	65	69
	13	1	4	8	12	16	20	24	28	33	37	41	45	50	54	59	63	67	72	76
	14	1	5	9	13	17	22	26	31	36	40	45	50	55	59	64	67	74	78	83
	15	1	5	10	14	19	24	29	34	39	44	49	54	59	64	70	75	80	85	90
	16	1	6	11	15	21	26	31	37	42	47	53	59	64	70	75	81	86	92	98
	17	2	6	11	17	22	28	34	39	45	51	57	63	67	75	81	87	93	99	105
	18	2	7	12	18	24	30	36	42	48	55	61	67	74	80	86	93	99	106	112
	19	2	7	13	19	25	32	38	45	52	58	65	72	78	85	92	99	106	113	119
	20	2	8	13	20	27	34	41	48	55	62	69	76	83	90	98	105	112	119	127

節2-7では、数表の左上にある$n_1 = 4$と$n_2 = 4$の$U_{0.05} = 0$が導かれる過程を見ました。この場合では、70通りの赤玉と黄玉の並び方がありました。70通りの全てに対して検定統計量Uを計算するのは面倒ですが、初学者でも数日あれば可能です。

次に、数表の右下にある、$n_1 = 20$と$n_2 = 20$の$U_{0.05} = 127$が導かれる過程を考えてみます。この場合、赤玉も黄玉も20個ずつです。

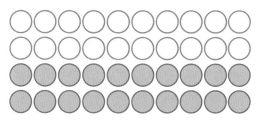

このとき、赤玉と黄玉の並び方は、二項係数

$$_{40}C_{20} = \frac{40!}{20!\,20!} = 137{,}846{,}528{,}820$$

を計算して、約1千4百億通りの並び方があることが分かります。もはや、本章で紹介した愚直な方法では、臨界値$U_{0.05}$を決めることは不可能です。

Advice 約1千4百億という数字は、私たちの直感の範囲を飛び出した数値です。1つの例を示します。1円硬貨は、厚みが1.5 mmあります。この1円硬貨を約1千4百億枚積み重ねると、その高さは、地球と月の距離の半分強程度になります。

ところが数学者たちは、洗練された数学的な方法を探し出し、最終的に、$n_1 = 20$と$n_2 = 20$の臨界値$U_{0.05}$が127であることを突き止めています。

WMW検定に限らず、数学者たちは、様々な実験や調査の設定に対し、適切な検定法を発明してくれました。そのうえ、検定統計量の計算のマニュアルも、臨界値の数表も用意してくれました。この状況に、数学を専門としない私たちは、感謝する必要があります。

あともう1章で第Ⅰ部は終わりです。第Ⅱ部からは、本書の内容も少しずつ難しくなります。各学習項目で、背後にある数学のレベルが高くなります。

第Ⅱ部以降の学習を進める際、どうか、少し安心した気持ちで臨んでください。最悪、読者が「この本の内容は難しい」と感じたとしても、計算のマニュアルと数表さえあれば、必要な検定は簡単に行うことができます。本書でも、練習問題とその詳細な解答が、各手法の計算マニュアルとなっています。

第Ⅱ部以降の学習では、**おおらかな気持ち**を抱き「理解できる部分だけ理解しよう。理解できない内容は知識として増やしておこう」という気持ちで取り組んでください。

2-11 WMW検定の手順（まとめ）

最後に、WMW検定の手順をまとめておきます。

STEP 1
検定統計量Uの計算に必要な数値を用意する。

[1] 標本サイズ　n_A　　n_B

[2] 順位和　　　R_A　　R_B

STEP 2
検定統計量Uの候補として、U_1とU_2を計算する。

$$U_1 = n_A n_B + \frac{1}{2} n_A (n_A + 1) - R_A$$

$$U_2 = n_A n_B + \frac{1}{2} n_B (n_B + 1) - R_B$$

U_1とU_2のうち、より小さな値をUとする。

STEP 3
計算して得たUと臨界値$U_{0.05}$の間に以下の不等式が成立するとき

$$U \leq U_{0.05}$$

「統計的に有意な差が認められた（$P < 0.05$）」と結論する。
この不等式が満たされなければ「統計的に有意な差は認められなかった」と結論する。

Advice 最後に、WMW検定の解説の別パターンについて、補足します。本書では検定統計量Uを「U_1とU_2のうち小さい値」と定義しました。これは、Mann–WhitneyのU検定のオリジナルな定義、そ

のものです。ところが、本書執筆時点でのアメリカの解説書の大半は、真逆の説明を行なっています。Uを「U_1とU_2のうち大きい値」と定義し直したのです。これは、WMW検定以外の全ての検定において「**差が明確なほど、検定統計量は大きな値を示す**」という特徴があるからです。そこで、WMW検定でも、検定統計量が同じ性質を持つように、再定義されました。臨界値$U_{0.05}$の数表も、本書の数表とは異

なっています。本書の執筆では「オリジナルを尊重するか？アメリカ方式を採用するか？」で悩み、結局、前者を選びました。こうした理由から、読者が将来、統計学を英語の解説書で学ぶ機会がある場合、WMW検定では、本書とは異なる解説に出会うことになります。しかし、この手法の本質は、オリジナルでもアメリカ方式でも、何ひとつ変わりません。有意差の有無の判断は、本質的にまったく同一です。

2-12　練習問題 D

肥満は生活習慣が原因で起こる現象である。

hanack / stock.adobe.com

肥満はカロリーの過剰な摂取が直接的な原因である。そこで「より高所得の人が肥満になりやすい」と思えるかもしれない。しかし北米での調査から、実情は真逆であるらしいことが指摘されている。

一般に、自己管理能力が高い人は肥満になりにくい。そして、自己管理能力の高い人は、優秀な人材である場合が多く、高所得を得やすい。一方、低所得層の多くの人は、ハンバーガーのような高カロリーの食事に依存しやすく、自己管理能力が低い傾向がある。

Jacek Chabraszewski / stock.adobe.com

その結果「肥満は高所得層よりも低所得層に多い傾向がある」というのである。

日本でも、同様の傾向があるのか？という疑問を調べるために、予備調査を行ったとする。対象は25歳の男性とした。無作為に選んだ肥満の8人と、肥満ではない8人の年収を調べた結果、以下のようになったとする（数値の単位は100万円）。

肥満	肥満ではない
4.6	4.6
5.6	4.9
3.2	7.1
3.2	6.0
3.7	5.2
4.0	3.9
5.0	5.3
4.6	5.8

問　肥満の人と、肥満ではない人では、年収は異なるのだろうか？　有意水準5%のWMW検定を行いなさい。

Advice この練習問題で使ったデータは架空のものです。そこで、練習問題での結論は、事実とは一切関係ありません。誤解のないようにお願いします。

3 章 第1種の過誤と第2種の過誤

統計学の目的は、数が限られた観測値からなる標本を使って、母集団に対する推論を行うことです。しかし、標本サイズが限られている以上、100%正しい結論を導くことは、原理的に不可能です。統計手法は、時々、誤った結論を導きます。そこで私たちは、統計手法が犯しうる過ちについて学ぶ必要があります。検定の場合、過ちには2種類あります。差がないのに「統計的に有意な差がある」と間違える過ちを「第1種の過誤」と呼びます。差があるのに「統計的に有意な差はない」と間違える過ちを「第2種の過誤」と呼びます。本章では、第1章の例題1を使って、この2つの過ちについて学びます。目標は「有意差あり（$P<0.05$）」と「有意差なし」の意味を理解することです。本章の内容は重要です。しかし本章は、論理が中心の内容で、統計学の初学者を混乱させる可能性があります。本書を最初に読むときは、この章を飛ばしても、構いません。その場合は、Ⅱ部以降を学習する中で、自身の実力を実感できるようになってから、改めて本章に戻ってきてください。

私たちが検定を行えば、「**有意差あり（$P<0.05$）**」か「**有意差なし**」の2つに1つの結論に至ります。そこで、この2つの表現の意味を、正しく理解する必要があります。そのためには、検定が犯しうる過ち、**第1種の過誤**（Type Ⅰ error）と**第2種の過誤**（Type Ⅱ error）の理解が欠かせません。

3-1 検定の論理の復習

第1章で学んだ二項検定は、第1種の過誤と第2種の過誤の学習においても、理解しやすい教材となります。本章では、二項検定を例にして、この2つの過ちの基礎を学びます。

① 二項検定の復習

本節では、二項検定の論理を復習します。この論理は、全ての検定に共通する論理です。例題1では、2つの薬の効果の比較を行いました。

❶ 比較する2つがある

1つはA薬です。すでに有効率が$p=0.6$であることが分かっています。

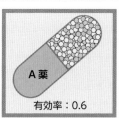

もう1つは、新しく開発されたB薬です。B薬の有効率は、未知です。

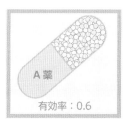

そこで、20人の患者の協力を得て、B薬の効果を調べます。その結果、効果のあった人数を、実験結果として得ます。

❷比較する2つが等しいと仮定する

検定では、まず最初に「比べるもの同士が等しい」と仮定します。これを帰無仮説H_0と呼びました。例題1ならH_0は「B薬の有効率は、A薬と等しく$p=0.6$」です。

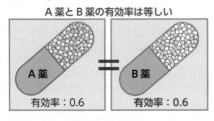

帰無仮説 (H_0)

A薬とB薬の有効率は等しい

A薬　有効率：0.6　＝　B薬　有効率：0.6

❸検定統計量を計算する

検定統計量は「差があるのか？」それとも「差がないのか？」を決める、重要な数値です。しかし、二項検定では計算が不要です。B薬で効果のある人数が、検定統計量となります。

❹帰無分布を用意する

次に、帰無仮説H_0が正しいときに検定統計量が従う確率分布、帰無分布を用意します。帰無分布は、帰無仮説H_0「比べるもの同士が等しい」が正しいときに「どんな結果が起こりやすいのか？どんな結果が起こりにくいのか？」を教えてくれます。

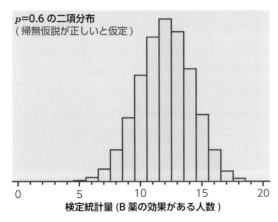

$p=0.6$ の二項分布
（帰無仮説が正しいと仮定）

検定統計量（B薬の効果がある人数）

❺棄却域を作る

次に、帰無分布の中に棄却域を設定します。棄却域は、帰無仮説H_0が正しい場合に「こんな結果はほとんど期待できない」と思える5%の領域に作ります。

二項分布なら、帰無分布の両端の2.5%ずつです。

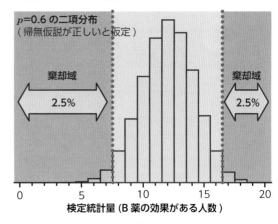

$p=0.6$ の二項分布
（帰無仮説が正しいと仮定）

棄却域　2.5%　　棄却域　2.5%

検定統計量（B薬の効果がある人数）

❻検定統計量が棄却域に入るか調べる

最後に、実験や調査から得た検定統計量が棄却域に入るかどうか？をチェックします。もし棄却域に入れば「帰無仮説H_0は疑わしい」と判断し「統計的に有意な差があった($P<0.05$)」と結論します。一方、棄却域に入らなければ「帰無仮説H_0『比べるもの同士が等しい』が正しいと考えても、この結果を十分に説明できる」と判断し「統計的に有意な差はなかった」と結論します。

② 説明のスタイル

本章では、帰無仮説H_0が正しいときや、間違っているときに、帰無仮説H_0が棄却される確率や、棄却されない確率を調べていきます。

この計算のために、例題1の帰無仮説H_0「B薬の有効率がA薬と等しく0.6」を仮定した棄却域

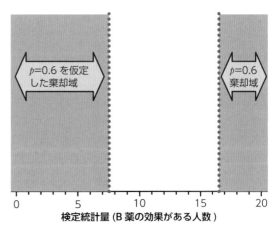

$p=0.6$ を仮定した棄却域　　　$p=0.6$ 棄却域

検定統計量（B薬の効果がある人数）

を頻繁に使います。そこで、この図を記憶にとどめたまま、以下の解説を読み進めてください。

3-2 4つの可能性

統計学の解説書なら、必ず載っている一覧表があります。この一覧表を示します。

判断＼真実	帰無仮説 H_0 は正しい	帰無仮説 H_0 は間違い
有意差なし	正しい判断	第2種の過誤
有意差あり	第1種の過誤	正しい判断

私たちが検定を行うときには、2つの状況があり得

ます。1つは「帰無仮説 H_0 は正しい」という状況です。もう1つは「帰無仮説 H_0 は間違っている」という状況です。そして、検定を用いた判断にも、2つの可能性があります。「**有意差あり ($P<0.05$)**」と「**有意差なし**」です。そこで、検定を行えば、合計 $2 \times 2 = 4$ 通りの可能性があります。左の一覧表は、この4通りを示しています。

3-3 第1種の過誤

本節の目的は「『**有意差あり ($P<0.05$)**』は何を意味するのか？」を理解することです。そのために、3つのケースを見てみます。

① 帰無仮説 H_0 が間違っているとき

まず最初に、簡単なケースから始めます。帰無仮説 H_0「比べるもの同士が等しい」が間違っている状況を考えます。

帰無仮説 (H_0) は間違い

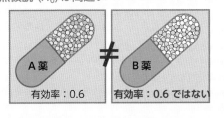

こんなときは、正しく「有意差あり ($P<0.05$)」と判断したいです。

ここでは、B薬の有効率が、0.6を大きく下回る「0.2」だったとします。例題1の帰無仮説 H_0「B薬の有効率がA薬と等しく0.6」は、完全に間違っています。

帰無仮説 (H_0) は間違い

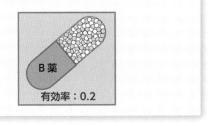

B薬の有効率が0.2のとき、検定統計量（B薬で効果のある人数）が従う二項分布は

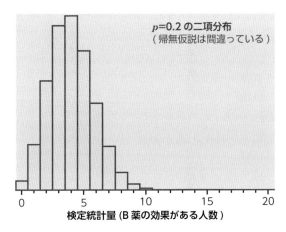

です。

ここに、例題1の帰無仮説 H_0「B薬の有効率がA薬と等しく0.6」が正しいと仮定した、節 **3-1** ②の棄却域を重ねます。

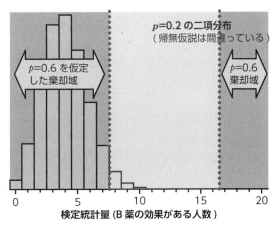

次に、検定統計量（B薬で効果がある人数）が、棄却域に入る確率を求めます。個々の確率は

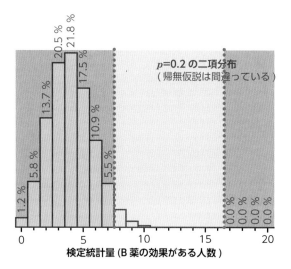

です。これを集計します。検定統計量が左側の棄却域に入る確率は

1.2％＋5.8％＋13.7％＋20.5％＋21.8％＋17.5％
＋10.9％＋5.5％

＝96.8％

です。一方、右側の棄却域に入る確率は

0.0％＋0.0％＋0.0％＋0.0％

＝0.0％

です。以上をまとめると

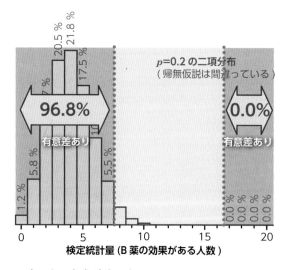

です。2つを合計すると

96.8％＋0.0％＝96.8％

となります。そこで結局、B薬の有効率が0.2のときは、96.8％という高い確率で、私たちが期待する通

りに「有意差あり（$P<0.05$）」と正しく結論します。これが、下の一覧表の紫の部分です。

真実 判断	帰無仮説 H_0 は正しい	帰無仮説 H_0 は間違い
有意差なし	正しい判断	第2種の過誤
有意差あり	第1種の過誤	**正しい判断**

このような例を見ると、ついつい「有意差（$P<0.05$）があれば、帰無仮説 H_0『比べるもの同士が等しい』は100％必ず間違っている」と安直に考えがちです。しかし、そこまで簡単ではありません。これを理解するために、次から2つの節では「帰無仮説 H_0 は正しい」という状況

真実 判断	帰無仮説 H_0 は正しい	帰無仮説 H_0 は間違い
有意差なし	正しい判断	第2種の過誤
有意差あり	第1種の過誤	正しい判断

で起こりうることを考えてみます。

② 帰無仮説 H_0 が正しいときの「有意差なし」

今度は、帰無仮説 H_0「比べるもの同士が等しい」が正しい状況を考えます。例題1なら「B薬の有効率がA薬と等しく0.6」です。

帰無仮説（H_0）は正しい

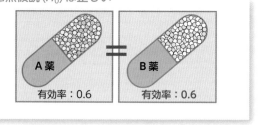

B薬の有効率が0.6のとき、検定統計量（B薬で効果のある人数）が従う二項分布は

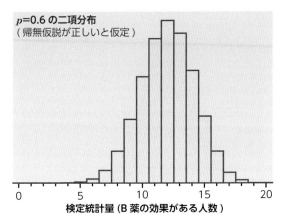

p=0.6 の二項分布
（帰無仮説が正しいと仮定）

検定統計量（B 薬の効果がある人数）

です。帰無仮説 H_0「比べるもの同士が等しい」が正しいときの確率分布なので、「帰無分布」と呼ばれます。

以上を前提に、まず、分かり易いケースから見ていきます。帰無仮説 H_0「比べるもの同士が等しい」が正しいとき、95%の確率で、検定統計量は棄却域に入りません。

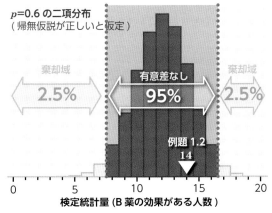

p=0.6 の二項分布
（帰無仮説が正しいと仮定）

棄却域　2.5%　　有意差なし 95%　　棄却域 2.5%

例題 1.2
14

検定統計量（B 薬の効果がある人数）

このように、検定統計量が棄却域に入らなかった場合、私たちは「有意差なし」と判断します。この場合は、帰無仮説 H_0「比べるもの同士が等しい」が正しいときに、見事に「有意差なし」と判断したわけです。これは、真実と一致した、正しい判断です。これが、下の一覧表の紫色の部分に対応します。

判断 ＼ 真実	帰無仮説 H_0 は正しい	帰無仮説 H_0 は間違い
有意差なし	正しい判断	第 2 種の過誤
有意差あり	第 1 種の過誤	正しい判断

有意水準5%の検定を行う場合、もし帰無仮説 H_0「比べるもの同士が等しい」が正しいなら、95%の確率で、正しい判断「有意差なし」が行われます。

③ 帰無仮説 H_0 が正しいときの「有意差あり ($P<0.05$)」

前節では、分かり易いケースを見てみました。本節では、ちょっと厄介なケースを見てみます。帰無仮説 H_0「比べるもの同士が等しい」が正しくても、検定統計量は5%の確率で棄却域に入ってしまいます。

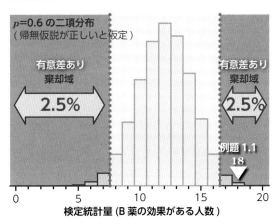

p=0.6 の二項分布
（帰無仮説が正しいと仮定）

有意差あり 棄却域 2.5%　　有意差あり 棄却域 2.5%

例題 1.1
18

検定統計量（B 薬の効果がある人数）

このとき、私たちは「有意差がある ($P<0.05$)」と、誤った判断を下します。このように、帰無仮説 H_0「比べるもの同士が等しい」が正しいにも関わらず、「有意差がある ($P<0.05$)」と誤った結論を下す誤りを、**第 1 種の過誤**とか**第 1 種の誤り**、もしくは**タイプ・ワン・エラー**と呼びます。この誤った判断は、下の一覧表の、紫色の部分に対応します。

判断 ＼ 真実	帰無仮説 H_0 は正しい	帰無仮説 H_0 は間違い
有意差なし	正しい判断	第 2 種の過誤
有意差あり	第 1 種の過誤	正しい判断

Advice 帰無仮説 H_0 が正しいときに、第 1 種の過誤を犯す確率は、有意水準 α そのものです。有意水準5%の検定を行うなら

$\alpha=0.05$ (5%)

となります。この α の表記から、第 1 種の過誤は**アルファ・エラー**（α error）と呼ばれることもあります。

私たちは「帰無仮説 H_0『比べるもの同士が等しい』が正しくても、$\alpha=5\%$ の確率で『有意差あり』と判断する間違いが起こる」ということを、しっかり認識しておく必要があります。「有意差あり ($P<0.05$)」

は「100%間違いなく、比べるもの同士の間に差がある」を意味しません。

以上をまとめます。有意水準5%の検定を行う場合、もし帰無仮説H_0「比べるもの同士が等しい」が正しいなら、5%の確率で、誤った判断「有意差あり($P<0.05$)」を犯します。この誤りを「第1種の過誤」と呼びます。

4 「有意差あり($P<0.05$)」の意味

以上をまとめます。私たちが検定を行い「有意差あり($P<0.05$)」の結論を得たときには、2つの可能性があります。

判断＼真実	帰無仮説H_0は正しい	帰無仮説H_0は間違い
有意差なし	正しい判断	第2種の過誤
有意差あり	第1種の過誤	正しい判断

1つは、帰無仮説H_0が間違っていて、正しく「有意差あり($P<0.05$)」と判断した可能性です。もう1つは、帰無仮説H_0「比べるもの同士が等しい」が正しいのに、第1種の過誤を犯した可能性です。帰無仮説H_0が正しいときに第1種の過誤を犯す確率は、有意水準αそのもので、5%です。

以上をふまえて、「統計的に有意な差がある($P<0.05$)」もしくは「有意差がある($P<0.05$)」という表現の意味を説明します。

「有意差あり($P<0.05$)」という表現には、3つの内容があります。1つめは「私たちは『帰無仮説H_0は間違っている』という判断が妥当だと結論した」という内容です。言葉を変えると、「差があるだろう」が妥当な推論だと判断した、ということです。

2つめは「しかし、もしかしたら帰無仮説H_0は正しくて、そのうえで、私たちが誤って、第1種の過誤を犯しただけなのかもしれない。その可能性を100%完全に否定することはできない」という内容です。ここでは「『差があるだろう』という推論が間違っている可能性は、もちろんある」と、しっかり認めています。

3つめは「ただし、もし仮に帰無仮説H_0が正しいとしても、第1種の過誤を犯す確率は5%に過ぎない」という内容です。この内容を「$P<0.05$」という不等式が示しています。この3つめの内容は、2つめの内容と合わせて「『差がある』という推論が間違っている可能性は否定できないが、この推論が間違いである可能性は十分に小さい」と主張しています。

Advice ここまでの説明を読むと、一部の読者は「であれば『$P<0.05$』という不等式ではなく『$P=0.05$』という等式が使われるべきだ」と考えるかもしれません。その通りです。この説明は、この点で、正確さに欠けています。「$P<0.05$」という不等式のPは**P値**と呼ばれています。本書では、第9章でP値の初歩を学びます。「『$P<0.05$』という不等式はおかしい」と感じる読者は、第9章を学んでください。「$P<0.05$」という表記に納得できるはずです。そして、第9章まで学びきれば、読者は100%正しく「有意差あり($P<0.05$)」という表現の内容を理解したことになります。

3-4 第2種の過誤

本節の目的は「『**有意差なし**』は何を意味するのか？」を理解することです。そのために、3つのケースを見てみます。「有意差なし」の理解には「第2種の過誤」の理解が重要な鍵になります。

1 帰無仮説H_0が正しいとき

まず最初に帰無仮説H_0「比べるもの同士が等しい」が正しいという、簡単なケースから考えます。

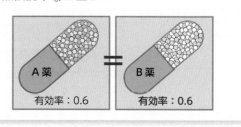

帰無仮説（H_0）は正しい

A薬 有効率：0.6 ＝ B薬 有効率：0.6

こんなときは、正しく「有意差なし」と結論したい

です。そして、この期待は、高い確率で実現します。帰無仮説 H_0 が正しいとき、95%の確率で、検定統計量は棄却域に入りません。

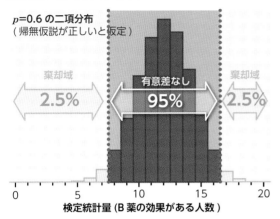

この場合、私たちは「有意差は認められなかった」と、正しく判断したことになります。この正しい判断が、下の一覧表の、紫色の部分に対応します。

判断＼真実	帰無仮説 H_0 は正しい	帰無仮説 H_0 は間違い
有意差なし	**正しい判断**	第2種の過誤
有意差あり	第1種の過誤	正しい判断

「有意差なし」という判断をするとき、私たちは「帰無仮説 H_0『比べるもの同士が等しい』は、実験や調査で得た結果を、十分に説明できる」と考えます。

そこで一見、「有意差がなかった」という結果は、帰無仮説 H_0 の正しさを証明しているようにも見えます。そこで、有意差が認められなかったときには「帰無仮説 H_0 が正しかった」とか「比べるもの同士は等しかった」と考えても、問題がないように見えます。しかし、この判断は、完全に間違っています。

これを理解するために、今度は「帰無仮説 H_0 が間違っている」という状況

判断＼真実	帰無仮説 H_0 は正しい	帰無仮説 H_0 は間違い
有意差なし	正しい判断	第2種の過誤
有意差あり	第1種の過誤	正しい判断

で起こりうることを考えてみます。

2 帰無仮説 H_0 が間違っているときの「有意差あり ($P<0.05$)」

本節と次節では、帰無仮説 H_0「比べるもの同士が等しい」が間違っている状況を考えます。例題1なら「B薬の有効率は0.6ではない」です。

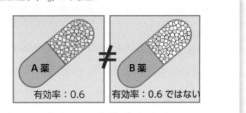

帰無仮説 (H_0) は間違い

まず、分かり易いケースから見ていきます。B薬の有効率を、帰無仮説 H_0 の0.6と比べて、はるかに低い0.2だと仮定します。こんなときは、簡単です。検定統計量（B薬で効果のある人数）が従う確率分布は

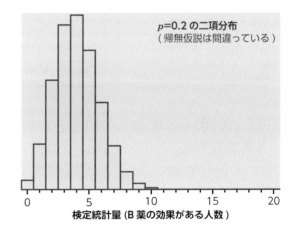

です。ここに、節 **3-1** 2 の棄却域を重ねます。

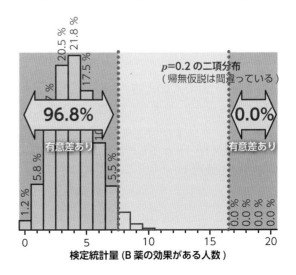

すると、96.8%という高い確率で、正しく「有意差あり ($P<0.05$)」と判断されます。これは、下の一覧表の紫色の「正しい判断」に対応します。

判断＼真実	帰無仮説 H_0 は正しい	帰無仮説 H_0 は間違い
有意差なし	正しい判断	第2種の過誤
有意差あり	第1種の過誤	正しい判断

そして、こうした簡単なケースを観察すると、安直な期待を抱きたくなります。もし帰無仮説 H_0 が間違っているなら、確実に、正しく「有意差あり ($P<0.05$)」の結論を得られそうです。

しかし、そんなに甘くはありません。次節では「帰無仮説 H_0 が間違っているのに『有意差なし』」となる、ちょっと厄介なケースを見ていきます。

Advice 節3-4①と節3-4②のケースは、すでに節3-3②と節3-3①で解説しています。この重複があるため、ここでは簡潔に説明しました。もし、この説明で不十分に感じるようであれば、節3-3②や節3-3①を参照してください。

③ 帰無仮説 H_0 が間違っているときの「有意差なし」

前節では、B薬の有効率が0.2と、極端に低い状況を見てみました。こんなときは、高確率で「有意差あり」と正しく結論されます。

しかし、こうした極端な状況でなければ、帰無仮説 H_0 が間違っているのに、「有意差なし」という結果は簡単に起こり得ます。ここでは、2つの具体例を見てみます。

❶有効率が $p=0.4$ のとき

1つめの具体例です。B薬の有効率が、帰無仮説 H_0 の $p=0.6$ より低く、$p=0.4$ であったとします。これは、帰無仮説 H_0「比べるもの同士が等しい」が間違っている状況です。

帰無仮説 (H_0) は間違い

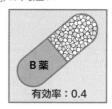

この状況では、当然、私たちは「有意差あり ($P<0.05$)」という結果を得ることを期待します。

しかし、期待通りにならないことも多いです。以下、これを説明します。

まず、この有効率0.4のときの、確率分布を用意します。

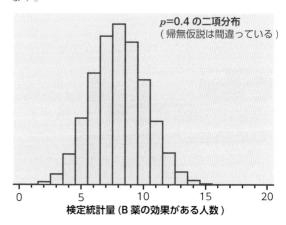

ここに、例題1の帰無仮説 H_0「B薬の有効率はA薬と等しく0.6」が正しいと仮定した、節3-1②の棄却域を重ねてみます。

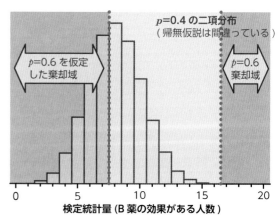

次に、検定統計量（B薬で効果のある人数）が棄却域に入る確率を計算します。

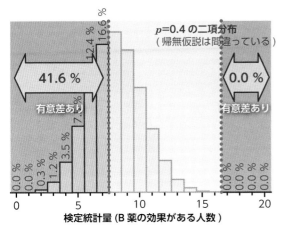

すると、帰無仮説H_0が間違っているというのに
41.6%＋0.0%＝41.6%

の確率でしか、検定統計量が棄却域に入りません。たった41.6%の確率でしか「有意差がある（$P<0.05$）」という正しい結論を得られません。

この結果、帰無仮説H_0が間違っているというのに、58.4%という高い確率で「有意差は認められなかった」と、誤った結論を下すことになります。

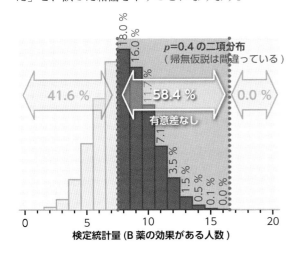

❷有効率が$p=0.8$のとき

もう1つの具体例を見てみます。今度は、B薬の有効率が、帰無仮説H_0の$p=0.6$より高く、$p=0.8$であったとします。これも、帰無仮説H_0「比べるもの同士が等しい」が間違っている状況です。

帰無仮説（H_0）は間違い

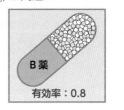

有効率0.8のときの確率分布を用意します。

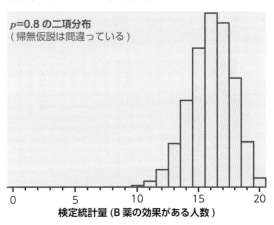

ここに、帰無仮説H_0「B薬の有効率はA薬と等しく0.6」が正しいと仮定した棄却域を重ねてみます。

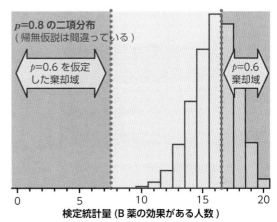

検定統計量（B薬で効果のある人数）が棄却域に入る確率を計算します。

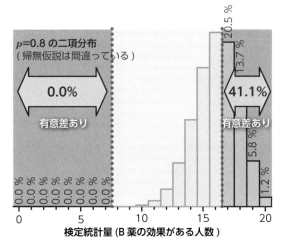

すると、帰無仮説 H_0 が間違っているというのに

$$0.0\% + 41.1\% = 41.1\%$$

の確率でしか、検定統計量が棄却域に入りません。たった41.1%の確率でしか「有意差がある $(P<0.05)$」という正しい結論を得られません。

そこで、帰無仮説 H_0 が間違っているというのに、58.9%という高い確率で「有意差は認められなかった」と、誤った結論を下すことになります。

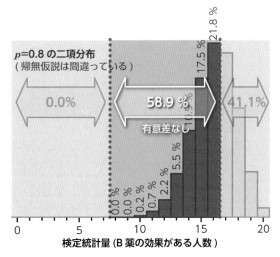

こうした結果は、驚きです。2つの例が示しているのは「帰無仮説 H_0 が間違っている状況でも『有意差なし』という誤った判断を下すことは、十分に起こりうる」という点です。

このように、帰無仮説 H_0「比べるもの同士が等しい」

が間違っているにも関わらず「有意差なし」と誤った結論を下すことを、**第2種の過誤**とか**第2種の誤り**、もしくは**タイプ・ツー・エラー**と呼びます。下の一覧表の紫色の部分に対応します。

判断＼真実	帰無仮説 H_0 は正しい	帰無仮説 H_0 は間違い
有意差なし	正しい判断	**第2種の過誤**
有意差あり	第1種の過誤	正しい判断

Advice 帰無仮説 H_0 が間違っていて、対立仮説 H_A が正しいときに、第2種の過誤を犯す確率を、記号 β で表します。有効率 $p=0.8$ の例では $\beta=0.589$（58.9%）です。そして $1-\beta$ を**検出力**（power）もしくは**検定力**と呼びます。検出力は、対立仮説 H_A が正しいときに、正しく「有意差あり $(P<0.05)$」と結論する確率です。有効率 $p=0.8$ の例の場合なら

$$1-\beta = 1-0.589 = 0.411\,(41.1\%)$$

となります。その意味は「41.1%の確率で、正しく『有意差あり』と結論する」です。この β の表記から、第2種の過誤は**ベータ・エラー**（β error）と呼ばれることもあります。

Advice 本節を読み「こんなに高い確率で第2種の過誤が起こるのか！」と驚いた読者もいると思います。こんな結果になった原因の1つは、例題の標本サイズ $n=20$（患者の数）が小さいからです。もし、標本サイズが10倍の $n=200$ であれば、第2種の過誤を犯す確率は、　有効率 $p=0.4$ の例では $\beta=0.00014\,(0.014\%)$、　有効率 $p=0.8$ の例では $\beta=0.00001\,(0.001\%)$ です。これなら、第2種の過誤は、ほぼ起こりません。統計手法を用いるときは、どうしても、十分な標本サイズ n が必要となります。なお、必要不可欠な標本サイズ n を見積もりたいとき、頼りになるのが**検出力分析**（power analysis）もしくは**検定力分析**と呼ばれる手法です。検出力分析は本書のレベルを上回っているので、本書では解説していません。もし、読者がこの分野に興味があったら、ぜひ、挑戦してみてください。

④ 第1種の過誤と第2種の過誤の性質の違い

第2種の過誤には、厄介な性質があります。これを理解するために、第1種の過誤と比較してみます。

第1種の過誤は、簡単です。帰無仮説H_0が正しいとき、第1種の過誤が起こる確率は、有意水準のαそのもので、5%です。常に5%です。

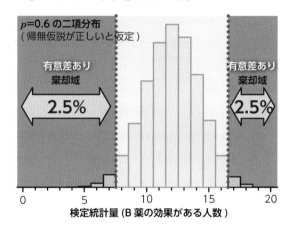

有意水準αを5%に設定しておけば、二項検定に限らず、本書の後半で学ぶt検定や一元配置分散分析でも、他のどんな検定でも、5%です。

この意味で、第1種の過誤は「単純明快」と言えます。

ところが、第2種の過誤には、こうした簡単さが全くありません。

第2種の過誤が起こる確率βは、有意水準α以外の要因によっても変化します。例題1の二項検定の場合、標本サイズn(B薬を服用した患者の数)やB薬の有効率pによって、この確率βが変化します。ここでは、簡単のために、標本サイズは$n=20$に固定しておきます。その上で、B薬の有効率の影響を見てみます。

すでに計算した2つの例を見てみます。まず、帰無仮説H_0の$p=0.6$と比べて、はるかに低い$p=0.2$のときを見てみます(節**3-3**①参照)。このとき、第2種の過誤が起きる確率βは、たったの3.2%です。

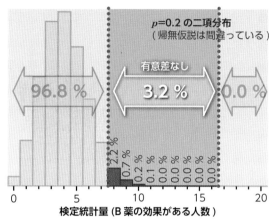

この状況なら「第2種の過誤は滅多に起こらない」と確信できます。安心です。

しかし、B薬の有効率を$p=0.4$とすると、第2種の過誤が起きる確率βは58.4%です。この場合、正しい判断「有意差あり($P<0.05$)」よりも高い確率で、第2種の過誤を犯してしまいます。

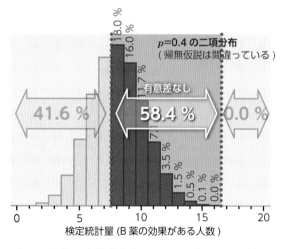

次に、B薬の有効率を0.1から0.9まで、0.1刻みで変化させて、それぞれの場合での第2種の過誤が起きる確率βを計算してみました。

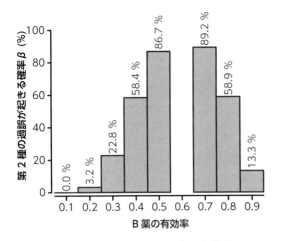

しかし、B薬の有効率が0.6に近づくにつれて、第2種の過誤が起こる確率βは上昇します。

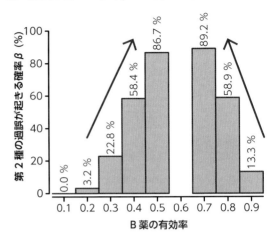

このグラフを観察してみます。B薬の有効率が0.1や0.2のときは、第2種の過誤はほとんど起こらないことが分かります。

B薬の有効率が0.5や0.7のときは、この確率βは90%近くまで上昇します。

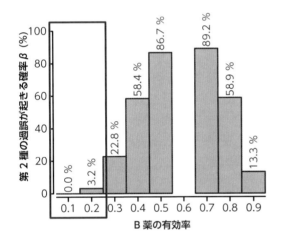

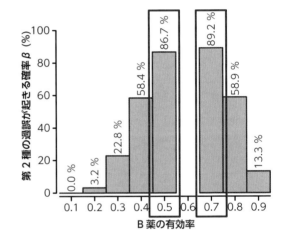

参考のために、B薬の有効率が0.7のときの二項分布を見ておきます。たしかに、確率分布の大半が棄却域に入らないことが分かります。

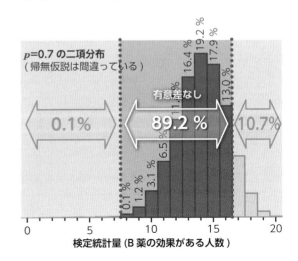

B薬の有効率が0.7のとき、正しく「有意差あり（$P<0.05$）」と判断する確率は、たったの10.8%です。89.2%という高確率で、第2種の過誤を犯してしまいます。本当に、恐ろしい話です。

そんなわけで、もし仮に「有意差なし」という検定結果を得たとしても「実はB薬の有効率は0.8で、A薬の0.6を上回っていた。それなのに、第2種の過誤が起きて『有意差なし』と結論してしまった」といった類いの間違いが、簡単に起こります。

この意味で、第2種の過誤は、統計学の初学者には「混沌とし過ぎて、理解不能」にしか見えません。

⑤ 「有意差なし」は帰無仮説 H_0 の証明ではない

以上をまとめます。私たちが検定を行い「有意差はなかった」という結論を得たときには、2つの可能性があります。

判断＼真実	帰無仮説 H_0 は正しい	帰無仮説 H_0 は間違い
有意差なし	正しい判断	第2種の過誤
有意差あり	第1種の過誤	正しい判断

1つは、帰無仮説 H_0 が正しく、比べるもの同士が等しい場合です。

帰無仮説 (H_0) は正しい

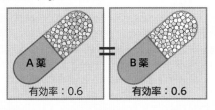

このとき、私たちは正しい判断を下したことになり

ます。もう1つは、帰無仮説 H_0 が間違っていて、対立仮説 H_A が正しい場合です。

帰無仮説 (H_0) は間違い。対立仮説 (H_A) が正しい

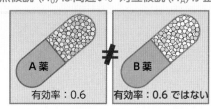

帰無仮説 H_0 が間違っていても、第2種の過誤は簡単に起こり得ます。「本当は差があるのに、その差を見抜けなかった…」ということは、統計解析では頻繁に起こり得ます。とても怖い話です。

ここで『有意差なし』という表現の意味は何だろうか？という問題を考えます。

結論から書きます。有意差がないときは「結局、何も分からなかった」です。もしかしたら、帰無仮説 H_0 が正しかったのかもしれません。その可能性は否定できません。しかし、もしかしたら、帰無仮説 H_0 が間違っているのに、第2種の過誤を犯してしまっただけなのかもしれません。この可能性も、否定できません。「この2つの可能性のうちどちらが正しいか？」を知りたいです。しかし、判断するためのヒントがありません。

つまり、有意差がなかった場合、私たちは「帰無仮説 H_0 が妥当なのか？対立仮説 H_A が妥当なのか？」という疑問に対し、何ひとつ分からずに終わります。「有意差なし」の意味は「何も分からない」であり「帰無仮説 H_0 の正しさの証明ではない」ことを理解する必要があります。

3-5 データの解釈と言葉遣いに、気をつける

検定を行うと、その結果には2つの可能性があります。1つは「有意差あり（$P<0.05$）」で、もう1つは「有意差なし」です。どちらの結果にせよ、不確定な要素が残ります。そこで、私たちは、結果の解釈と、結果を報告する表現に、注意深さが要求されます。

① 「有意差あり（$P<0.05$）」のとき

有意差（$P<0.05$）がある場合は「差がある可能性が十分に高い」と判断してよいです。「有意差あり（$P<0.05$）」は、その差が真実の差であることを示唆する、1つの証拠となります。もちろん100%確実な

証明ではなく、私たちは「もしかしたら第1種の過誤を犯しているかもしれない」という可能性を、常に頭の隅に置いておく必要があります。しかし、仮に帰無仮説 H_0「比べるもの同士が等しい」が正しくても、第1種の過誤を犯す確率は5%未満です。ですから、有意差 ($P<0.05$) がある以上「差があることを示唆する1つの強い証拠を得た」という立場に立つことができます。

② 「有意差なし」のとき

検定統計量が棄却域に入らないとき、私たちは「有意差がなかった」と結論します。

この場合「帰無仮説 H_0 が正しいのか？対立仮説 H_A が正しいのか？」まったく分からない状況に陥ります。ですから、検定の結果を述べるときには「統計的に有意な差は認められなかった」といった表現だけに止める必要があります。この一言を述べれば、統計学を理解している人には「要するに、差があるのか？ないのか？は結局、何も分からなかったのだな」と、正しく理解してもらえます。繰り返します。「有意差なし」という表現は「今回の結果では、差の有無に対して明確な判断ができなかった」という内容の宣言です。

再度、繰り返します。「有意差なし」の意味は「差があるのか？ないのか？は何も分からなかった」です。ですから「有意差が認められなかった」とだけ述べて、それ以上の内容について言及する際には、極めて慎重に議論を進める必要があります。

Advice 言葉遣いについて、もう1つ、補足しておきます。私たちが検定を行う場合、多くの場合は「比べるもの同士の間に差がある」ことを期待します。この場合、「有意差なし」の結果について述べるには「差があるのかどうかは、何も分からなかった」という表現が適切です。

ところが「比べるもの同士が等しい」ことを期待して検定が行われる場合も多いです。この典型は χ^2 適合度検定と呼ばれる手法です。この場合の「有意差なし」は「帰無仮説 H_0 が正しいと仮定しても、実験結果は十分に起こり得る」とか「帰無仮説 H_0 が実験結果を説明した」という、上記の結論とは異なった表現を用います。

Column レポートや学術論文、研究につなぐ

レポートや論文の執筆、セミナーや学会での発表を行う機会がある場合、統計解析の結果を使って議論をすることになります。その際の注意を、まとめておきます。

「有意差あり ($P<0.05$)」の場合は、特に問題はありません。「ほぼ間違いなく差があるだろう」と考えて、議論を進めてください。ただし「その差は注目に値するほどに大きいのか？ それとも、差はあるけれど、無視しても問題ない程度の小さな差なのか？」だけはしっかり検討してください。これだけしておけば、大きな問題に直面することはありません。

問題は「有意差なし」の場合です。絶対にやってはいけないのは、有意差がない結果を受けて、あたかも「帰無仮説 H_0 が正しかった」とか「比べるもの同士が等しかった」と受け取れる内容を述べることです。本章の例なら「B薬の有効率はA薬と等しく0.6だった」とか「帰無仮説 H_0 の正しさが証明された」とか。そうした内容は、一切、書いてはいけないし、話してもいけません。

例えば、国際学会のように優秀な人材が集まる場で「比べるもの同士が等しかった」と述べたとします。すると、これが格好の餌食になります。質疑応答で必ず、鋭い指摘が来ます。典型は「なぜ『等しい』と結論できたのか？ 第2種の過誤の可能性もあるだろう？ これをどう否定できたのか？ 君は検出力分析を行ったのか？ 行ったなら、その結果を紹介して欲しい」といった指摘です。

日本人は、欧米の人たちと比べて、論理に弱い傾向があります。そこで、こうした指摘を突然受けると、軽いパニックになります。頭の中が真っ白になり、何も喋れずオロオロした姿を、その場の全員に観察された挙句、全員から「こいつは無能だ」と見下されます。学術論文の審査の場でも、同様のことは起こり得ます。

絶対に、この屈辱だけは、避けたいです。そのためにも、「有意差なし」の結果が得られたときは「比べるもの同士が等しかった」と受け取れる内容は、絶対に、絶対に避けてください。

統計学の理論的基礎

第Ⅰ部では、高校1〜2年で学ぶ数学で理解できる統計手法を2つ学びました。しかし、これほど理解しやすい学習項目は、統計学には、この2つだけです。他の多くの統計手法を理解するには、統計学の理論的な基礎について、最低限の知識が不可欠です。

第Ⅱ部では、統計学の理論の初歩を学びます。多くの初学者にとって、統計学の理論的な基礎を支える数学は、理解するには難し過ぎます。本書は「はじめて統計学を学ぶときは、その数学的側面に取り組む必要はない」という姿勢で作成しています。そこで、この第Ⅱ部では、統計学の理論的基礎の、定性的な理解だけを目指します。

読者へのアドバイスがあります。第Ⅱ部の学習では「知識を身につける」という姿勢を維持してください。初めて学ぶ統計学では、数学として厳密であることよりも、定性的で直感的なイメージを育むことが大切です。「定性的で直感的なイメージ」を知識として蓄えれば、第Ⅲ部以降の学習に対する、十分な予備知識となります。

一方、数学を苦にしない読者は、第Ⅱ部の内容は「レベルが低過ぎる。もっと、数学として厳密に解説して欲しい」と感じるかもしれません。こうした学習者のために、高校で学んだ数学で解説できる学習項目を、web特典で解説しました。必要に応じて、参照してください。加えて、統計学の数学的側面を解説した解説書はたくさんあります。図書館や書店に行けば、各自のレベルに合った解説書が、必ず見つかります。

4 章 平均・分散・標準偏差・自由度

私たちが実験や調査を行うと、観測値は散らばりを見せます。散らばった観測値の要約として、標本平均・標本分散・標本標準偏差を使います。標本平均は、観測値の分布の中心の位置を教えてくれます。標本分散と標本標準偏差は、観測値の散らばりの大きさを教えてくれます。この3つの計算は、第III部で学ぶ統計手法において、重要な役割を果たします。同時に本章の内容は、統計学の学習の挫折を生みやすい、最初のハードルとなっています。その原因は、自由度 df という概念にあります。自由度 df は、標本分散や標本標準偏差の計算に現れます。統計学では、多くの手法で自由度 df が登場します。本章では、自由度 df の初歩を学びます。ただし、残念なことがあります。自由度 df の必要性や重要性を直感的に「なるほど」と納得することは不可能です。自由度 df は、統計学を支える数学の理論から生まれた産物です。「直感的な理解をまったく受け付けない」という特徴があります。読者は、このことを、本章を学ぶ前に知っておく必要があります。自由度 df を学習する際には、一歩譲歩する必要があります。私たちは、この概念の直感的な理解をあきらめ、知識を増やす姿勢で学習する必要があります。本章では、自由度 df の基本的な考え方と、自由度 df を数える基本的なルールを、知識として学びます。

私たちが実験や調査を行うと、いくつかの観測値からなる標本を得ます。標本を得たら、いくつかの計算を行います。計算で得られた数値は**統計量**（statistic）と呼ばれます。基本的な統計量に、**標本平均**、**標本分散**、**標本標準偏差**があります。この3つは大切です。多くの統計手法で、重要な役割を果たします。本章では、この3つの統計量の、基礎を学びます。

4-1 例題4：3つの観測値

実験や調査では、観測値が散らばります。ここでは、3つの観測値、

$$2.3 \qquad 2.6 \qquad 3.8$$

からなる標本を得たとします。標本サイズは $n=3$ です。

以下、計算の手順を説明するときは、この小さな標本を例に使います。

4-2 母集団と標本

本題に入る前に、統計学の大前提を確認しておきます。統計学は、数が限られた観測値からなる**標本**を使い、**母集団**に対して適切な推論を行う学問です。右に、ポット栽培を例にして、この関係を示しました。

そこで、**母集団**と**標本**は、常に明確に区別される必要があります。

本章で学ぶ平均・分散・標準偏差も「**母集団**に対して定義される式」と「**標本**に対して定義される式」が、明確に区別されます。読者は、いまどちらの話をしているか？を注意しながら読み進めてください（p.23 参照）。

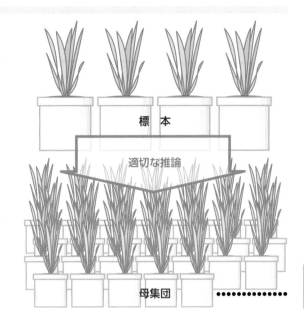

4-3 平均

統計学では、観測値の分布の中心の位置の指標として、算術平均を使う場合が多いです。私たちは、2つの平均、**母平均**と**標本平均**を、知っておく必要があります。

① 母平均 μ（算術平均）

とある母集団を考えます。この母集団を構成する要素（個体）の総数を、大文字の N で表しておきます。これを**母集団サイズ**（population size）と呼びます。一般に、母集団サイズ N は膨大です。無限大（$N = \infty$）の場合もあります。N 個の構成要素全てに対し、測定を行うことは、100% 不可能です。しかし、空想することなら可能です。この空想上の測定を行ったとします。N 個の観測値

$$x_1 \quad x_2 \quad x_3 \quad x_4 \quad x_5 \quad x_6 \quad x_7 \quad x_8 \quad \cdots \quad x_N$$

を得ます。この空想上の観測値を使って計算した**算術平均**を**母平均** μ（population mean）と呼びます。記号の「μ」は「ミュー」と読みます。

母平均 μ

$$\mu = \frac{1}{N}\sum_{i=1}^{N} x_i = \frac{x_1 + x_2 + x_3 + \cdots + x_N}{N}$$

ポット栽培を例にして、母平均 μ のイメージを絵に

すると、以下のようになります。

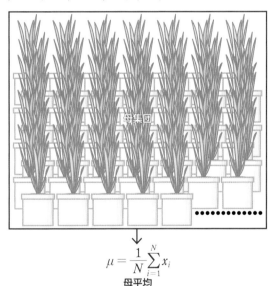

$$\mu = \frac{1}{N}\sum_{i=1}^{N} x_i$$
母平均
population mean

再度、確認します。母集団内の、全ての観測値を使った算術平均が、母平均 μ です。

そして、私たちが実験や調査をするとき「知りたくて仕方ない」のが母平均 μ です。しかし「N が膨大」という理由から、実際の実験や調査では、決して手に入れることができない数値です。

② 母平均 μ（期待値）

本節では、母平均 μ の、もう1つの表現を紹介しておきます。

統計学では「観測値（確率変数）x が確率分布に従う」と仮定します。そこで、統計学の解説書では、確率分布の図が頻繁に登場します。多くの場合、下のような、1つ山の左右対称の確率分布を例にして、説明がなされます。

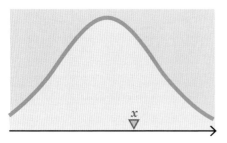

この確率分布に従う母集団から、無作為に1つの観測値（確率変数）x を取り出すことを考えます。この「**観測値（確率変数）x の期待値 $E[x]$**」が、もう1つの、母平均 μ の定義です。

母平均 μ

$$\mu = E[x]$$

前節の母平均 μ

$$\mu = \frac{1}{N}\sum_{i=1}^{N} x_i = \frac{x_1 + x_2 + x_3 + \cdots + x_N}{N}$$

と、本節の母平均 μ

$$\mu = E[x]$$

は、表現の形式が異なっていますが、本質的には、まったく同じ計算です（Column 参照）。

なお、1つ山の左右対称な確率分布の場合、母平均 μ は「**確率分布の中心**」もしくは「**確率分布の頂点の位置**」を教えてくれます。

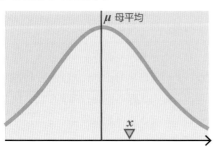

③ 標本平均 $\bar{x}$

私たちが実験や調査を行う場合、手に入るのは、数が限られた観測値 x からなる「標本」だけです。例えば例題4の場合、標本サイズは $n=3$ です。

この、数が限られた観測値 x を使った算術平均が、**標本平均 $\bar{x}$**（sample mean）です。「$\bar{x}$」は「エックス・バー」と読みます。

標本平均 $\bar{x}$

$$\bar{x} = \frac{1}{n}\sum_{i=1}^{n} x_i = \frac{x_1 + x_2 + x_3 + \cdots + x_n}{n}$$

例題4なら、3つの観測値 x を合計して、標本サイズの $n=3$ で割ります。

$$\bar{x} = \frac{2.3 + 2.6 + 3.8}{3} = 2.9$$

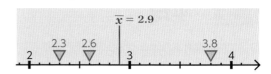

ポット栽培を例にして、標本平均 $\bar{x}$ のイメージを絵にすると、以下のようになります。

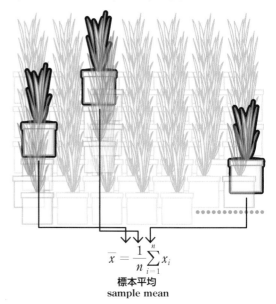

$$\bar{x} = \frac{1}{n}\sum_{i=1}^{n} x_i$$

標本平均
sample mean

母集団のうち、ごくわずかな少数の、無作為に選ばれた観測値 x だけを使った算術平均が**標本平均 $\bar{x}$** です。当然、標本平均 $\bar{x}$ が、私たちが知りたい母平均 μ と正確に一致することは、100％あり得ません。

④ 不偏推定量

しかし、標本平均 $\overline{x}$ には大切な性質があります。**標本平均 $\overline{x}$ の期待値 $E[\overline{x}]$ は、母平均 μ に一致します。**

標本平均 $\overline{x}$ の期待値は母平均 μ である

$$\mu = E[\overline{x}] = E\left[\frac{1}{n}\sum_{i=1}^{n}x_i\right]$$

この性質を**不偏性**（unbiasedness）と呼びます。「母平均 μ を過大評価することもなく、過小評価することもなく、適切な推定を行う」という意味です。この性質のため、標本平均 $\overline{x}$ は「母平均 μ の**不偏推定量**〔unbiased estimate（estimator）〕」と呼ばれます。

観測値の数が限られている以上、標本平均 $\overline{x}$ は、母平均 μ の大雑把な推定に過ぎません。$\overline{x}$ が μ に100%正確に一致するなんてことは、絶対に起こりません。しかし、母平均 μ が完全に不明な状況では、標本平均 $\overline{x}$ が貴重なヒントになってくれます。

> **Advice** 標本平均 $\overline{x}$ の性質を **web特典A.6** で解説しました。

Column 期待値を使った母平均 μ をもう少し詳しく

期待値 $E[x]$ を使った母平均 μ の定義に、「イメージが湧かない」と戸惑いを感じるかもしれません。しかし、安心してください。統計学の学習を進めていく中で、自然に慣れていき、理解できるようになります。今の時点では、チンプンカンプンでも構いません。ここでは、具体例を使った補足だけしておきます。興味のある人だけ読んでください。

例として、6つの部屋からなる学生用の小さなアパートの、6人の住人を母集団とします。母集団サイズは $N = 6$ と、極めて小さいです。そこで、計算も簡単です。そして、この6人の年齢が興味の対象だったとします。6人の年齢が以下の通りだったとします。

101 号室	19 歳
102 号室	21 歳
103 号室	19 歳
201 号室	21 歳
202 号室	21 歳
203 号室	20 歳

まず、算術平均によって母平均 μ を計算します。

$$\mu = \frac{1}{N}\sum_{i=1}^{N}x_i$$
$$= \frac{19+21+19+21+21+20}{6} = 20.1666\cdots$$

次に、期待値 $E[x]$ として母平均 μ を計算します。これを行うためには、まず、観測値を集計する必要があります。観測値を見ると、19歳が2名、20歳が1名、21歳が3名いることが分かります。これをまとめると

i	年齢 x_i	人数
1	19 歳	2 名
2	20 歳	1 名
3	21 歳	3 名

となります。次に、各年齢 x_i の確率 p_i を求めます。この場合「確率」というより「比率」という表現が適切です。19歳なら、全部で6人いるうちの2人です。そこで

$$p_1 = \frac{2}{6}$$

と計算します。20歳も21歳も同様に計算し

i	年齢 x_i	人数	確率 p_i
1	19 歳	2 名	2/6
2	20 歳	1 名	1/6
3	21 歳	3 名	3/6

となります。これで、母平均 μ を計算できます。期待値 $E[x]$ として母平均 μ を計算すると

$$\mu = E[x] = \sum_{i=1}^{n}x_i p_i$$
$$= x_1 p_1 + x_2 p_2 + x_3 p_3$$
$$= \left(19 \times \frac{2}{6}\right) + \left(20 \times \frac{1}{6}\right) + \left(21 \times \frac{3}{6}\right)$$
$$= 20.1666\cdots$$

となります。算術平均で計算した値と、まったく同じ値が算出されました。「算術計算による母平均 μ」と「期待値 $E[x]$ による母平均 μ」は、一見、計算の方向性が異なります。しかし結局、どんな母集団に対しても、必ず同一の数値を算出します。これは、上の計算を

$$\left(19 \times \frac{2}{6}\right) + \left(20 \times \frac{1}{6}\right) + \left(21 \times \frac{3}{6}\right)$$
$$= \left(\frac{19+19}{6}\right) + \left(\frac{20}{6}\right) + \left(\frac{21+21+21}{6}\right)$$
$$= \frac{19+19+20+21+21+21}{6}$$

と変形すると、納得できると思います。この計算は、先に示した算術平均そのものです。

4-4　分散と標準偏差の基礎

前節では「観測値xの分布の中心」の指標となる**平均**を学びました。本節から節**4-6**までは「観測値xの分布の広がり（散らばり）」の指標となる**分散**（variance）と**標準偏差**（standard deviation）を学びます。本節では、基本的な考え方を紹介します。

私たちが実験や調査を行うと、観測値が散らばることを目の当たりにします。仮に母平均μが同じでも、観測値の散らばりが大きいこともあります。

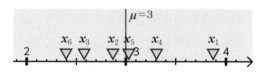

小さいこともあります。

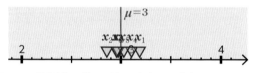

そこで、観測値の散らばりの大きさの指標が必要です。統計学は、この指標に、**分散と標準偏差**を多用します。

① μが既知だと仮定する

本節の説明を、できる限りシンプルにするため、観測値が3つしかない例題4を使います。

そのうえ、母平均μが予め分かっているとします。ここでは、$\mu=3$だったとします。

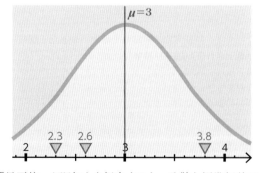

「母平均μが既知」を仮定すると、分散と標準偏差は、定義式が簡単で、直感的に理解できます。

② 偏差

分散や標準偏差の計算では、**偏差**（deviation）と呼ばれる数値を計算します。偏差の計算には、**起点**と**終点**が必要です。偏差の起点には、母平均μを使います。

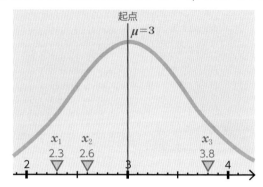

偏差の終点は、各観測値x_iです。

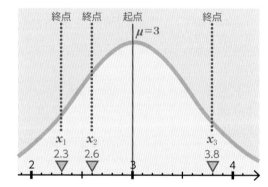

偏差の計算は、終点の値から起点の値を引くだけです。例題4なら、以下の3つの引き算をします。

$$x_1 - \mu = 2.3 - 3 = -0.7$$
$$x_2 - \mu = 2.6 - 3 = -0.4$$
$$x_3 - \mu = 3.8 - 3 = +0.8$$

これで、3つの観測値から、3つの偏差を得ました。

$$-0.7 \qquad -0.4 \qquad +0.8$$

偏差を図で描くと「**起点から終点に向けて伸ばした矢印**」となります。右向きの矢印は正で、左向きは負です。偏差には、正の値も負の値もあるのが特徴です。

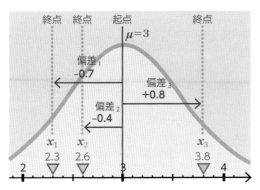

分散や標準偏差では、偏差の矢印の長さを、観測値の散らばりの指標にします。散らばりが大きいときは、偏差の矢印が長くなります。

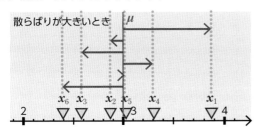

一方、散らばりが小さいときは、偏差の矢印が短くなります。

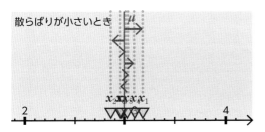

統計学では「偏差の**長い**⇄**短い**」を「観測値の散らばりの**大きい**⇄**小さい**」の指標として使います。

「偏差の長さ」を「観測値の散らばりの大きさ」の指標にするとき、1つ問題があります。偏差は、正の値にも、負の値にも、なります。そこで、全ての偏差を、正の値に変換する必要があります。

③ 平均偏差（偏差を絶対値で正にする）

観測値の散らばりの指標として、初学者に素直に受け入れやすいのは、**平均偏差**（mean deviation）です。

平均偏差の計算は簡単です。偏差には正の値も負の値もあります。そこで、全ての偏差の絶対値をとり、全ての偏差を、正の値にします。例題4なら

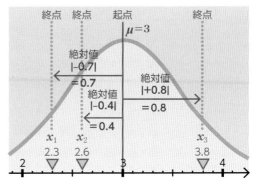

です。その結果、3つの正の値（偏差の絶対値）を得ます。

$$0.7 \qquad 0.4 \qquad 0.8$$

最後に、この3つの算術平均を計算します。これで平均偏差を得ます。

$$\text{平均偏差} = \frac{(0.7) + (0.4) + (0.8)}{3}$$
$$= 0.6333\cdots$$

平均偏差は、統計学の初学者には、直感的で分かりやすい計算です。しかし、統計学ではほとんど使われません。理由は簡単です。数学者たちが「**これを散らばりの指標にすると、統計学の理論を展開できない**」と判断したからです。

④ 分散（偏差を2乗で正にする）

観測値の散らばりの指標として、統計学が多用する方法は**分散**（variance）です。分散では、偏差を2乗して正の値にします。例題4なら

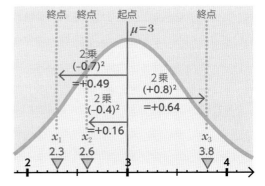

です。その結果、3つの正の値（偏差の2乗）を得ます。

$$+0.49 \qquad +0.16 \qquad +0.64$$

最後に、この3つの算術平均を計算します。これが**分散**です。

$$分散 = \frac{(+0.49)+(+0.16)+(+0.64)}{3}$$
$$= 0.43$$

分散は「2乗して正にする」という点で、初学者に若干の違和感を与えるかもしれません。しかし、統計学の理論は、分散を土台にしています。理由は簡単です。数学者たちが「**分散を散らばりの指標にすると、シンプルで美しい理論の体系を構築できる**」と、数々の定理の発見を通して、確信し続けてきたからです。

分散を散らばりの指標にすることによって生まれた定理のいくつかを、第6章で学びます。

5 標準偏差

分散は、偏差を2乗するため、観測値とは単位が変わります。例えば、例題4の観測値の単位が [kg] であったとします。すると、分散の単位は $[\text{kg}^2]$ です。これは、実体のない、非現実的な単位です。そこで、統計学では、**分散の平方根**もよく使います。これを**標準偏差**（standard deviation）と呼びます。例題4なら、

分散 $= 0.43$

の平方根を計算して、標準偏差は

標準偏差 $= \sqrt{0.43} = 0.655743\cdots$

となります。

4-5 母分散 σ^2 と母標準偏差 σ

前節で、分散と標準偏差の基礎を学びました。分散にも2種類あります。**母分散**と**標本分散**です。標準偏差も同様です。**母標準偏差**と**標本標準偏差**があります。

本節は、前節の復習を兼ねながら、新しい用語とともに、母分散と母標準偏差の定義を紹介します。

1 偏差と偏差平方和 SS

母分散（population variance）の記号は「σ^2」です。「σ」は「シグマ」と読みます。計算の手順を見ながら、定義を確認します。

空想の上で、母集団内の N 個全ての構成要素（個体）に対し、測定ができたと想像してみます。空想上の N 個の観測値 x が得られます。

母分散 σ^2 の、最初の計算は**偏差**です。偏差の計算は

偏差
$$x_i - \mu$$

です。ここで、x_i は i 番目の観測値です。μ は母平均です。偏差 $(x_i - \mu)$ は、母平均 μ から観測値 x_i への矢印です。

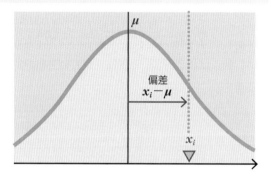

N 個の観測値 x_i に対し、偏差 $(x_i - \mu)$ を計算したら、2乗して、合計します。これを**偏差平方和**（sum of squared deviations）とか**平方和**（sum of squares）と呼びます。本書では「偏差平方和」を使います。記号は「SS」です。「sum of squares」の頭文字に由来する記号です。

偏差平方和 SS
$$SS = \sum_{i=1}^{N}(x_i - \mu)^2$$
$$= (x_1 - \mu)^2 + (x_2 - \mu)^2 + \cdots + (x_N - \mu)^2$$

ここで、N は母集団サイズです。x_i は i 番目の観測値です。μ は母平均です。

偏差平方和 SS は、多くの統計手法において、計算の中核を担う重要な計算です。本書でも、第8章以降、あちこちで「SS」という記号が登場します。

② 母分散 σ^2（算術平均）

偏差平方和 SS が計算できたら、あとは、偏差の数 N で割るだけです。偏差の2乗 $(x_i - \mu)^2$ の算術平均が母分散 σ^2 です。

母分散 σ^2

$$\begin{aligned}\sigma^2 &= \frac{SS}{N}\\ &= \frac{\displaystyle\sum_{i=1}^{N}(x_i - \mu)^2}{N}\\ &= \frac{(x_1 - \mu)^2 + (x_2 - \mu)^2 + \cdots + (x_N - \mu)^2}{N}\end{aligned}$$

ここで、SS は偏差平方和です。N は母集団サイズです。x_i は i 番目の観測値です。μ は母平均です。

母分散 σ^2 も、母平均が μ と同様に、空想上の計算です。そして「母集団サイズ N が膨大」という理由から、実際の実験や調査では、決して手に入れることができません。

以上を、ポット栽培を例にした図で、要約します。

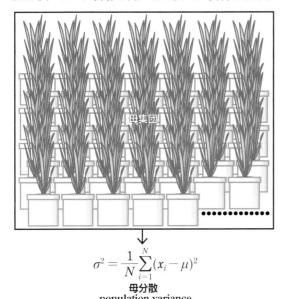

$$\sigma^2 = \frac{1}{N}\sum_{i=1}^{N}(x_i - \mu)^2$$

母分散
population variance

③ 母分散 σ^2（期待値）

母分散 σ^2 の期待値を使った表現も、紹介しておきます。母平均が μ の確率分布から、無作為に1個の観測値（確率変数）x を得ることを考えます。

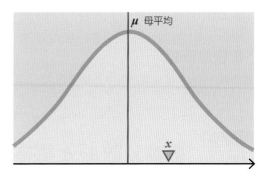

この観測値（確率変数）x から母平均 μ を引くと、偏差 $(x - \mu)$ が得られます。

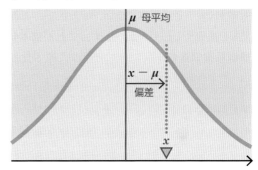

この「偏差の2乗 $(x - \mu)^2$」の期待値が母分散 σ^2 です。

母分散 σ^2

$$\sigma^2 = E\left[(x - \mu)^2\right]$$

なお、この式の右辺の

$$E\left[(x - \mu)^2\right]$$

は、多くの解説書で、もっとシンプルに

$$V[x] = E\left[(x - \mu)^2\right]$$

と表現されています。「V」という記号は「variance（分散）」の頭文字に由来します。読者は $V[x]$ という表記も知識として知っておいてください。

前節の母分散 σ^2

$$\begin{aligned}\sigma^2 &= \frac{\displaystyle\sum_{i=1}^{N}(x_i - \mu)^2}{N}\\ &= \frac{(x_1 - \mu)^2 + (x_2 - \mu)^2 + \cdots + (x_N - \mu)^2}{N}\end{aligned}$$

と、本節の母分散 σ^2

$$\sigma^2 = E\left[(x - \mu)^2\right]$$

は、表現の形式が異なっていますが、本質的には、

まったく同じ計算です。

④ 母標準偏差 σ

母標準偏差 σ は、母分散 σ^2 の平方根です。

母標準偏差 σ
$$\sigma = \sqrt{\sigma^2}$$

この結果、母標準偏差 σ は、観測値 x と同じ単位を持ちます。

4-6 標本分散 s^2 と標本標準偏差 s

本章は、ここから本番に入ります。私たちが実験や調査で手に入れるのは、数が限られた観測値 x からなる標本です。この標本を使い、母分散 σ^2 や母標準偏差 σ を推定する必要があります。これが**標本分散**と**標本標準偏差**の仕事です。記号は、標本分散が「s^2」、標本標準偏差が「s」です。

まず最初に、読者へのアドバイスがあります。本節で紹介する計算は、その一部が、私たちの直感にまったく訴えません。次節以降の解説も、まったく直感に訴えません。ですから、決して「**計算の意味を理解してやろう！**」なんて野心は、抱かないでください。謙虚に「**計算のルールの基礎を、知識として身につける**」という姿勢で臨んでください。

① 偏差の起点に代役を使う

偏差の本来の定義は

本来の偏差
$$x_i - \mu$$

です。起点は**母平均 μ** です。ところが、私たちが実験や調査で手に入れるのは、ごくわずかな数の観測値からなる標本です。標本では、正確な母平均 μ を計算できません。そこで「**本来の定義に基づいた偏差 $(x_i - \mu)$**」は、計算できません。

このため、偏差の起点に、母平均 μ の代役を立てるしかありません。代役になり得る候補は、標本平均

$$\overline{x} = \frac{1}{n}\sum_{i=1}^{n} x_i = \frac{x_1 + x_2 + x_3 + \cdots + x_n}{n}$$

だけです。$\overline{x}$ なら、標本から計算できます。そこで、$\overline{x}$ を μ の代役の起点にした偏差を計算します。

μ の代役に $\overline{x}$ を使った偏差
$$x_i - \overline{x}$$

例題4で具体例を示します。この例題では、母平均は $\mu=3$ でした。本来の偏差 $(x_i - \mu)$ は

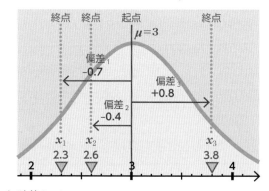

と計算して

$$-0.7 \qquad -0.4 \qquad +0.8$$

です。一方、母平均 μ の代役に、標本平均 $\overline{x} = 2.9$ を使うと、偏差 $(x_i - \overline{x})$ は

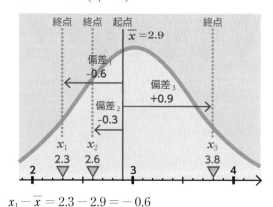

$$x_1 - \overline{x} = 2.3 - 2.9 = -0.6$$
$$x_2 - \overline{x} = 2.6 - 2.9 = -0.3$$
$$x_3 - \overline{x} = 3.8 - 2.9 = +0.9$$

と計算して

$$-0.6 \qquad -0.3 \qquad +0.9$$

です。起点をμから$\overline{x}$に変えることで、偏差の値が、変わってしまいました。

標本が限られた数の観測値からなる以上、標本平均$\overline{x}$と母平均μが正確に一致することは、100%あり得ません。そこで私たちは「偏差の値が変わるのは仕方ない」と、割り切るしかありません。

② 偏差平方和SSと自由度df

次に、偏差平方和SSです。母平均μの代役に標本平均$\overline{x}$を使った偏差平方和SSの定義は

μの代役に$\overline{x}$を使った偏差平方和SS

$$SS = \sum_{i=1}^{n}(x_i - \overline{x})^2$$
$$= (x_1 - \overline{x})^2 + (x_2 - \overline{x})^2 + \cdots + (x_n - \overline{x})^2$$

となります。例題4なら

$$SS = (-0.6)^2 + (-0.3)^2 + (+0.9)^2$$
$$= (+0.36) + (+0.09) + (+0.81)$$
$$= 1.26$$

となります。

標本平均$\overline{x}$を使った偏差平方和SSには、1つの特徴があります。母平均μを使った偏差平方和SSより、小さい数値を算出する傾向があります。

Advice この傾向の数学的な解説を、**web特典A.2**で行いました。興味のある人は、目を通してみてください。

この性質があるため、もし「偏差平方和SSを<u>標本サイズnで割る</u>」という形で標本分散s^2を定義するとその期待値$E[s^2]$が母分散σ^2に一致しません。

標本分散s^2（誤り）

$$s^2 = \frac{SS}{n} = \frac{\sum_{i=1}^{n}(x_i - \overline{x})^2}{n}$$

この計算だと、母分散σ^2を過小評価してしまいます。そこで、この計算は、実際の統計解析では使われません。

この問題を解決する方法は、まったく直感に訴えか

けない計算です。ただし、計算自体は簡単です。まず、標本サイズnから1を引きます。これを**自由度**（degree of freedom）と呼びます。本書では、記号に「df」を使います。

標本分散s^2と標本標準偏差sの自由度df
$$df = n - 1$$

例題4の場合、標本サイズが$n = 3$なので、自由度dfは

$$df = 3 - 1 = 2$$

です。

「自由度df」は、大半の統計手法に登場する、非常に重要な概念です。と同時に、初学者が統計学に挫折する、1つの大きな原因でもあります。本書では、節**4–9**で、その初歩をしっかり学ぶ予定でいます。そこで、今の時点では、チンプンカンプンでも構いません。気にせずに、読み進めてください。

Advice 自由度の記号は、「df」以外に、「DF」も使われます。ともに「degree of freedom」の頭文字です。また、数理統計学の解説書では、ギリシア文字のν（読み方はニュー）やϕ（読み方はファイ）を使います。自由度の記号は解説書によって異なることが多いことを、知っておいてください。

そして「標本平均$\overline{x}$を起点にした偏差平方和SSを自由度$df = n - 1$で割る」という形で標本分散s^2を定義します。

標本分散s^2

$$s^2 = \frac{SS}{df} = \frac{\sum_{i=1}^{n}(x_i - \overline{x})^2}{n - 1}$$

例題4の場合、偏差平方和SSと自由度dfは

$$SS = (-0.6)^2 + (-0.3)^2 + (+0.9)^2 = 1.26$$
$$df = 3 - 1 = 2$$

でした。そこで、標本分散s^2は

$$s^2 = \frac{SS}{df} = \frac{(-0.6)^2 + (-0.3)^2 + (+0.9)^2}{2}$$
$$= 0.63$$

と計算されます。

この定義による計算は、統計学の初学者には、意味不明です。というのも、例えば、この例題4なら

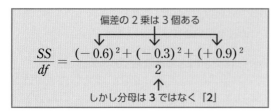

$$\frac{SS}{df} = \frac{(-0.6)^2 + (-0.3)^2 + (+0.9)^2}{2}$$

偏差の2乗は3個ある

しかし分母は **3** ではなく「**2**」

となるからです。明らかに、違和感を与える計算です。しかし、このように標本分散 s^2 を定義しておくと、その期待値 $E[s^2]$ が母分散 σ^2 に一致します。

標本分散 s^2 の期待値は母分散 σ^2

$$\sigma^2 = E[s^2] = E\left[\frac{SS}{df}\right] = E\left[\frac{\sum_{i=1}^{n}(x_i - \overline{x})^2}{n-1}\right]$$

「**自由度 $df = n-1$ を使った標本分散 s^2 は、母分散 σ^2 の不偏推定量となる**」ということです。そこで、私たちの実験や調査では、この式に従って、標本分散 s^2 を計算します。

Advice SS を $df = n-1$ で割ると母分散 σ^2 を適切に推定することの、数学的な解説は **web特典A.7** にあります。**web特典A.3～A.6** において、**web特典 A.7** を理解するために必要な予備知識を解説しました。興味のある読者は、目を通してみてください。一方、数学を苦手とする読者は、本節の内容を知識として知っておくだけでも、十分です。web特典を読む必要なんて、一切、ありません。節 **4-9** では、自由度 df の数え方の基本を解説します。数え方のルールを知識として身に付けておけば、次章以降の内容の理解を妨げることは、一切、ありません。

以上を、図でまとめておきます。

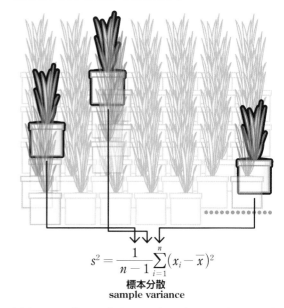

$$s^2 = \frac{1}{n-1}\sum_{i=1}^{n}(x_i - \overline{x})^2$$

標本分散
sample variance

標本は、母集団のうち、ごくわずかな少数の、無作為に選ばれた観測値からなります。標本を使って標本分散 s^2 を計算する以上、これが母分散 σ^2 と正確に一致することは、100%あり得ません。しかし、母分散 σ^2 が完全に不明な状況では、標本分散 s^2 が貴重なヒントになってくれます。

最後に、標本標準偏差 s は、標本分散 s^2 の平方根です。

標本標準偏差 s

$$s = \sqrt{\frac{SS}{df}} = \sqrt{\frac{\sum_{i=1}^{n}(x_i - \overline{x})^2}{n-1}}$$

標本分散 s^2 の平方根を計算しているので、標本標準偏差 s は、観測値 x と同じ単位を持ちます。

4-7　母数と統計量

ここまでに、たくさんの定義式を紹介してきました。混乱がないように、ここで、一覧表にまとめておきます。

① 母数

まず、母集団です。母平均 μ・母分散 σ^2・母標準偏差 σ は、母集団を特徴付ける数値です。これらを**母数**（parameter）とか**パラメータ**と呼びます。そし

て「**母集団サイズ N が大き過ぎるため、母数（パラメータ）の実測は不可能**」という性質があります。私たちが行う実験や調査では、母数は、常に、未知の数値です。

Advice 第5章において「母数（パラメータ）」を、本章とは異なる表現で、再度紹介します。

母数（パラメータ）		
母集団		
母平均	母分散	母標準偏差
μ	σ^2	σ
$\dfrac{\sum\limits_{i=1}^{N} x_i}{N}$	$\dfrac{\sum\limits_{i=1}^{N}(x_i-\mu)^2}{N}$	$\sqrt{\dfrac{\sum\limits_{i=1}^{N}(x_i-\mu)^2}{N}}$
$E[x]$	$E\big[(x-\mu)^2\big]$	$\sqrt{E\big[(x-\mu)^2\big]}$

② 統計量

次に、標本です。標本は、母集団から無作為に取り出された、ごく一部の観測値からなる集合です。標本を構成する観測値を使って計算する数値を**統計量**（statistic）と呼びます。

統計量の代表格は、標本平均 $\overline{x}$・標本分散 s^2・標本標準偏差 s の3つです（Column参照）。統計量の特徴は「**実験や調査の結果から、実際に、計算することが可能**」です。

標本平均 $\overline{x}$・標本分散 s^2・標本標準偏差 s は、それ

ぞれが、母平均 μ・母分散 σ^2・母標準偏差 σ に対する、推定値です。もちろん、$\overline{x}$・s^2・s が、μ・σ^2・σ に正確に一致することなんて、100%起こり得ません。$\overline{x}$・s^2・s は、所詮、大雑把な推定値です。しかし、μ・σ^2・σ が完全に未知な状況では、貴重なヒントになってくれます。

統計量		
標本		
標本平均	標本分散	標本標準偏差
$\overline{x}$	s^2	s
$\dfrac{\sum\limits_{i=1}^{n} x_i}{n}$	$\dfrac{\sum\limits_{i=1}^{n}(x_i-\overline{x})^2}{n-1}$	$\sqrt{\dfrac{\sum\limits_{i=1}^{n}(x_i-\overline{x})^2}{n-1}}$

統計学の多くの手法では「**標本から計算した統計量を使い、未知の母数（パラメータ）に対して、適切な推論を行う**」という作業を行います。この原則

実験や調査から計算可能 　　　実測不可能な未知の数値

統計量（標本） $\longrightarrow$ 母数（パラメータ）（母集団）

を、統計学の学習では、常に忘れずにいてください。

Column 「不偏分散」という隠語

過去に「不偏分散」という用語を、他の解説書で見たことがある人だけ、以下に目を通してください。初学者を混乱させる用語なので、補足する必要があります。

本書で紹介した「標本分散」は、著者が日本人の、一部の日本語の解説書で「不偏分散」と呼ばれます。分母に自由度 $df=n-1$ を使った標本分散 s^2 が、母分散 σ^2 の**不偏推定量**であることが理由です。ただし、2つの理由から、本書ではこの用語を使いません。

第一に「不偏分散」は国際標準の用語ではありません。標本分散には「sample variance」という、英単語2つからなる、一般的な用語があります。しかし「不偏分散」には、対応する英単語2つからなる用語がありません。「不偏分散」は、日本の一部の統計学者だけが使う、日本国内限定の「隠語」と形容すべき用語です。日本語の解説書だけで統計学を学ぶと「不偏分散」を世界に通じる学術用語だと勘違いします。しかし、国際的に流通している英語の解説書では、著者が調べた範囲内では全て、偏差平方和 SS を自由度 $df=n-1$ で割る分散

$$\frac{SS}{df}=\frac{\sum\limits_{i=1}^{n}(x_i-\overline{x})^2}{n-1}$$

を「sample variance（標本分散）」と呼びます。

第二に、用語の体系はシンプルであるべきです。もし標本分散 s^2 を「不偏分散」と呼ぶならば、標本平均 $\overline{x}$ も「不偏平均」と呼ぶべきです。標本平均 $\overline{x}$ も母平均 μ の不偏推定量だからです。もし「不偏平均」と呼ばないなら「不偏分散」と呼ぶべきではありません。また、標本分散を「不偏分散」と呼ぶなら、その平方根を「不偏標準偏差」と呼ばざるを得なくなります。しかし、標本標準偏差 s は母標準偏差 σ の不偏推定量ではありません。標本標準偏差 s の期待値 $E[s]$ は母標準偏差 σ をわずかに過小評価します。そこで「不偏標準偏差」は不正確な表現となります。

要点をまとめます。2つの理由① 国際的に標準的な用語の体系に合わせるべきと② 用語の体系はシンプルであるべきから、本書では「標本分散」を使います。「不偏分散」は、一切、使いません。

本節から、話題を変えます。標本分散 s^2 で登場した「自由度 *df*」が、ここからの主題です。自由度 *df* は、本章で最も重要な学習項目です。次節 **4-9** で、自由度 *df* の初歩を解説します。本節では、その前に、統計学における自由度 *df* の歴史について、紹介しておきます。

1 Friedrich Bessel

標本平均 $\bar{x}$ を偏差の起点に使う時、偏差平方和 SS を「標本サイズ n ではなく、$n-1$ で割るべき」であることを、最初に発見したのは Friedrich Bessel（1784–1846）です。

F Bessel は、現在のドイツで、公務員の子として生まれました。類いまれな数学の才能の持ち主だったそうです。しかし、十分な教育を受けられませんでした。14歳のとき、彼は貿易会社の見習いとして、働き始めました。その中で、彼は、天文学への興味を深めます。働きながら天文学を独学で学び、20歳のときには、ハレー彗星の軌道計算の改良を行い、

一躍、天文学者達の注目を集めました。

この2年後、彼は Lilienthal 天文台の助手となりました。さらに3年後、25歳で、Königsberg 天文台長となりました。

F Bessel の最も有名な功績は、恒星の年周視差の実測です。この測定から、はくちょう座61番星が、地球から10光年前後の距離にあることが分かりました。地球と恒星の距離の測定は、これが、歴史上初めての快挙でした。

また、彼が精力的に研究した微分方程式の解は、現在「ベッセル関数」と呼ばれています。

天文学における測定は、究極の測定精度が要求されます。全ての測定は、誤差との戦いです。そこで、F Bessel は、誤差論の研究も行いました。この研究の中で「**偏差平方和 SS を $n-1$ で割れば、その期待値 $E[s^2]$ が母分散 σ^2 に等しくなる**」を発見しました。こうした経緯から、n ではなく $n-1$ を使う計算は、しばしば**ベッセル補正**（Bessel's correction）と呼ばれます。

Advice $n-1$ を使ったベッセル補正は「最初に発見したのは F Bessel ではなく、ドイツの有名な数学者 Carl Friedrich Gauss（1777–1855）である」とする解説もあります。著者にはどちらが正しいのかを判断することができませんでした。

2 Ronald Aylmer Fisher

統計学を学んでいると、最も頻繁にその名を目にするのが、Ronald Aylmer Fisher（1890–1962）です。私たちが学ぶ統計学の、数学としての基礎の多くを、彼が構築しました。本書の第10章で学ぶ分散分析も、彼の偉大な発明の1つです。

RA Fisher は、目が弱い、病弱な子供として育ったそうです。幼い頃から数学と天文学に興味をもち、7〜8歳の頃には、大学の天文学の講義を楽しんでいました。目が弱いため、家庭教師の指導は、灯りのない中で行われたそうです。その結果、たぐいまれ

写真：Science Photo Library/ アフロ

な幾何学的洞察力を身につけました。

Cambridge 大学に入学し、その数学の才能を発揮します。学部生の時にすでに、数学の論文を学術雑誌に投稿していました。

卒業後、いくつかの大学で仕事をした後、世界で最も古い農業試験場である Rothamsted 農事試験場で、14年間を過ごしました。ここには、80年近くに渡る、施肥実験の収量のデータが山積みになっていました。しかし、作物の収量は、その年々の気候条件や、場所によって異なる土壌の性質の違いを反映し、様々に変化します。生物系の研究者には手に負えない、散らばりまくった数値が、日の目を見ることな

く、眠り続けていました。

この、散らばりまくりで、何の規則性も見出せない数値の山が、RA Fisher にとっては、宝の山でした。彼は、このイギリスの田舎町の農業試験場で、統計学の基礎を築いていきました。

RA Fisher は、統計学の普及においても、画期的な仕事をしました。それまで、統計学は数学者だけのものでした。こんな状況の中、彼は、統計手法を必要とする、様々な分野の研究者に向けて『実験計画法（The design of experiments）』と『研究者のための統計手法（Statistical methods for research workers）』の2冊を執筆しました。この2冊が発端となり、統計学は、様々な分野の研究者にとって、必須の道具となっていきます。

RA Fisher の「天才の中の天才」を垣間みることができるエピソードは、数えきれません。そのうちの2つを紹介します。彼は、他の数学者が数ヶ月から数年かけて解く難問を、瞬時に解いたそうです。そこで、彼が発見した定理の大半は、その数学的証明が与えられていません。彼にとっては「自明」でしかなく、証明を書き記す必要性すらありませんでした。彼の定理の一部に数学的な証明を与えることに成功した解説書は、当時、数学者たちのベストセラーになったそうです。また、こんな話もあります。1970年代に数学者たちが悩んでいた、統計学の未解決問題があったそうです。しかし、これも、すでに数十年前の RA Fisher の著作に、証明もなく、自明の定理として紹介されていました。

本題の、自由度 df の話に戻します。

この天才 RA Fisher ですら、独自には $n-1$ には辿り着きませんでした。彼がベッセル補正のことを知ったのは、20代後半の頃だったようです。第7章で紹介する WS Gosset から「$n-1$」を教えられたようです。RA Fisher は、この課題に夢中になりました。$n-1$ の土台となるアイディアを、さらに探求し、拡張し、自由度と名付け、統計学の様々な局面で重要な役割を果たすことを明らかにしました。RA Fisher のこうした仕事が土台となり、私たちが統計学を学

❶ $n = 2$で母平均μが既知の場合

非現実的ですが、下図のように、母平均μが分かっている場合を考えます。

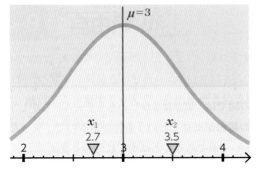

この例では、$\mu=3$の母集団から2つの観測値、

$$2.7 \qquad 3.5$$

を得たとします。標本サイズは$n=2$です。

次に、μを起点にして偏差を計算します。

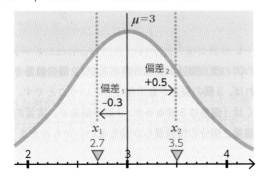

その結果、2つの偏差

$$-0.3 \qquad +0.5$$

を得ます。この2つは、足し合わせてもゼロになりません。

$$0 \neq (-0.3) + (+0.5)$$

母平均μが既知のときは、前節 **4-9** ②のような「偏差の総和がゼロ」という制約条件は生じません。

ここで「**意味のある偏差の数はいくつか?**」という問題を考えます。これを調べるには、偏差を1個失ってみるのがよいです。下図では偏差$_1$を失いました。

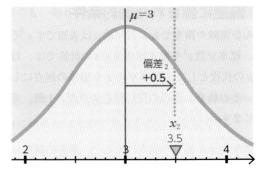

ここで「**残された偏差$_2$から、失った偏差$_1$を復元できるかどうか?**」を考えます。しかし、明らかに、残された偏差$_2$の+0.5から、失った偏差$_1$が−0.3であることを知る術がありません。

そこで「**意味のある偏差の数はいくつか?**」への答えは2個です。−0.3も+0.5も、母分散σ^2や母標準偏差σを推定するための、貴重なヒントです。どちらも、欠かすことができません。そこで「**意味のある偏差の数**」もしくは「**不可欠な偏差の数**」である自由度dfは、標本サイズnと等しく

$$df = n = 2$$

となります。

標本分散s^2を計算しておきます。偏差平方和SSは

$$SS = (-0.3)^2 + (+0.5)^2$$
$$= 0.09 + 0.25 = 0.34$$

です。これを自由度df(もしくは標本サイズn)

$$df = n = 2$$

で割って

$$s^2 = \frac{SS}{df} = \frac{SS}{n} = \frac{0.34}{2} = 0.17$$

標本分散s^2を得ます。

母平均μが既知の場合は、標本分散s^2をこのように計算すれば、その期待値$E[s^2]$が母分散σ^2に等しくなります。

❷$n = 2$で母平均μが未知の場合

今度は、母平均μが不明な例を考えます。この例でも、2つの観測値、

$$2.7 \qquad 3.5$$

を得たとします。

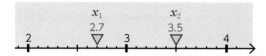

まず最初に、確認すべきことがあります。今回の場合、私たちが知り得た情報は、この2つの観測値だけです。μは不明です。そこで、観測値の散らばりの大きさについて、ヒントとなる情報は、基本的に1つだけ、2つの値2.7と3.5の差

$$2.7 - 3.5 = 0.8$$

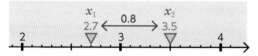

0.8だけです。この例では「**散らばりに関する情報の数は、本質的に1個でしかない**」ことを確認したうえで、以下の説明に進んでください。

偏差を計算します。今回の場合、偏差の起点となるべき母平均μが不明です。そこで仕方なしに、代役として、標本平均$\overline{x}$を使います。

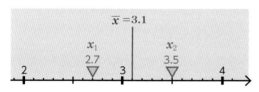

その結果、2つの偏差が得られます。

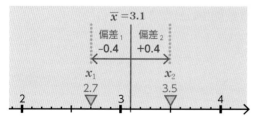

この時点で注意すべき点があります。2つの偏差、-0.4と$+0.4$は、符号は逆ですが、絶対値は0.4で同一です。偏差の総和がゼロである以上、標本サイズ$n = 2$では、必ず、これと同じことが起こります。

次いで、偏差の2乗を計算します。

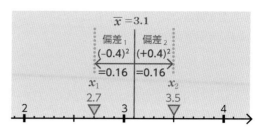

この結果、2つの偏差の2乗は、まったく同一の値0.16になりました。偏差は2つありますが、この2つは、まったく同じ情報しか持っていません。

ここで「**意味のある偏差はいくつか?**」もしくは「**必要不可欠な偏差はいくつか?**」という問題を考えます。ここでも、偏差を1個失ってみます。下図では偏差$_1$を失いました。

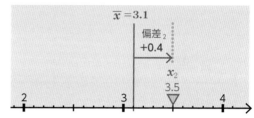

ここで「**残された偏差$_2$から、失った偏差$_1$を復元できるかどうか?**」を考えます。偏差の総和がゼロなので、明らかに、失った偏差は-0.4であることが分かります。

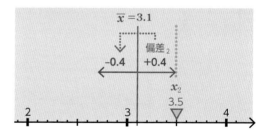

そこで、答えは「1個」です。偏差は2つありますが、そのうちの1つがあれば、もう1つは必ず、符号が逆で絶対値が同一の値として、自動的に決まります。偏差は2つあるのに、明らかに、意味のある情報量は、偏差1個分しかありません。この判断から、自由度dfは次のように計算して、1を得ます。

$$df = n - 1 = 2 - 1 = 1$$

標本分散s^2を計算しておきます。偏差平方和SSは

$$SS = (+0.4)^2 + (-0.4)^2$$
$$= 0.16 + 0.16 = 0.32$$

です。これを「**意味のある偏差の数**」もしくは「**必**

要不可欠な偏差の数」である自由度

$$df = n - 1 = 2 - 1 = 1$$

で割って

$$s^2 = \frac{SS}{df} = \frac{0.32}{1} = 0.32$$

を得ます。この計算の要点は、観測値1個当たりの平均ではなく、「**自由度1個当たりの偏差の2乗の平均**」を計算する点にあります。

そして、このように計算すれば、標本分散s^2の期待値$E[s^2]$が母分散σ^2に等しくなります。

❸ $n = 3$での具体例

最後に、標本サイズが$n = 3$の場合を見てみます。母平均μは不明とします。例題4を再度使います。以下の3つの観測値を得たとします。

今回も、母平均μは未知です。仕方ないので、偏差の起点の代役として、標本平均$\overline{x}$を使います。

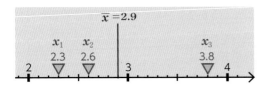

この代役の起点を使って、3つの偏差を得ます。

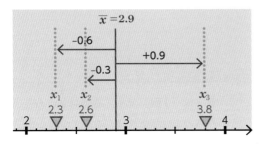

ここで「**意味のある偏差の数はいくつか？**」という問題を考えます。偏差は3つあります。3つの偏差の絶対値は、0.6と0.3と0.9で異なります。そこで一見、意味のある偏差は3つあるように見えます。しかし、標本平均$\overline{x}$を偏差の起点にしている以上「偏差の和がゼロ」という制約条件が課されます。

$$(-0.6) + (-0.3) + (+0.9) = 0$$

そこで、下図のように1つの偏差を失ったとしても

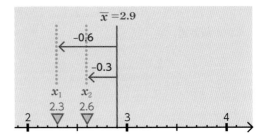

「偏差の総和がゼロ」という制約条件から

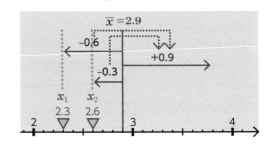

失った偏差を$+0.9$と決めることができます。そこで「**意味のある偏差の数**」もしくは「**不可欠な偏差の数**」は2個です。2つの偏差があれば、3つ全てが揃います。そこで、自由度dfは次の通りです。

$$df = n - 1 = 3 - 1 = 2$$

ここで注意すべき点があります。この例では、意味のある偏差の数は2つです。しかし「**3つの偏差のうち、どれか特定の2つだけが不可欠で、残りの1つが不要**」というわけではありません。「**3つの偏差が、実質的に、偏差2つ分だけの情報量をもつ**」という形で理解してください。

標本分散s^2の計算を見ておきます。偏差平方和SSは3つの偏差の2乗の和

$$SS = (-0.6)^2 + (-0.3)^2 + (0.9)^2 = 1.26$$

です。自由度dfは、3ではなく、2です。

$$df = 3 - 1 = 2$$

そこで、1自由度当たりの偏差の2乗を

$$s^2 = \frac{SS}{df} = \frac{1.26}{2} = 0.63$$

と計算して、標本分散s^2を得ます。

こうした計算手順は、統計学を初めて学ぶ読者に対し、違和感を与えます。3つの項の和を2で割るからです。しかし、このように計算すれば、標本分散s^2の期待値$E[s^2]$が、母分散σ^2に等しくなります。

標本分散s^2の計算の手順（まとめ）

私たちが調査や実験で使う、標本分散s^2と標準偏差sの計算の手順を、以下にまとめます。

STEP1

n個の観測値が与えられる。この時点では、全ての観測値が必要不可欠な情報をもつ。そこで、この時点では、自由度dfはnである。

$$x_1, x_2, x_3, \cdots, x_n$$

STEP2

本来 偏差の起点となるべき母平均μが不明のため、代役として標本平均を計算する。

$$\overline{x} = \frac{1}{n}\sum_{i=1}^{n}x_i = \frac{x_1 + x_2 + x_3 + \cdots + x_n}{n}$$

STEP3

標本平均を起点にして、n個の偏差を計算する。

$$x_1 - \overline{x}$$
$$x_2 - \overline{x}$$
$$x_3 - \overline{x}$$
$$\vdots$$
$$x_n - \overline{x}$$

STEP4

このとき、偏差の総和がゼロになる制約条件が生じてしまう。

$$0 = \sum_{i=1}^{n}(x_i - \overline{x})$$

その結果「意味のある偏差の数」もしくは「不可欠な偏差の数」である自由度dfは、n個から$n-1$個に、1個分だけ落ちる。

$$df = n - 1$$

STEP5

偏差は正の値も負の値も含む。そこで、2乗して、全ての偏差を正の値にする。

$$(x_1 - \overline{x})^2$$
$$(x_2 - \overline{x})^2$$
$$(x_3 - \overline{x})^2$$
$$\vdots$$
$$(x_n - \overline{x})^2$$

STEP6

偏差の2乗を全て足し合わせて、偏差平方和SSを得る。

$$SS = \sum_{i=1}^{n}(x_i - \overline{x})^2$$
$$= (x_1 - \overline{x})^2 + (x_2 - \overline{x})^2 + \cdots + (x_n - \overline{x})^2$$

STEP7

偏差平方和SSを自由度dfで割り、1自由度当たりの偏差の2乗を計算すると、標本分散s^2が得られる。

$$s^2 = \frac{SS}{df} = \frac{\sum_{i=1}^{n}(x_i - \overline{x})^2}{n-1}$$

標本分散s^2の平方根を計算すれば、標本標準偏差sが得られる。

$$s = \sqrt{\frac{SS}{df}} = \sqrt{\frac{\sum_{i=1}^{n}(x_i - \overline{x})^2}{n-1}}$$

ここまで学んできた、標本分散s^2の内容をまとめます。標本分散s^2は、偏差を2乗して合計した偏差平方和SSを、SSの中にある偏差の数nではなく、「**意味のある偏差の数**」もしくは「**不可欠な偏差の数**」である自由度dfで割ります。

標本分散s^2の計算

$$標本分散s^2 = \frac{偏差平方和SS}{自由度df}$$
$$= \frac{偏差の2乗の合計}{意味のある偏差の数}$$

このように「**1自由度当たりの偏差の2乗**」を計算すると、その期待値$E[s^2]$が母分散σ^2に等しくなります。

SSをdfで割る計算手順は、統計学の初学者にとっては、直感に訴えませんし、「なるほどっ！」とは一切思えません。

著者からアドバイスできることは1つです。読者は、努めて、この計算手順に慣れることです。独立2群のt検定や分散分析では、この計算手順を応用する形

で、母分散 σ^2 の推定を行います。その際の自由度 df は、前者で $df = n_A + n_B - 2$、後者で $df = N - k$ です。

本章で学んだ知識を身につけない限り、独立2群の t 検定や分散分析の計算の仕組みを理解できません。

4-11 練習問題 E

とある実験もしくは調査で、8個の観測値からなる、標本サイズ $n = 8$ の標本を得たとする。

標本
4.2
5.7
9.3
7.4
4.4
6.6
6.1
7.1

問　この標本の、標本平均 $\overline{x}$、標本分散 s^2、標本標準偏差 s を計算しなさい。

Advice この計算は、関数電卓か表計算ソフトの Excel を使ってください。関数電卓の場合、統計計算機能を使ってください。データを入力すれば、標本平均と標本標準偏差を、すぐに表示してくれます。Excel の場合、標本平均の計算は関数 AVERAGE を使います。標本標準偏差の計算は STDEV.S を使います。標本分散の計算には VAR.S を使います。

5 章 正規分布と統計理論の初歩

本書の第Ⅰ部と第Ⅱ部では、統計学の基礎を学んでいます。本章は、この基礎編の中では、他より難しい学習項目となっています。頑張って乗り切ってください。本章は2つの内容からなります。前半では「正規分布」と呼ばれる確率分布の初歩を学びます。正規分布は、統計学で最も基本的な確率分布です。統計手法の多くは、母集団が正規分布に従うと仮定します。本章の後半では、統計学の理論の初歩を学びます。統計学は、一見デタラメにしか見えない、散らばった数値を対象にします。しかし、こうした数値たちの振る舞いの背後にも、シンプルで美しい定理や公式が存在します。そのうちの基本的な項目を紹介します。本章の内容は全て、次章以降で学ぶ統計手法を理解するうえで、不可欠な予備知識です。ただし、数学として理解するには困難な内容が中心です。本章は、公式や定理を天下り的に与え、その定性的な内容を紹介していきます。そこで、学習する際には「完全に理解しよう」と意気込むことはせずに、「定性的なイメージを作る」と「知識を増やす」の2つを心がけてください。

5-1 正規分布

正規分布は、最も基本的な確率分布です。英語では「normal distribution」です。その意味は「**様々な測定でよく見かける、ごく普通の確率分布**」です。本章では、正規分布の初歩を学びます。統計手法の多くは、母集団が、正規分布に従うと仮定します。

① 二項分布から正規分布へ

正規分布を「二項分布の極限」と見なすと、正規分布は定性的な理解が容易になります。第1章のスキーの例を再度使います。ここでは簡便のため、コブを右によせる確率と左によせる確率を、等しく1/2と仮定します。

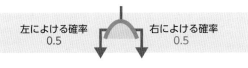

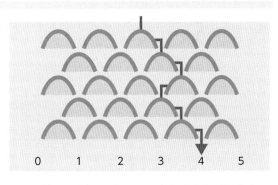

コブの数 n は5個です。この確率分布を示します。

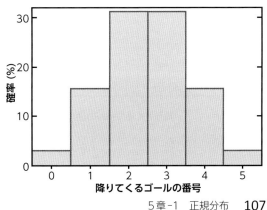

次に、コブの数nを5個から10個に増やします。

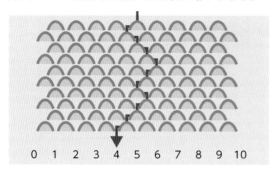

この確率分布は

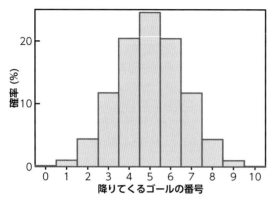

です。次に、コブの数nを20個に増やします。

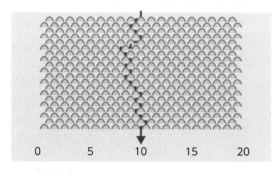

この確率分布は

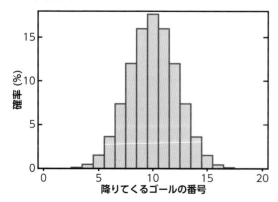

です。さらにコブの数nを40個に増やします。

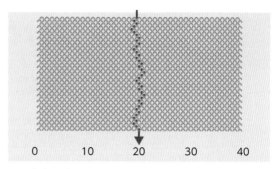

この確率分布は

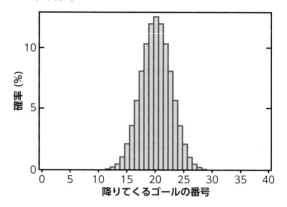

です。

このように、コブの数nをドンドン増やし、その分だけコブのサイズをドンドン小さくしていく過程を想像してみます。その極限において、滑らかな曲線からなる確率分布が得られることが想像できます。この確率分布を**正規分布**（normal distribution）と呼びます。**ガウス分布**（Gaussian distribution）と呼ぶこともあります。

正規分布は左右対称な確率分布です。この形状を**ベル型**（bell-shaped）とか**釣り鐘型**と呼びます。

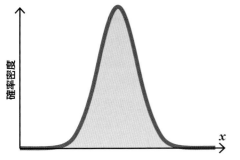

正規分布のように、滑らかな曲線で表現される確率分布を**連続型分布**（continuous distribution）と呼びます。

Advice 本節で見たように、n が大きくなるにつれ、二項分布が正規分布に近づいていく性質は、**ド・モアブル–ラプラスの定理**（De Moivre–Laplace theorem）として知られています。

② 確率密度

第1章や第2章で学んだ離散型の確率分布では、縦軸は**確率**でした。一方、連続型の確率分布では、縦軸は**確率密度**（probability density）です。確率密度を示したグラフでは**面積 = 確率**となります。以下、3つの基本的な内容を見てみます。

1つめ。曲線と x 軸の間の全面積は1になります。

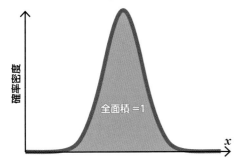

これは「起こりうる全ての事象の確率の合計は1である」に対応します。

2つめ。この確率分布に従う母集団があったとします。このとき、この母集団から無作為に取り出した観測値 x が、a と b の間にある確率を、下図の緑色で示した面積が与えます。

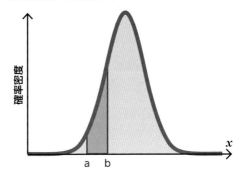

3つめ。連続型の確率分布の場合、無作為に取り出した観測値 x が、ある特定の数値となる確率はゼロです。例として

$$x = 1$$

となる確率を考えます。1が、下図に示した位置にあったとします。$x=1$ での、確率密度自体は正の値です。

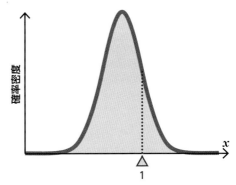

しかし、$x=1$ となる確率はゼロです。$x=1$ とは、より明確に表示すると

$$x = 1.00000000000000000000000000000\cdots$$

となります。小数点以下に、ゼロが無数に並びます。ですから、$x=1$ は数直線上では点です。幅を持ちません。幅を持たないので、2つ前の図のように定義した面積は、ゼロとなります。

この性質があるため、観測値 x が1以下（$x \leq 1$）となる確率と、1未満（$x < 1$）となる確率は、等しくなります。

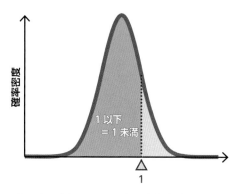

縦軸: 確率密度

1以下
= 1 未満

1

この3つを理解しておけば、確率密度を示したグラフの定性的な理解は、問題ありません。

③ 母数（パラメータ）

連続型の確率分布の曲線を記述する関数を**確率密度関数**（probability density function）と呼びます。
正規分布の確率密度関数は

$$f(x) = \frac{1}{\sqrt{2\pi}\,\sigma} \exp\left\{ \frac{-(x-\mu)^2}{2\sigma^2} \right\}$$

です。ここで、$f(x)$ は確率密度、x は確率変数、π は円周率、μ は母平均、σ^2 は母分散（もしくは、σ は母標準偏差）、$\exp(x)$ は指数関数 e^x です。

Advice この関数の導出は、本書のレベルを遥かに超えています。そこで、web特典でも扱っていません。また、実際の統計解析では、この式を使って何かを計算するということもありません。そこで、入門課程の読者は「こういう式がある」ということを1回見ておけば、それだけで十分です。

この関数を観察すると、定数が3つあります。1つめは円周率 π です。これは数値が固定されています。

$$\pi = 3.14159\cdots$$

残りの2つは、母平均 μ と母分散 σ^2（もしくは母標準偏差 σ）です。この2つ、μ と σ^2 は、様々な値をとることができます。そして、μ と σ^2 の組み合わせで、様々な形状の正規分布が作れます。下図に、μ と σ^2 が異なる2つの例を示しました。

Column 離散型と連続型の母平均 μ と母分散 σ^2 の定義

母平均 μ と母分散 σ^2 の定義について補足します。母平均 μ は、確率変数 X の期待値 $E[X]$ です。離散型の確率分布では、第1章で学んだ通り

$$\mu = E[X] = \sum_{i=1}^{n} x_i p_i$$

と定義されます。ここで、x_i は起こりうる観測値（確率変数）の値で、p_i は x_i が起こる確率です。一方、正規分布のような連続型の確率分布では

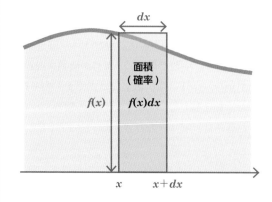

$$\mu = E[X] = \int_{-\infty}^{+\infty} x f(x) dx$$

と定義されます。ここで、$f(x)$ は確率密度関数で、これに dx をかけた $f(x)\,dx$ が、離散分布での式の確率 p_i に対応します。

そして $xf(x)\,dx$ が、離散分布での式の $x_i\,p_i$ に対応します。離散型と連続型の2つの式は、一見、あまり似ていません。しかし本質的には、まったく同じ内容の計算です。

次いで、母分散 σ^2 です。母分散 σ^2 は離散型の確率分布では

$$\sigma^2 = E[(X-\mu)^2] = \sum_{i=1}^{n} (x_i-\mu)^2 p_i$$

となり、連続型の確率分布では

$$\sigma^2 = E[(X-\mu)^2] = \int_{-\infty}^{+\infty} (x-\mu)^2 f(x) dx$$

となります。この場合でも、2つの式は、本質的には同じ内容の計算です。なお、私たちが統計解析を行うとき、こうした定義式に基づいた計算を行うことはありません。「こういう定義式がある」ということを知識として持っておけば、それだけで十分です。

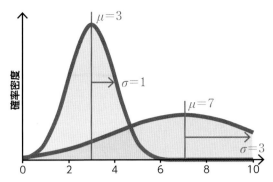

μやσ^2のように、確率密度を示す曲線の具体的な形状を決める定数を、**母数**（parameter）もしくは**パラメータ**と呼びます。正規分布なら母数は2つ、母平均μと、母分散σ^2（もしくは、その平方根の母標準偏差σ）です。この2つが決まれば、確率分布の形が決まります。

μとσ^2が正規分布の具体的な形を決めることから、母平均がμで母分散がσ^2（もしくは母標準偏差がσ）の正規分布に対し

正規分布の表記

$$N(\mu, \sigma^2)$$

と簡略化した表記を行います。「N」は正規分布「normal distribution」の頭文字です。

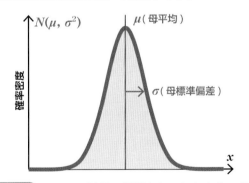

Advice ここで、用語の説明をしておきます。私たちが学ぶ統計手法の多くは、正規分布のような、特定の確率分布を仮定します。この場合、母数（パラメータ）の推定が重要な役割を果たします。こうし

た手法を総称して**パラメトリック統計**（parametric statistics）と呼びます。一方、第2章で学んだWMW検定のように、特定の確率分布を仮定しない手法は、母数（パラメータ）の推定を行いません。こうした手法を**ノンパラメトリック統計**（nonparametric statistics）と呼びます。

4 ±σ・±2σ・±3σの範囲

統計学の解説書なら、必ず載っている図があります。これを説明します。正規分布$N(\mu, \sigma^2)$に従う母集団があるとします。この母集団から無作為に取り出した観測値xが、$\mu-\sigma$から$\mu+\sigma$の範囲に入る確率は68.3%です。$\mu-2\sigma$から$\mu+2\sigma$の範囲に入る確率は95.4%です。

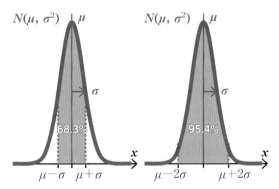

そして、xが$\mu-3\sigma$から$\mu+3\sigma$の範囲に入る確率は99.7%です。

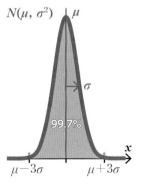

ここに示した関係は、μとσがどんな値であろうと、正規分布であれば必ず成り立つ性質です。

① $\mu=0$ で $\sigma=1$ の正規分布

母平均 μ を

$$\mu = 0$$

とし、母標準偏差 σ を

$$\sigma = 1$$

とした正規分布 $N(0, 1^2)$ を**標準正規分布**（standard normal distribution）と呼びます。

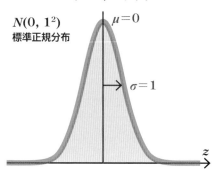

慣習的に、標準正規分布では横軸（確率変数）の記号には x ではなく z を用います。

② 標準正規分布表

標準正規分布 $N(0, 1^2)$ には**標準正規分布表**という数表があります。標準正規分布表には、いくつかのタイプがあり、解説書によって異なる場合が多いです。しかし、1つのタイプで基本を身につければ、他のタイプも問題なく使えます。

本書で使う標準正規分布表は、任意の z に対し、z 未満（もしくは以下）となる確率（面積）を教えてくれます。これを**下側確率**とか**累積確率**（cumulative probability, cumulative area from the left）と呼びます。

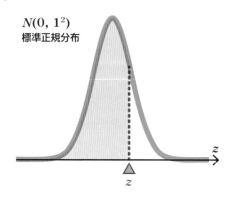

使い方の一例を見てみます。例えば、標準正規分布に従う母集団から無作為に取り出した観測値 z が 0.43 未満（もしくは以下）となる確率を求めるとします。

まず最初に「0.43」という数値を

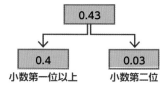

という形で、小数第一位までの「0.4」と、小数第二位の「0.03」に分けます。次いで、**付表2**（p.322 参照）の標準正規分布表の左端の一覧から「0.4」を探し、上端の一覧から「0.03」を探します。最後に、この2つを起点にした矢印が交わる数値を探します。

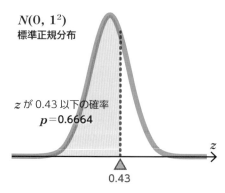

すると 0.6664 という値が見つかります。これが、z が 0.43 未満（もしくは以下）となる確率です。

$N(0, 1^2)$
標準正規分布

z が 0.43 以下の確率
$p = 0.6664$

0.43

③ 臨界値 $z_{0.05}$

標準正規分布の両端に2.5%ずつ、合計5%の棄却域を作る z の臨界値は1.96です。この値に

標準正規分布 $N(0, 1^2)$ の臨界値 $(\alpha=0.05)$
$$z_{0.05}=1.96$$

という記号を使います。

この数値 $z_{0.05}=1.96$ は、第6章の95%信頼区間と、第7章と第8章の t 検定の学習において、登場します。次章以降にも登場する数値であることを、知っておいてください。

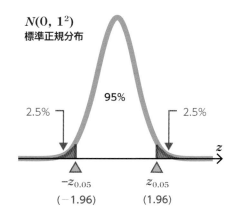

5-3 　練習問題 F

標準正規分布 $N(0, 1^2)$ に従う母集団から、無作為に観測値 z を取り出したとする。

問　このとき、z が1.52以上の値となる確率を求めなさい。

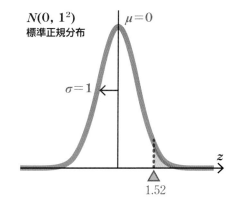

5-4 標準化

標準化（standardization）は、統計学の重要な道具です。第6章の95%信頼区間と、第7章と第8章のt検定を理解するうえで、中心的な役割を果たします。

標準化の計算は簡単です。引き算を1回と割り算1回を行うだけです。簡単なので、まず、標準化の簡単な例題を使い、これを解く過程を見てもらいます。

1 標準化の簡単な例題

母平均が$\mu=3$、母標準偏差が$\sigma=1.5$の正規分布$N(3, 1.5^2)$に従う母集団から、無作為に観測値xを取り出したとします。「このxが1.4以下（もしくは1.4未満）となる確率は？」という例題を考えます。

これは、下図の色を塗った部分の面積（確率）を求めることに対応します。

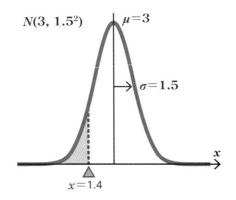

標準正規分布表は、標準正規分布$N(0, 1^2)$に対してのみ用意されています。これ以外の正規分布のための数表はありません。こんなときに、標準化を利用します。

標準化の計算式は

標準化

$$z = \frac{x-\mu}{\sigma}$$

です。この式に従って、zを計算してみます。この例題の場合、計算に必要な数値は3つです。

$x = 1.4$

$\mu = 3$

$\sigma = 1.5$

これらを、標準化の計算式に代入し

$$z = \frac{x-\mu}{\sigma} = \frac{1.4-3}{1.5} = -1.0666\cdots$$

を得ます。次に、この数の小数点以下を2桁にします。そこで、小数第三位を四捨五入して-1.07とします。そして、**付表2**（p.322参照）の標準正規分布表で$z=-1.07$の下側確率を読み取ります。

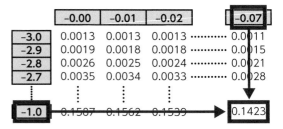

	-0.00	-0.01	-0.02		-0.07
-3.0	0.0013	0.0013	0.0013	………	0.0011
-2.9	0.0019	0.0018	0.0018	………	0.0015
-2.8	0.0026	0.0025	0.0024	………	0.0021
-2.7	0.0035	0.0034	0.0033	………	0.0028
⋮	⋮	⋮	⋮		⋮
-1.0	0.1587	0.1562	0.1539	⟶	0.1423

その結果、0.1423を得ます。

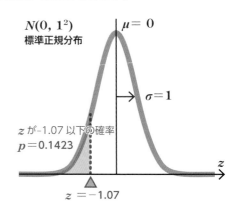

この確率が、なんと、例題の正規分布$N(3, 1.5^2)$において1.40以下となる確率と同じになります。

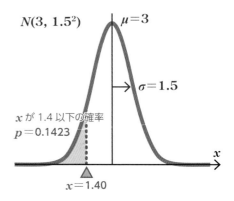

そこで、この例題の答えは0.1423（もしくは14.23%）となります。

以上が、標準化を使った最も簡単な練習問題です。

2 標準化の視覚的な理解

標準化の手順を、視覚的に説明します。対象とする正規分布 $N(\mu, \sigma^2)$ と、標準化したい x を示します。

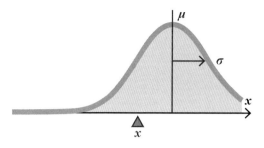

ここに、標準正規分布 $N(0, 1^2)$ を、赤線で描き加えました。

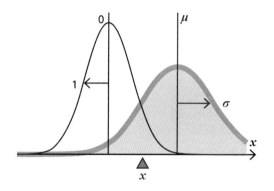

標準化の最初の手順は、x から μ を引く引き算です。

$$z = \frac{x - \mu}{\sigma}$$

この引き算は、正規分布 $N(\mu, \sigma^2)$ の中心を、μ からゼロに平行移動させる作業に対応します。

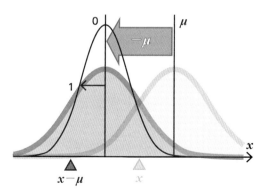

これで、2つの分布の中心が同じゼロになりました。平行移動された正規分布は $N(0, \sigma^2)$ になります。

次に σ で割ります。

$$z = \frac{x - \mu}{\sigma}$$

この作業は、平行移動させた正規分布 $N(0, \sigma^2)$ の標準偏差 σ を 1 に変換する作業に対応します。

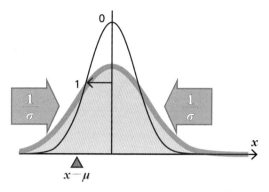

σ で割ると、平行移動させた正規分布 $N(0, \sigma^2)$ が、標準正規分布 $N(0, 1^2)$ に重なります。

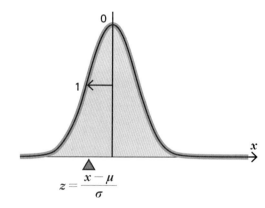

この結果、もともとの正規分布 $N(\mu, \sigma^2)$ での x 以下の面積（確率）

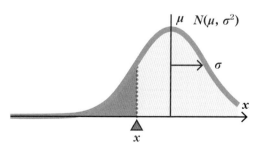

が、標準正規分布 $N(0, 1^2)$ における、$z = (x-\mu)/\sigma$ 以下の面積（確率）と等しくなります。

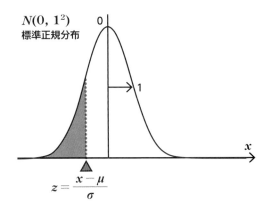

$$z = \frac{x - \mu}{\sigma}$$

③ 標準化して得たzが従う確率分布

とある母集団が、母平均がμで母標準偏差がσの正規分布$N(\mu, \sigma^2)$に従うとします。

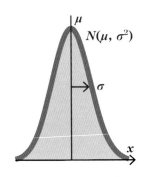

この母集団から、無作為に観測値xを1つ取り出し、これを標準化してみます。そして、標準化で得たzを記録します。

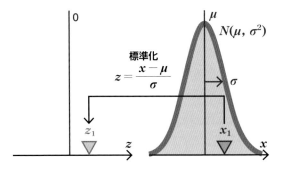

この作業「母集団から、無作為に観測値xを取り出しては、標準化して、zを記録する」を繰り返すことを考えます。

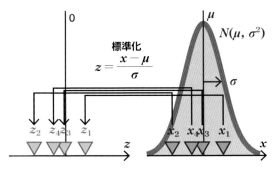

ここでは10,000回、この作業を繰り返します。その結果、10,000個のzが得られます。これをヒストグラムにします。

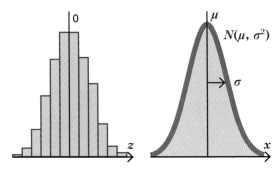

このヒストグラムに、標準正規分布$N(0, 1^2)$を重ねてみます。すると、図がよく一致することが分かります。

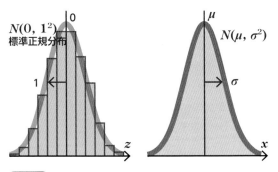

Advice ヒストグラムと確率分布を比較するため、ヒストグラムの縦軸の単位に、本来の単位である度数を、全度数で割り、さらに階級の幅で割った値を使っています。こうすると、ヒストグラムの長方形の面積の合計が1となり、確率分布との比較が容易になります。

以上をまとめます。正規分布$N(\mu, \sigma^2)$に従う母集団から観測値xを無作為に取り出して、このxを標準化してzを得たとします。xが散らばるため、zも散らばります。zは、標準正規分布$N(0, 1^2)$に従います。

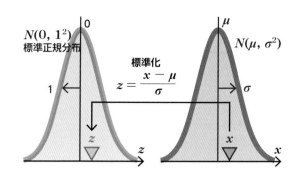

この性質は、標準化の計算の意味が理解できていれば、当たり前の結果です。しかし重要です。第6章の95%信頼区間や第7章と第8章のt検定の解説では、この図や、この図から派生した図を、何回も繰り返し、使います。

5-5 練習問題 G

母平均が$\mu=6$、母標準偏差が$\sigma=2$の正規分布$N(6, 2^2)$に従う母集団があるとする。

問　この母集団から、観測値xを無作為に取り出すとき、xが9以上となる確率を求めなさい。

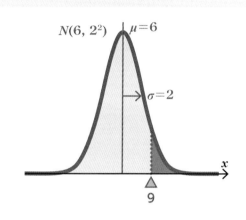

5-6 定理1：標本平均が従う確率分布

本節の内容は重要です。多くの統計手法で、ここで学ぶ標本平均$\overline{x}$の性質が、最大限に活用されています。本書の場合、第6章の母平均μの95%信頼区間、第7章と第8章のt検定、第10章の一元配置分散分析、第11章の多重比較の理解に、欠かせない予備知識となります。

① 標本平均は散らばりが小さい

まず、当たり前過ぎる内容を確認するところから始めます。とある母集団が、母平均がμで母標準偏差がσの正規分布$N(\mu, \sigma^2)$に従うとします。

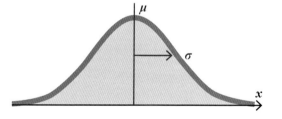

この母集団から、無作為に1個の観測値xを取り出します。そして、この値を記録します。

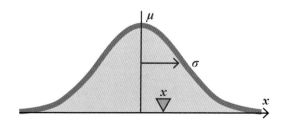

この作業「1個のxを取り出して記録する」を10,000回繰り返してみます。結果をヒストグラムにしました。

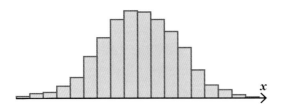

ヒストグラムの形状が、母集団が従う確率分布とよく似ていることが分かります。両者を重ね合わせてみると

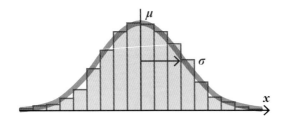

よく一致することが分かります。この結果は、誰にとっても当たり前です。

ここからが本題です。今度は、この母集団から無作為に3つの観測値、x_1, x_2, x_3、を取り出してみます。

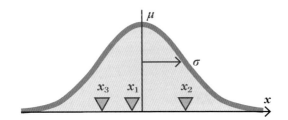

次いで、標本平均$\overline{x}$を計算します。

$$\overline{x} = \frac{x_1 + x_2 + x_3}{3}$$

そして、この$\overline{x}$を記録します。

この作業「3つのxを取り出して、標本平均$\overline{x}$を計算して、記録する」を10,000回繰り返して、結果をヒストグラムにしました。

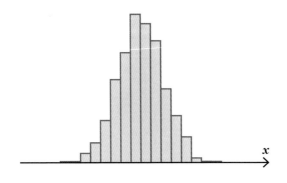

標本サイズが$n=3$で小さいです。そこで、標本平均$\overline{x}$も散らばることが分かります。ここに、母集団が従う確率分布$N(\mu, \sigma^2)$を重ねてみます。

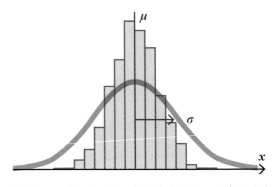

すると、一致しません。見た印象では、分布の中心は同じようです。しかし、分布の幅が異なります。標本平均$\overline{x}$の分布の幅が、狭まっています。この図から、標本平均$\overline{x}$は、観測値xほどには散らばらないことが分かります。

② 散らばりが小さくなる理由

この不一致の原因の、定性的理解は容易です。例として、実験もしくは調査で、以下の3つの観測値を得たとします。

$$3.6 \qquad 1.8 \qquad 2.4$$

大きな値 (3.6) もあれば、小さな値 (1.8) もあります。数値の大小を視覚化するため、数値の大きさを反映した丸を割り当てておきます。

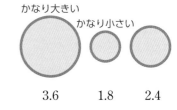

この3つの観測値の標本平均$\overline{x}$を計算します。

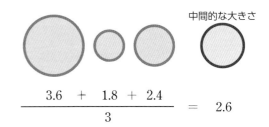

$$\frac{3.6 + 1.8 + 2.4}{3} = 2.6$$

すると、標本平均$\overline{x}$は極端に大きくもなく、極端に小さくもなく、中間的な大きさに収まります。大きな値と小さな値が、互いを打ち消し合い、中間的な値に落ち着くからです。この性質のため、標本平均$\overline{x}$の散らばりは小さくなり、確率分布の幅が狭くなります。

③ 標本平均$\overline{x}$が従う確率分布

この性質の背後には、シンプルで美しい定理があります。これを「**定理1**」と呼ぶことにします。「定理1」には、3つの内容があります。

特徴1 観測値（確率変数）xが正規分布に従うなら、その標本平均$\overline{x}$も正規分布に従う。

特徴2 標本平均$\overline{x}$が従う正規分布$N(\mu, \sigma^2/n)$の期待値（平均）は、母平均μのまま、変わらない。

特徴3 標本平均$\overline{x}$が従う正規分布$N(\mu, \sigma^2/n)$は、観測値（確率変数）xが従う正規分布$N(\mu, \sigma^2)$と比べて、分散が$1/n$倍に、標準偏差は$1/\sqrt{n}$倍に、幅が狭くなる（nは標本サイズ）。

「定理1」 標本平均$\overline{x}$の確率分布

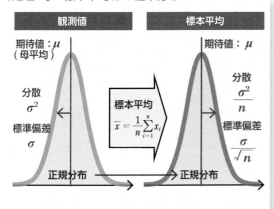

Advice この定理に登場する分散や標準偏差の公式は、母集団が正規分布に従わなくても成立する性質です。そして、高校1～2年で学んだ数学で理解できます。この解説をweb特典A.6で行っています。興味がある読者は、目を通してみてください。

本節の例で、「定理1」を確認してみます。期待値

（平均）がμで、標準偏差を$\sigma/\sqrt{3}$とした正規分布を用意し、$n=3$の標本平均$\overline{x}$のヒストグラムと比べてみます。するとたしかに、良い一致を見せます。

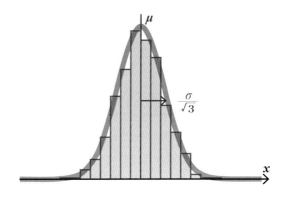

④ 大数の法則

前節で学んだ「定理1」から想像できることを考えてみます。とある母集団が、母平均がμで母標準偏差がσの正規分布$N(\mu, \sigma^2)$に従うとします。

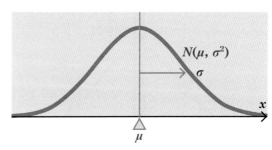

この母集団から無作為に10個の観測値（確率変数）を得ることを考えます。標本サイズは$n=10$です。その標本平均$\overline{x}$が従う確率分布は

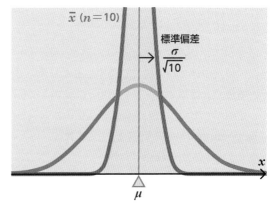

です。確率分布の幅が$1/\sqrt{10}$倍に狭くなります。

さらに標本サイズnを大きくします。$n=100$にすると、標本平均$\overline{x}$が従う確率分布は

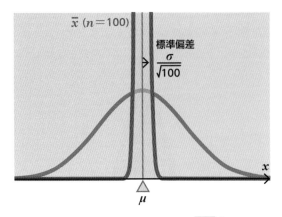

となります。確率分布の幅が、$1/\sqrt{100}$倍と、さらに狭くなります。

さらに、標本サイズを$n=1{,}000$にします。標本平均$\bar{x}$が従う確率分布は、さらに幅が狭まります。

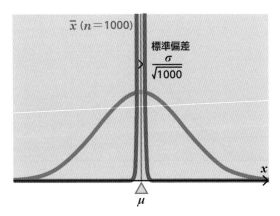

このように、標本サイズnをドンドン大きくしていくと、標本平均$\bar{x}$の確率分布の幅は、徐々に狭くなり、ゼロに近づいていきます。これは、標本平均$\bar{x}$が徐々に母平均μに近づくことを意味します。

このように、標本サイズnをドンドンと大きくし、無限大に近づけていく過程を想像します。すると、その極限で、標本平均$\bar{x}$が母平均μに限りなく近づくと想像できます。この性質を、**大数の法則**（law of large numbers）と呼びます。「大数」は「たいすう」と読みます。統計学において、最も有名な定理の1つです。

Advice 大数の法則の数学的な解説は、本書のレベルを遥かに超えています。そこで、web特典でも扱っていません。興味のある読者は、数理統計学の解説書に挑戦してみてください。

5 標本分布と標準誤差

本節の最後に、新しい用語を2つ学びます。まず、復習から始めます。**統計量**（statistic）です。第4章で学びました。統計量は、実験や調査で得た標本を使って計算する数値です。統計量の一例は、標本平均$\bar{x}$です。

統計量の一例
標本平均$\bar{x}$

$$\bar{x} = \frac{1}{n}\sum_{i=1}^{n}x_i = \frac{x_1 + x_2 + x_3 + \cdots + x_n}{n}$$

標本分散s^2や標本標準偏差sも、統計量です。また、検定で計算される検定統計量（例えばU, t, F, qなど）も、統計量です。

統計量は、数限られた観測値からなる標本を使って計算されます。そこで、統計量は散らばる性質を持ちます。

新しい用語の1つめです。「統計量が従う確率分布」を**標本分布**（sampling distribution）と呼びます。標本分布の一例として、本節5-6で学んだ、標本平均$\bar{x}$の標本分布を示します。

標本分布の一例

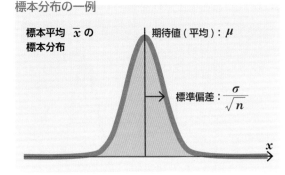

新しい用語の2つめです。標本分布には、この確率分布を特徴付ける期待値（平均）と標準偏差が存在します。「**標本分布の標準偏差**」を**標準誤差**（standard error）と呼びます。記号には、頭文字を使って「SE」や「se」を使います。

標準誤差SEの一例

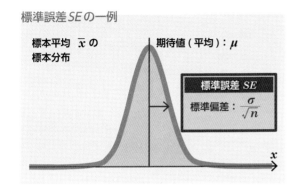

なお、標本平均$\overline{x}$の標準誤差に限っては、記号に「SEM」や「sem」も使います。これは「standard error of the（sample）mean（標本平均の標準誤差）」の頭文字に由来します。また、母標準偏差σを標本標準偏差sで置き換えた

$$SEM = \frac{s}{\sqrt{n}}$$

も「標本平均$\overline{x}$の標準誤差SEM」として、レポートや学術論文で多用されます。

Advice レポートや学術論文では、図表中で、観測値の散らばりの大きさを示す機会が頻繁にあります。このとき、散らばりの指標の選択肢に、2つあります。1つは、本節の「① **標準誤差** SE（SEM）」です。もう1つは「② **標本標準偏差** SD」です。標本標準偏差は、数式の中では小文字の「s」を使いますが、本文中では「standard deviation」の頭文字を使い「SD」や「sd」と表記されます。

Advice 標本分布について補足します。**標本分布**や**標準誤差**は、統計学の基礎の中心的な位置を占めます。しかし「数学として難解」と「用語の体系が煩雑になり、初学者が全体像を見失う」という理由から、統計学の学習に挫折する、大きな原因にもなっています。これが理由で、本書では「標本分布」という用語は、本節以外では使いません。加えて、他の本格的な解説書で扱われる内容の多くを省きました。ただし**標本分布**と**標準誤差**という用語とその定義だけは、必ず、知識として身につけてください。

5-7 練習問題 H

母集団が、母平均が$\mu = 4$で母標準偏差が$\sigma = 2$の正規分布$N(4, 2^2)$に従うとする。この母集団から、無作為に観測値を4つ(x_1, x_2, x_3, x_4)取り出したとする。

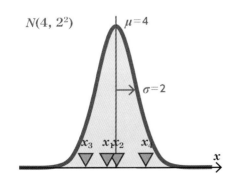

この標本平均$\overline{x}$が、3以下（もしくは未満）となる確率を、以下の設問に従って計算しなさい。

問1 この標本平均$\overline{x}$が従う正規分布の、期待値（平均）$\mu_{\overline{x}}$と標準偏差$\sigma_{\overline{x}}$を求めなさい。

問2 この標本平均$\overline{x}$が、3以下（もしくは未満）となる確率を計算しなさい。

5-8 定理2：中心極限定理

統計学の基礎を学ぶ中で「最も美しい」と感じさせる学習項目が、**中心極限定理**（central limit theorem）です。

一般に、私たちが実験や調査を行う場合、その観測値（確率変数）が正規分布に必ず従うとは限りません。様々な形状の確率分布があり得ます。

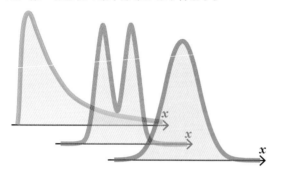

中心極限定理は、「定理1」の拡張版のような内容です。要点は「**どんな確率分布**から得た標本平均 $\overline{x}$ も、**標準偏差**が $1/\sqrt{n}$ **倍に狭まった正規分布に近似的に従う**」です。

中心極限定理の内容は3つあります。

特徴1 母集団がどのような確率分布に従うにせよ、そこから得た標本平均 $\overline{x}$ は、近似的に正規分布 $N(\mu, \sigma^2/n)$ に従う。近似の精度は、標本サイズ n が大きくなるほど良くなる。

Advice ごく一部の特殊な確率分布は中心極限定理に従いません。しかし、私たちが実験や調査で出会う確率分布の場合は、ほぼ全て、中心極限定理に従うと考えて問題ありません。

特徴2 標本平均 $\overline{x}$ が近似的に従う正規分布 $N(\mu, \sigma^2/n)$ の期待値（平均）は、母平均 μ のまま、変わらない。

特徴3 標本平均 $\overline{x}$ が近似的に従う正規分布 $N(\mu, \sigma^2/n)$ は、観測値（確率変数）x が従う確率分布と比べて、分散が $1/n$ 倍に、標準偏差は $1/\sqrt{n}$ 倍に、幅が狭くなる（n は標本サイズ）。

定理2　中心極限定理

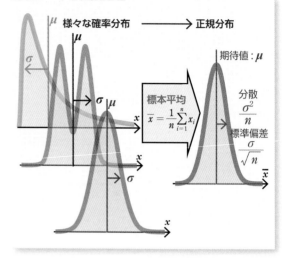

Advice 中心極限定理の数学的な解説は、本書のレベルを遥かに上回ります。web特典でも扱っていません。興味のある読者は、数理統計学の解説書に挑戦してみてください。

以下、実例を見てみます。

例として、**双峰性**（bimodal）と呼ばれるタイプの確率分布を使います。確率分布の形状に、2つの山があります。双峰性の確率分布に従う現象は、意外と多いです。身近な例は、アリの体長です。野原や畑で歩いているアリたちを片っ端から捕まえて、1匹1匹体長を測定していくと、この確率分布に従うことが知られています。

実験や調査の対象とする母集団が、双峰性の確率分布に従ったとします。母平均は μ で母標準偏差は σ です。

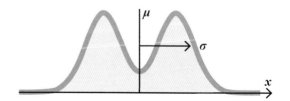

まず当たり前のことを確認します。この確率分布に従う母集団から、無作為に観測値xを1個得ます。この値を記録します。

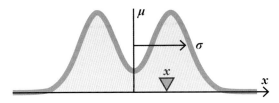

この作業「1個のxを取り出して記録する」を10,000回繰り返してみます。結果をヒストグラムにしました。

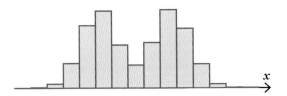

ヒストグラムの形状は確率分布と似ていて、2つの山がある形状が確認できます。実際、確率分布を重ねてみると、良い一致が確認できます。

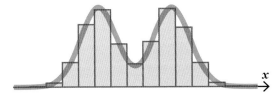

これは「当然の結果」と言えます。

ここから、本題に入ります。今度は、この母集団から無作為に、観測値xを3個取り出します。この3つを、x_1、x_2、x_3としておきます。

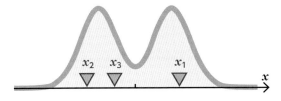

そして、標本平均$\overline{x}$を計算して記録します。

$$\overline{x} = \frac{x_1 + x_2 + x_3}{3}$$

この作業「3つのxを取り出して、標本平均$\overline{x}$を計算して記録する」を10,000回繰り返してみます。結果をヒストグラムにしました。すると、不思議なことが起こります。

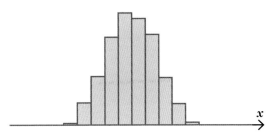

双峰性の確率分布に特有の、2つの山が消えてしまいました。1つの山の分布になっています。母集団が従う確率分布を重ねても、まったく似ていません。

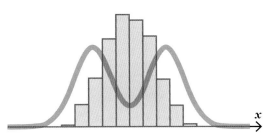

中心極限定理によれば、この標本平均$\overline{x}$が従う確率分布は、期待値（平均）がμで、標準偏差が$\frac{\sigma}{\sqrt{3}}$となる正規分布$N(\mu, \sigma^2/3)$で近似できるとのことでした。確認するために、この正規分布を重ねてみます。

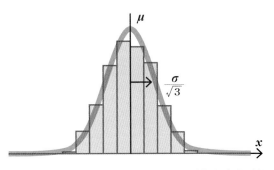

すると、たしかに、ヒストグラムの形状を良く近似しています。

次に、この母集団から無作為に10個の観測値xを取り出します。

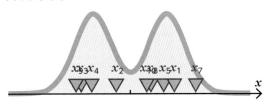

そして、標本平均 $\overline{x}$ を計算して記録します。

$$\overline{x} = \frac{x_1 + x_2 + x_3 + x_4 + x_5 + \cdots + x_{10}}{10}$$

この作業「10個の x を取り出して、標本平均 $\overline{x}$ を計算して記録する」を10,000回繰り返してみます。結果をヒストグラムにします。

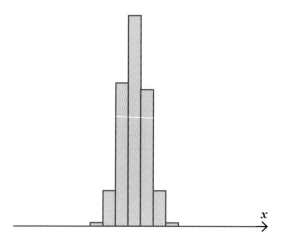

やはり、正規分布で近似できそうな、1つの山からなる分布が得られます。中心極限定理によれば、この標本平均 $\overline{x}$ が従う確率分布は、期待値（平均）が μ で、標準偏差が $\frac{\sigma}{\sqrt{10}}$ となる正規分布 $N(\mu, \sigma^2/10)$ で近似できるとのことです。確認するために、この正規分布を重ねてみます。

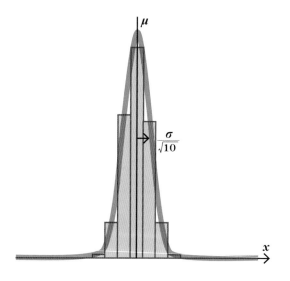

この場合でも、正規分布がヒストグラムの形状を良く近似しています。

最後に、もう一度要点をまとめます。私たちが実験や調査を行う場合、観測値（確率変数） x が従う確率分布は、必ずしも正規分布であるとは限りません。

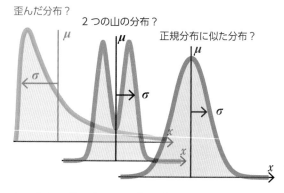

そのうえ、数が限られた観測値からなる標本を得ても「どんな確率分布か？」なんて、サッパリ分かりません。

しかし、複数の観測値を得て、標本平均 $\overline{x}$ を計算しさえすれば、母集団が従う確率分布がどんなものであろうと、近似的に正規分布に従ってくれます。

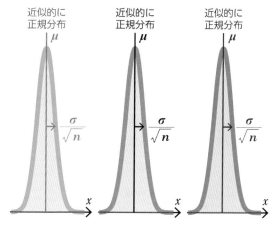

これは**驚異的**としか表現しようがない性質です。中心極限定理が示す、このようにシンプルで美しい性質は、私たちに、正規分布の重要性を教えてくれます。

本節 **5–9** と節 **5–11** の内容は、第8章の独立2群の t 検定や第11章の多重比較を学ぶための基礎となります。

2つの母集団、AとBがあるとします。この2つは、異なる正規分布、$N(\mu_A, \sigma_A^2)$ と $N(\mu_B, \sigma_B^2)$ に従います。

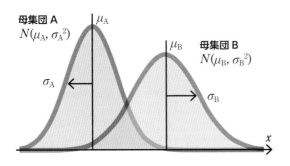

母集団Aと母集団Bから、それぞれ、無作為に1個の観測値（確率変数）を取り出します。これを x_A と x_B とします。

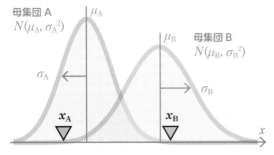

統計学では、こうした観測値（確率変数）の和

$$x_A + x_B$$

や差

$$x_A - x_B$$

を考察の対象にすることが多いです。観測値（確率変数）の x_A や x_B が散らばる以上、和や差も散らばります。そこで、私たちは、和 $(x_A + x_B)$ や差 $(x_A - x_B)$ が従う確率分布に対して、基本的な知識を身につける必要があります。

この確率分布には、3つの特徴があります。

1つめ。x_A と x_B が正規分布に従うなら、x_A と x_B の和も、x_A と x_B の差も、正規分布に従います。

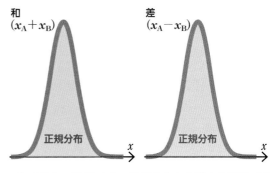

これは美しい性質です。正規分布から得た観測値（確率変数）x は、その和も、その差も、正規分布に従ってくれるのです。この性質は、正規分布の **再生性**（reproductive property）と呼ばれています。

2つめ。和 $(x_A + x_B)$ の期待値（平均）は、母平均の和 $(\mu_A + \mu_B)$ に等しいです。差 $(x_A - x_B)$ の期待値（平均）は、母平均の差 $(\mu_A - \mu_B)$ に等しいです。

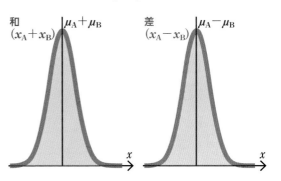

これは、直感的に理解しやすい性質です。

3つめ。和の分散と差の分散は、ともに、母分散 σ_A^2 と σ_B^2 の和で与えられます。

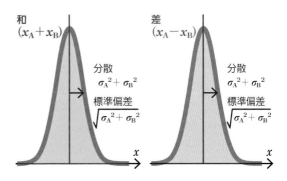

これは、直感的ではありませんが、とてもシンプルで、とても美しい性質です。観測値（確率変数）の和も差も、その分散は、ただ単に、2つの母分散、σ_A^2とσ_B^2、の和になります。

$$\sigma_A^2 + \sigma_B^2$$

標準偏差なら、その平方根です。

$$\sqrt{\sigma_A^2 + \sigma_B^2}$$

観測値（確率変数）の散らばりの指標に分散や標準偏差を使うと、このように、シンプルで美しい結果が得られます。こうした美しさが理由で、数学者たちは、散らばりの指標として分散や標準偏差を愛用します。

Advice この分散や標準偏差の公式の導出は、高校1～2年で学んだ数学で可能です。この解説を**web特典A.8**で行っています。興味がある読者は、目を通してみてください。

以上をまとめて、定理3としておきます。

定理3　正規分布の再生性

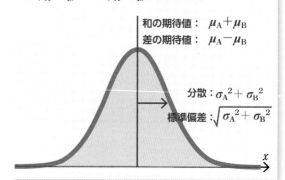

和（$x_A + x_B$）と差（$x_A - x_B$）の確率分布

和の期待値：　$\mu_A + \mu_B$
差の期待値：　$\mu_A - \mu_B$

分散：$\sigma_A^2 + \sigma_B^2$
標準偏差：$\sqrt{\sigma_A^2 + \sigma_B^2}$

5–10　練習問題I

母集団が2つある。母集団Aは、母平均が$\mu_A = 8$で、母標準偏差が$\sigma_A = 1$の正規分布$N(8, 1^2)$に従う。母集団Bは、母平均が$\mu_B = 5$で、母標準偏差が$\sigma_B = 1.2$の正規分布$N(5, 1.2^2)$に従う。

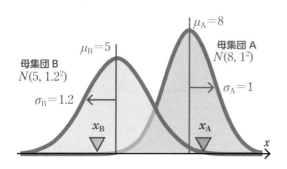

母集団B
$N(5, 1.2^2)$

$\mu_B = 5$

$\mu_A = 8$

母集団A
$N(8, 1^2)$

$\sigma_B = 1.2$

$\sigma_A = 1$

x_B

x_A

この2つの母集団から、それぞれ1個ずつ、観測値x_Aとx_Bを、無作為に取り出す。このとき、この2つの差

$$x_A - x_B$$

が**4以下**（もしくは**未満**）となる確率を、以下の設問に従って、求めなさい。

問1 この観測値の差（$x_A - x_B$）が従う正規分布の、期待値（平均）$\mu_{x_A - x_B}$と標準偏差$\sigma_{x_A - x_B}$を求めなさい。

問2 この観測値の差（$x_A - x_B$）が、4以下（もしくは未満）となる確率を計算しなさい。

5–11　定理4：2つの標本平均の差が従う確率分布

本章の最後の学習項目です。本節では、第8章の独立2群のt検定や第11章の多重比較で必要になる公式を導きます。「定理1」と定理3を使った、簡単な応用問題です。標本平均の差（$\overline{x}_A - \overline{x}_B$）が従う確率分布の母数を求めます。

節**5–9**同様、2つの正規分布、$N(\mu_A, \sigma_A^2)$と$N(\mu_B, \sigma_B^2)$に従う母集団AとBを用意します。

今回は、母集団Aからn_A個の観測値（確率変数）を無作為に取り出し

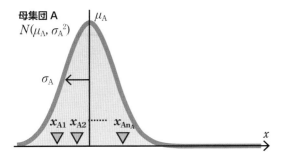

標本平均$\overline{x}_A$を計算します。

$$\overline{x}_A = \frac{x_{A1} + x_{A2} + x_{A3} + \cdots + x_{An_A}}{n_A}$$

次いで、母集団Bから、n_B個の観測値（確率変数）を無作為に取り出し

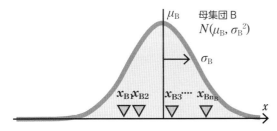

標本平均$\overline{x}_B$を計算します。

$$\overline{x}_B = \frac{x_{B1} + x_{B2} + x_{B3} + \cdots + x_{Bn_B}}{n_B}$$

この2つの標本平均は、節**5-6**で紹介した「定理1」によって、以下の正規分布に従います。

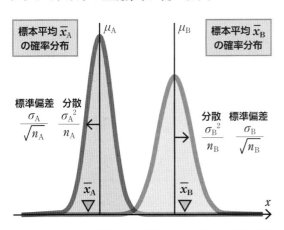

この正規分布の特徴は、分散が$1/n$倍に、標準偏差が$1/\sqrt{n}$倍に、分布の幅が狭まることでした。

次に、この2つの標本平均の差$(\overline{x}_A - \overline{x}_B)$が従う確率分布を見てみます。この確率分布は、前節**5-9**で紹介した定理3（正規分布の再生性）によって、3つの特徴を示します。

1つめ。標本平均$\overline{x}_A$と$\overline{x}_B$が正規分布に従うなら、標本平均の差$(\overline{x}_A - \overline{x}_B)$も正規分布に従います。

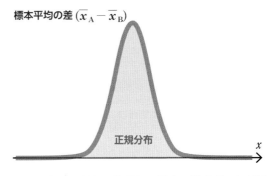

2つめ。標本平均の差$(\overline{x}_A - \overline{x}_B)$の期待値（平均）は、母平均の差$(\mu_A - \mu_B)$に等しいです。

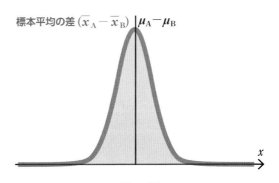

3つめ。標本平均の差$(\overline{x}_A - \overline{x}_B)$の分散は、標本平均$\overline{x}_A$の分散と$\overline{x}_B$の分散の和で与えられます。

$$\frac{\sigma_A^2}{n_A} + \frac{\sigma_B^2}{n_B}$$

標準偏差はその平方根

$$\sqrt{\frac{\sigma_A^2}{n_A} + \frac{\sigma_B^2}{n_B}}$$

で与えられます。

標本平均の差$(\overline{x}_A - \overline{x}_B)$

分散
$$\frac{\sigma_A^2}{n_A} + \frac{\sigma_B^2}{n_B}$$

標準偏差
$$\sqrt{\frac{\sigma_A^2}{n_A} + \frac{\sigma_B^2}{n_B}}$$

こうした性質は、t 検定や多重比較の理解に必須の知識となります。読者は、特に、標準偏差

$$\sqrt{\frac{\sigma_A^2}{n_A} + \frac{\sigma_B^2}{n_B}}$$

を見慣れておいてください。第7章で独立2群の t 検定を学ぶとき、この標準偏差が再び登場します。

以上をまとめて、定理4としておきます。

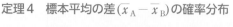

定理4　標本平均の差 $(\overline{x}_A - \overline{x}_B)$ の確率分布

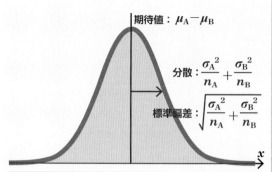

期待値：$\mu_A - \mu_B$

分散：$\dfrac{\sigma_A^2}{n_A} + \dfrac{\sigma_B^2}{n_B}$

標準偏差：$\sqrt{\dfrac{\sigma_A^2}{n_A} + \dfrac{\sigma_B^2}{n_B}}$

5-12　練習問題 J

練習問題Iと同じ2つの母集団を対象にする。母集団Aは、母平均が $\mu_A = 8$ で、母標準偏差が $\sigma_A = 1$ の正規分布 $N(8, 1^2)$ に従う。母集団Bは、母平均が $\mu_B = 5$ で、母標準偏差が $\sigma_B = 1.2$ の正規分布 $N(5, 1.2^2)$ に従う。

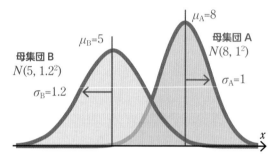

母集団Aから、無作為に3つの観測値 (x_{A1}, x_{A2}, x_{A3}) を得る。

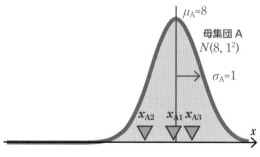

そして標本平均を計算する。

$$\overline{x}_A = \frac{x_{A1} + x_{A2} + x_{A3}}{3}$$

次いで、母集団Bから、無作為に4つの観測値 $(x_{B1}, x_{B2}, x_{B3}, x_{B4})$ を得る。

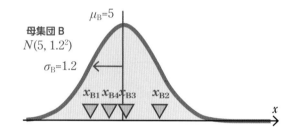

そして標本平均を計算する。

$$\overline{x}_B = \frac{x_{B1} + x_{B2} + x_{B3} + x_{B4}}{4}$$

このとき、2つの標本平均の差

$$\overline{x}_A - \overline{x}_B$$

が**4以下（もしくは未満）**となる確率を、以下の設問に従って、求めなさい。

問1　標本平均 $\overline{x}_A$ が従う正規分布の、期待値（平均）$\mu_{\overline{x}_A}$ と標準偏差 $\sigma_{\overline{x}_A}$ と、標本平均 $\overline{x}_B$ が従う正規分布の、期待値（平均）$\mu_{\overline{x}_B}$ と標準偏差 $\sigma_{\overline{x}_B}$ を求めなさい。

問2　この2つの標本平均の差 $(\overline{x}_A - \overline{x}_B)$ が従う正規分布の、期待値（平均）$\mu_{\overline{x}_A - \overline{x}_B}$ と標準偏差 $\sigma_{\overline{x}_A - \overline{x}_B}$ を求めなさい。

問3　この標本平均の差 $(\overline{x}_A - \overline{x}_B)$ が、4以下（もしくは未満）となる確率を計算しなさい。

「定理1」　標本平均 $\bar{x}$ の確率分布

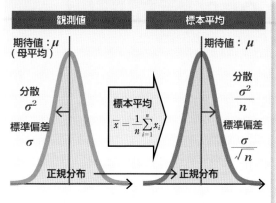

観測値　　　　　標本平均

期待値：μ（母平均）

分散 σ^2

標準偏差 σ

正規分布

標本平均 $\bar{x} = \dfrac{1}{n}\sum_{i=1}^{n} x_i$

期待値：μ

分散 $\dfrac{\sigma^2}{n}$

標準偏差 $\dfrac{\sigma}{\sqrt{n}}$

正規分布

定理3　正規分布の再生性

和 $(x_A + x_B)$ と差 $(x_A - x_B)$ の確率分布

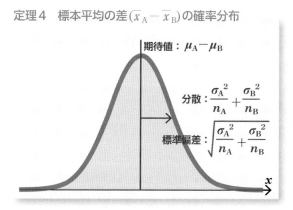

和の期待値：$\mu_A + \mu_B$

差の期待値：$\mu_A - \mu_B$

分散：$\sigma_A{}^2 + \sigma_B{}^2$

標準偏差：$\sqrt{\sigma_A{}^2 + \sigma_B{}^2}$

定理2　中心極限定理

様々な確率分布　──→　正規分布

標本平均 $\bar{x} = \dfrac{1}{n}\sum_{i=1}^{n} x_i$

期待値：μ

分散 $\dfrac{\sigma^2}{n}$

標準偏差 $\dfrac{\sigma}{\sqrt{n}}$

定理4　標本平均の差 $(\bar{x}_A - \bar{x}_B)$ の確率分布

期待値：$\mu_A - \mu_B$

分散：$\dfrac{\sigma_A{}^2}{n_A} + \dfrac{\sigma_B{}^2}{n_B}$

標準偏差：$\sqrt{\dfrac{\sigma_A{}^2}{n_A} + \dfrac{\sigma_B{}^2}{n_B}}$

5章　正規分布と統計理論の初歩

6章 t分布と 母平均μの95%信頼区間

母平均μの95%信頼区間は、数が限られた観測値からなる標本を使い「母平均μはおそらくこの範囲の中にあるのではないか？」と推測する方法です。公式も計算手順も簡単です。本章には、大切な学習項目が2つあります。1つめは、第5章で学んだ統計学の理論的な基礎の活かし方を学ぶことです。95%信頼区間の公式は、導出が簡単なので、この目的に適しています。加えて、本章で学ぶ論理は、第7章や第8章でt検定を学ぶための、良い予備知識となります。本章のもう1つの大切な学習項目は、t分布と呼ばれる確率分布です。t分布は、標準正規分布$N(0, 1^2)$から派生して生まれた確率分布です。t分布の定性的な形状は、標準正規分布$N(0, 1^2)$に似ています。期待値（平均）がゼロの、左右対称なベル型の分布です。しかし、標準正規分布$N(0, 1^2)$にはない特徴があります。それは、t分布の母数（パラメータ）が、第4章で学んだ「自由度df」である点です。正規分布であれば、母数は母平均μと母分散σ^2でした。これは、分かりやすかったです。しかしt分布では、自由度dfが、確率分布の具体的な形状を決定します。これは、初学者には完全にチンプンカンプンな性質だと思います。本章の最大の目標は、t分布のこうした性質を理解することです。なお、本書の後半で学ぶF分布も、母数は自由度dfです。本章をしっかり学び切って「自由度dfが確率分布の形状を決める」という性質に、慣れてください。

6-1 例題6：7つの観測値の背後にいる母平均μは？

とある実験もしくは調査で、7つの観測値xからなる、標本サイズ$n=7$の、標本を得たとします。

x_1	2.9
x_2	5.7
x_3	8.8
x_4	4.4
x_5	6.3
x_6	4.8
x_7	5.2

数直線上での、各観測値xの位置を示します。最低値は2.9です。最高値は8.8です。観測値xはかなり散らばっています。

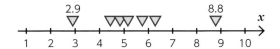

統計学では、散らばった観測値（確率変数）xが何らかの確率分布に従うと仮定します。本書のような入門課程では、正規分布を仮定します。

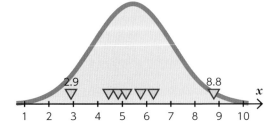

観測値（確率変数）xの背後に正規分布があるなら、

この分布を特徴付ける母数（パラメータ）、母平均μと母分散σ^2（もしくは母標準偏差σ）が存在するはずです。

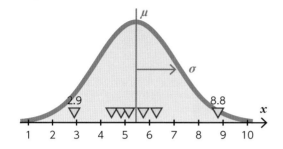

本章では**母平均μはどこにいるのだろうか？**という疑問に取り組みます。

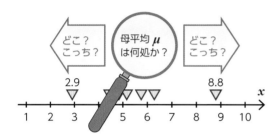

もちろん、完全に正確な解答を得ることは不可能です。この例では、標本サイズはたったの$n=7$です。こんなに小さな標本で、母平均μの値を正確に特定することは、できるはずがありません。

しかし、ある程度の幅のある範囲を求め「おそらく、この中に母平均μがいるだろう」と推測することなら可能です。これが、本章で学ぶ**95%信頼区間**（95% confidence interval）という手法です。confidence intervalの頭文字を使って「**95% CI**」という表記もよく使われます。

本章で学ぶ方法に従うと、この例題の場合、以下の95%信頼区間を得ます。

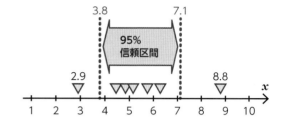

95%信頼区間の**95%**は「この方法に従った95%信頼区間を計算していると、平均して、20回に19回の頻度で、この範囲内に母平均μが入る」という意味です。この**95%**は**信頼係数**（confidence coefficient）と呼ばれています。

本章の構成は3段階です。1番目に「母標準偏差σがすでに分かっている」という状況での手法を学びます。2番目に、t分布と発明者のWilliam Sealy Gossetについて学びます。3番目に、t分布を使い、母標準偏差σが未知の場合の手法を学びます。

6-2 　母標準偏差σが既知の場合の95%信頼区間

本節では「母標準偏差σが既知」という条件を考えます。このような条件は、実際の実験や調査では100%あり得ません。しかし、この簡単な状況から学習を始めると、計算の仕組みを理解しやすいメリットがあります。

以下、公式を求める手順を示します。

① 前提条件
95%信頼区間の公式は、母集団が正規分布に従うことを前提にします。ここでは、母平均μ、母標準偏差σの正規分布$N(\mu, \sigma^2)$を考えます。

この分布に従う母集団から、無作為にn個の観測値xを得たとします。

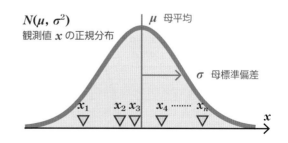

② 標本平均の確率分布
得られたn個の観測値xを使い、標本平均

$$\overline{x} = \frac{1}{n}\sum_{i=1}^{n} x_i = \frac{x_1 + x_2 + x_3 + \cdots + x_n}{n}$$

を計算します。この標本平均 $\bar{x}$ は、第5章で学んだ「定理1」に従って、正規分布 $N(\mu, \sigma^2/n)$ に従います。

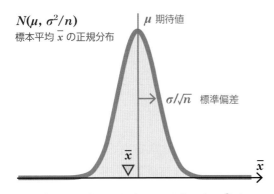

この分布は、母集団が従う正規分布 $N(\mu, \sigma^2)$ と比べて、分布の幅が $1/\sqrt{n}$ 倍だけ狭まっています。

③ 標本平均の標準化

次に、標本平均 $\bar{x}$ に対し、第5章で学んだ標準化を行います。標本平均 $\bar{x}$ が従う正規分布は、期待値（平均）が母平均 μ と等しく

$$\mu$$

です。$\bar{x}$ の標準偏差は母標準偏差 σ より $1/\sqrt{n}$ 倍小さくなり

$$\sigma/\sqrt{n}$$

です。そこで、標本平均 $\bar{x}$ を標準化するには

$$z = \frac{\bar{x} - \mu}{\sigma/\sqrt{n}}$$

と計算します。すると、標準化して得た z は標準正規分布 $N(0, 1^2)$ に従います。

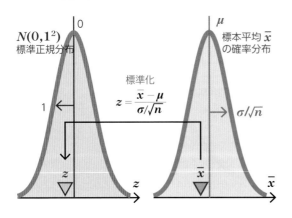

④ σ が既知の95%信頼区間

標準化された z が標準正規分布 $N(0, 1^2)$ に従うなら、95%の確率で、この z は臨界値 $-z_{0.05}$ から $+z_{0.05}$ の範囲内に入ります。第5章で学んだ通り、$z_{0.05}$ は1.96です。

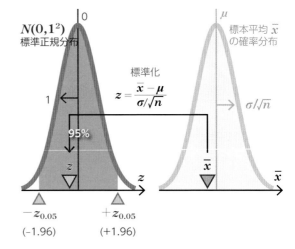

そこで、95%の確率で、以下の不等式が成立すると期待できます。

$$-z_{0.05} \leq z \leq +z_{0.05}$$

そこで

$$-z_{0.05} \leq \frac{\bar{x} - \mu}{\sigma/\sqrt{n}} \leq +z_{0.05}$$

となります。この式を μ について整理すると

$$\bar{x} - z_{0.05}\frac{\sigma}{\sqrt{n}} \leq \mu \leq \bar{x} + z_{0.05}\frac{\sigma}{\sqrt{n}}$$

を得ます。これで、95%信頼区間が計算できました。95%信頼区間の表示は、範囲の下限と上限を、閉区間の [下限, 上限] という形で表記することが多いので、公式を以下のようにまとめます。

母標準偏差 σ が既知のときの μ の95％信頼区間

$$\left[\bar{x} - z_{0.05}\frac{\sigma}{\sqrt{n}}, \quad \bar{x} + z_{0.05}\frac{\sigma}{\sqrt{n}} \right]$$

ここで、$\bar{x}$：標本平均、$z_{0.05} = 1.96$、σ：母標準偏差、n：標本サイズです。

用語を紹介しておきます。信頼区間の上限の値を**上側信頼限界**（upper confidence limit）と呼び、下限の値を**下側信頼限界**（lower confidence limit）と呼びます。

⑤ 例題の解答（σが既知の場合）

例題6を解いておきます。

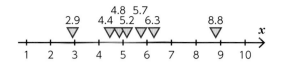

ここでは、母標準偏差 σ が2であったとします。

$$\sigma = 2$$

これ以外に必要なのは、標本平均 $\overline{x}$、標本サイズ n、標準正規分布の臨界値 $z_{0.05}$

$$\overline{x} = 5.44285\cdots$$
$$n = 7$$
$$z_{0.05} = 1.96$$

です。あとは公式に値を代入するだけです。95%信頼区間の下限（下側信頼限界）は

$$\overline{x} - z_{0.05}\frac{\sigma}{\sqrt{n}} = (5.44285\cdots) - 1.96 \times \frac{2}{\sqrt{7}}$$
$$= (5.44285\cdots) - 1.96 \times \frac{2}{(2.64575\cdots)}$$
$$= 3.96123\cdots$$

となります。上限（上側信頼限界）は

$$\overline{x} + z_{0.05}\frac{\sigma}{\sqrt{n}} = (5.44285\cdots) + 1.96 \times \frac{2}{\sqrt{7}}$$
$$= (5.44285\cdots) + 1.96 \times \frac{2}{(2.64575\cdots)}$$
$$= 6.92447\cdots$$

です。最後に有効数字を考えます。母平均 μ の95%信頼区間を表示するときの、有効数字の決め方に、はっきりしたルールがある訳ではありません。とりあえず、観測値の有効数字に合わせるのが無難です。この例題では、観測値 x の有効数字は2桁です。そこで、解答は

[4.0，6.9]

としておけば十分でしょう。

6-3 練習問題 K

milatas / stock.adobe.com

無作為に選んだ10人の小学3年生の女子の身長を測定したところ、以下の通りになった（単位は cm）。

問　この標本を用いて、母平均 μ の95%信頼区間を求めなさい。なお、この練習問題では、母標準偏差 σ は 6 cm であることが、予め分かっているとする。

| 128 |
| 132 |
| 121 |
| 133 |
| 121 |
| 123 |
| 124 |
| 136 |
| 132 |
| 144 |

6-4 σをsで代用してみる

節 6-2 では、母平均 μ の95%信頼区間の公式を導く論理を学びました。この論理は、第7章や第8章で学ぶ t 検定でも登場する、統計学の基本的な論理の1つです。

しかし節**6-2**の方法は、母標準偏差σを必要とするため、実用的ではありません。そこで私たちは、この問題について、さらに学ぶ必要があります。本章は、本節から、少しずつ本番に入っていきます。

① σはsで代用するしかないが

前節の95%信頼区間の公式を導くうえで、主役の役割を果たした計算は、標本平均$\overline{x}$の標準化でした。

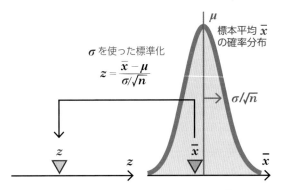

標準化して得たzは、標準正規分布$N(0, 1^2)$に従ってくれます。

ただしこの方法には、致命的な欠点があります。計算を実行するには、母標準偏差σが予め分かっている必要があります。しかし実際の実験や調査では、そんな状況は100%あり得ません。

では、どうしたらいいのか？という問題が生じます。選択肢は1つしかありません。母標準偏差σの代役として、第4章で学んだ標本標準偏差s

標本標準偏差s

$$s = \sqrt{\frac{SS}{df}} = \sqrt{\frac{\sum_{i=1}^{n}(x_i - \overline{x})^2}{n-1}}$$

を使うことです。

標本標準偏差sなら、実験や調査で得た観測値xを使い、計算が可能です。

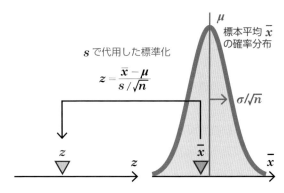

しかしここで「**標本標準偏差sは、本当に、母標準偏差σの代役になれるのか？**」と不安が生じます。標本標準偏差sは、数が限られた観測値xから計算されます。sの値は散らばります。sは母標準偏差σの大雑把な推定値に過ぎません。sがσに正確に一致することは、100%絶対に、起こり得ません。

② σをsで代用した標準化

母標準偏差σを標本標準偏差sで代用した標準化を行うと「**得られたzは標準正規分布$N(0, 1^2)$に従うのか？**」を、実際に観察してみます。問題点をはっきり見たいので、標本サイズは小さく、$n=2$としてみます。

正規分布$N(\mu, \sigma^2)$に従う母集団を用意します。この母集団から、無作為に2つの観測値、

$$x_1 \qquad x_2$$

を得たとします。

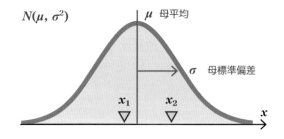

この2つの観測値xを使い、標本平均$\overline{x}$と標本標準偏差sを計算します。

$$\overline{x} = \frac{1}{n}\sum_{i=1}^{n}x_i = \frac{x_1 + x_2}{2}$$

$$s = \sqrt{\frac{\sum_{i=1}^{n}(x_i - \bar{x})^2}{n-1}} = \sqrt{\frac{(x_1 - \bar{x})^2 + (x_2 - \bar{x})^2}{1}}$$

この標本平均$\bar{x}$は、第5章で学んだ「定理1」によって、正規分布$N(\mu, \sigma^2/2)$に従います。

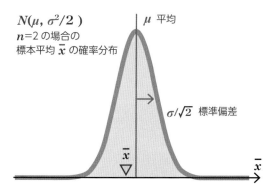

$N(\mu, \sigma^2/2)$
$n=2$の場合の
標本平均$\bar{x}$の確率分布

μ 平均

$\sigma/\sqrt{2}$ 標準偏差

$\bar{x}$

標本サイズが$n=2$なので、分散が1/2倍に、標準偏差が$1/\sqrt{2}$倍に、分布の幅が狭くなっています。

そして、この標本平均$\bar{x}$に対し、σをsで置き換えた標準化を行います。

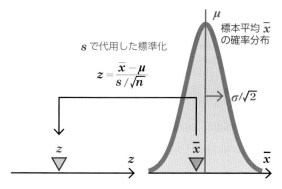

sで代用した標準化

$$z = \frac{\bar{x} - \mu}{s/\sqrt{n}}$$

μ
標本平均$\bar{x}$
の確率分布

$\sigma/\sqrt{2}$

z

$\bar{x}$

その結果、標準化されたzを得ます。この一連の作業「無作為に2個のxを得て、σではなくsを使って標準化する」を、10,000回繰り返します。そして、10,000個のzを得ます。

10,000個のzをヒストグラムにしてみました。

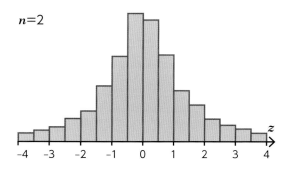

$n=2$

すると、左右対称のベル型の分布が現れました。一見、正規分布と似た形状です。「これなら、もしかしたら、標準正規分布$N(0, 1^2)$と一致するかもしれない」と期待させます。

そこで、このヒストグラムに、標準正規分布$N(0, 1^2)$の曲線を重ねてみます。

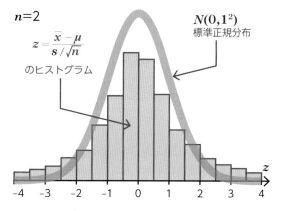

$n=2$

$N(0, 1^2)$
標準正規分布

$$z = \frac{\bar{x} - \mu}{s/\sqrt{n}}$$

のヒストグラム

すると、一致しないことが分かります。標本標準偏差sを使って標準化すると、zの分布は、標準正規分布$N(0, 1^2)$と比べて、背が低く、左右に幅広く広がってしまいました。

この結果から「**母標準偏差σの代わりに標本標準偏差sを使って得たzは、もはや、標準正規分布$N(0, 1^2)$に従わない**」ことが分かります。

本節では、もう1つ学びたいことがあります。そこで次に、まったく同じ作業を、今度は$n=2$から$n=4$に2倍に増やして、やってみます。

その結果、以下の図を得ます。

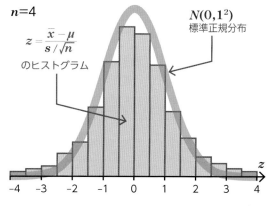

$n=4$

$N(0, 1^2)$
標準正規分布

$$z = \frac{\bar{x} - \mu}{s/\sqrt{n}}$$

のヒストグラム

$n=4$にすると、分布の形が標準正規分布$N(0, 1^2)$に近づいていることが分かります。ただしそれでも、

背が少し低く、左右へ広がる傾向が、少し残っています。

この結果から「σの代わりにsを使って得たzの分布の、標準正規分布$N(0, 1^2)$からのズレの大きさは、標本サイズnに依存する」ことが分かります。

Advice こうした結果を見ると「標本サイズnを十分に大きくすれば、標本標準偏差sを使って得たzは、標準正規分布$N(0, 1^2)$に従うのではないか？」という期待が生じます。この期待は正しいです。標本標準偏差sを使って得たzの分布は、標本サイズnが1,000以上になると、ほぼ完全に見分けがつかないほどに、標準正規分布$N(0, 1^2)$に近づきます。

6–5　Gosset が発明したt分布

前節の観察から、標本標準偏差sを使った標準化

$$z = \frac{\bar{x} - \mu}{s/\sqrt{n}}$$

で得たzは、標準正規分布$N(0, 1^2)$には従わないことが分かりました。標本標準偏差sは母標準偏差σの代用としては不十分です。

では、どうしたらいいのか？という問題が生じます。解決の方向性には、2つあります。

ここでは、近代統計学の黎明期の物語を紹介します。19世紀から20世紀に移る頃の話です。2人の偉大な統計学者について学びます。2人は、師弟関係でした。しかし、この問題に対しては、まったく異なる立場をとりました。

1 Karl Pearson

Karl Pearson（1857–1936）は、様々な分野で活躍する博識の人であり、喧嘩っ早い情熱の人でした。**近代統計学の父**として知られています。本書の第12章で学ぶ相関係数rが、彼の有名な発明品です。

K Pearsonは弁護士の子としてロンドンに生まれました。Cambridge大学で数学を学んだ後、ドイツに留学し、物理学に生物学、進化論、ドイツ文学や民俗学、宗教改革史と、様々な分野を学び、マルクスの社会主義に傾倒しました。イギリスに戻ると弁護士の資格をとります。その後、再度数学に転じ、27歳でUniversity College Londonの応用数学の教授となりました。

ここで動物学者WFR Weldon（1860–1906）と出会い、進化論の研究に寄与するための統計学の研究に

Karl Pearson, Biometrician, at his desk, 1910.
Wellcome Collection（https://wellcomecollection.org/works/pexttqw4）
Attribution 4.0 International (CC BY 4.0)

没頭します。この努力から、近代統計学の基礎が築かれました。

K Pearsonは多才な人でしたが、本章で扱う問題に対しては、かたくなに保守的でした。標本平均$\bar{x}$の標準化

$$z = \frac{\bar{x} - \mu}{\sigma/\sqrt{n}}$$

の場合なら、彼は「母標準偏差σを標本標準偏差sで代用すればよい」という立場をとりました。

$$z = \frac{\bar{x} - \mu}{s/\sqrt{n}}$$

ただし条件があります。「標本サイズnを可能な限り大きくしなさい！」が彼の立場です。標本サイズn

を無限大に向けてドンドン大きくしていけば、標本標準偏差sは母標準偏差σに限りなく近づきます。ですから「ほぼ完全にσ＝sという等式が実現できるまで標本サイズnを大きくすればよい。それだけの話だろ？」これが彼の立場でした。

彼は、標本サイズnが数百とか数千という、莫大な数の観測値xからなる標本だけを使い、統計学の研究を行いました。例えば、古代人の集団墓地から発掘された頭蓋骨のサイズであったり、地中海のとあるカニの甲羅のサイズであったり、熱帯雨林のエキゾチックな鳥のクチバシのサイズであったり、世界各地のユダヤ人の身体測定のデータだったり。最低でも数百以上の標本サイズnが揃う実験データだけが、K Pearsonにとって、統計学の対象でした。

こうした大きな標本は、研究分野によっては、現代でも、不可能な場合が多いです。例えば生物系の研究の場合、標本サイズnは10以下であることも多いです。実験には、時間と労力がかかります。お金もかかります。標本サイズnを2倍するには、2倍の労働力と予算と時間を必要とします。10倍にするなら10倍です。

K Pearsonは、この点に関しては、きわめて冷淡でした。彼にとっては、生物系の研究者が手にする実験データの大半は、標本サイズnが小さ過ぎて「**そもそも統計学の対象になりえない**」無駄な実験データでした。

② William Sealy Gosset

K Pearsonとは対照的に、WS Gosset（1876–1937）は、謙虚で、親切で、思慮深い人であったそうです。

WS Gossetは、Oxford大学で数学と化学を学びました。卒業後は、黒ビールで有名なギネスビール醸造会社に醸造技師として就職します。

WS Gossetが扱った問題の1つは、培養瓶の中の酵母の濃度測定の精度でした。ビールの製造過程で麦芽汁を発酵させる際、酵母の濃度の正確な測定は、安定した品質を維持するために必須です。酵母が少なすぎれば発酵が十分に進まず、逆に、酵母が多す

ぎればビールが苦くなります。

測定自体は簡単です。培養液のほんの一部を採取し、光学顕微鏡で観察して、視野の中にある酵母の数を数えます。

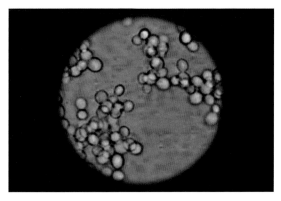

この観察には問題がありました。顕微鏡の視野を移動する度に、酵母の数が変わります。しかし、測定の繰り返しにも限度があります。ビールの醸造は時間との戦いです。培養液中の酵母は増殖し続け、酵母の濃度自体、刻一刻と変化します。

WS Gossetは、こうした問題に取り組むには、統計学の知識が必要だと痛感したそうです。彼は会社を説得し、1年間の休暇を得て、当時すでに指導的な立場にあったK Pearsonの研究室で統計学の研究を始めました。ギネスビール社に戻ってからも、K

Student化は、母標準偏差σを標本標準偏差sで置き換えた標準化です。標本標準偏差sはσの大雑把な推定値に過ぎません。そこでsは、σより大きかったり、小さかったりします。その結果、Student化では、正しく標準化されません。Student化して得たtは、zと比べて、右や左にランダムにずれます。

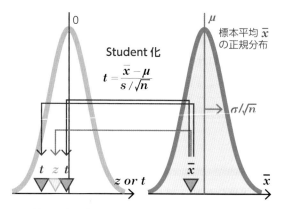

その結果、Student化で得たStudentのtが従う確率分布は以下のようになります。

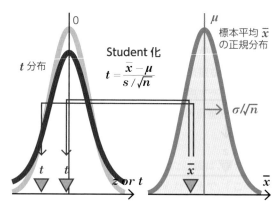

2つの特徴があることが分かります。

特徴1 t分布の定性的な形状は、標準正規分布$N(0, 1^2)$と似ている。期待値（平均）はゼロで、左右対称なベル型の形状をしている。

特徴2 t分布は、標準正規分布$N(0, 1^2)$よりも背が低く、左右に幅広い形状をしている。

Advice 標準正規分布とt分布は、形状の定性的特徴は似ていますが、記述する数式は、まったく異なります。

② t分布は標本サイズnによって形が少しずつ変化する

t分布の最大の特徴は、標本サイズnによって、形状が少しずつ変化する点です。

❶nが大きいとき

標本サイズnが大きい場合を考えます。$n = 50$とか$n = 100$といった場合です。このとき、標本標準偏差sは母標準偏差σの精度の高い推定値となります。そこで、Student化して得たtは、標準化して得たzと、かなり近い値になると期待できます。

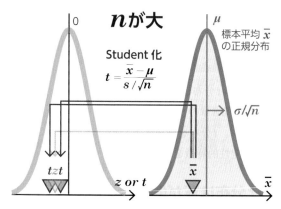

その結果、t分布の形状は、標準正規分布$N(0, 1^2)$に近づきます。

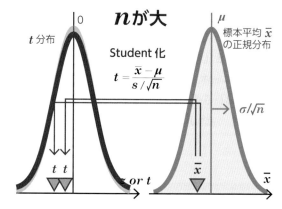

標本サイズnを無限大にすると、t分布は、標準正規分布$N(0, 1^2)$に収束します。

❷nが小さいとき

標本サイズnが小さい場合を考えます。$n=2$とか$n=4$といった場合です。このとき、標本標準偏差sは母標準偏差σの推定値として、大雑把過ぎます。σより大き過ぎたり、小さ過ぎたり、大きく散らばります。

そこで、Student化して得たtは、標準化して得たzから、かなり離れることが予想されます。

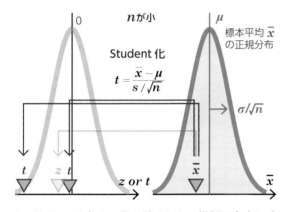

その結果、t分布は、背が低くなり、横幅が左右に広がるようになります。

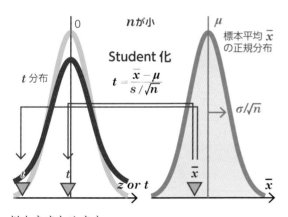

以上をまとめます。

特徴3 t分布の背の高さと左右の広がりは、標本サイズnによって変化する。nが大きいときは、標準正規分布$N(0, 1^2)$に近づく。nが小さくなると、徐々に背が低くなり、左右に広がっていく。

③ 母数（パラメータ）は自由度df

以上をまとめます。t分布は標準正規分布$N(0, 1^2)$と定性的な形状が似ています。ただし、背の低さ、左右への広がりが、標本サイズnに依存して変化します。

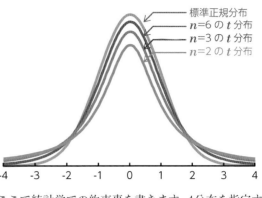

ここで統計学での約束事を書きます。t分布を指定するときには、**標本サイズn**ではなく**自由度df**を使います。本章の場合、自由度は$df=n-1$です。そこで、この図の場合なら「標本サイズ6、標本サイズ3、標本サイズ2のt分布」とは呼ばずに「**自由度5、自由度2、自由度1のt分布**」と呼びます。

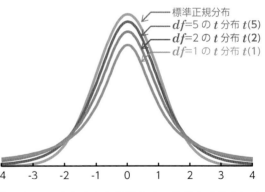

第5章で、確率分布を特徴付ける数値を**母数**もしくは**パラメータ**と呼ぶと学びました。正規分布ならσとμの2つでした。t分布の母数（パラメータ）はたった1つ、**自由度df**だけです。自由度dfを指定すれば、確率分布の形状が決まります。

自由度dfは、標本標準偏差sにおいて「意味のある偏差$(x_i - \overline{x})$の数」であったことを思い出してください。そこで「**母標準偏差σを推定するうえでの、意味のある偏差の数dfが、t分布の形状を決める**」と覚えてください。このように覚えておけば、第8章で独立2群のt検定を学ぶとき、違和感なくt分布を使えるようになります。

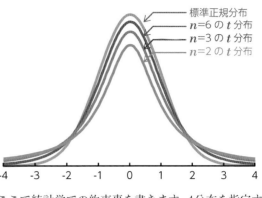の図中ラベル: 標準正規分布 / $n=6$ の t分布 / $n=3$ の t分布 / $n=2$ の t分布

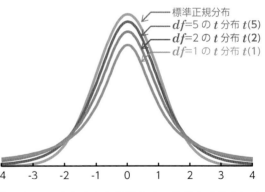の図中ラベル: 標準正規分布 / $df=5$ の t分布 $t(5)$ / $df=2$ の t分布 $t(2)$ / $df=1$ の t分布 $t(1)$

記号について説明します。本書では、標本標準偏差sの自由度がdfのt分布を

t分布の表記

$$t(df)$$

と書くことにします。例えば、自由度$df=5$のt分布は$t(5)$です。

④ 臨界値 $t_{0.05}(df)$

95%信頼区間でも第7章や第8章のt検定でも、t分布の左右両側に2.5%ずつ、合計5%の領域を作る臨界値が必要になります。本書では、この記号に

t分布の臨界値（両側確率 $\alpha=0.05$）

$$t_{0.05}(df)$$

を使うことにします。

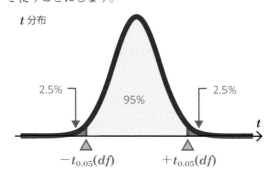

*t*分布

$-t_{0.05}(df)$　　$+t_{0.05}(df)$

標準正規分布$N(0, 1^2)$のときは簡単でした。臨界値$z_{0.05}$は

$$z_{0.05} = 1.96$$

で、数値が固定されていました。しかしt分布は自由度dfによって、確率分布の形状が少しずつ変化します。その結果、臨界値$t_{0.05}(df)$も自由度dfによって変化します。

Advice 第Ⅲ部以降、t分布の他にF分布という確率分布が登場します。この確率分布も、自由度dfによって、その形状が少しずつ変化します。そこで、臨界値の値も、自由度dfによって変化します。こうした性質は、統計学の入門課程の学習上の、大きなハードルとなっています。読者は、こうした性質に、本章で十分に慣れてください。

t分布の場合、臨界値$t_{0.05}(df)$は**付表3**（p.324参照）のt分布表から得ます。上端の一覧から両側確率$\alpha=0.05$を選び、左端の一覧から自由度dfを選びます。仮に自由度を$df=5$とした場合、以下のように2.571が見つかります。

両側確率（α）

自由度 df	0.05	0.01	0.001
1	12.706	63.657	636.619
2	4.303	9.925	31.599
3	3.182	5.841	12.924
4	2.776	4.604	8.610
5	2.571	4.032	6.869
6	2.447	3.707	5.959

これで、$df=5$のt分布である$t(5)$の臨界値$t_{0.05}(5)$が

$$t_{0.05}(5) = 2.571$$

であることが分かります。

*t*分布
$df=n-1=5$
$t(5)$

2.5%　　95%　　2.5%

−2.571　　+2.571
$-t_{0.05}(5)$　　$+t_{0.05}(5)$

6-8　母標準偏差 σ が未知の場合の95%信頼区間

これで、95%信頼区間を求める準備が整いました。以下に、この公式を求めるための論理を説明します。基本的な筋道は、節**6-2**と同じです。

① 公式の導出

正規分布$N(\mu, \sigma^2)$に従う母集団を考えます。この母集団から、無作為にn個の観測値xを取り出し、標本サイズnの標本を得たとします。

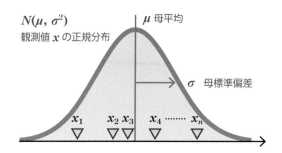

$N(\mu, \sigma^2)$
観測値 x の正規分布

μ 母平均

σ 母標準偏差

n 個の観測値 x を使って、標本平均を計算します。

$$\overline{x} = \frac{1}{n}\sum_{i=1}^{n} x_i = \frac{x_1 + x_2 + x_3 + \cdots + x_n}{n}$$

標本平均 $\overline{x}$ が従う正規分布 $N(\mu, \sigma^2/n)$ は、その標準偏差が、観測値 x より $1/\sqrt{n}$ 倍だけ小さくなります。

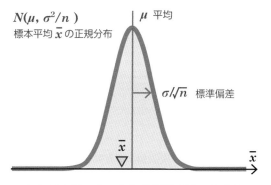

$N(\mu, \sigma^2/n)$
標本平均 $\overline{x}$ の正規分布

μ 平均

$\sigma/\sqrt{n}$ 標準偏差

ここからが本題です。もし母標準偏差 σ が分かっているなら、σ を使って標準化できます。しかし母標準偏差 σ は未知なので、σ を標本標準偏差 s で置き換えた Student 化

$$t = \frac{\overline{x} - \mu}{s/\sqrt{n}}$$

を行います。

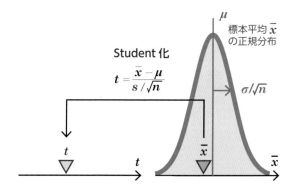

Student のt は、標準正規分布には従いません。その代わり、自由度が $df = n-1$ のt分布、$t(n-1)$ に従います。

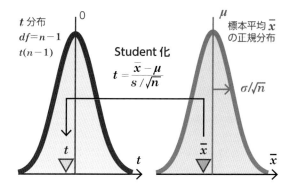

Student のt がt分布に従うなら、95%の確率で、Student のt は臨界値 $-t_{0.05}(df)$ から $+t_{0.05}(df)$ の範囲内、もしくは、自由度が $df = n-1$ なので $-t_{0.05}(n-1)$ から $+t_{0.05}(n-1)$ の範囲内に入ります。

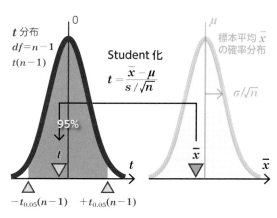

そこで、95%の確率で、以下の不等式が成立します。

$$-t_{0.05}(n-1) \leq t \leq +t_{0.05}(n-1)$$

そこで

$$-t_{0.05}(n-1) \leq \frac{\overline{x} - \mu}{s/\sqrt{n}} \leq +t_{0.05}(n-1)$$

となります。これを μ について整理すると

$$\overline{x} - t_{0.05}(n-1) \times \frac{s}{\sqrt{n}} \leq \mu$$
$$\leq \overline{x} + t_{0.05}(n-1) \times \frac{s}{\sqrt{n}}$$

となります。これで、母平均 μ の95%信頼区間の計算式が完成しました。以上をまとめます。

母標準偏差 σ が未知のときの μ の95％信頼区間

$$\left[\overline{x} - t_{0.05}(df) \times \frac{s}{\sqrt{n}},\ \overline{x} + t_{0.05}(df) \times \frac{s}{\sqrt{n}} \right]$$

ここで、$\overline{x}$：標本平均、$t_{0.05}(df)$：自由度dfのt分布の両側確率$\alpha = 0.05$の臨界値、$df = n-1$：自由度、s：標本標準偏差$s = \sqrt{\dfrac{\sum_{i=1}^{n}(x_i - \overline{x})^2}{n-1}}$、$n$：標本サイズです。

② 例題の解答（σが未知の場合）

例題6を解いておきます。

必要な数値を計算していきます。標本平均は

$$\overline{x} = 5.44285\cdots$$

です。標本標準偏差は

$$s = 1.83017\cdots$$

です。標本サイズは

$$n = 7$$

です。したがって、標本標準偏差sの自由度は

$$df = n-1 = 7-1 = 6$$

です。$df = 6$のt分布$t(6)$の臨界値$t_{0.05}(6)$は、t分布表

で、上端の一覧から両側確率$\alpha = 0.05$を選び、左端の一覧から自由度$df = 6$を選び

$$t_{0.05}(6) = 2.447$$

となります。

そこで、95%信頼区間の下限（下側信頼限界）は

$$\overline{x} - t_{0.05}(6) \times \frac{s}{\sqrt{n}}$$

$$= (5.44285\cdots) - 2.447 \times \frac{1.83017\cdots}{\sqrt{7}}$$

$$= (5.44285\cdots) - 2.447 \times \frac{1.83017\cdots}{2.64575\cdots}$$

$$= 3.75017\cdots$$

と計算されます。95%信頼区間の上限（上側信頼限界）は

$$\overline{x} + t_{0.05}(6) \times \frac{s}{\sqrt{n}}$$

$$= (5.44285\cdots) + 2.447 \times \frac{1.83017\cdots}{\sqrt{7}}$$

$$= (5.44285\cdots) + 2.447 \times \frac{1.83017\cdots}{2.64575\cdots}$$

$$= 7.13554\cdots$$

と計算されます。観測値xの有効数字が2桁であることから、有効数字は2桁にしておけば十分と判断して

[3.8，7.1]

を得ます。

6-9 　95%信頼区間の「95%」の意味

Advice ここで紹介する話題は、土台になっている議論が本書のレベルをはるかに超えます。ここでは、議論の大枠だけ紹介します。一部の読者は「なるほど」と納得し、一部の読者は「騙されているような気がする」と不満に感じる話題です。説得力のない解説であることを、申し訳なく感じています。ただし、ここで紹介する内容は、95%信頼区間とともに必ず学ぶべき重要な話題です。最後まで読み、こうした話題があることを、知識として知っておいてください。

本章最後の話題です。本章の例題6を見直します。7つの観測値xからなる標本を使い、95%信頼区間を求めました。

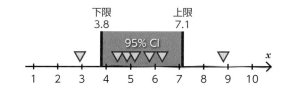

95%信頼区間を得ると、私たちは「95%の確率で、母平均μは、この範囲の中にいるだろう」と考えます。これは、とても素直で、直感的な考えです。しかし多くの解説書が「絶対に、このように考えてはいけない」と注意を促しています。

この指摘の発端になったのは、1930年代、信頼区間の一般的な理論が確立されようとしていた時期です。**「母平均μが95%信頼区間の中にいる確率とは？それは一体、何か？」**という話題が、数学者たちの間で論争になりました。

問題提起自体は簡単です。重要な視点は「母平均μは、未知な数値ではあるが、固定された数値であり、定数と見なすべき数値である。偶然によって値が左右される確率変数ではない」です。

これを説明します。まず最初に、μが95%信頼区間の中にいる場合を考えます。

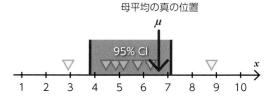

このとき、μが95%信頼区間の中にいる確率は100%です。95%ではありません。

次に、μが95%信頼区間の外にいる場合を考えます。

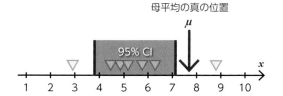

このとき、μが95%信頼区間の中にいる確率は0%です。95%ではありません。

「95%は確率なのか？もし95%が確率であるならば、それは一体何の確率なんだ？」という問いかけは、

当時、区間推定の理論的基礎の構築に取り組んでいた数学者たちを悩ませたそうです。

こうした論争を経て、現在では「その時々の、1回だけの95%信頼区間の計算結果に対し、母平均μがこの区間に入っているか？外れているか？その確率は？」と考えること自体が、的外れであるとされています。

95%とは、確率ではなく、**「何回も95%信頼区間の計算を行ったときの、当たり外れの頻度である」**とされています。

これを説明します。正規分布$N(\mu, \sigma^2)$に従う母集団を用意します。この母集団から、無作為に観測値xを得ます（下図の丸）。

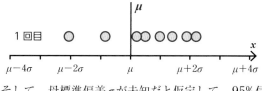

そして、母標準偏差σが未知だと仮定して、95%信頼区間を計算します（下図の長方形）。

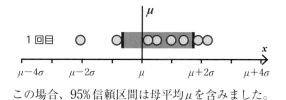

この場合、95%信頼区間は母平均μを含みました。

この作業を繰り返します。再度、同じ母集団$N(\mu, \sigma^2)$から無作為に観測値xを得ます。そして、95%信頼区間を計算します。

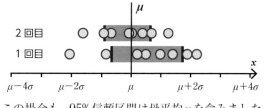

この場合も、95%信頼区間は母平均μを含みました。

さらに、この作業「母集団から単純無作為標本を得て、95%信頼区間を計算する」を繰り返します。

章

t分布と母平均μの95%信頼区間

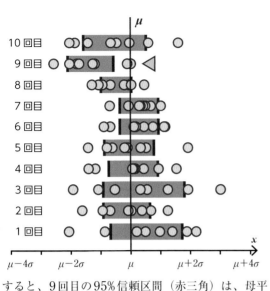

すると、9回目の95%信頼区間（赤三角）は、母平

均μを含んでいません。95%信頼区間は、時々、予想を外します。

この「母集団から単純無作為標本を得て、95%信頼区間を計算する」という作業を延々と続けることを考えます。すると、平均して20回中19回の頻度（95%の頻度）で、95%信頼区間が母平均μを含むことが明らかになります。この「**20回中19回の頻度**」というのが、95%信頼区間の「95%」の意味となります。

最後に、多くの解説書が強調しているアドバイスを、繰り返します。「**95%信頼区間を得たとき、『95%の確率で、母平均μがこの範囲内の中にいるだろう』と考えてはいけない。書いてもいけない。話してもいけない**」です。

6-10　母平均μの95％信頼区間の手順（まとめ）

最後に、母平均μの95%信頼区間の計算の手順をまとめます。

STEP1

実験や調査で観測値を得る。
$$x_1,\ x_2,\ x_3,\ \cdots,\ x_n$$

STEP2

必要な数値を計算する。
[1] 標本平均
$$\overline{x} = \frac{1}{n}\sum_{i=1}^{n} x_i$$
[2] 標本標準偏差
$$s = \sqrt{\frac{\sum_{i=1}^{n}(x_i - \overline{x})^2}{n-1}}$$
[3] 標本サイズ
$$n$$
[4] 標本標準偏差の自由度df
$$df = n - 1$$

STEP3

t分布表で、自由度
$$df = n - 1$$
と両側確率5%（有意水準5%）
$$\alpha = 0.05$$
から、臨界値
$$t_{0.05}\,(df)$$
を読み取る

STEP4

下側信頼限界を計算する
$$\overline{x} - t_{0.05}\,(df) \times \frac{s}{\sqrt{n}}$$
上側信頼限界を計算する
$$\overline{x} + t_{0.05}\,(df) \times \frac{s}{\sqrt{n}}$$

6-11　練習問題 L

milatas / stock.adobe.com

問　練習問題 K と同じ標本を使い、母平均 μ の95%
信頼区間を求めなさい。なお、この練習問題では母

標準偏差 σ は未知とする。

128
132
121
133
121
123
124
136
132
144

6
章

t 分布と母平均 μ の95％信頼区間

母平均 μ に対する統計解析

第 II 部までに、読者は、基本的な統計手法を理解するための、素地を身に付けてきました。第 III 部と第 IV 部では、基本的で、かつ実践的な、統計手法を学びます。

第 III 部では、母平均 μ を比較する、4つの手法を学びます。どのような分野で調査や実験に従事することになっても、この4つの手法は、使用頻度が高いです。第 III 部は、本書の中核をなします。

第7章と第8章では、2つの標本を比較する **t検定** と呼ばれる手法を学びます。第10章と第11章では、3つ以上の標本を比較する **一元配置分散分析** と **多重比較** を学びます。

腰を据えて、時間がかかっても、じっくりと学んでください。

7章 関連2群のt検定

対応のあるt検定

> t検定は統計学で最も基本的な検定です。2つの標本の比較を行い、差の有無を調べます。t検定には2種類あります。1つは本章で解説する「関連2群のt検定」です。「対応のあるt検定」とも呼ばれます。英語では「Paired t test」です。もう1つは、次章で学ぶ「独立2群のt検定」です。私たちは、実験や調査の設定によって、この2つを使い分ける必要があります。本章で学ぶ関連2群のt検定（対応のあるt検定）は、計算が簡単で、その原理を理解しやすい長所があります。そこで、t検定の入門に適しています。第6章「母平均μの95%信頼区間」の公式を導出する論理が理解できていれば、まったく問題なく理解できます。

7-1 関連2群（対応のあるデータ）の特徴

t検定を学ぶ際、最初に必要となる学習項目は、関連2群と独立2群の区別です。実験や調査の設定によって、この2つを使い分けます。本節では、関連2群の例を2つ示します。以下の内容を、データの構造に注意しながら、読んでみてください。

① 例題7.1：サプリメントの効果

LDLコレステロール値を低下させることを目的に開発されたサプリメントがあったとします。その実際の効果を調べる調査を考えます。主たる疑問は「**本当にコレステロール値を下げるのか？**」です。

Advice LDLコレステロールは「悪玉コレステロール」と呼ばれる物質です。動脈硬化の原因となります。

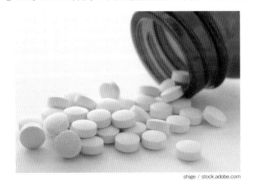

shige / stock.adobe.com

これを調べるために、5人の協力を得たとします。

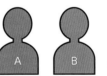

この5人に一定期間、このサプリメントを服用してもらいます。服用前と服用後でLDLコレステロール値を測定し、以下の結果を得たとします。

	服用前	服用後
被験者 A	158	134
被験者 B	148	135
被験者 C	132	116
被験者 D	107	110
被験者 E	142	127

このデータの構造には特徴があります。同じ被験者の、左右に隣り合う、服用前と服用後のLDLコレステロール値の差に、重要な意味があります。

	服用前		服用後
被験者 A	158	⟷	134
被験者 B	148	⟷	135
被験者 C	132	⟷	116
被験者 D	107	⟷	110
被験者 E	142	⟷	127

ですから例えば、被験者Aの服用前の158と、被験者Dの服用後の110の比較には、あまり意味がありません。

	服用前	服用後
被験者 A	158	134
被験者 B	148	135
被験者 C	132	116
被験者 D	107	110
被験者 E	142	127

というのも、この2つの数値の違いは、サプリメントの効果も反映しますが、個人差も反映しているからです。

このように「対になる2つの観測値の間の『差』に重要な意味がある」が**関連2群**もしくは**対応のあるデータ**の特徴です。

② 例題7.2：肥料の効果

2つめの例です。ジャガイモの施肥実験を考えてみます。定評のある2つの肥料、肥料Aと肥料Bがあったとします。「この2つの肥料のジャガイモの収量への効果には、差があるのか？」を比較することを考えます。

mindgamesru_ / stock.adobe.com

このために、5つの圃場で、施肥実験を行ったとします。

各圃場で、隣接する2つの試験区を設けることにします。下の写真のように、1つの試験区で肥料Aを使い、もう1つで肥料Bを使います。

hallucion_7 / stock.adobe.com

この結果、以下の収量を得たとします。

	肥料 A	肥料 B
圃場 A	3.2	3.4
圃場 B	4.0	4.3
圃場 C	3.5	3.9
圃場 D	3.1	3.5
圃場 E	3.2	3.1

この実験では、同じ圃場の2つの収量の『差』のみに重要な意味があります。というのも、同じ圃場であれば、気温や降水量といった気象条件が同じです。土壌の種類も同じです。ですから、同一圃場の2つの値の差は、より直接的に、肥料の効果の差を反映します。

	肥料 A	肥料 B
圃場 A	3.2	3.4
圃場 B	4.0	4.3
圃場 C	3.5	3.9
圃場 D	3.1	3.5
圃場 E	3.2	3.1

一方、例えば圃場Bの肥料Aの4.0と、圃場Dの肥料Bの3.5の間の比較には、あまり意味がありません。

	肥料 A	肥料 B
圃場 A	3.2	3.4
圃場 B	4.0	4.3
圃場 C	3.5	3.9
圃場 D	3.1	3.5
圃場 E	3.2	3.1

この2つの値の差には、たしかに肥料の効果も影響しているはずです。しかし、気象や土壌の違いも影響しています。そこで結局、この差が何を意味するのか、不明瞭になります。

関連２群の設定では、対応する２つの観測値の差が重要な役割を果たします。記号には小文字の「d」を使います。

１ 観測値の差に注目

例題7.1のサプリメントの例で、差 d を計算してみます。

	服用前	服用後	差 d
被験者 A	158 → 134		−24
被験者 B	148 → 135		−13
被験者 C	132 → 116		−16
被験者 D	107 → 110		+3
被験者 E	142 → 127		−15

５つの差 d を得ました。引算は、**服用前**から**服用後**を引いてもよいですし、**服用後**から**服用前**を引いてもよいです。この表では、後者の引き算を使いました。

関連２群の t 検定では、この引き算で得た**差 d** を、新たな観測値と見なします。例題7.1なら、５つの差 d を観測値と見なし、この５つの差 d の集合を、１つの標本と見なします。そこで標本サイズは $n = 5$ です。この結果を使い、検定を行います。

例題7.1の、５つの**差 d** を数直線上に示します。

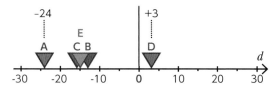

最低値が −24 で最高値が +3 です。５つの観測値のうち、４つが負です。正が１つありますが、全体的に見ると、このサプリメントで、LDL コレステロール値が低下しているように見えます。

２ ２つの可能性

この結果の解釈には２つの可能性があります。１つは「**このサプリメントに効果はないと考えても、この実験結果は十分に説明できる**」という立場です。５つの差 d の背後に、母平均 μ_d がゼロの確率分布があると考えます。

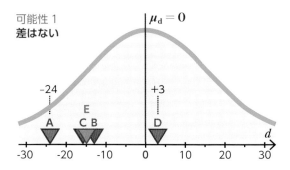

可能性 1 差はない

５つの観測値のうち４つが負ですが「これは単なる偶然に過ぎない」と見なします。

もう１つの可能性は「**このサプリメントに効果がないと仮定すると、この実験結果を説明するのは難しい。むしろ、効果があったと判断する方が妥当ではないか？**」という立場です。差 d の背後にある確率分布の母平均 μ_d がゼロではないと考えます。

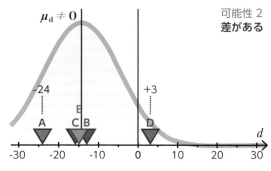

可能性 2 差がある

関連２群の t 検定は「この２つの立場のうち、どちらが、より妥当な説明か？」を調べる手法です。

関連２群の t 検定の、検定としての論理の構造は、第Ⅰ部で学んだ二項検定や WMW 検定と同じです。検定統計量を導く論理は、第６章で学んだ95％信頼区間と同じです。

１ 前提条件

n 個の対応する対があるとします。対を作る２つの観測値の差を

$$d_1,\ d_2,\ d_3,\ \cdots,\ d_n$$

とします。この差dを、新たな観測値と見なします。関連2群のt検定では、この**差dが正規分布に従う**と仮定します。

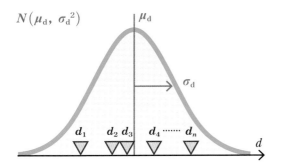

ここで、差dが従う正規分布の母平均を

$$\mu_d$$

とし、母標準偏差を

$$\sigma_d$$

としておきます。2つとも、未知の定数です。

次に、差dの標本平均

$$\overline{d} = \frac{1}{n}\sum_{i=1}^{n}d_i$$

を計算します。この標本平均$\overline{d}$は、第5章の「定理1」で学んだ通り、母集団が従う正規分布と比べて、横幅が$1/\sqrt{n}$倍に狭まった正規分布に従います。

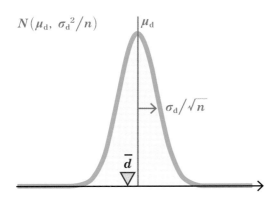

この正規分布の期待値（平均）は

$$\mu_d$$

のままです。一方、標準偏差は

$$\sigma_d/\sqrt{n}$$

と$1/\sqrt{n}$倍に小さくなります。ここでnは標本サイズ（観測値の差dの数）です。

$\boxed{2}$ 帰無仮説H_0と対立仮説H_A

帰無仮説H_0は、第1章の二項検定や第2章のWMW検定で学んだ通り「**比較する2つは等しい**」です。関連2群のt検定の場合、帰無仮説H_0は

帰無仮説H_0

差dの期待値（平均）がゼロ
$$\mu_d = 0$$

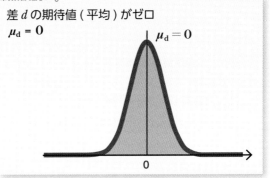

となります。一方、対立仮説H_Aは

対立仮説H_A

差dの期待値（平均）がゼロ
ではない
$$\mu_d \neq 0$$

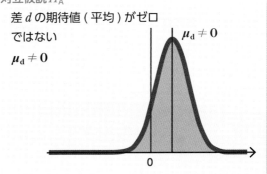

です。第I部で説明した通り、2つの仮説のうち、より重要なのは、帰無仮説H_0です。

第I部を復習しておきます。検定は、大きく分けて、2つのステップからなります。まず

STEP1

帰無仮説H_0は正しい

と仮定します。そして、この仮定の下で

STEP 2

得られた結果は、起こりやすかったのか？それとも、起こりにくかったのか？

を調べます。もしくは「**帰無仮説H_0は、実験や調査で得られた結果を妥当に説明するのか？**」を調べ

ます。

そのために、以下の議論では、「帰無仮説 H_0 は正し

い」と仮定します。この仮定を土台に、検定統計量
と帰無分布を導いていきます。

7-4 σ_d が既知の場合

ここでは、検定統計量と帰無分布を学びます。分かり
やすさを優先させるため、非現実的な条件ですが、ま
ず最初に、**母標準偏差 σ_d が既知**の場合から考えます。

1 検定統計量 z と帰無分布

差 d の標本平均 $\overline{d}$ が従う正規分布を用意します。

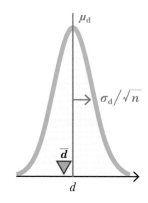

この正規分布から無作為に 1 個取り出された $\overline{d}$ を、
標準化します。基本の標準化の計算式

$$z = \frac{x - \mu}{\sigma}$$

において

$$x = \overline{d}$$
$$\mu = \mu_d$$
$$\sigma = \sigma_d / \sqrt{n}$$

とします。そこで、標準化の計算は

$$z = \frac{\overline{d} - \mu_d}{\sigma_d / \sqrt{n}}$$

となります。ここで、もし帰無仮説 H_0 が正しいなら

$$\mu_d = 0$$

となります。

そこで「帰無仮説 H_0 は正しい」と仮定して、標準化
の計算式を

$$z = \frac{\overline{d}}{\sigma_d / \sqrt{n}}$$

とします。この標準化を行うと、z を得ます。

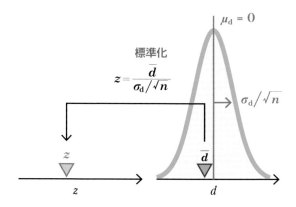

そして、もし帰無仮説 H_0 が正しいなら、z は標準正
規分布 $N(0, 1^2)$ に従います。

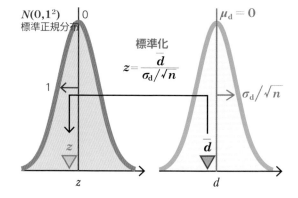

標準化して得たzは、95%の確率で、$-z_{0.05}$から$+z_{0.05}$の間に入ります。

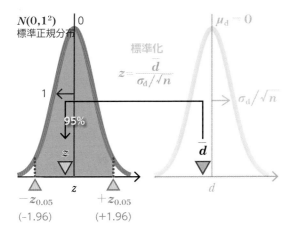

そして、zは5%の確率で、$-z_{0.05}$未満もしくは$+z_{0.05}$より大きい、両端の2つの領域に入ります。

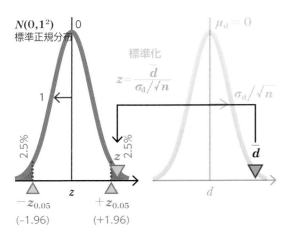

この2つの領域を棄却域とします。棄却域は、帰無仮説H_0が正しいなら「こんなことは滅多に起こらない！」という領域です。

以上をまとめます。σ_{d}が既知の場合、検定統計量は、$\overline{d}$を標準化して得られるzです。

σ_{d}が既知の場合の検定統計量z

$$z = \frac{\overline{d}}{\sigma_{\mathrm{d}}/\sqrt{n}}$$

帰無仮説H_0が正しいときに、検定統計量が従う確率分布を**帰無分布**と呼びました。今回の場合、検定統計量zが従う帰無分布は、標準正規分布$N(0, 1^2)$です。

σ_{d}が既知の場合のzの帰無分布

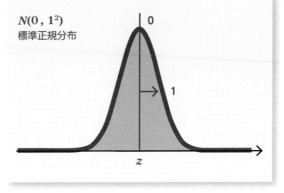

棄却域は、$-z_{0.05}$未満もしくは$+z_{0.05}$より大きい、合計5%の領域となります。

σ_{d}が既知の場合の棄却域（有意水準5%）

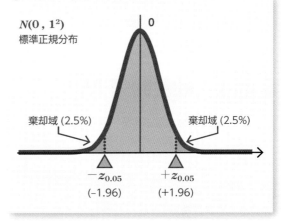

2 例題の解答（σ_{d}が既知の場合）

ここで例題を解いておきます。サプリメントの例題7.1を使います。ここでは、差dの母標準偏差σ_{d}が

$$\sigma_{\mathrm{d}} = 10$$

であることが、予め分かっていたとします。

まず、対になる数値の差dを計算します。ここでは**服用後**から**服用前**を引いています（この引き算は、**服用前**から**服用後**を引いてもよいです）。

	服用前		服用後	差d
被験者 A	158	⟺	134	-24
被験者 B	148	⟺	135	-13
被験者 C	132	⟺	116	-16
被験者 D	107	⟺	110	+3
被験者 E	142	⟺	127	-15

この差dを使い、標本平均$\overline{d}$を計算すると

$$\overline{d} = \frac{(-24)+(-13)+(-16)+(+3)+(-15)}{5} = -13$$

となります。母標準偏差 σ_d は予め

$$\sigma_d = 10$$

と与えられています。標本サイズ n は、差 d の数です。この例題なら

$$n = 5$$

となります。この3つの数値があれば、検定統計量 z を計算することができます。

$$z = \frac{\overline{d}}{\sigma_d / \sqrt{n}} = \frac{-13}{10/\sqrt{5}} = \frac{-13 \times 2.23606\cdots}{10}$$
$$= -2.90688\cdots$$

この数値の絶対値を、z の臨界値 $z_{0.05} = 1.96$ と比べると、以下の不等式が成り立ちます。

$$1.96 = z_{0.05} < |z| = 2.90688\cdots$$

そこで、検定統計量 z は棄却域に入ることが分かりました。

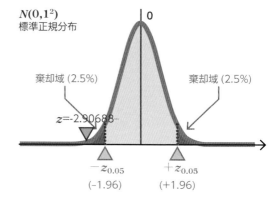

そこで、帰無仮説 H_0 を棄却します。そして差 d の標本平均 $\overline{d}$ は負の値「-13」です。この結果から「このサプリメントは、LDL コレステロール値を、統計的に有意に低下させた（$P < 0.05$）」と結論します。

7-5　練習問題 M

問　例題7.2のジャガイモのデータを使い、有意水準5%の検定を行いなさい。なお、差 d の母標準偏差 σ_d は、予め

$$\sigma_d = 0.2$$

であることが分かっているとする。

	肥料 A	肥料 B
圃場 A	3.2	3.4
圃場 B	4.0	4.3
圃場 C	3.5	3.9
圃場 D	3.1	3.5
圃場 E	3.2	3.1

7-6　σ_d が未知の場合

ここからが、本章の本番です。どんな実験や調査でも、差 d の母標準偏差 σ_d は未知です。

1　検定統計量 t と帰無分布

以下の基本的な論理は、節 **7-4** ①と同じです。本節の要点は、2つです。① 標準化ではなく Student 化する。そして、② 標準正規分布 $N(0, 1^2)$ ではなく

Student の t 分布を用いる、です。

再度、差 d の標本平均 $\overline{d}$ が従う正規分布を用意するところから始めます。

帰無仮説 H_0 が正しいと仮定するので

$$\mu_d = 0$$

です。

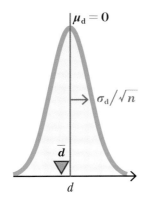

差 d の母標準偏差 σ_d が未知の場合、標準化

$$z = \frac{\overline{d} - \mu_d}{\sigma_d / \sqrt{n}} = \frac{\overline{d}}{\sigma_d / \sqrt{n}}$$

を行えません。そこで、差 d の母標準偏差 σ_d の代役として、差 d の標本標準偏差 s_d を計算します。

$$s_d = \sqrt{\frac{\sum_{i=1}^{n}(d_i - \overline{d})^2}{n-1}}$$

次に自由度を考えます。この標本標準偏差 s_d は、n 個の偏差があります。偏差の起点は標本平均 $\overline{d}$ です。そこで、偏差の総和はゼロです。

$$0 = \sum_{i=1}^{n}(d_i - \overline{d})$$

この結果、自由度 df は、標本サイズ n から制約条件 1 個分を差し引いて

$$df = n - 1$$

となります。

次に、標準化の σ_d を s_d で置き換えて、Student 化

$$t = \frac{\overline{d}}{s_d / \sqrt{n}}$$

をします。この計算は、実験や調査で得たデータがあれば、実行可能です。

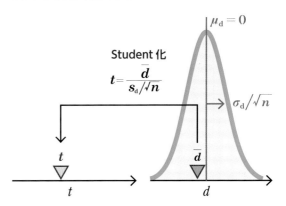

こうして得られた Student の t は、帰無仮説 H_0 が正しいなら、自由度 $df = n-1$ の t 分布 $t(n-1)$ に従います。

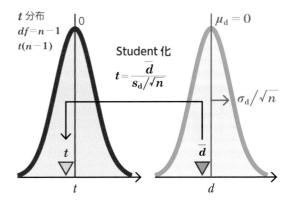

これが帰無分布となります。帰無仮説 H_0 が正しいとき、Student の t は、95%の確率で、$-t_{0.05}(n-1)$ から $+t_{0.05}(n-1)$ の間に入ります。

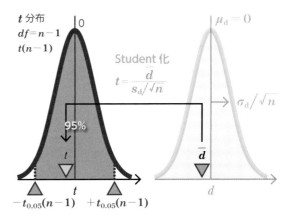

一方、Studentのtは5%の確率で、$-t_{0.05}(n-1)$未満の2.5%か、$+t_{0.05}(n-1)$より大きい2.5%の、合計5%の両端の領域に入ります。

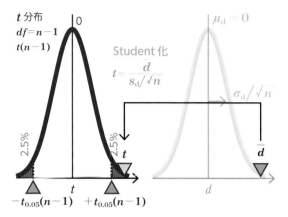

この両端の合計5%の領域を、棄却域とします。棄却域は、帰無仮説H_0が正しいなら「こんなことは滅多に起こらない！」という領域です。

以上をまとめます。検定統計量はStudentのtです。

関連2群のt検定の検定統計量t

$$t = \frac{\overline{d}}{s_\mathrm{d}/\sqrt{n}}$$

帰無仮説H_0が正しいと仮定したとき、Studentのtが従う帰無分布は、自由度$df=n-1$のt分布$t(n-1)$です。

関連2群のt検定のtの帰無分布

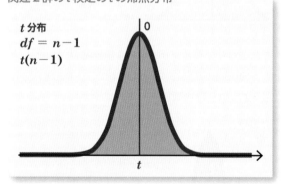

棄却域はt分布の両側に2.5%ずつ、合計5%となる両側の領域を選びます。この臨界値$t_{0.05}(df)$は、t分布表から得ることができます。

関連2群のt検定の棄却域（有意水準5%）

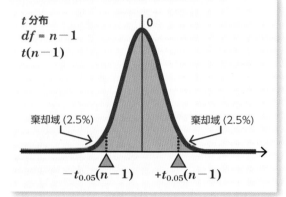

② 関連2群のt検定の手順（まとめ）

関連2群のt検定の手順をまとめます。

STEP1

対応する2つの観測値の差dを計算する。

$$d_1 = x_{1\mathrm{A}} - x_{1\mathrm{B}}$$
$$d_2 = x_{2\mathrm{A}} - x_{2\mathrm{B}}$$
$$d_3 = x_{3\mathrm{A}} - x_{3\mathrm{B}}$$
$$\vdots$$
$$d_n = x_{n\mathrm{A}} - x_{n\mathrm{B}}$$

STEP2

Studentのtの計算に必要な数値を計算する。
[1] 差dの標本平均

$$\overline{d} = \frac{1}{n}\sum_{i=1}^{n} d_i$$

[2] 差dの標本標準偏差

$$s_\mathrm{d} = \sqrt{\frac{\sum_{i=1}^{n}(d_i - \overline{d})^2}{n-1}}$$

[3] 差dの標本サイズ

$$n$$

[4] 差dの標本標準偏差の自由度df

$$df = n - 1$$

STEP3

検定統計量Studentのtを計算する。

$$t = \frac{d}{s_\mathrm{d}/\sqrt{n}}$$

STEP4

t 分布表で、自由度

$$df = n - 1$$

と両側確率5%（有意水準5%）

$$\alpha = 0.05$$

から、臨界値

$$t_{0.05}\,(df)$$

を読み取る

STEP5

t 分布表から得た臨界値 $t_{0.05}(df)$ と、実験や調査で得た検定統計量 t を比較し、以下の不等式が成立していれば「**統計的に有意な差が認められた ($P<0.05$)**」と結論する。

$$t_{0.05}\,(df) < |\,t\,|$$

この不等式が満たされなければ「**統計的に有意な差は認められなかった**」と結論する。

3 例題の解答 (σ_d が未知の場合)

母標準偏差 σ_d が未知の場合の例題を解いておきます。サプリメントの例題7.1を使います。まず、同じ被験者の服用前と服用後の差 d を計算します。ここでは、服用後から服用前を引いています。引き算の順番は逆でも問題ありません。

	服用前	服用後	差 d
被験者 A	158 ⟷ 134		−24
被験者 B	148 ⟷ 135		−13
被験者 C	132 ⟷ 116		−16
被験者 D	107 ⟷ 110		+3
被験者 E	142 ⟷ 127		−15

この差 d の標本平均 $\overline{d}$ と標本標準偏差 s_d を計算します。

$$\overline{d} = -13$$
$$s_\mathrm{d} = 9.87420\cdots$$

標本サイズは

$$n = 5$$

です。そこで、標本標準偏差 s_d の自由度 df は

$$df = n - 1 = 5 - 1 = 4$$

となります。検定統計量の Student の t は

$$
\begin{aligned}
t &= \frac{\overline{d}}{s_\mathrm{d}/\sqrt{n}} \\
&= \frac{-13}{(9.87420\cdots)/\sqrt{5}} \\
&= \frac{-13}{(9.87420\cdots)/(2.23606\cdots)} \\
&= -2.94392\cdots
\end{aligned}
$$

と計算されます。

次に t 分布表で、自由度を $df=4$、両側確率を $\alpha=0.05$ として

	両側確率 (α)		
	0.05	**0.01**	**0.001**
1	12.706	63.657	636.619
2	4.303	9.925	31.599
3	3.182	5.841	12.924
4	2.776	4.604	8.610
5	2.571	4.032	6.869
6	2.447	3.707	5.959

臨界値 $t_{0.05}(4)$ を読み取ると

$$t_{0.05}\,(4) = 2.776$$

を得ます。この臨界値 $t_{0.05}(4)$ と、実験で得た Student の t を比較すると、以下の不等式

$$2.776 = t_{0.05}\,(4) < |\,t\,| = 2.94392\cdots$$

が成立します。そこで、検定統計量の Student の t は棄却域に入ることが分かります。

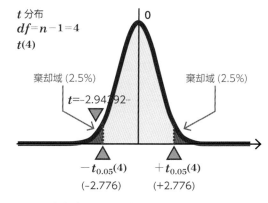

そこで、帰無仮説 H_0 を棄却します。そして差 d の標本平均 $\overline{d}$ は負の値「-13」です。この結果から「**このサプリメントは、LDL コレステロール値を、統計的に有意に低下させた ($P<0.05$)**」と結論します。

問　例題7.2のジャガイモのデータを使い、有意水準5%で、関連2群の t 検定を行いなさい。

	肥料 A	肥料 B
圃場 A	3.2	3.4
圃場 B	4.0	4.3
圃場 C	3.5	3.9
圃場 D	3.1	3.5
圃場 E	3.2	3.1

mindgamestu_ / stock.adobe.com

7-8 検定統計量 t の定性的理解（3つの判断基準）

検定統計量は、検定において「**差があるのか？それとも、差があるとは言えないのか？**」を判断するための重要な数値です。関連2群の t 検定の場合、Student の t の絶対値

$$|t| = \left| \frac{\overline{d}}{s_d / \sqrt{n}} \right| = \frac{|\overline{d}|}{s_d / \sqrt{n}}$$

が大きくなるほど、私たちは「**差があるに違いない**」と自信を深めます。

本章の節 **7-6 ①** では、この検定統計量 t を導く過程を学びました。しかし、Student の t の性質に関して、直感的な解説ではなかった欠点があります。

本節では、Student の t の定性的な理解を目指します。「**どういうときに Student の t の絶対値が大きくなるのか？**」を見ていきます。以下の解説を読めば「**検定統計量の Student の t の定性的性質は、視覚的にも直感的にも、理解しやすい**」と実感できるはずです。そして、t 検定への理解が深まります。

まず最初に、Student の t の絶対値を以下のように書き直します。

$$|t| = \frac{|\overline{d}| \sqrt{n}}{s_d}$$

Student の t は、3つの要素からなります。1つめは、差 d の標本平均 $\overline{d}$ の絶対値

$$|\overline{d}|$$

です。2つめは、差 d の標本標準偏差

$$s_d$$

です。3つめは、標本サイズ（差 d の数）の平方根

$$\sqrt{n}$$

です。Student の t の定義式は「**差の有無の判断は、この3つの数値に基づいて決める**」と宣言しています。

本題に入る前に、Student の t の定性的な特徴を見てみます。

1つめ。差 d の標本平均の絶対値が、分子にあります。

$$|t| = \frac{|\overline{d}| \sqrt{n}}{s_d}$$

そこで、この値が**大きくなるほど**、Student の t が大きくなります。

特徴 1

2つめ。差 d の標本標準偏差が、分母にあります。

$$|t| = \frac{|\overline{d}| \sqrt{n}}{s_d}$$

そこで、この値が**小さくなるほど**、Student の t が大きくなります。

特徴 2

3つめ。標本サイズ n の平方根が、分子にあります。

$$|t| = \frac{|\overline{d}|\sqrt{n}}{s_d}$$

そこで、この値が**大きくなるほど**、Studentの t が大きくなります。

特徴3

この3つの内容を、以下、1つずつ、図を使って確認していきます。

① 差 d の標本平均の効果

差 d の標本平均

$|\overline{d}|$

の効果を考えます。差 d のヒストグラムを使い、2つのケース、ケースAとケースBを比較します。

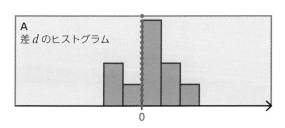

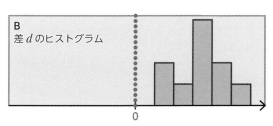

この2つのケースでは、標本サイズ n と標本標準偏差 s_d が同じです。

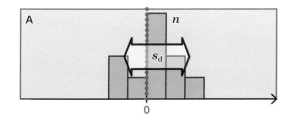

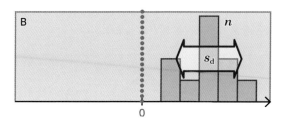

しかし、差 d の標本平均 $\overline{d}$ が違います。ケースAの場合、標本平均 $\overline{d}$ はほとんどゼロに近いです。

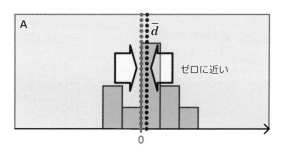

そこで、差 d が従う正規分布の母平均 μ_d がゼロであると仮定しても、この結果を十分に説明できそうです。

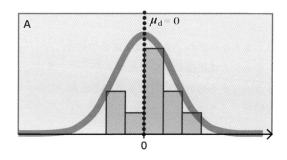

一方、ケースBの場合は、差 d の標本平均 $\overline{d}$ がゼロから離れています。

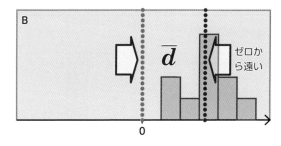

そこで、背後にある確率分布の母平均μ_dがゼロであると考えるには、無理があります。

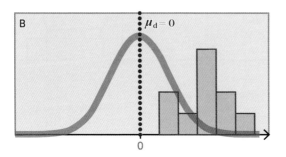

むしろ、母平均μ_dがゼロではないと考えた方が妥当に見えます。

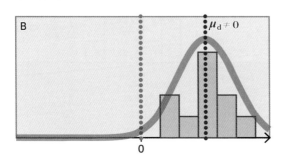

以上をまとめます。ケースAでは$\overline{d}$がゼロに近く「**差がある**」とは確信できません。一方、ケースBでは$\overline{d}$がゼロから離れていて「**差があるに違いない**」と自信をもって断言できます。

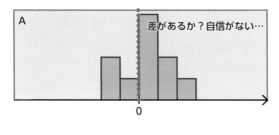

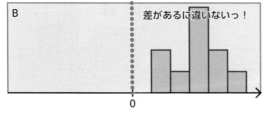

ここで、Studentのtの定義式を見直します。差dの標本平均$\overline{d}$は、Studentのtの定義式の分子にあります。

$$|t| = \frac{|\overline{d}|\sqrt{n}}{s_\mathrm{d}}$$

そこで、差dの標本平均$\overline{d}$が大きくなるほど、Studentのtが大きな値を示す仕組みとなっています。

ですから、Studentのtは、差があるとは思えない状況では、小さな値を示します。

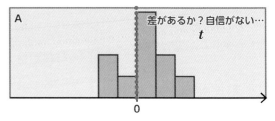

一方、差があるとしか思えない状況では、大きな値を示します。

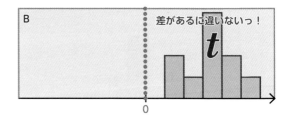

以上をまとめます。私たちがデータを観察して「**差があるに違いない**」と確信するとき、Studentのtは必ず大きな値をとるように定義されています。

② 差dの標本標準偏差の効果

次に、差dの標本標準偏差

s_d

の効果を考えます。ここでも、2つのケースを比べます。

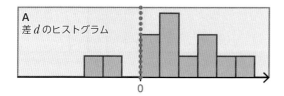

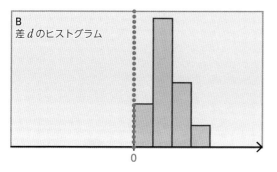

この比較でも「**どちらの場合で、より強く、差があることを確信できるか？**」を考えます。

この2つのケースの場合、差dの標本平均$\overline{d}$と標本サイズnは同じです。

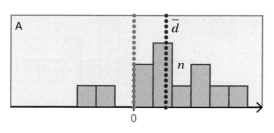

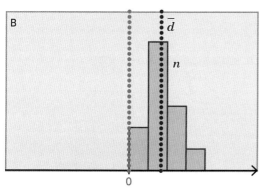

しかし、標本標準偏差s_dが異なります。ケースAでは、差dが広く散らばっています。

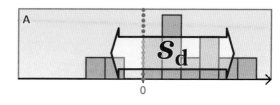

一方、ケースBでは、差dが狭い範囲に集中します。

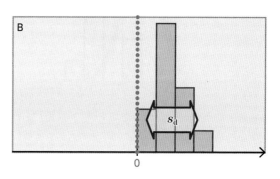

ケースAの場合は「**差があるのか？それとも差はないのか？**」の判断が難しいです。もしかしたら、背後にある母集団の母平均μ_dがゼロではないかもしれません。ですから、差があるのかもしれません。

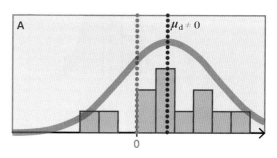

しかし、母平均μ_dがゼロであったとしても、この程度のデータは偶然に生じるかもしれません。ですから、差がないと考えても、十分に説明できそうです。

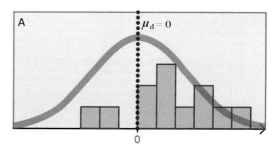

観測値が散らばっていると「**差があるのか？ないのか？正直なところ、よく分からない**」という状況に陥ります。

次にケースBを見てみます。背後にある母集団の母平均μ_dがゼロであると仮定すると、このデータは、起こりにくく感じます。分布の中心がゼロから離れています。

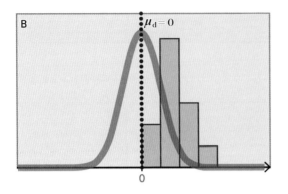

むしろ、母平均μ_dがゼロではないと考えた方が自然です。このデータなら、自信をもって「**差があるに違いない**」と言えそうです。

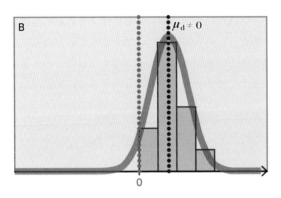

差dが狭い範囲に集中していると、私たちは、自信をもって「**差があるに違いない**」と確信できます。

以上をまとめます。ケースAでは差dの散らばりが大きく、自信をもって「**差があるに違いない**」とは言えません。

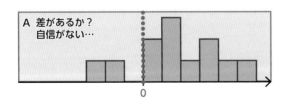

一方、ケースBでは差dの散らばりが小さく「**差があるに違いない**」と自信を持てます。

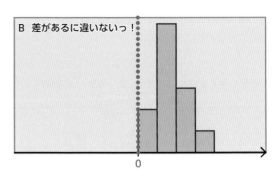

ここで、Studentのtの定義式を見直します。差dの標本標準偏差s_dは、Studentのtの定義式の分母にあります。

$$|t| = \frac{|\,\overline{d}\,|\sqrt{n}}{s_d}$$

そこで、差dの標本標準偏差s_dが小さくなるほど、Studentのtが大きな値を示す仕組みとなっています。

ですから、Studentのtは、差dが散らばっていて「**とても差があるとは言えそうにない**」という状況では、小さな値を示します。

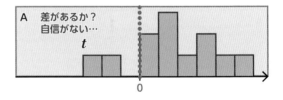

一方、差dが狭い範囲に集中して「**差があるとしか思えない**」という状況では、Studentのtは、大きな値を示します。

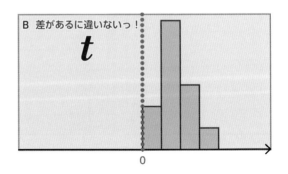

以上をまとめます。私たちがデータを観察して「**差があるに違いない**」と確信するとき、Studentのtは必ず大きな値を示すように定義されています。

③ 標本サイズの効果

次に、標本サイズn（差dの個数）の平方根

$\sqrt{n}$

の効果を考えます。ここでも2つのケースを比べます。

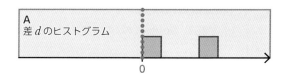

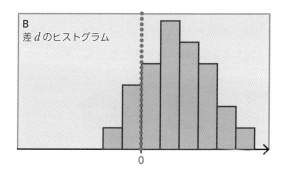

この2つのケースでは、差dの標本平均$\overline{d}$と標本標準偏差s_dが同じ値です。

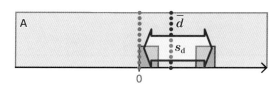

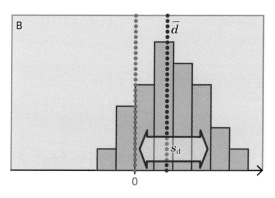

しかし、標本サイズn（差dの個数）が異なります。ケースAはとても小さいです。

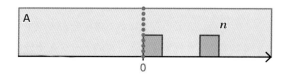

一方、ケースBでは、十分な大きさの標本サイズnがあります。

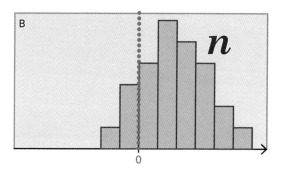

まず、ケースAから見てみます。この場合、標本サイズnが小さ過ぎて「**差があるのか？それとも差はないのか？**」がまったく判断できません。もしかしたら、差dの背後にある母集団の母平均μ_dは、ゼロではないかもしれません。その可能性は否定できません。

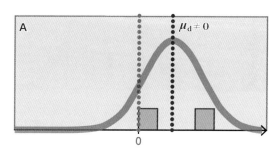

しかし、母平均μ_dがゼロであると仮定しても、この結果は、十分に起こり得そうに見えます。

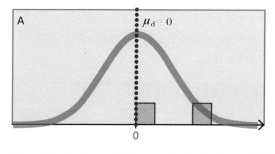

結局、標本サイズnが小さいと**差があるのか？差がないのか？**に対して、何ひとつ、判断できなくなります。とても「**差があるに違いない**」とは確信できません。

一方、ケースBでは、十分な標本サイズnがあります。この場合、差dの背後にある確率分布の母平均μ_dがゼロであると仮定すると「**実験データを十分に説明できる**」とは思えません。

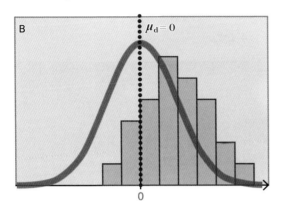

むしろ「**母平均μ_dはゼロではない**」と考えた方が、データの説明として妥当に見えます。

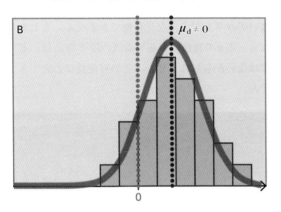

このように、標本サイズnが大きくなると「**差の有無の判断**」に対して明確な判断を下しやすくなります。標本サイズnが大きくなるほど「**差があるに違いない**」と強く確信できます。

以上をまとめます。ケースAでは標本サイズnが小さ過ぎて、自信をもって「**差があるに違いない**」とは言えません。

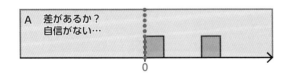

一方、ケースBでは標本サイズnが十分に大きいため「**差があるに違いない**」と自信を持てます。

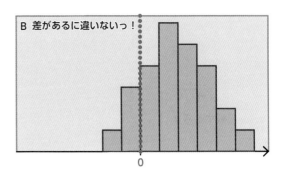

ここで、Studentのtの定義式を見直します。標本サイズnの平方根は、Studentのtの定義式の分子にあります。

$$|t| = \frac{|\overline{d}|\sqrt{n}}{s_\mathrm{d}}$$

そこで、標本サイズnが大きくなるほど、Studentのtが大きな値を示す仕組みとなっています。

特徴3　

ですから、Studentのtは、標本サイズnが小さくて「**とても差があるとは断言できない**」という状況では、小さな値を示します。

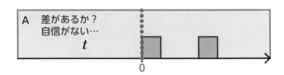

一方、標本サイズnが十分に大きく「**差があるとしか思えない**」という状況では、Studentのtは、大きな値を示します。

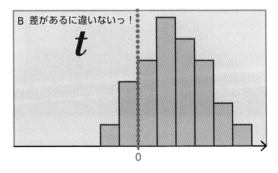

以上をまとめます。私たちがデータを観察して「**差があるに違いない**」と確信するとき、Studentのtは必ず大きな値をとるように定義されています。

Advice 補足します。Student の t の定義式では、標本サイズ n ではなく、その平方根 $\sqrt{n}$ が使われています。これは、第5章の「定理1」に由来します。標本サイズ n が大きくなると、標本平均が従う正規分布の幅は、$1/\sqrt{n}$ 倍に狭くなります。この性質から

「差 d の標本平均 $\overline{d}$ と母平均 μ_{d} が、n が大きくなるほど、**$1/\sqrt{n}$ に比例して近づく**」と、大雑把に期待できます。この性質が Student の t に組み込まれています。

7-9　検定統計量 t の性質（まとめ）

以上、節 **7-8** $\boxed{1}$ から節 **7-8** $\boxed{3}$ にかけて、3つの比較を行ってきました。データをヒストグラムにして観察するとき、私たちは直感的に「**差はなさそう**」とか「**これなら絶対に差があるはず**」と判断します。そのとき、私たちが無意識に使っている判断基準の3つを、Student の t は全て備えています。

ですから、私たちが「**絶対に差がある**」と感じる状

況では、Student の t は必ず大きな値を示します。逆に、「**これでは、差があるとは言えそうにない**」という状況では、Student の t は必ず小さな値を示します。こうした Student の t の性質を「なるほど」と思えたら、読者は、関連2群の t 検定の計算の原理を、定性的に、直感でしっかり理解したことになります。

8 章 独立2群の *t* 検定

対応のない*t*検定

本章では「独立2群の*t*検定」もしくは「対応のないt検定」と呼ばれる手法を学びます。英語では「*t* test」もしくは「Student's *t* test」です。最も基本的な検定で、この100年の間、様々な研究分野で、最も多く使われてきた検定の1つです。一方で、多くの学習者は、この学習項目で、統計学の学習に挫折します。検定統計量の計算の意味を理解できないからです。独立2群の*t*検定の理解には、2つのハードルがあります。1つめのハードルは、標本平均の差が従う確率分布です。この内容は、すでに第5章で学んでいます。必要に応じて、第5章を復習しながら学習してください。もう1つのハードルは、合算標準偏差 s_p です。第4章で学んだ標本標準偏差 s や自由度 df の概念が、本章で応用されます。第4章の内容を復習しながら学習してください。独立2群の*t*検定は、計算は若干煩雑です。しかし論理の枠組みは、前章の関連2群の*t*検定と同じで、シンプルです。

8-1 独立2群（対応のないデータ）の特徴

*t*検定の理解には「関連2群（観測値に対応がある）」と「独立2群（観測値に対応がない）」の区別が必須です。本節では、独立2群の2つの例を紹介します。

1 例題8.1：サプリメントの効果

1つめの例です。前章同様、LDLコレステロール値を低下させるサプリメントの例を考えます。

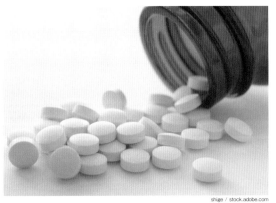

shige / stock.adobe.com

ここでは、前章とは異なる設定の調査を考えます。市販品のサプリメントに2種類「サプリメントA」と

「サプリメントB」があったとします。

この調査では、サプリメントAの愛用者から5名

を無作為に選びます。サプリメントBの愛用者から5名

を無作為に選びます。そして、合計10名のLDLコレステロール値を測定したとします。

	コレステロール値			コレステロール値
A 愛用者 1	118		B 愛用者 1	129
A 愛用者 2	132		B 愛用者 2	126
A 愛用者 3	120		B 愛用者 3	134
A 愛用者 4	115		B 愛用者 4	135
A 愛用者 5	113		B 愛用者 5	131

この調査での疑問は「**サプリメントAの愛用者とB
の愛用者の間に、LDLコレステロール値の差はある
のだろうか？**」です。

このデータの構造を見てみます。上の一覧表には10
個の数値がありますが、これらは、まったく異なる
10人から得た数値です。

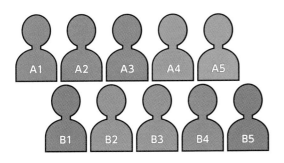

そこで、関連2群のデータ構造では見られた、**隣り
合う数値の間の対応**

	コレステロール値			コレステロール値
A 愛用者 1	118		B 愛用者 1	129
A 愛用者 2	132		B 愛用者 2	126
A 愛用者 3	120		B 愛用者 3	134
A 愛用者 4	115		B 愛用者 4	135
A 愛用者 5	113		B 愛用者 5	131

は、**一切ありません**。10人全ての観測値の間に、個
人差が存在します。しかし10個の観測値は「A愛用
者」と「B愛用者」の2つのグループに分類できます。

	サプリメントA			サプリメントB
A 愛用者 1	118		B 愛用者 1	129
A 愛用者 2	132		B 愛用者 2	126
A 愛用者 3	120		B 愛用者 3	134
A 愛用者 4	115		B 愛用者 4	135
A 愛用者 5	113		B 愛用者 5	131

この2つのグループの間で比較を行うのが、独立2
群のt検定です。

② 例題8.2：精神障害

とある精神障害の生物学的基礎を調べている研究者
が、その研究過程において、脳の尾状核

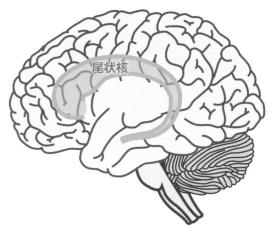

の体積をX線CTを使って調べたとします。この調
査では、精神障害の5名と、健常者5名の観測値を
得たとします。

	尾状核の体積			尾状核の体積
精神障害 1	0.38		健常 1	0.41
精神障害 2	0.41		健常 2	0.42
精神障害 3	0.31		健常 3	0.49
精神障害 4	0.33		健常 4	0.41
精神障害 5	0.28		健常 5	0.57

[Luxenberg JS ほか：Am J Psychiatry, 145:1083-1093, 1988
と同等の標本平均と標本標準偏差をもつ架空データ]

この調査での疑問は「**精神障害者と健常者では、尾
状核の体積に差があるのか？**」です。

この一覧表の10個の数値も、まったく異なる10人
の観測値です。ですから、例題8.1のサプリメント
の例と同様に、**比較する観測値の間に1：1の対応は
一切ありません**。「精神障害」と「健常」の、2つの
グループ分けだけがあります。

	精神障害			健常
精神障害 1	0.38		健常 1	0.41
精神障害 2	0.41		健常 2	0.42
精神障害 3	0.31		健常 3	0.49
精神障害 4	0.33		健常 4	0.41
精神障害 5	0.28		健常 5	0.57

そして、この2つのグループの比較を行うのが、独
立2群のt検定の仕事です。

8-2 標本平均の差

独立2群のt検定は、2つの標本から得た2つの標本平均、$\overline{x}_\mathrm{A}$と$\overline{x}_\mathrm{B}$の差

$$\overline{x}_\mathrm{A} - \overline{x}_\mathrm{B}$$

を、考察の対象にします。

Advice ここでは$\overline{x}_\mathrm{A}$から$\overline{x}_\mathrm{B}$を引いていますが、$\overline{x}_\mathrm{B}$から$\overline{x}_\mathrm{A}$を引いても問題ありません。

本節の解説では、例題8.1を使います。独立2群のt検定では、2つの標本があります。例題8.1なら、1つは、サプリメントAの愛用者の観測値からなる標本です。標本Aとしておきます。

もう1つは、サプリメントBの愛用者の観測値からなる標本です。標本Bとしておきます。

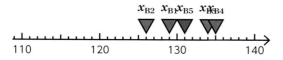

それぞれで、標本平均$\overline{x}$を計算します。標本Aは

$$\overline{x}_\mathrm{A} = \frac{118 + 132 + 120 + 115 + 113}{5} = 119.6$$

です。標本Bは

$$\overline{x}_\mathrm{B} = \frac{129 + 126 + 134 + 135 + 131}{5} = 131$$

です。

この2つの差

$$\overline{x}_\mathrm{A} - \overline{x}_\mathrm{B} = 119.6 - 131 = -11.4$$

が、独立2群のt検定の考察の対象になります。

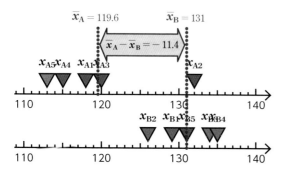

⊡ 2つの可能性

この結果の説明には2つの可能性があります。

1つめ。この「$\overline{x}_\mathrm{A} - \overline{x}_\mathrm{B} = -11.4$」という数値の背後には、期待値（平均）が**ゼロ**の確率分布があるのかもしれません。

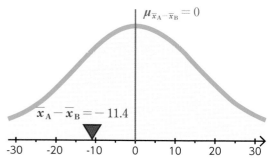

この場合、サプリメントAとBの愛用者の間に、LDLコレステロール値の差はありません。

2つめ。もしかしたら「$\overline{x}_\mathrm{A} - \overline{x}_\mathrm{B} = -11.4$」という数値の背後には、期待値（平均）が**ゼロではない**確率分布があるのかもしれません。

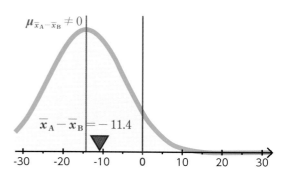

この場合、サプリメントAとBの愛用者の間で、LDLコレステロール値に差があります。

一体、どちらがより妥当な判断なのか？それをチェックするのが、独立2群のt検定の仕事です。

2 独立2群のt検定の前提条件

独立2群のt検定には、2つの前提があります。1つめの前提は「**比較する2つの母集団は、ともに、正規分布に従う**」です。

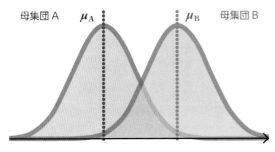

ここでμ_Aとμ_Bは、それぞれの母集団の母平均です。

Advice 私たちの実験や調査において、観測値が、常に100%必ず正規分布に従う保証はありません。もしかしたら、他の確率分布に従うかもしれません。しかし、この手法では標本平均$\overline{x}$の差を考察の対象にします。第5章で学んだ中心極限定理があるため、観測値が従う確率分布がどんなものであろうと、その標本平均$\overline{x}$は、近似的に正規分布に従います。そこで、この手法の適用に対して「観測値が正規分布に従う必要がある」という条件は、さほど厳密ではなく、かなり緩やかになります。ただし、データが正規分布からあまりにも逸脱している場合は、第2章で学んだ、ノンパラメトリック統計のWMW検定を行うことを検討してください。

2つめの前提は「**この2つの正規分布は、等しい母標準偏差σを持つ**」です。この条件を**等分散の仮定**（assumption of homogeneity of variance, homoscedasticity assumption）と呼びます。

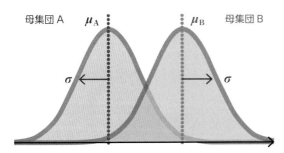

Advice 本書では「等分散」を仮定した手法を中心に学びます。その理由は「初学者にとって、学習が容易になる」です。しかし、実際のデータでは、時々、

等分散の仮定がまったく期待できそうにないデータが現れることがあります。この場合、等分散を仮定しない**Welch検定**（Welch's test）を使います。Welch検定は、独立2群のt検定を、同じ原理のまま拡張した方法です。

Advice こうした前提条件を読むと、手にしたデータの「正規性」や「等分散性」を調べる方法が気になります。これを簡単に紹介します。正規性をチェックする手法には、シャピロ－ウィルク検定（Shapiro-Wilk test）やアンダーソン－ダーリング検定（Anderson–Darling test for normality）、コルモゴロフ－スミルノフ検定（Kolmogorov–Smirnov test for normality）などがあります。こうした検定は、帰無仮説H_0「母集団は正規分布に従っている」の妥当性を調べます。一方、等分散性のチェックには、広く使われる手法が2つあります。この2つを状況に応じて使い分けます。もし、標本が正規分布に従っているように見えるなら、バーレット検定（Bartlett's test for homogeneity of variances）を使います。もしそうでないなら、ルビーン検定（Levene's test）を使います。この2つの検定は、帰無仮説H_0「対象とする全ての母集団が等しい母分散σ^2を持つ」の妥当性を調べます。ここで紹介した統計手法は本書のレベルを超えるため、本書では解説していません。興味のある人は、統計学の勉強をさらに進めてください。

3 標本平均の差の確率分布

こうした前提条件を土台に、標本平均の差$(\overline{x}_A - \overline{x}_B)$が従う確率分布を導きます。この内容は、すでに第5章の定理1と定理3、定理4で学びました。ここでは、第5章の内容を復習しながら、導出します。

母集団Aと母集団Bが従う正規分布を用意します。母平均はμ_Aとμ_Bです。母標準偏差はσで共通です。

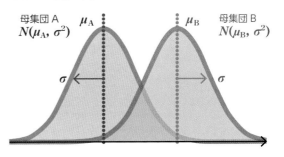

母集団Aから、n_A個の観測値を無作為に取り出します。この観測値の集合が標本Aです。

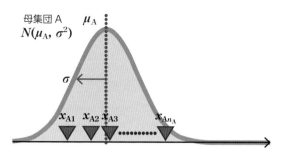

標本サイズはn_Aです。これらn_A個の数値に

x_{A1}, x_{A2}, x_{A3}, $\cdots$, x_{An_A}

という記号を割り当てます。

同様にして、母集団Bから、n_B個の観測値を無作為に取り出します。この観測値の集合が標本Bです。

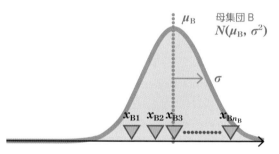

標本サイズはn_Bです。これらn_B個の数値に

x_{B1}, x_{B2}, x_{B3}, $\cdots$, x_{Bn_B}

という記号を割り当てます。

次に、標本AとBのそれぞれで、標本平均$\overline{x}$を計算します。

$$\overline{x}_A = \frac{1}{n_A}\sum_{i=1}^{n_A}x_{Ai} = \frac{x_{A1}+x_{A2}+x_{A3}+\cdots+x_{An_A}}{n_A}$$

$$\overline{x}_B = \frac{1}{n_B}\sum_{i=1}^{n_B}x_{Bi} = \frac{x_{B1}+x_{B2}+x_{B3}+\cdots+x_{Bn_B}}{n_B}$$

標本平均$\overline{x}$が、分布の幅が狭まった正規分布に従うことを、第5章の「定理1」で学びました。この正規分布の期待値（平均）はμ_Aとμ_Bのまま、変わりません。一方、標準偏差は、それぞれ$1/\sqrt{n_A}$倍と$1/\sqrt{n_B}$倍に小さくなります。分散は、それぞれ$1/n_A$倍と$1/n_B$倍に小さくなります。

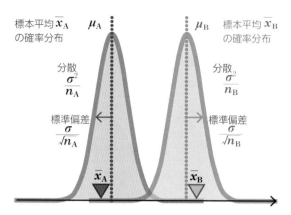

次に、この2つの標本平均の差

$$\overline{x}_A - \overline{x}_B$$

について考えます。この差は、第5章の定理3で学んだ**正規分布の再生性**により、正規分布に従います。その期待値（平均）は、母平均μ_Aとμ_Bの差

$$\mu_A - \mu_B$$

となります。分散は、2つの分散（σ^2/n_Aとσ^2/n_B）を足し合わせた

$$\frac{\sigma^2}{n_A}+\frac{\sigma^2}{n_B}=\sigma^2\left(\frac{1}{n_A}+\frac{1}{n_B}\right)$$

となります。標準偏差は、分散の平方根なので

$$\sqrt{\sigma^2\left(\frac{1}{n_A}+\frac{1}{n_B}\right)}=\sigma\sqrt{\frac{1}{n_A}+\frac{1}{n_B}}$$

です。独立2群のt検定は、この正規分布

$$N\left(\mu_A-\mu_B,\left(\sigma\sqrt{\frac{1}{n_A}+\frac{1}{n_B}}\right)^2\right)$$

を土台にします。

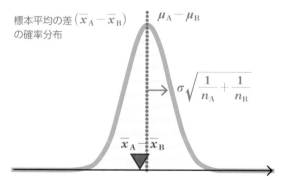

ここまでの論理を理解できれば、独立2群のt検定を理解するための、1つめのハードルを乗り越えたことになります。

8-3 　帰無仮説 H_0 と対立仮説 H_A

帰無仮説 H_0 は、これまで学んだ通り、原則は「**比べるもの同士は等しい**」です。独立2群の t 検定の場合、帰無仮説 H_0 は「母平均 μ_A と μ_B が等しい」となります。

帰無仮説 H_0

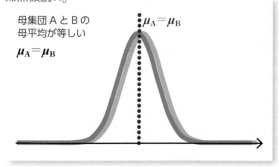

母集団AとBの
母平均が等しい

$\mu_A = \mu_B$

一方、対立仮説 H_A は「母平均 μ_A と μ_B が等しくない」です。

対立仮説 H_A

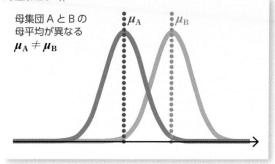

母集団AとBの
母平均が異なる
$\mu_A \neq \mu_B$

これまで通り、この2つの仮説のうち、より重要なのは帰無仮説 H_0 です。検定は「**帰無仮説 H_0 は、実験や調査で得た結果を適切に説明するか？**」をチェックします。

そこで、次節では「**帰無仮説 H_0 は正しい**」と仮定したうえで、話を進めていきます。

8-4 　σ が既知の場合

検定統計量 z と帰無分布を学びます。前章と同様に、2段階に分けて解説します。本節では、分かりやすさを優先させ、非現実的な条件ですが、**母標準偏差 σ が既知**であるケースを学びます。

① 検定統計量 z と帰無分布

標本平均の差

$$\overline{x}_A - \overline{x}_B$$

が従う正規分布を用意します。

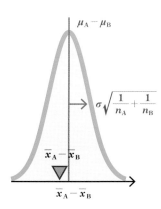

この正規分布から無作為に1個取り出された

$$\overline{x}_A - \overline{x}_B$$

を標準化します。標準化の計算式は、この正規分布の期待値（平均）

$$\mu_A - \mu_B$$

と標準偏差

$$\sigma\sqrt{\frac{1}{n_A} + \frac{1}{n_B}}$$

を使って

$$z = \frac{(\overline{x}_A - \overline{x}_B) - (\mu_A - \mu_B)}{\sigma\sqrt{\dfrac{1}{n_A} + \dfrac{1}{n_B}}}$$

となります。ここで「帰無仮説 H_0 は正しい」と仮定して

$$\mu_A = \mu_B$$

を代入します。すると、標準化の計算式は

$$z = \frac{\overline{x}_A - \overline{x}_B}{\sigma\sqrt{\dfrac{1}{n_A} + \dfrac{1}{n_B}}}$$

となります。この式で標準化すると、z を得ます。

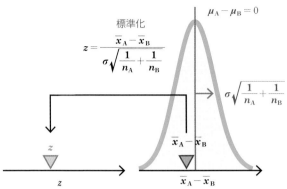

そして、もし帰無仮説 H_0 が正しいならば、標準化で得た z は、標準正規分布 $N(0, 1^2)$ に従います。

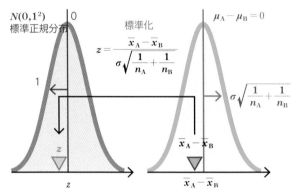

母標準偏差 σ が既知の場合、この標準正規分布 $N(0, 1^2)$ が帰無分布となります。検定統計量は z です。

標準化して得た z は、帰無仮説 H_0 が正しいとき、95%の確率で、$-z_{0.05}$ から $+z_{0.05}$ の間に入ります。

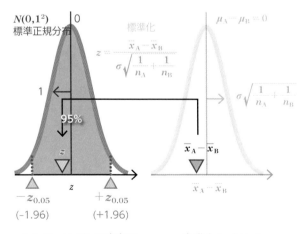

そして z は5%の確率で、$-z_{0.05}$ 未満もしくは $+z_{0.05}$ より大きい、両端の領域に入ります。

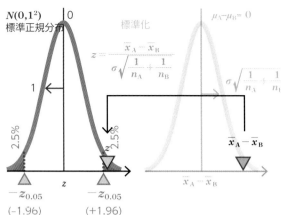

この両端の領域を棄却域とします。棄却域は、帰無仮説 H_0 が正しいなら「こんなことは滅多に起こらない！」という領域です。

以上をまとめます。母標準偏差 σ が既知の場合、検定統計量は、$(\overline{x}_A - \overline{x}_B)$ を標準化して得られる z です。

σ が既知の場合の検定統計量 z

$$z = \frac{\overline{x}_A - \overline{x}_B}{\sigma \sqrt{\dfrac{1}{n_A} + \dfrac{1}{n_B}}}$$

帰無仮説 H_0 が正しいという仮定の下、この z は、標準正規分布 $N(0, 1^2)$ に従います。これが帰無分布です。

σ が既知の場合の z の帰無分布

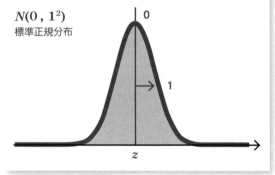

棄却域は、この分布の両端に2.5%ずつ、合計5%の範囲を選びます。

σが既知の場合の棄却域（有意水準5％）

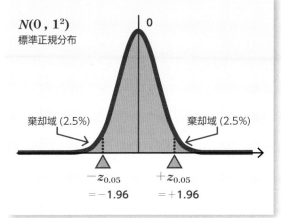

$N(0, 1^2)$
標準正規分布

棄却域 (2.5%)　　　　棄却域 (2.5%)

$-z_{0.05}$
$=-1.96$　　$+z_{0.05}$
　　　　$=+1.96$

② 例題の解答（σが既知の場合）

ここで、例題8.1を使って、実際の計算を行ってみます。母標準偏差σが予め分かっていて

$\sigma = 6$

であったとします。

この計算に必要な数値は、標本平均

$\overline{x}_A = 119.6$

$\overline{x}_B = 131$

と標本サイズ

$n_A = 5$

$n_B = 5$

そして、予め与えられた母標準偏差

$\sigma = 6$

です。検定統計量zは

$$z = \frac{\overline{x}_A - \overline{x}_B}{\sigma\sqrt{\dfrac{1}{n_A} + \dfrac{1}{n_B}}} = \frac{119.6 - 131}{6 \times \sqrt{\dfrac{1}{5} + \dfrac{1}{5}}} = -3.00416\cdots$$

と計算されます。zの臨界値$z_{0.05}$は

$z_{0.05} = 1.96$

です。例題8.1では、以下の不等式が成立します。

$1.96 = z_{0.05} < |z| = 3.00416\cdots$

そこで、この検定統計量zは棄却域の中に入ることが分かります。

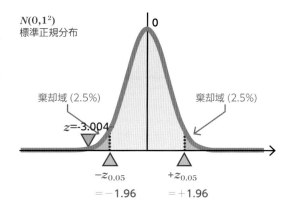

$N(0,1^2)$
標準正規分布

棄却域 (2.5%)　　　　棄却域 (2.5%)

$z = -3.004$

$-z_{0.05}$
$=-1.96$　　$+z_{0.05}$
　　　　$=+1.96$

そこで、帰無仮説H_0は棄却されます。統計的に有意な差 ($P<0.05$) があることが分かりました。そして、サプリメントAとBの標本平均

$\overline{x}_A = 119.6$

$\overline{x}_B = 131$

を比較すると、サプリメントAの愛用者の方が、低いことが分かります。そこで、最終的に「**サプリメントAの愛用者のLDLコレステロール値は、サプリメントBの愛用者と比べて、統計的に有意に低かった ($P<0.05$)**」と結論します。

Advice この例題8.1では、検定結果の解釈においては、注意深くなってください。例題8.1は、調査の設定が良くありません。一見、この結果は「サプリメントAの方が、サプリメントBよりも、LDLコレステロールを低下させる効果が高い」を示唆するように見えます。しかし、そうではない可能性もたくさんあります。例えば、サプリメントAとBでは、愛用する年齢層が異なるかもしれません。もしそうなら、この検定結果は「異なる年齢層では、LDLコレステロール値が異なるようである」を示唆しているだけかもしれません。他にも、様々な可能性が考えられます。これは、全ての実験や調査においても、同様です。もし「有意な差が認められた ($P<0.05$)」としても、その検定結果を土台にした考察では、常に、注意深くあってください。しっかりした考察なしに、安直な因果関係に飛びつく事だけは、避けてください。

8章 独立2群のt検定（対応のないt検定）

問　例題8.2の尾状核の体積のデータを使い、有意水準5%で検定を行いなさい。なお、母標準偏差σは

$$\sigma = 0.07$$

であることが予め分かっているとする。

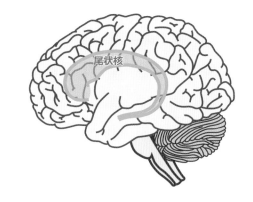

尾状核

	尾状核の体積		尾状核の体積
精神障害1	0.38	健常1	0.41
精神障害2	0.41	健常2	0.42
精神障害3	0.31	健常3	0.49
精神障害4	0.33	健常4	0.41
精神障害5	0.28	健常5	0.57

[Luxenberg JS ほか：Am J Psychiatry, 145:1083-1093, 1988 と同等の標本平均と標本標準偏差をもつ架空データ]

8-6 σが未知の場合

本節から、本章の本番に入ります。母標準偏差σが未知のケースを学びます。

① σの推定（その1）：2つの標本標準偏差

どんな実験や調査でも、母標準偏差σは未知です。ですから、手に入れたデータから、粗っぽくても、σを推定する必要があります。

私たちは、第4章で、σを推定するための標本標準偏差sを学びました。本節では例題8.1を使い、第4章の内容を復習しながら、この計算を行ってみます。

独立2群のt検定では、標本が2つあります。ここでは、標本Aで、標本標準偏差sを計算してみます。最初の作業は、偏差の起点となる標本平均$\overline{x}_A$を計算することでした。本来の起点である母平均μ_Aの代役です。

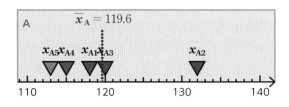

次いで、偏差を計算します。

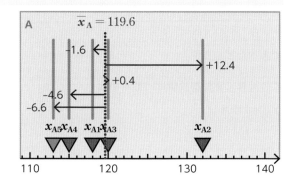

全ての偏差を2乗して、正の値に変えます。

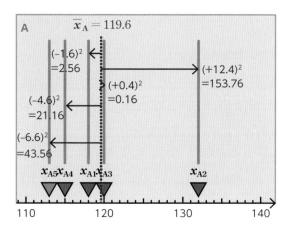

2乗した偏差を合計すると、偏差平方和SSが得られます。

偏差平方和SS

$$SS = \sum_{i=1}^{n} (x_i - \overline{x})^2$$

サプリメントAの偏差平方和SS_Aは、5つの偏差の2乗を足し合わせて

$$SS_A = \sum_{i=1}^{n_A}(x_{Ai} - \overline{x}_A)^2$$
$$= (-1.6)^2 + (12.4)^2 + (0.4)^2 + (-4.6)^2 + (-6.6)^2$$
$$= 2.56 + 153.76 + 0.16 + 21.16 + 43.56$$
$$= 221.2$$

となります。

次に自由度dfを数えます。この例では、偏差が5個あります。しかし、標本平均$\overline{x}_A$を起点にしているため、5つの偏差の間には「偏差の総和がゼロになる」という制約条件があります。

$$0 = (-1.6) + (+12.4) + (+0.4) + (-4.6) + (-6.6)$$

そこで偏差を1個失っても、この制約条件から、残された4つの偏差で、失った1個を復元できます。

そこで自由度df_Aは、5から1を引いて4です。

$$df_A = n_A - 1 = 5 - 1 = 4$$

標本分散s^2や標本標準偏差sの場合、標本サイズをnとして、自由度dfは

自由度df

$$df = n - 1$$

です。

偏差平方和SSを自由度dfで割ると、標本分散s^2が得られます。

標本分散s^2

$$s^2 = \frac{SS}{df} = \frac{\sum_{i=1}^{n}(x_i - \overline{x})^2}{n - 1}$$

これよりサプリメントAの標本分散s_A^2は

$$s_A^2 = \frac{SS_A}{df_A} = \frac{221.2}{4} = 55.3$$

です。標本分散s^2は、その期待値$E[s^2]$が母分散σ^2に等しくなることを、第4章で学びました。

標本分散s^2の平方根を計算すれば、標本標準偏差sが得られます。

標本標準偏差s

$$s = \sqrt{\frac{SS}{df}} = \sqrt{\frac{\sum_{i=1}^{n}(x_i - \overline{x})^2}{n - 1}}$$

サプリメントAの標本標準偏差s_Aは

$$s_A = \sqrt{\frac{SS_A}{df_A}} = \sqrt{55.3} = 7.43639\cdots$$

です。この数値$7.43639\cdots$が、標本Aから得られる、母標準偏差σの1つめの推定値です。標本サイズがたったの$n=5$ですから、粗っぽい推定値でしかありません。しかし、貴重なヒントです。

標本Bでも標本標準偏差s_Bを計算します。母平均μ_Bの代役として、標本平均$\overline{x}_B$を起点にして、偏差を計算し

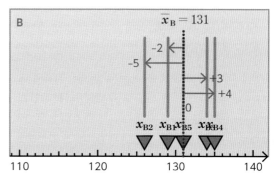

偏差を2乗して

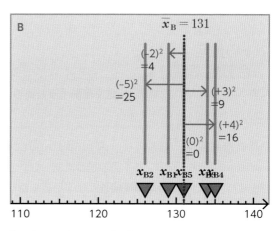

全てを足し合わせ、偏差平方和SS_Bを得ます。

$$SS_B = \sum_{i=1}^{n_B} (x_{Bi} - \overline{x}_B)^2$$
$$= (-2)^2 + (-5)^2 + (3)^2 + (4)^2 + (0)^2$$
$$= 4 + 25 + 9 + 16 + 0$$
$$= 54$$

自由度 df_B は

$$df_B = 5 - 1 = 4$$

です。偏差平方和 SS_B を自由度 df_B で割り、平方根を計算し、標本標準偏差 s_B

$$s_B = \sqrt{\frac{SS_B}{df_B}} = \sqrt{\frac{54}{4}} = 3.67423\cdots$$

を得ます。この数値 3.67423… も、σ の推定値です。

これで、母標準偏差 σ の推定値を2つ得ました。しかしここで、**問題が生じます**。問題は、2つあります。

標本Aから得た s_A=7.43639… も、標本Bから得た s_B=3.67423… も、母標準偏差 σ の貴重な推定値です。しかし、推定値は2つも要りません。1つで十分です。

もう1つ問題があります。s_A=7.43639… は標本Aだけから得た推定値です。s_B=3.67423… は標本Bだけから得た推定値です。これは、もったいないです。私たちが欲しいのは、標本Aから得られる情報と、標本Bから得られる情報の2つを合わせ持った、たった1つの、より良い推定値です。

これを計算するのが、次節で学ぶ合算標準偏差 s_p です。

2 σ の推定（その2）: 合算標準偏差 s_p

本節の内容は、独立2群の t 検定を理解するための、2つめのハードルとなります。

合算標準偏差は、英語では「pooled standard deviation」です。一方、日本語の用語は統一されていません。本書では**合算標準偏差**という用語を使うことにします。記号は「s_p」です。下付きの「p」は「pooled」の頭文字です。

Advice s_p の名称は、日本の解説書では、本によって「合成標準偏差」とか「併合標準偏差」とか「合併標準偏差」とか「プールされた標準偏差」とか、様々に呼ばれます。しかし、s_p の計算式はどの解説書でも同じです。他の解説書を読む際には、用語で混乱しないように注意してください。

❶ 偏差平方和 SS_p

例題8.1を使い、偏差平方和の計算から始めます。標本Aには、5個の偏差がありました。

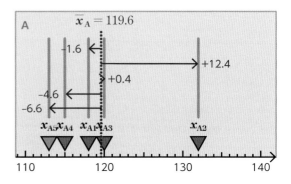

標本Bにも、5個の偏差がありました。

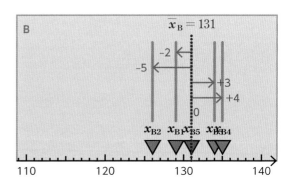

結局、標本Aと標本Bで、合計10個の偏差があります。

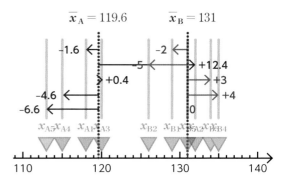

独立2群の t 検定では「母集団Aと母集団Bの母標準偏差は σ で等しい」と仮定します。そこで、この合計10個の偏差は、母標準偏差 σ を推定するうえで、全てが大切なヒントです。合計10個の偏差が持つ情報を、全て活用したいです。

こうした理由から、単純に、10個の偏差の2乗を全

て足し合わせます。この例なら

$$SS_\mathrm{p} = (-1.6)^2 + (12.4)^2 + (0.4)^2 + (-4.6)^2$$
$$+(-6.6)^2 + (-2)^2 + (-5)^2 + (3)^2 + (4)^2 + (0)^2$$
$$= 2.56 + 153.76 + 0.16 + 21.16 + 43.56 + 4$$
$$+ 25 + 9 + 16 + 0$$
$$= 275.2$$

です。これが合算標準偏差 s_p の偏差平方和です。記号を「SS_p」としておきます。

偏差平方和 SS_p の計算式を一般的な形で書くと

偏差平方和 SS_p
$$SS_\mathrm{p} = SS_\mathrm{A} + SS_\mathrm{B}$$
$$= \sum_{i=1}^{n_\mathrm{A}} (x_{\mathrm{A}i} - \overline{x}_\mathrm{A})^2 + \sum_{i=1}^{n_\mathrm{B}} (x_{\mathrm{B}i} - \overline{x}_\mathrm{B})^2$$

となります。ここで、SS_A と SS_B は標本AとBの偏差平方和、n_A と n_B は、標本AとBの標本サイズ、$x_{\mathrm{A}i}$ と $x_{\mathrm{B}i}$ は標本AとBの i 番目の観測値、$\overline{x}_\mathrm{A}$ と $\overline{x}_\mathrm{B}$ は標本AとBの標本平均です。

この計算式は、一見、煩雑に見えます。しかし内容は簡単です。**標本Aの偏差の2乗**と、**標本Bの偏差の2乗**を、全て足し合わせるだけです。そして、こうすれば、標本Aと標本Bの情報を全て活かして、母標準偏差 σ を推定できます。

❷ 自由度 df_p
次に自由度 df_p を数えます。自由度は「**意味のある偏差の数**」もしくは「**不可欠な偏差の数**」であったことを思い出してください。

標本Aを見てみます。偏差は5個あります。

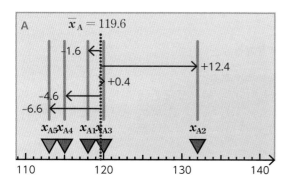

しかし、偏差の起点に標本平均 $\overline{x}_\mathrm{A}$ を使っています。そこで、偏差の総和がゼロになります。

$$0 = (-1.6) + (+12.4) + (+0.4) + (-4.6) + (-6.6)$$

そこで、偏差を1個を失ったとしても（下図の三角印で示した偏差 $+12.4$）

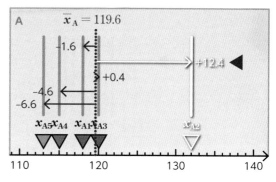

失った偏差が $+12.4$ であることは、すぐに分かります。

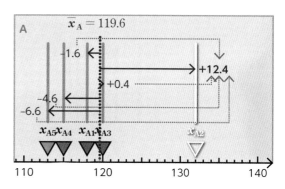

そこで、**意味のある偏差**もしくは**不可欠な偏差**の数は4個です。

一般には、標本Aの標本サイズを n_A とすると、意味のある偏差の数は $(n_\mathrm{A} - 1)$ 個です。式で

$$df_\mathrm{A} = n_\mathrm{A} - 1$$

と書いておきます。

標本Bも同様です。偏差は5個あります。

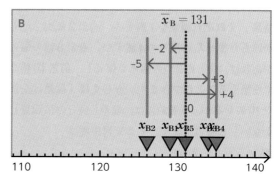

しかし、偏差の起点が標本平均 $\overline{x}_\mathrm{B}$ なので、偏差の総和がゼロです。

$$0 = (-2) + (-5) + (+3) + (+4) + (0)$$

そこで、偏差を1個を失ったとしても（下図の三角印で示した偏差-5）

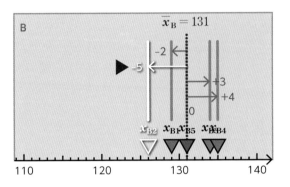

失った偏差が-5であることは、すぐに分かります。

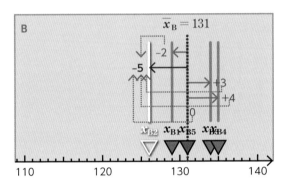

そこで**意味のある偏差**もしくは**不可欠な偏差**の数は4個です。

一般には、標本Bの標本サイズをn_Bとすると、意味のある偏差の数は(n_B-1)個です。式で

$$df_B = n_B - 1$$

と書いておきます。

以上をまとめます。標本Aでも標本Bでも、偏差の起点に標本平均（$\overline{x}_A$と$\overline{x}_B$）を使っています。その結果、それぞれ偏差を1個ずつ、合計2個失っても問題ありません。残りの4個ずつ、合計8個の偏差があれば、失った2つの偏差を復元し、偏差10個全てを揃えることができます。もしくは「偏差は全部で10個あるが、実質的には、偏差8個分の情報量しかない」とも言えます。そこで自由度は

$$df_p = 5 + 5 - 2 = 8$$

となります。

一般的な形で書くと、標本Aの(n_A-1)個と標本B

の(n_B-1)個を足し合わせて

$$df_p = (n_A - 1) + (n_B - 1) = n_A + n_B - 2$$

となります。以上をまとめておきます。

自由度 df_p

$$
\begin{aligned}
df_p &= df_A + df_B \\
&= (n_A - 1) + (n_B - 1) \\
&= n_A + n_B - 2
\end{aligned}
$$

ここで、n_Aとn_Bは標本AとBの標本サイズです。

❸合算分散 $s_p{}^2$ と合算標準偏差 s_p

偏差平方和SS_pと自由度df_pが揃えば、SS_pをdf_pで割って、分散が計算できます。これを**合算分散** $s_p{}^2$と呼んでおきます。

合算分散 $s_p{}^2$

$$s_p{}^2 = \frac{SS_p}{df_p} = \frac{\sum_{i=1}^{n_A}(x_{Ai} - \overline{x}_A)^2 + \sum_{i=1}^{n_B}(x_{Bi} - \overline{x}_B)^2}{n_A + n_B - 2}$$

独立2群のt検定の前提条件「**母集団AとBが従う正規分布は、等しい母分散 σ^2（もしくは母標準偏差 σ）を持つ**」が正しいとき、合算分散$s_p{}^2$の期待値$E[s_p{}^2]$は、母分散σ^2に等しくなります。

計算の具体例を示します。例題8.1を使います。すでに得ている

$$SS_p = 275.2$$
$$df_p = 8$$

の2つの数値を使って

$$s_p{}^2 = \frac{SS_p}{df_p} = \frac{275.2}{8} = 34.4$$

と計算します。

合算分散$s_p{}^2$の平方根が合算標準偏差s_pです。

合算標準偏差 s_p

$$s_p = \sqrt{\frac{SS_p}{df_p}} = \sqrt{\frac{\sum_{i=1}^{n_A}(x_{Ai} - \overline{x}_A)^2 + \sum_{i=1}^{n_B}(x_{Bi} - \overline{x}_B)^2}{n_A + n_B - 2}}$$

例題8.1なら

$$s_p = \sqrt{s_p{}^2} = \sqrt{34.4} = 5.86515\cdots$$

です。

これで、母標準偏差 σ の推定が完了しました。例題8.1の場合、$s_p = 5.86515\cdots$ という数値が、母標準偏差 σ に対する、標本 A と B から得られる情報の全てを使った、最善の推定値となります。

❹偏差平方和 SS の関数電卓と Excel での計算

合算標準偏差 s_p を計算するには、偏差平方和 SS_p の計算が必要となります。次章以降に学ぶ一元配置分散分析や多重比較でも、偏差平方和 SS の計算は常に要求されます。

Column 別々の偏差平方和を計算する理由

　合算標準偏差 s_p の学習では「なぜ、標本 A と標本 B で、別々に偏差平方和（SS_A と SS_B）を計算するのか？ 2 つの標本を合わせて 1 つの標本にし、1 つの偏差平方和 $SS_{A\&B}$ を計算する方がよいのではないか？」という質問をうけることが多いです。これを解説します。基本的な理由は「**帰無仮説 H_0 が正しくても、間違っていても、どちらであっても、母標準偏差 σ は適切に推定される必要がある**」からです。例を見てみます。

　帰無仮説 H_0 が正しいときは、標本 A と B は、ともに、狭い範囲に集まります。

　このときは、2 つの標本を合わせて、1 つの偏差平方和 $SS_{A\&B}$ を計算するのでも、まったく問題ありません。適切に母標準偏差 σ を推定できます。

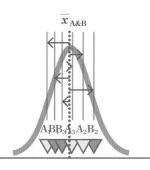

　ところが、帰無仮説 H_0 が間違っている場合は問題が起こります。

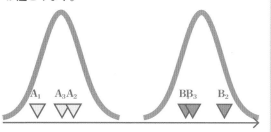

　もし、標本 A と B を合体させた 1 つの標本を使うと、偏差（赤矢印）がとんでもなく、大きくなります。左段の図と、比べてみてください。

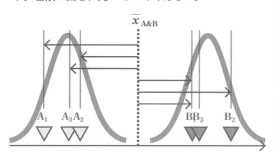

　この方法で偏差平方和 $SS_{A\&B}$ を計算すると、母標準偏差 σ の推定値は、デタラメに大きな数値になってしまいます。しかし、標本 A と標本 B を別々にして、それぞれの標本で偏差平方和（SS_A と SS_B）を計算すれば

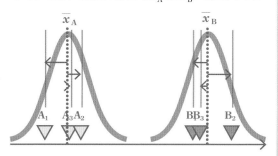

適切に、母標準偏差 σ を推定できます。こうした理由から、標本 A と標本 B で、別々に偏差平方和（SS_A と SS_B）を計算します。

Excelの場合、偏差平方和SSの計算は簡単です。関数DEVSQを使ってください。使い方は、関数のヘルプに説明されています。

一方、関数電卓を使う場合、一手間かける必要があります。関数電卓は、標本標準偏差sや標本分散s^2を簡単に計算してくれます。しかし、偏差平方和SSを直接に計算する機能はありません。

そこで、偏差平方和SSを計算するには、標本分散s^2を使うのが便利です。標本分散s^2の計算式

$$s^2 = \frac{\sum_{i=1}^{n}(x_i - \overline{x})^2}{n-1}$$

を整理し直すと

偏差平方和SSの計算

$$SS = \sum_{i=1}^{n}(x_i - \overline{x})^2 = s^2(n-1)$$

を得ます。この式を使って偏差平方和を計算します。計算の手順は

① 標本分散s^2を計算する。
② 標本分散s^2に自由度$df = n-1$をかける。

です。もし、標本標準偏差sしか計算しない関数電卓なら、これを計算して、2乗して、標本分散s^2にしてください。

実例を1つ見てみます。例題8.1の標本Aを使います。標本Aの標本分散s_A^2は

$$s_A^2 = 55.3$$

です。標本サイズn_Aは

$$n_A = 5$$

です。そこで、偏差平方和SS_Aは

$$SS_A = \sum_{i=1}^{n_A}(x_{Ai} - \overline{x}_A)^2 = 55.3 \times (5-1) = 221.2$$

と計算されます。この方法なら、偏差平方和SSの計算が簡単になります。

③ 検定統計量tと帰無分布

これで、独立2群のt検定を理解する準備が整いました。以下に示す論理は、関連2群のt検定とまったく同じです。まず、標本平均の差

$$\overline{x}_A - \overline{x}_B$$

が従う正規分布を用意します。

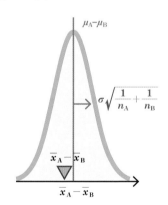

Column ## 合算標準偏差s_pのもう1つの定義式

合算標準偏差s_pの表記について補足します。本節の偏差平方和SSの計算式

$$SS = \sum_{i=1}^{n}(x_i - \overline{x})^2 = s^2(n-1)$$

を合算標準偏差s_pの定義式

$$s_p = \sqrt{\frac{\sum_{i=1}^{n_A}(x_{Ai} - \overline{x}_A)^2 + \sum_{i=1}^{n_B}(x_{Bi} - \overline{x}_B)^2}{n_A + n_B - 2}}$$

に代入し、合算標準偏差s_pを以下のように紹介する

解説書も多いです。

$$s_p = \sqrt{\frac{s_A^2(n_A - 1) + s_B^2(n_B - 1)}{n_A + n_B - 2}}$$

式の見た目は、本書で紹介した定義と異なりますが、本質的に、まったく同じ計算です。本書では「この式を使うと、合算標準偏差s_pの計算の本質が見えなくなる」という理由から、この式を使いません。ただし、Excelや関数電卓を使って独立2群のt検定を行う場合は、計算自体は、この式を使う方が、手っ取り早いです。読者は、適宜、使い分けてください。

この正規分布から無作為に取り出された

$$\overline{x}_A - \overline{x}_B$$

を標準化

$$z = \frac{(\overline{x}_A - \overline{x}_B) - (\mu_A - \mu_B)}{\sigma \sqrt{\dfrac{1}{n_A} + \dfrac{1}{n_B}}}$$

できれば楽ですが、母標準偏差 σ が不明です。そこで、σ を、σ の推定値である合算標準偏差 s_p に置き換えます。観測値から得た σ の推定値を使うことになるので、この計算は標準化ではなく、Student 化です。得られる数値は z ではなく Student の t です。

$$t = \frac{(\overline{x}_A - \overline{x}_B) - (\mu_A - \mu_B)}{s_p \sqrt{\dfrac{1}{n_A} + \dfrac{1}{n_B}}}$$

そして「帰無仮説 H_0 は正しい」と仮定して

$$\mu_A = \mu_B$$

を代入すると、Student 化の式は

$$t = \frac{\overline{x}_A - \overline{x}_B}{s_p \sqrt{\dfrac{1}{n_A} + \dfrac{1}{n_B}}}$$

となります。

この計算式に従って、Student 化します。

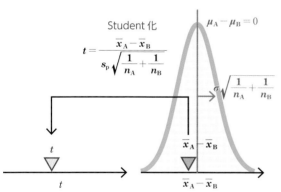

帰無仮説 H_0 が正しい場合、Student の t は、自由度 df_p が

$$df_p = n_A + n_B - 2$$

の t 分布 $t(n_A + n_B - 2)$ に従います。

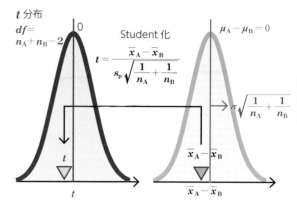

母標準偏差 σ が未知の場合、これが帰無分布となります。帰無仮説 H_0 が正しいとき、Student の t は、95%の確率で、$-t_{0.05}(n_A + n_B - 2)$ から $+t_{0.05}(n_A + n_B - 2)$ の間に入ります。

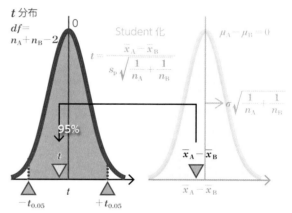

一方、Student の t は 5% の確率で、$-t_{0.05}(n_A + n_B - 2)$ 未満もしくは $+t_{0.05}(n_A + n_B - 2)$ より大きい、両端の領域に入ります。

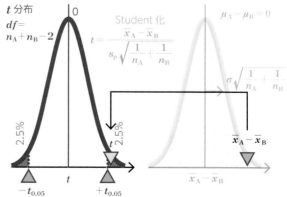

この両端の 2.5% ずつ、合計 5% の領域を、棄却域とします。

以上をまとめます。検定統計量の Student の t の計

算式は

独立2群のt検定の検定統計量t

$$t=\dfrac{\overline{x}_A-\overline{x}_B}{s_p\sqrt{\dfrac{1}{n_A}+\dfrac{1}{n_B}}}$$

です。もしくは、合算標準偏差s_pの計算式を代入した

独立2群のt検定の検定統計量t

$$t=\dfrac{\overline{x}_A-\overline{x}_B}{\sqrt{\dfrac{\displaystyle\sum_{i=1}^{n_A}(x_{Ai}-\overline{x}_A)^2+\sum_{i=1}^{n_B}(x_{Bi}-\overline{x}_B)^2}{n_A+n_B-2}}\sqrt{\dfrac{1}{n_A}+\dfrac{1}{n_B}}}$$

です。帰無仮説H_0が正しいとき、Studentのtが従う帰無分布は、自由度$df_p=n_A+n_B-2$のt分布です。

独立2群のt検定のtの帰無分布

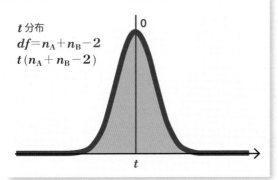

棄却域はt分布の両側に2.5%ずつ、合計5%となる両側の領域を選びます。この臨界値$t_{0.05}(n_A+n_B-2)$は、t分布表から得ることができます。

独立2群のt検定の棄却域（有意水準5%）

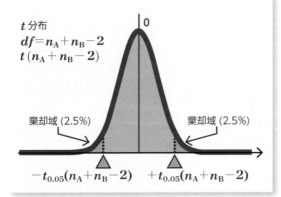

④ 独立2群のt検定の手順（まとめ）

独立2群のt検定の手順をまとめます。

STEP 1

Studentのtの計算に必要な数値を計算する。

[1] 標本平均の差
$$\overline{x}_A-\overline{x}_B$$

[2] 標本AとBの標本サイズ
$$n_A \qquad n_B$$

[3] 標本AとBの偏差平方和
$$SS_A=\sum_{i=1}^{n_A}(x_{Ai}-\overline{x}_A)^2$$
$$SS_B=\sum_{i=1}^{n_B}(x_{Bi}-\overline{x}_B)^2$$

[4] 合算標準偏差の自由度
$$df_p=n_A+n_B-2$$

STEP2

合算標準偏差s_pを計算する
$$s_p=\sqrt{\dfrac{\displaystyle\sum_{i=1}^{n_A}(x_{Ai}-\overline{x}_A)^2+\sum_{i=1}^{n_B}(x_{Bi}-\overline{x}_B)^2}{n_A+n_B-2}}$$

STEP3

検定統計量Studentのtを計算する
$$t=\dfrac{\overline{x}_A-\overline{x}_B}{s_p\sqrt{\dfrac{1}{n_A}+\dfrac{1}{n_B}}}$$

STEP4

t分布表で、自由度
$$df_p=n_A+n_B-2$$
と両側確率5%（有意水準5%）
$$\alpha=0.05$$
から、臨界値
$$t_{0.05}(n_A+n_B-2)$$
を読み取る

STEP5

t分布表から得た臨界値$t_{0.05}(n_A+n_B-2)$と、実験や調査で得た検定統計量tを比較し、以下の不等式が成立していれば「統計的に有意な差が認められた（**$P<0.05$**）」と結論する。
$$t_{0.05}(n_A+n_B-2)<|t|$$
この不等式が満たされなければ「統計的に有意な差は認められなかった」と結論する。

5 例題の解答（σが未知の場合）

例題8.1を解いておきます。まず、必要な数値を揃えます。標本平均の差は

$$\overline{x}_A - \overline{x}_B = 119.6 - 131 = -11.4$$

です。標本AとBの標本サイズは

$$n_A = 5$$
$$n_B = 5$$

です。次いで、偏差平方和SSを計算します。ここでは、関数電卓を使うことを前提とした計算を示します。まず、標本AとBの標本標準偏差

$$s_A = 7.43639\cdots$$
$$s_B = 3.67423\cdots$$

を計算します。これらの値を使い、標本AとBの偏差平方和

$$SS_A = \sum_{i=1}^{n_A} (x_{Ai} - \overline{x}_A)^2 = s_A^2 (n_A - 1)$$
$$= (7.43629\cdots)^2 \times (5 - 1) = 221.2$$

$$SS_B = \sum_{i=1}^{n_B} (x_{Bi} - \overline{x}_B)^2 = s_B^2 (n_B - 1)$$
$$= (3.67423\cdots)^2 \times (5 - 1) = 54$$

を得ます。合算標準偏差s_pは

$$s_p = \sqrt{\frac{\sum_{i=1}^{n_A} (x_{Ai} - \overline{x}_A)^2 + \sum_{i=1}^{n_B} (x_{Bi} - \overline{x}_B)^2}{n_A + n_B - 2}}$$
$$= \sqrt{\frac{221.2 + 54}{5 + 5 - 2}} = 5.86515\cdots$$

となります。合算標準偏差s_pの自由度は

$$df_p = n_A + n_B - 2 = 5 + 5 - 2 = 8$$

です。

以上の数値から、Studentのtは

$$t = \frac{\overline{x}_A - \overline{x}_B}{s_p \sqrt{\dfrac{1}{n_A} + \dfrac{1}{n_B}}}$$
$$= \frac{-11.4}{5.86515\cdots \times \sqrt{\dfrac{1}{5} + \dfrac{1}{5}}} = -3.07323\cdots$$

となります。

次いで**付表3**（p.324参照）のt分布表で、自由度を$df = n_A + n_B - 2 = 8$、両側確率を$\alpha = 0.05$として

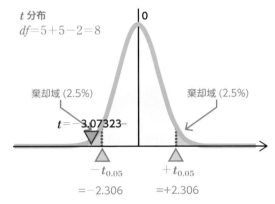

両側確率（α）

自由度 df	0.05	0.01	0.001
1	12.706	63.657	636.619
2	4.303	9.925	31.599
3	3.182	5.841	12.924
4	2.776	4.604	8.610
5	2.571	4.032	6.869
6	2.447	3.707	5.959
7	2.365	3.499	5.408
8	2.306	3.355	5.041
9	2.262	3.250	4.781

臨界値$t_{0.05}(n_A + n_B - 2)$を読み取ると

$$t_{0.05}(8) = 2.306$$

を得ます。

以上の結果から、以下の不等式が成立します。

$$2.306 = t_{0.05}(8) < |t| = 3.07323\cdots$$

そこで、Studentのtが棄却域に入ることが分かります。

そこで、帰無仮説H_0を棄却します。統計的に有意な差（$P < 0.05$）があることが分かりました。そして、サプリメントAとBの標本平均

$$\overline{x}_A = 119.6$$
$$\overline{x}_B = 131$$

を比較すると、サプリメントAの愛用者の方が、低いことが分かります。そこで、最終的に「サプリメントAの愛用者のLDLコレステロール値は、サプリメントBの愛用者と比べて、**統計的に有意に低かった（$P < 0.05$）**」と結論します。

8-7 練習問題 P

問　例題8.2の尾状核の体積のデータを使い、有意水準5%で独立2群のt検定を実行しなさい。

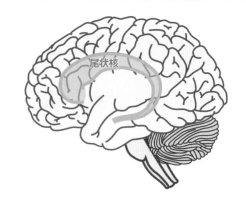

	尾状核の体積		尾状核の体積
精神障害 1	0.38	健常 1	0.41
精神障害 2	0.41	健常 2	0.42
精神障害 3	0.31	健常 3	0.49
精神障害 4	0.33	健常 4	0.41
精神障害 5	0.28	健常 5	0.57

[Luxenberg JS ほか：Am J Psychiatry, 145:1083-1093, 1988
と同等の標本平均と標本標準偏差をもつ架空データ]

8-8 検定統計量tは煩雑

これまで学んだ検定と同様に、独立2群のt検定においても、検定統計量のStudentのtは、**差があるのか？それとも、差があるとは言えないのか？**を判断する重要な数値です。本章では前節まで、基本に忠実なスタイルでStudentのtを解説してきました。しかしこのスタイルは、あまり直感的な理解が得られない欠点があります。

そこで、Studentのtの計算の意味を、少しでも直感的に理解したいと考えます。

しかし、独立2群のt検定のStudentのtは、計算式が煩雑です。この計算式

独立2群のt検定の検定統計量t

$$t = \frac{\overline{x}_A - \overline{x}_B}{\sqrt{\dfrac{\sum_{i=1}^{n_A}(x_{Ai}-\overline{x}_A)^2 + \sum_{i=1}^{n_B}(x_{Bi}-\overline{x}_B)^2}{n_A + n_B - 2}} \sqrt{\dfrac{1}{n_A}+\dfrac{1}{n_B}}}$$

を見て「なるほど」と思うのは難しいです。そこで、単純な状況を仮定して、Studentのtの計算式をシンプルにすることを試みます。

そのために、まず、次の練習問題に取り組んでください。

8-9 練習問題 Q：Studentのtをシンプルにする

独立2群のt検定のStudentのtを計算式を単純化するために、2つの単純な仮定を設ける。

1つめは「**比較する2つの標本の標本サイズが等しい**」である。2つとも等しく、記号をnとしておく。

Studentのtを単純化する仮定（その1）
$$n = n_A = n_B$$

2つめの仮定は「**標本Aと標本Bで、標本標準偏差が等しい**」である。記号をsとしておく。

Studentのtを単純化する仮定（その2）
$$s = s_A = s_B$$

もしくは

$$s = \sqrt{\frac{\sum_{i=1}^{n_A}(x_{Ai}-\overline{x}_A)^2}{n_A - 1}} = \sqrt{\frac{\sum_{i=1}^{n_B}(x_{Bi}-\overline{x}_B)^2}{n_B - 1}}$$

問　この2つの仮定を、Studentのtの計算式に代入し、Studentのtの計算式をシンプルにしなさい。

Advice この練習問題の要点を、もう一度繰り返します。「標本サイズが等しい」とか「標本標準偏差sが等しい」という仮定の目的は、Studentのtの定義式をシンプルにすることだけです。シンプルにすれば、式の意味を容易に読めます。それだけが、この練習問題の目的です。ですから、こうした仮定に実際的な意味を求め「2つの標本標準偏差sが等しい状況なんて、起こり得るのか？」とか「この式に実践的な価値はあるのか？」といったことを考えることは、時間の無駄です。この点を、注意してください。

8-10 検定統計量tの定性的理解（3つの判断基準）

練習問題 Q から次式を得ます。

単純化したStudentのt
$$t = \frac{(\overline{x}_A - \overline{x}_B)\sqrt{n}}{\sqrt{2}\, s}$$

Studentのtをここまで簡単にすると、この計算式の定性的な意味を理解しやすくなります。

Advice この式には$\sqrt{2}$という係数があります。これは定数であり、これ以降の内容に何の意味もありません。そこで$\sqrt{2}$は無視して解説を進めます。

以下、Studentのtの絶対値を使って説明します。

$$|t| = \frac{|\overline{x}_A - \overline{x}_B|\sqrt{n}}{\sqrt{2}\, s}$$

ここまでの解説で見てきた通り、Studentのtの絶対値が大きくなるほど、私たちは標本AとBに「**差があるに違いない**」と確信を深めます。Studentのtは、差があることに対する自信の強さの指標です。

1 標本平均の差

この式には3つの成分があります。1つめは、標本平均の差の絶対値です。分子にあります。

$$|t| = \frac{|\overline{x}_A - \overline{x}_B|\sqrt{n}}{\sqrt{2}\, s}$$

そこで、この値が大きくなるほど、Studentのtの絶対値が大きくなります。

特徴1

これを図で確認します。2つのケースを比べます。ケースⅠとケースⅡです。

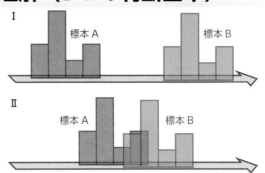

ケースⅠとケースⅡでは、標本AとBで、標本サイズnも、標本標準偏差sも、同じです。

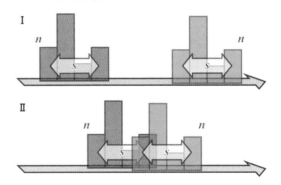

ところが、標本平均の差は異なります。ケースⅠでは大きく、ケースⅡでは小さいです。

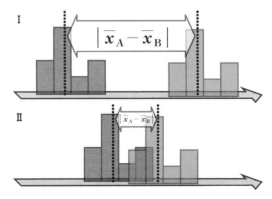

この2つのケースのうち、私たちがより「**差がある！**」と自信を持てるのは、明らかに、ケースⅠです。標

本平均の差が大きくなるほど、私たちは「**差がある
に違いない**」と確信できます。

そして、Studentのtも、標本平均の差が大きくなる
ほど、tが大きくなる仕組みになっています。

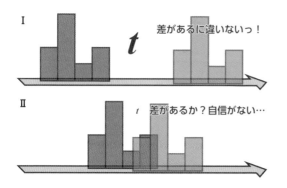

「**差があるに違いない**」と確信できるとき、Student
のtは、必ず大きな値を示します。

② 標本標準偏差

Studentのtを構成する2つめの要素は、標本標準偏
差sです。これは分母にあります。

$$|t| = \frac{|\bar{x}_A - \bar{x}_B|\sqrt{n}}{\sqrt{2}\,s}$$

ですから、標本標準偏差sが小さくなるほど、
Studentのtが大きくなります。

これを図で確認します。2つのケースを比べてみます。

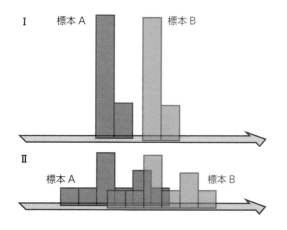

ケースⅠとケースⅡでは、標本AとBで、標本平均
の差も、標本サイズnも、同じです。

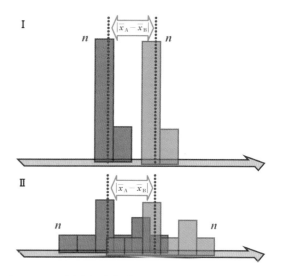

ところが、標本標準偏差は異なります。ケースⅠで
は小さく、ケースⅡでは大きいです。

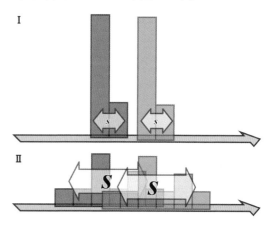

この2つのケースのうち、より「**差がある！**」と自
信を持てるのは、明らかに、ケースⅠです。

ケースⅠでは観測値の散らばりが小さく、観測値が
狭い範囲に集中しています。そのため、標本Aのヒ
ストグラムと標本Bのヒストグラムが、明確に分離
しています。そこで、ケースⅠでは明確に「差があ
るに違いない！」と確信できます。

一方、ケースⅡでは、観測値の散らばりが大き過ぎ
です。その結果、標本Aと標本Bの2つのヒストグ
ラムには重なりがあります。しかも、この重なりが
大きいです。そこで、一見、差があるかどうか？自
信を持てません。

そして、Studentのtの計算式でも、標本標準偏差が
小さいほど、tが大きくなる仕組みになっています。

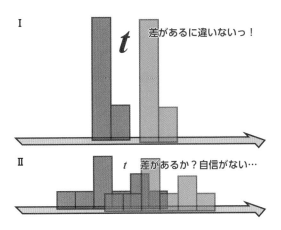

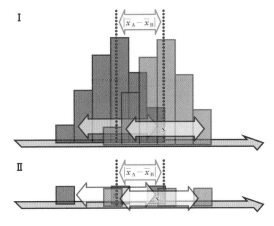

「差があるに違いない」と確信できるとき、Studentのtは、必ず大きな値を示します。

ところが、標本サイズnは異なります。ケースIでは大きく、ケースIIでは小さいです。

③ 標本サイズ

Studentのtを構成する3つめの要素は、標本サイズnの平方根です。これは分子にあります。

$$|t| = \frac{|\overline{x}_A - \overline{x}_B|\sqrt{n}}{\sqrt{2}\,s}$$

ですから、標本サイズnが大きくなるほど、Studentのtが大きくなります。

特徴3

これを図で確認します。2つのケースを比べてみます。

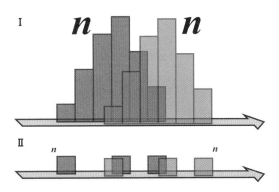

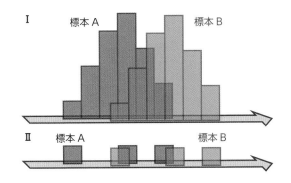

ケースIとケースIIでは、標本AとBで、標本平均の差も、標本標準偏差も、同じです。

どちらのケースで、より「差がある！」に自信を持てるのか？は明白です。明らかに、ケースIです。ケースIIでは、標本サイズnが小さ過ぎて、差があるのか？自信が持てません。しかしケースIなら、十分な数の観測値があり「明らかに差がある」と自信を持てます。

そして、Studentのtの計算式でも、標本サイズnが大きいほど、tが大きくなる仕組みになっています。

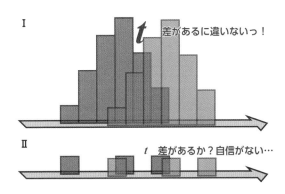

なお、Studentのtに標本サイズのnではなく、その平方根$\sqrt{n}$の形で入っています。これは、標本平均$\bar{x}$が従う確率分布が、母集団の確率分布の$1/\sqrt{n}$倍に狭まる性質が反映されているからです。

8–11 検定統計量tの性質（まとめ）

以上をまとめます。独立2群のt検定は、3つの基準を土台にして、差の有無を判断します。この判断基準は、私たちにとって、とても直感的な基準です。

標本平均の差が大きいとき、私たちは「**差があるに違いない**」と、直感的に確信します。

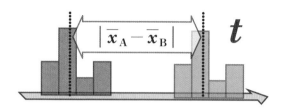

そして、こんなときには必ず、Studentのtも大きな値になってくれます。

標本標準偏差が小さいとき、私たちは「**差があるに違いない**」と、直感的に確信します。

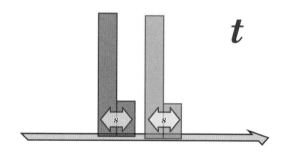

そして、こんなときには必ず、Studentのtも大きな値になってくれます。

標本サイズnが大きいとき、私たちは「**差があるに違いない**」と、直感的に確信します。

そして、こんなときには必ず、Studentのtも大きな値になってくれます。

もし読者が、この3つの図を観察して「当然、これなら差があるだろう」と思えているなら、独立2群のt検定の原理を、もしくは本質を、定性的に、直感でしっかり理解したことになります。

9 章 *P* 値

独立2群の *t* 検定の学習を終えたところで、ちょっと、寄り道をします。本章では「*P* 値」を学びます。本書の学習では、統計学の基本的な考え方を身につけるため、読者には、関数電卓やExcelを使ってもらっています。しかし、私たちが実際の研究や業務で統計解析を行う場合は、統計解析専用のソフトウェアを使います。どのソフトウェアも、*P* 値を計算します。そこで、私たちは *P* 値の基礎知識を学ぶ必要があります。*P* 値を言葉で表現すると「帰無仮説 H_0 が正しい場合に、実験や調査で得られた差、もしくは、それより大きな差が起こる確率」となります。この表現は正確ですが、初学者が読んで「なるほど」と思える容易さがありません。*P* 値はむしろ、図で理解すべきです。図を使えば、*P* 値はとても簡単な概念です。前章で学んだ独立2群の *t* 検定を例にして、*P* 値の基礎を紹介します。

P 値は英語で「*P*-value」です。大文字で「*P* 値」と書く場合もあれば、小文字で「*p* 値」と書く場合もあります。どちらでも同じ意味です。「ぴーち」と読みます。

9-1 検定の枠組み

本章では、独立2群の *t* 検定を例にして、説明します。そのために、第8章の例題8.1を使い、検定の枠組みを復習するところから始めます。

サプリメントAとBの愛用者で、コレステロール値が異なるかどうか？ が、この調査の疑問でした。

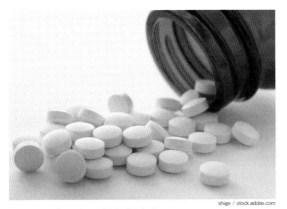

shige / stock.adobe.com

以下のような観測値を得ます。

サプリメント A

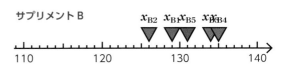

$x_{A5}\ x_{A4}$　$x_{A1}\ x_{A3}$　　　　x_{A2}

110　　　　120　　　　130　　　　140

サプリメント B

x_{B2}　$x_{B1}\ x_{B5}$　$x_{B3}\ x_{B4}$

110　　　　120　　　　130　　　　140

こうした観測値を使い、Student の *t* という検定統計量を計算しました。

Student の *t*

$$t=\frac{\overline{x}_A-\overline{x}_B}{\sqrt{\dfrac{\sum_{i=1}^{n_A}(x_{Ai}-\overline{x}_A)^2+\sum_{i=1}^{n_B}(x_{Bi}-\overline{x}_B)^2}{n_A+n_B-2}}\sqrt{\dfrac{1}{n_A}+\dfrac{1}{n_B}}}$$

Studentのtは「差があるとしか思えない」という状況で、その絶対値がドンドン大きくなるという特徴があります。

次いで、帰無仮説H_0「比べるもの同士が等しい」が正しいときにStudentのtが従う確率分布「帰無分布」を用意します。例題8.1なら、Studentのtは、自由度$df=8$のt分布に従います。

Studentのtが従う帰無分布

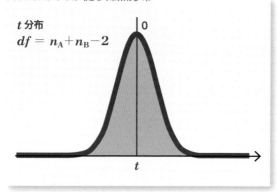

次に、この帰無分布に「棄却域」と呼ばれる領域を作りました。独立2群のt検定なら、左右に2.5%ずつ、合計5%の領域を作ります。そして、Studentのtが「棄却域に入るか?」をチェックします。

Studentのtの棄却域(有意水準5%)

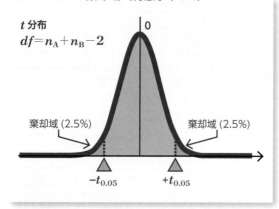

もしStudentのtが棄却域に入れば「統計的に有意

な差が認められた($P<0.05$)」と結論します。

ここで重要なのは、単純な二択を行う点です。「棄却域に入るなら、差があるだろう」と判断し、「棄却域に入らないなら『差がある』とは言えないだろう」と判断します。

例題8.1の場合、Studentのtが棄却域に入りました。

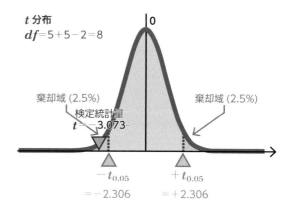

そこで「統計的に有意な差が認められた($P<0.05$)」と結論します。

この二択による基準は、明瞭で、分かりやすい論理です。

Advice 現在、有意水準として「5%」が広く使われています。この「5%」という判断基準は、RA Fisherの1925年の著作「研究者のための統計手法(Statistical methods for research workers)」の中で提案されました。「5%」自体に理論的な根拠はありません。RA Fisherは、あくまで、数学を専門としない研究者のために、1つの目安として提案しただけです。彼は後に「有意水準が、ある特定の値に固定されるべきではない」と主張しています。しかし、彼の1925年の提案は、現在に至るまで、慣習的に受け継がれてきました。その結果、統計学のどの教科書でも「有意水準には慣習的に5%が使われている」と紹介されています。

9-2 　2択だけの判断は不十分

しかし、統計解析を始め、経験を積むと、「棄却域に入るか?入らないか?」の二択の基準だけでは、不十分に感じる場面に遭遇します。

① 有意差がない場合

まず、有意差がない場合を考えてみます。例えば、こんな状況を想定してみます。

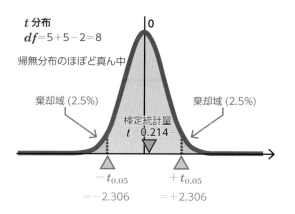

この場合、Studentのtは、帰無分布の中心付近にいます。棄却域から離れています。こんなときは「間違いなく、差はないだろう」と自信を持てます。

一方で、こんな状況もありえます。

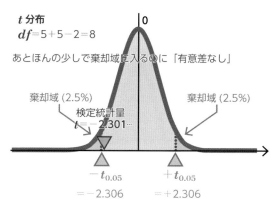

この場合、Studentのtは、あともう少しのところで棄却域に入りません。棄却域に入っていないので「有意差はない」と結論します。しかし、この場合は「もしかしたら、本当は差があるのかもしれない…」という不安も生じます。たまたま偶然に、第2種の過誤「本当は差があるのに『有意差なし』と間違った判断をする」を犯しているかもしれません。

② 有意差がある場合

次に、有意差がある場合を考えます。例えば、こんな状況を想定してみます。

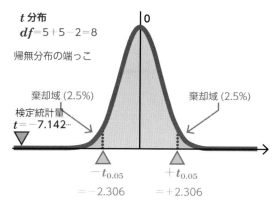

この場合、Studentのtは、帰無分布のかなり端の方にいます。「この差は、ほぼ100%、間違いないだろう」と自信を持てます。

一方で、こんな状況もあります。

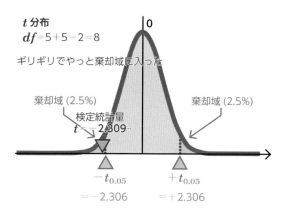

Studentのtは、何とかギリギリ、棄却域に入っています。ですから「有意差あり」と結論します。ただし、これも、少し悩ましい結果です。もしかしたら、第1種の過誤「本当は差がないのに『有意差あり』と間違った判断をする」を犯しているかもしれません。

以上、ここまで見た通り「**検定統計量のStudentのtが帰無分布の中の何処にいるか?**」は、私たちにいろいろな情報を与えてくれます。この情報の、1つの指標が「P値」です。

① *P*値の定義

*P*値の定義は簡単です。まず、帰無分布を用意します。

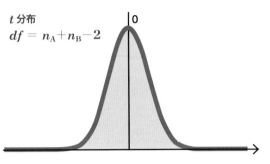

実験や調査の結果から計算したStudentの*t*が、下図のようになったとします。

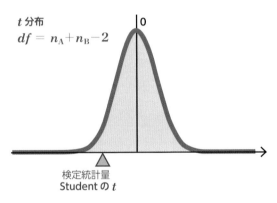

次に、このStudentの*t*に−1を乗じた数値を用意します。

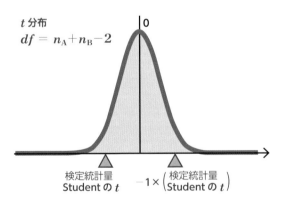

帰無分布の、この2つの数値の外側の面積（確率）を計算します（計算自体はPCが行ってくれます）。

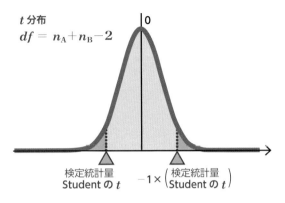

この2つの面積（確率）を合計したものが*P*値です。

*P*値（*P*-value）

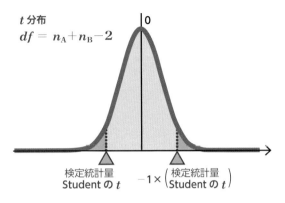

*P*値の意味を言葉で表現すると「**帰無仮説 H_0 が正しい場合に、実験や調査で得られた差、もしくは、それより大きな差が起こる確率**」となります。*P*値は、言葉で表現すると、小難しくなります。図形として理解する方が簡単です。読者は*P*値を「**帰無分布において、実験や調査で得た検定統計量**（本章の例ならStudentの*t*）**の外側の面積（確率）**」と覚えてください。

② *P*値を得たら、まず0.05と比較する

統計解析用のソフトウェアを使うと、必ず、*P*値を計算してくれます。*P*値を得たら、まず最初に、0.05との大小の比較を行ってください。

もしP値が0.05未満であれば、検定統計量のStudentのtは棄却域の中にあります。そこで「有意差あり（$P<0.05$）」です。

P値が0.05未満の場合は有意差あり （$P<0.05$）

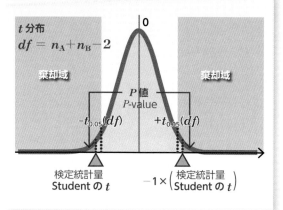

一方、もしP値が0.05以上であれば、検定統計量のStudentのtは棄却域の中にありません。そこで「有意差なし」です。

P値が0.05以上の場合は有意差なし

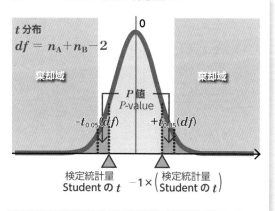

他のどの検定においても、P値が0.05未満なら「有意差あり」で、0.05以上なら「有意差なし」です。

本書では、これまで「有意差あり（$P<0.05$）」という表現の中の不等式「$P<0.05$」について、しっかり説明してきませんでした。この説明をここで行います。

この不等式の中の記号「P」は、実は、本章で学んでいる「P値」そのものです。そして「$P<0.05$」という不等式は「P値が0.05未満である」を意味します。本節で見たように、P値が0.05未満であれば、検定統計量が、有意水準5%の棄却域に入ります。そこで「$P<0.05$」という不等式は、私たちに「検定統計量はたしかに、有意水準5%の棄却域に入っていますよ」という内容を伝えてくれています。これが「有意差あり（$P<0.05$）」という表現の中の「$P<0.05$」の意味です。

③ 例題8.1の場合

具体例を見てみます。例題8.1を使います。帰無分布と、実験から得たStudentのtは、以下の通りです。

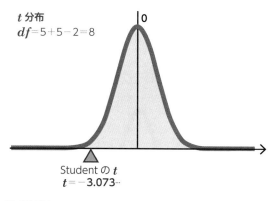

統計解析のソフトウェアは、Studentのtの計算の後、Studentのtに-1を乗じた数値を用意し

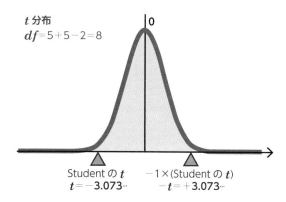

この２つの数値の外側の面積を合計し、P値が

$$P = 0.01527\cdots$$

であると教えてくれます。

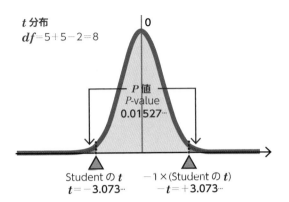

t 分布
$df = 5 + 5 - 2 = 8$

P 値
P-value
0.01527…

Student の t
$t = -3.073\cdots$

$-1 \times$(Student の t)
$-t = +3.073\cdots$

ここからは、私たちが判断する番です。このP値は、0.05より小さいです。

$$P = 0.01527\cdots < 0.05$$

そこで、検定統計量のStudentのtは、有意水準5%の棄却域の中に入ることが分かります。

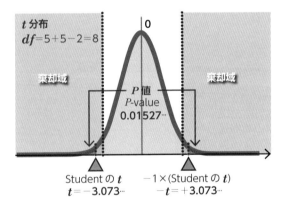

t 分布
$df = 5 + 5 - 2 = 8$

棄却域

棄却域

P 値
P-value
0.01527…

Student の t
$t = -3.073\cdots$

$-1 \times$(Student の t)
$-t = +3.073\cdots$

そこで、レポートや論文では「有意差あり (P<0.05)」と結論します。

④ 「有意差あり」の表記法

引き続き、例題8.1を使います。本書ではこれまで、検定結果を述べる場合、有意差が認められたときは「有意な差があった (P<0.05)」と、P値を使った不等式

$$P < 0.05$$

を併記していました。これは、古典的なスタイルの表記方法です。

本書の原稿執筆時では、多くの学術雑誌は、その投稿規定に「統計的仮説検定を行った場合は、そのP値を示しなさい」と指示しています。

その場合は「**統計的に有意な差があった (P=0.015)**」という形で、P値を等式

$$P = 0.015$$

で示します。この表記を使うと、論文の読者は「この有意差は、どれほど信用できるのか？疑いうる可能性のある差か？それとも、ほぼ間違いない差か？」という疑問について、P値を見て、読者自身が判断することができます。

⑤ 「有意差なし」の表記法

P値は、統計的に有意な差が認められなかったときにも、使います。例えば、独立2群のt検定を行って、P値が

$$P = 0.361247\cdots$$

だったとします。この値は0.05より高い値です。こんな場合は「**統計的に有意な差は認められなかった (P=0.361)**」という表現をします。この場合でも、P値を等式

$$P = 0.361$$

で表示します。

10章 一元配置分散分析

前章では2つの標本の比較を行いました。本章と次章は、3つ以上の標本の比較を行います。本章は、本書の一番の難所です。「分散分析」と呼ばれる手法の基礎を学びます。分散分析には、実験や調査の設定に応じ、様々な種類があります。本章で学ぶのは、そのうち、最もシンプルで、計算も最も楽な、一元配置分散分析です。しかしそれでも、前章までと比べると、計算量が格段に増します。計算の過程で、多くの読者が「今、何を計算しているのか？」を見失いがちになります。ただし、計算の原理自体は、極めてシンプルです。II部の内容が理解できていれば、問題なく理解できます。本章は、のんびりとした心構えで、休み休み、取り組んでください。1回読んで駄目なら、時間をおいてから、読み直してみてください。必ず「なるほど」と思える瞬間がきます。一度「なるほど」と思えれば「原理はとてもシンプル」と実感できます。一元配置分散分析では、3つの分散（平均平方）を計算します。偏差の起点と終点の組み合わせが、それぞれで異なります。3つの分散（平均平方）のうち、2つを使って検定統計量Fを計算します。この2つの分散（平均平方）は、まったく異なった視点から、母分散σ^2を推定します。1つの推定法は、帰無仮説H_0が正しくても間違っていても、母分散σ^2を適切に推定します。もう1つの推定法は、帰無仮説H_0が正しいときにだけ、適切な母分散σ^2の推定を行います。帰無仮説H_0が間違っていると、母分散σ^2より大きな、デタラメな値を計算します。検定統計量のFは、この2つの値を比較します。もし、2つの推定値が近ければ「標本の間に差はない」と判断し、2つの推定値がかけ離れていれば「標本の間に差がある」と判断します。

分散分析は英語でanalysis of varianceです。第4章で紹介したRA Fisher（1890–1962）が発明した手法です。略して**ANOVA**と表記されることが多いです。発音は「アノーヴァ」です。分散分析は、実験や調査の設定に応じた様々な種類があります。本章で学ぶ**一元配置分散分析**は、その中で、最も簡単な手法です。**一要因分散分析**とも呼ばれます。英語では**one-way ANOVA**とか**single factor ANOVA**、**one factor ANOVA**と呼ばれます。

本章では、この一番簡単な分散分析の学習を通して、分散分析に特有の考え方や計算方法を、学びます。

10-1 一元配置分散分析のデータの特徴

本章の一元配置分散分析と、次章の多重比較では、3つ以上の標本を比較します。

1 例題10.1：サプリメントの効果

t検定同様に、LDLコレステロール値を低下させるサプリメントの例を考えます。

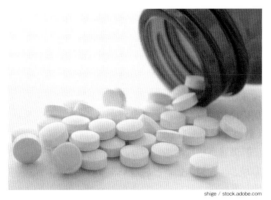

shige / stock.adobe.com

4つのサプリメント「サプリ1」と「サプリ2」「サプリ3」「サプリ4」があったとします。4つのサプリメントの愛用者から、それぞれ5名を無作為に選び、LDLコレステロール値を測定し、以下の結果を得たとします。

サプリ1	サプリ2	サプリ3	サプリ4
117	127	107	132
121	123	116	117
120	133	113	125
117	127	114	120
108	136	104	123

この調査での最大の疑問は「4つのサプリメントの愛用者のうち、LDLコレステロール値が1番低いのはどのサプリメントの愛用者か？2番目は？3番目は？」です。しかしここでは、もっと素朴な疑問を考えます。「**そもそも、異なるサプリメントの愛用者の間で、LDLコレステロール値が異なるなんてことが、本当にあるのだろうか？**」です。この疑問に答えてくれるのが、一元配置分散分析です。

2 例題10.2：ニジマスに与える餌

ニジマスは、釣りの対象魚としても食用としても、日本で古くから親しまれている、北米原産の外来魚です。

moonrise / stock.adobe.com

ある養殖業者が、ニジマスをより大きく育てることを目的に、4種類の飼料を比較することを考えます。合計20尾のニジマスの幼魚をランダムに5尾ずつに分けます。4つのグループを4つの異なる飼料（飼料1〜飼料4）で育てます。一定期間後に体重を測定し、以下の結果を得たとします。

飼料1	飼料2	飼料3	飼料4
3.10	2.76	3.19	2.84
3.14	2.88	3.13	2.72
3.07	2.88	3.45	2.61
3.20	3.08	3.34	2.65
2.84	2.93	3.00	2.61

この実験での最大の疑問は「4つの飼料のうち、ニジマスの体重が1番重いのは、どの飼料で育てたニジマスか？2番目は？3番目は？」です。しかしここでも、もっと素朴な疑問を考えます。「**そもそも、異なる飼料で育てたニジマスの間で、体重が異なるなんてことが、本当にあるのだろうか？**」です。これに答えてくれるのが、一元配置分散分析です。

Advice 「1番目は？2番目は？3番目は？」と順位を決める作業は、次章で学ぶ多重比較が行います。

なお、一元配置分散分析は、全ての標本で標本サイズnが等しいと、計算が簡単になり、計算の意味も理解しやすくなります。そこで、2つの例題ともに、全ての標本で、標本サイズnを

$$n = 5$$

で揃えました。標本サイズが不揃いの場合の計算は、本章の最後、節**10–17**で解説します。

10-2 　2つの可能性

本章では、例題10.1を使って説明します。4つの標本のヒストグラムを描くと

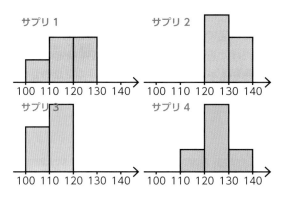

となります。この結果には、2つの可能性があります。

1つの可能性は「4つの標本とも、同一の母平均 μ をもつ、同じ確率分布から得られた」です。

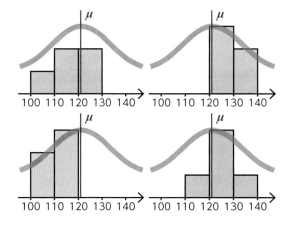

もう1つの可能性は「4つの標本が、異なる母平均 μ_1, μ_2, μ_3, μ_4 をもつ、異なる確率分布から得られた」です。

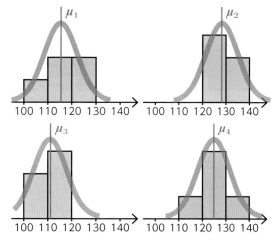

「一体、どちらの説明が妥当なのか？」を判断するのが、一元配置分散分析の目的です。

10-3 　一元配置分散分析の前提条件

一元配置分散分析の前提条件は、2つあります。1つは、全ての母集団が正規分布に従うことです（右図）。

もう1つの前提は、この正規分布の全てが、等しい母分散 σ^2（もしくは母標準偏差 σ）を持つことです。

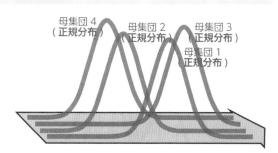

母集団4
（正規分布）
母集団2
（正規分布）
母集団3
（正規分布）
母集団1
（正規分布）

もう1つは、全観測値の平均です。**総平均**（grand mean）と呼びます。記号には「$\overline{\overline{x}}$」を使います。読み方は「エックス・ダブル・バー」です。全ての観測値を使って計算する算術平均です。例題10.1なら

$$\overline{\overline{x}} = 120$$

となります。

サプリ1	サプリ2	サプリ3	サプリ4
117	127	107	132
121	123	116	117
120	133	113	125
117	127	114	120
108	136	104	123

$$\overline{\overline{x}} = 120$$
（全観測値の平均）

総平均 $\overline{\overline{x}}$ の計算は簡単です。例題10.1なら、全部で20個ある観測値を全て足し合わせ、20で割ります。

$$\begin{aligned}\overline{\overline{x}} = \frac{1}{20}(&117+121+120+117+108+127+123\\&+133+127+136+107+116+113+114+104\\&+132+117+125+120+123)\\=\ &120\end{aligned}$$

$\overline{\overline{x}}$ の定義は

総平均（全観測値の平均）

$$\overline{\overline{x}} = \frac{1}{N}\sum_{j=1}^{k}\sum_{i=1}^{n_j}x_{ji}$$

です。この式、一部の読者には、複雑に見えるかもしれません。和の記号 Σ が2つあり、入れ子状になっています。Σ を使った二重和 $\Sigma\Sigma$ は、統計学の学習のつまずきの原因の1つになる場合があります。そこで、この計算式自体の説明をしておきます。

まず

$$x_{ji}$$

から始めます。この記号 x_{ji} は、j 番目の標本の、i 番目の観測値を示します。

例題10.1で、数値と記号を対応させると次のようになります。

サプリ1	サプリ2	サプリ3	サプリ4
x_{11} 117	x_{21} 127	x_{31} 107	x_{41} 132
x_{12} 121	x_{22} 123	x_{32} 116	x_{42} 117
x_{13} 120	x_{23} 133	x_{33} 113	x_{43} 125
x_{14} 117	x_{24} 127	x_{34} 114	x_{44} 120
x_{15} 108	x_{25} 136	x_{35} 104	x_{45} 123

次に、内側の Σ による和を計算します。

$$\sum_{i=1}^{n_j}x_{ji}$$

ここで、n_j は、j 番目の標本の標本サイズです。i は、標本の中の観測値の番号です。この和は「各標本で、全ての観測値を足し合わせなさい！」と指示しています。図で示すと次のようになります。

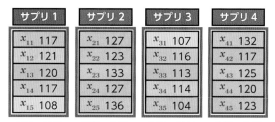

合計：583　合計：646　合計：554　合計：617

最後に、外側の Σ による和を計算します。

$$\sum_{j=1}^{k}\sum_{i=1}^{n_j}x_{ji}$$

ここで、j は標本の番号、k は標本の数です。この和は「各標本での和を、全て足し合わせなさい！」と指示しています。図で示すと次のようになります。

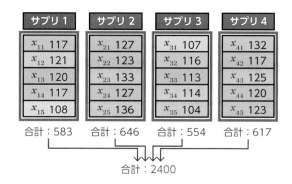

合計：583　合計：646　合計：554　合計：617

合計：2400

統計学では、Σを使った二重和$\Sigma\Sigma$の計算は

Step1：各標本内で合計する。

Step2：各標本の合計を、合計する。

の二段階の和からなります。目的は簡単で「**全ての標本の、全ての観測値に対して、和をとりなさい！**」です。

10-6 一元配置分散分析の大まかな流れ

一元配置分散分析は、計算が多く、面倒です。初学者は「今、何を目的に、何を計算しているのか？」を、簡単に見失います。

この手法は、5つのステップからなります。その過程で、3つの分散を計算します。そのうちの2つは、まったく異なる視点から、母分散σ^2を推定します。検定統計量のFは、この2つを比較します。そこで一元配置分散分析の学習では、この2つの母分散σ^2の推定法を理解することが、最も重要です。

本節では、一元配置分散分析の手順の大枠を紹介します。なお分散分析では、「分散」を**平均平方**（mean square）と呼ぶ場合が多いです。本書では2つを併記します。

① 誤差平均平方（群内分散）MS_{within}

母分散σ^2の、1つめの推定値は、**誤差平均平方**〔mean square（squared）error〕とか**群内分散**（within-group variation）と呼ばれます。記号には「MS_{within}」を使います。MSは「mean square」の頭文字です。

誤差平均平方（群内分散）MS_{within}の目的は、母分散σ^2の推定です。まず、全ての標本を用意します。例題10.1なら、4つあります。

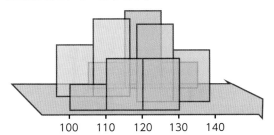

MS_{within}は、それぞれの標本内（群内）での観測値の散らばりを使い、母分散σ^2を推定します。第8章で学んだ合算標準偏差s_pの考え方を、そのまま拡張し

た推定をします。

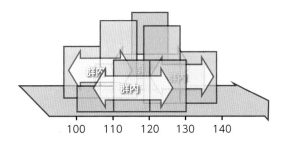

この推定の前提条件は「k個の母集団全てが、等しい母分散σ^2を持つ」という、等分散の仮定だけです。

MS_{within}は、帰無仮説H_0が正しくて、各標本が狭い範囲内に集まっている場合でも

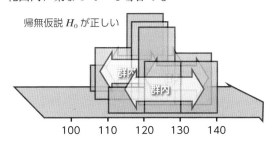

帰無仮説H_0が間違っていて、各標本が、互いに離れている場合でも

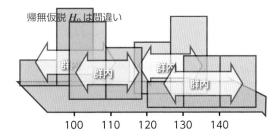

母分散σ^2を適切に推定します。標本内（群内）での観測値の散らばりだけを使って、母分散σ^2を推定するからです。

MS_{within}の特徴は「**帰無仮説H_0が正しくても、間違っていても、常に頼りになる、母分散σ^2の推定を行う**」です。この推定が、一元配置分散分析の基礎

を作ります。

誤差平均平方（郡内分散）MS_{within} の定義は、第4章で学んだ標本分散 s^2 と同様です。偏差平方和 SS_{within} を、自由度 df_{within} で割る形で定義されます。

誤差平均平方（群内分散）

$$MS_{\text{within}} = \frac{SS_{\text{within}}}{df_{\text{within}}}$$

② 処理平均平方（群間分散）MS_{between}

2つめの母分散 σ^2 の推定値は、**処理平均平方**（treatment mean square）とか**群間分散**（between-group variation）と呼ばれます。記号には「MS_{between}」を使います。**MS_{between} は、一元配置分散分析で、最重要な役割を果たす計算です。**

処理平均平方（群間分散）MS_{between} は、誤差平均平方（群内分散）MS_{within} とはまったく異なった視点から、母分散 σ^2 を推定します。まず、全ての標本を用意します。

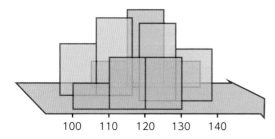

全ての標本で、標本平均 $\bar{x}$ を計算します。

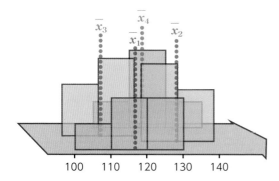

そして、標本平均 $\bar{x}_1$，$\bar{x}_2$，$\bar{x}_3$…，$\bar{x}_k$ の散らばりを使って、母分散 σ^2 を推定します。これが MS_{between} です。

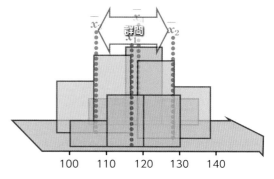

ただし、この推定には問題があります。常に必ず、適切な推定をするわけではありません。

MS_{between} は、2つの土台を前提にします。1つは「k 個の母集団全てが、等しい母分散 σ^2 を持つ」という、等分散の仮定です。もう1つは「帰無仮説 H_0 が正しく、k 個の母集団全てが、等しい母平均 μ を持つ」です。この2つの条件が両方とも満たされたときにだけ、MS_{between} は母分散 σ^2 を適切に推定します。

MS_{between} は、帰無仮説 H_0 が正しくて、各標本が狭い範囲に集まっているときに、適切に母分散 σ^2 を推定します。

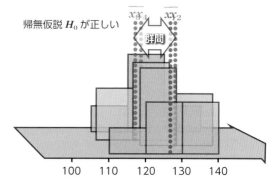

しかし、帰無仮説 H_0 が間違っていて、各標本が、互いに離れている場合には、MS_{between} は母分散 σ^2 より大きな、とんでもなくデタラメな数値を計算します。

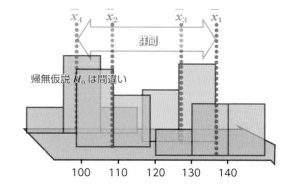

MS_{between} の特徴は「**帰無仮説 H_0 が正しいときだけ、母分散 σ^2 を適切に推定するその一方で帰無仮説 H_0 が間違っていると、母分散 σ^2 より大きい、デタラメな数値を計算する**」という性質です。この性質が、一元配置分散分析の核心をなします。有意差の有無を判断できるのは、この計算のおかげです。帰無仮説 H_0 が正しいときと、間違っているときでは、まったく異なる数値を計算してくれるからです。

MS_{between} も、偏差平方和 SS_{between} を自由度 df_{between} で割る形で定義されます。

処理平均平方（群間分散）

$$MS_{\text{between}} = \frac{SS_{\text{between}}}{df_{\text{between}}}$$

③ 全平均平方 MS_{total}

検定統計量 F の計算は、上で述べた MS_{within} と MS_{between} があれば可能です。しかし分散分析では、**全平均平方**（total mean square）と呼ばれる、もう1つの分散を計算します。記号には「MS_{total}」を使います。

計算自体は、これが一番簡単です。まず、全ての標本の全ての観測値を用意します。

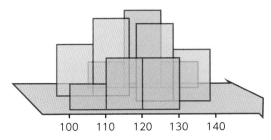

次に、標本の区別をなくして、全ての観測値をひとまとめにします。

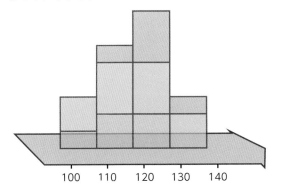

その上で、ひとまとめにした観測値に対し、標本分散 s^2 を計算します。

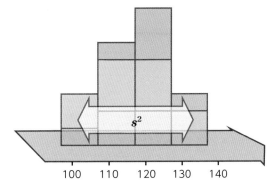

この標本分散 s^2 が**全平均平方 MS_{total}** です。MS_{total} も、偏差平方和 SS_{total} を自由度 df_{total} で割る形で定義されます。

全平均平方

$$MS_{\text{total}} = \frac{SS_{\text{total}}}{df_{\text{total}}}$$

④ 分散分析表

分散分析では、解析結果の概要を示すために、**分散分析表**（ANOVA table）という一覧表を作ります。ここまでの記号を使って、以下の一覧表を作ります。

	偏差平方和 SS	自由度 df	平均平方 （分散） MS	分散比 検定統計量 F
処理変動 （群間変動） between	SS_{between}	df_{between}	MS_{between}	$\dfrac{MS_{\text{between}}}{MS_{\text{within}}}$
誤差変動 （群内変動） within	SS_{within}	df_{within}	MS_{within}	
全変動 total	SS_{total}	df_{total}		

分散分析表は、分析結果の全体像を示す一覧表です。統計専用のソフトウェアを使って分散分析を行うと、必ず、分散分析表が出力結果として示されます。そこで私たちは、本章でしっかりと、分散分析表に慣れておく必要があります。

⑤ 検定統計量 F

ここまでの手順で、3つの平均平方（分散）MS を得たことになります。ここまでくれば、あとは簡単です。

検定統計量 F は2つの MS で作る分数です。F は、この手法を開発した「RA Fisher」の頭文字に由来します。F の分母は、誤差平均平方（群内分散）MS_{within} です。分子は、処理平均平方（群間分散）$MS_{between}$ です。

検定統計量 F

$$F = \frac{MS_{between}}{MS_{within}}$$

分母の MS_{within} は、**標本内の観測値の散らばりを使った**母分散 σ^2 の推定値です。MS_{within} は、帰無仮説 H_0 が正しくても、間違っていても、σ^2 を適切に推定します。常に安心できる推定値です。

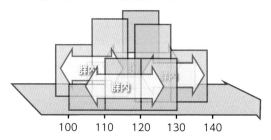

一方、分子の $MS_{between}$ は、**標本平均の散らばりを**使った母分散 σ^2 の推定値です。この推定値は、帰無仮説 H_0 が正しいときのみ、適切に母分散 σ^2 を推定します。一方、帰無仮説 H_0 が間違っている場合は、σ^2 より大きな、デタラメの推定値を計算します。

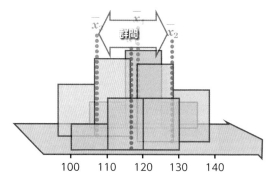

この2つの推定値を比べることで、分散分析は帰無仮説 H_0 の妥当性を判断します。

帰無仮説 H_0 が正しいとき、MS_{within} も $MS_{between}$ も、母分散 σ^2 を適切に推定します。そこで、検定統計量 F は、1 からあまり離れていない数値を計算します。

帰無仮説が (H_0) 正しいとき

一方、帰無仮説 H_0 が間違っているときは、異常なことが起こります。帰無仮説 H_0 が間違っていても、MS_{within} は母分散 σ^2 を適切に推定してくれます。しかし $MS_{between}$ は、母分散 σ^2 より大きい、デタラメな数値を計算します。その結果、検定統計量 F は、1 から離れた、大きな値になります。

帰無仮説が (H_0) 間違っているとき

F はドンドン上昇

こうした F の性質から、私たちは、F が大きくなるほど「差があるに違いない！」と自信を深めます。

帰無仮説 H_0 が正しい場合、検定統計量 F は、F 分布と呼ばれる確率分布に従います。

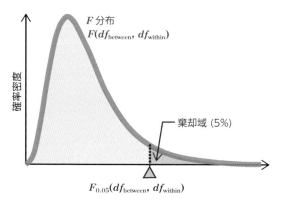

棄却域は右側の5%です。計算した検定統計量 F が棄却域に入るかどうか？をチェックすれば、一元配置分散分析が完了します。臨界値の $F_{0.05}(df_{between}, df_{within})$ は、これまで通り、数表で読み取ることができます。

以上が、一元配置分散分析の大枠です。

前節では、一元配置分散分析の流れを学びました。今度は、個別の計算を見ていきます。

まず、誤差平均平方（群内分散）MS_{within} です。MS_{within} は、検定統計量Fの分母です。**帰無仮説H_0が正しくても、間違いでも、常に、適切な母分散σ^2の推定を行うのがMS_{within}の役割です。**

MS_{within}は検定統計量Fの分母

$$F = \frac{MS_{\text{between}}}{MS_{\text{within}}}$$

MS_{within} は、各標本内の観測値の散らばりから、母分散σ^2を推定します。

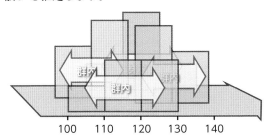

MS_{within} の計算は、一元配置分散分析の前提条件「**k個の母集団全てが、等しい母分散σ^2をもつ**」を土台にします。第8章で学んだ合算標準偏差s_pと同じ考えに従い、母分散σ^2を推定します。

① 偏差平方和 SS_{within}

例題10.1を使います。4つの標本の観測値を示します。

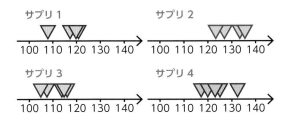

偏差平方和SS_{within}では、偏差の起点は、各標本の標本平均$\overline{x}_j$です。そこで、全ての標本で、標本平均$\overline{x}_j$を計算します。

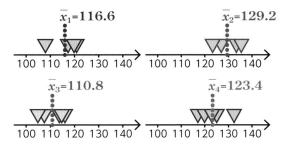

これを偏差の起点にし、各標本内の観測値を終点にして、偏差を計算します。

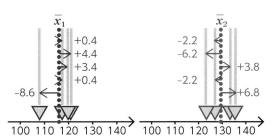

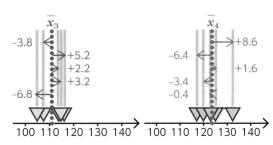

各標本で5つの偏差があります。標本が4つなので、合計20個の偏差を得ます。

一元配置分散分析では、全ての母集団が、等しい母分散σ^2をもつことを前提にしています。そこで、20個の偏差は全て、母分散σ^2の推定において、大切なヒントです。

そこで、20個全ての偏差を2乗して、全てを足し合わせます。これで、偏差平方和SS_{within}が完成します。

$$SS_{\text{within}} = (0.4)^2 + (4.4)^2 + (3.4)^2 + (0.4)^2 + (-8.6)^2$$
$$+ (-2.2)^2 + (-6.2)^2 + (3.8)^2 + (-2.2)^2 + (6.8)^2$$
$$+ (-3.8)^2 + (5.2)^2 + (2.2)^2 + (3.2)^2 + (-6.8)^2$$
$$+ (8.6)^2 + (-6.4)^2 + (1.6)^2 + (-3.4)^2 + (-0.4)^2$$
$$= 0.16 + 19.36 + 11.56 + 0.16 + 73.96 + 4.84$$
$$+ 38.44 + 14.44 + 4.84 + 46.24 + 14.44 + 27.04$$
$$+ 4.84 + 10.24 + 46.24 + 73.96 + 40.96 + 2.56$$
$$+ 11.56 + 0.16$$
$$= 446$$

偏差平方和 SS_{within} の定義は

誤差平均平方（群内分散）の偏差平方和 SS_{within}

$$SS_{\text{within}} = \sum_{j=1}^{k} \sum_{i=1}^{n_i} (x_{ji} - \overline{x}_j)^2$$

です。ここで k は標本の数です。n_j は j 番目の標本の標本サイズです。x_{ji} は j 番目の標本の i 番目の観測値です。$\overline{x}_j$ は j 番目の標本の標本平均です。

この計算式の簡単な説明をしておきます。

Column SS_{within} の実際の計算

このコラムは、実際の計算をするときだけ、読んでください。関数電卓や Excel での、SS_{within} の計算方法を補足します。

まず、関数電卓で計算する方法です。第8章で示した、標本標準偏差 s や標本分散 s^2 から偏差平方和 SS を計算する式

$$SS = \sum_{i=1}^{n} (x_i - \overline{x})^2 = s^2 (n-1)$$

を有効に使うのが便利です。例題10.1での計算を示します。まず、各標本で標本分散 s^2 を計算します。もし、標本標準偏差 s しか計算できない電卓だったら、これを計算して、2乗して標本分散 s^2 にしてください。

$s_1^2 = 26.3$
$s_2^2 = 27.2$
$s_3^2 = 25.7$
$s_4^2 = 32.3$

この例では、全ての標本で標本サイズ n が

$n = 5$

です。各標本分散 s^2 の自由度 df は

$$df = 5 - 1 = 4$$

となります。そこで、各標本の偏差平方和 SS は

$SS_1 = 26.3 \times (5-1) = 105.2$
$SS_2 = 27.2 \times (5-1) = 108.8$
$SS_3 = 25.7 \times (5-1) = 102.8$
$SS_4 = 32.3 \times (5-1) = 129.2$

と計算できます。これらを足し合わせると、偏差平方和 SS_{within} を得ることができます。

$$SS_{\text{within}} = 105.2 + 108.8 + 102.8 + 129.2 = 446$$

次いで、Excel での計算です。Excel の場合、偏差平方和を直接に計算する関数 DEVSQ があります。そこで、各標本に対して関数 DEVSQ を使います。例題10.1の場合、関数 DEVSQ で4つの偏差平方和 SS_1, SS_2, SS_3, SS_4 を計算します。この4つを合計すれば

$$SS_{\text{within}} = SS_1 + SS_2 + SS_3 + SS_4$$

を得ます。

② 自由度 df_{within}

偏差平方和 SS_{within} の自由度 df_{within} を求めます。この例題10.1では、偏差が合計20個あります。

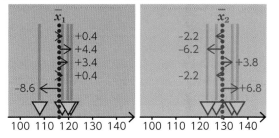

この20個の偏差を計算するために、起点として、各標本で1個ずつ、合計4個の標本平均 $\overline{x}_j$ を使いました。

ここで、各標本で1個ずつ、合計4個の偏差を失ったとします（下図の赤三角）。

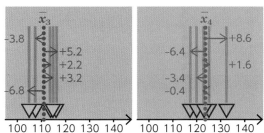

しかし、どの標本でも「偏差の総和がゼロ」という制約条件があります。そこで、偏差を1個失っても、残った偏差で復元できます。

結局、4つの標本で各1個ずつ、合計4個の偏差を失っても問題ありません。

そこで自由度は

$$df_{within} = 20 - 4 = 16$$

です。これは「16個の偏差があれば、20個の偏差全てを揃えることができる」もしくは「偏差が20個あるが、実質的には、偏差16個分の情報量しかない」ということです。

自由度 df_{within} を一般化した形で示すと

誤差平均平方（群内分散）の自由度 df_{within}
$$df_{within} = N - k$$

となります。ここで N は観測値の総数です。k は標本の数です。

③ 誤差平均平方（群内分散）MS_{within}

偏差平方和 SS_{within} を自由度 df_{within} で割れば、誤差平均平方（群内分散）MS_{within} が計算されます。

誤差平均平方（群内分散）MS_{within}
$$MS_{within} = \frac{SS_{within}}{df_{within}} = \frac{\displaystyle\sum_{j=1}^{k}\sum_{i=1}^{n_j}(x_{ji} - \overline{x}_j)^2}{N - k}$$

例題10.1の場合、必要な数値2つは、すでに計算済みです。

$$SS_{within} = 446$$
$$df_{within} = 16$$

そこで

$$MS_{within} = \frac{SS_{within}}{df_{within}} = \frac{446}{16} = 27.875$$

を得ます。MS_{within} の期待値は、前提条件「全ての母集団が等しい母分散 σ^2 を持つ」が正しければ、母分散 σ^2 に等しくなります。

$$E[MS_{within}] = \sigma^2$$

そこで、この数値27.875が、各標本内の観測値の散らばりから導いた、母分散 σ^2 に対する、最善の推定値となります。

もちろん、数が限られた観測値を使った推定です。正確に母分散 σ^2 に一致することは期待できません。しかし、σ^2 が不明な状況では、貴重なヒントです。

ここまで計算が終わったら、分散分析表の2行目に、ここで得た3つの数値を記入しておきます。

	偏差平方和 **SS**	自由度 **df**	平均平方 （分散） **MS**	分散比 検定統計量 **F**
処理変動 （群間変動） **between**	SS_{between}	df_{between}	MS_{between}	$\dfrac{MS_{\text{between}}}{MS_{\text{within}}}$
誤差変動 （群内変動） **within**	SS_{within} 446	df_{within} 16	MS_{within} 27.875	
全変動 **total**	SS_{total}	df_{total}		

10-8　練習問題 R

問　例題10.2のニジマスのデータを使い、偏差平方
和 SS_{within}、自由度 df_{within}、誤差平均平方（群内分
散）MS_{within} を計算しなさい。

飼料 1	飼料 2	飼料 3	飼料 4
3.10	2.76	3.19	2.84
3.14	2.88	3.13	2.72
3.07	2.88	3.45	2.61
3.20	3.08	3.34	2.65
2.84	2.93	3.00	2.61

moonrise / stock.adobe.com

10-9　処理平均平方（群間分散）MS_{between}

次に、処理平均平方（群間分散）MS_{between} を説明し
ます。MS_{between} は、検定統計量 F の分子です。帰無
仮説 H_0 が正しいときと、帰無仮説 H_0 が間違ってい
るときで、まったく異なる値を計算するのが、
MS_{between} の役割です。

MS_{between} は検定統計量 F の分子

$$F = \frac{MS_{\text{between}}}{MS_{\text{within}}}$$

MS_{between} は、標本平均 $\overline{x}$ の散らばりから、母分散 σ^2
を推定します。

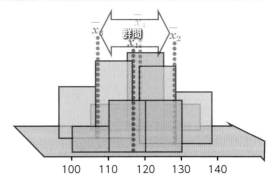

この計算は、一元配置分散分析の前提条件「k 個の母
集団全てが、等しい母分散 σ^2 をもつ」だけでなく、帰
無仮説 H_0「k 個の母集団全てが、等しい母平均 μ を
もつ」が正しいときにだけ、適切な推定を行います。

Advice 以下に紹介する計算は、全ての標本で標本サイズnが等しいときだけに使える計算です。この計算は、計算も易しく、計算の原理の理解も容易になります。標本サイズnが不揃いな場合の計算は、節 **10–17** で紹介します。

1 予備知識の復習

まず、第5章の復習から始めます。正規分布 $N(\mu, \sigma^2)$ に従う母集団があったとします。

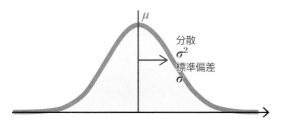

この母集団から、無作為に、n 個の観測値を得たとします。

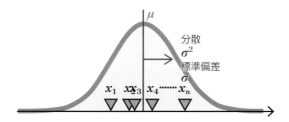

この n 個の観測値を使い、標本平均

$$\overline{x} = \frac{1}{n}\sum_{i=1}^{n} x_i$$

を計算します。すると、この標本平均 $\overline{x}$ は、下図の正規分布に従います。母集団が従う正規分布より、幅が狭まります。

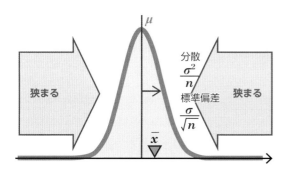

その結果、標準偏差は $1/\sqrt{n}$ 倍に、分散は $1/n$ 倍に小さくなります。

この性質を理解できていれば、本節の内容は理解できます。

2 母分散 σ^2 の推定

Advice これまでの著者の経験から、分散分析の学習に挫折する場合、大半の理由が「$MS_{between}$ の計算を理解できない」でした。そこでもし、1回読んで理解できない場合は、日にちをおいてから、再挑戦してみてください。決して難しい内容ではありません。何度か挑戦すれば、必ず理解できます。

例題10.1を使い「**帰無仮説 H_0 が正しい**」という仮定の下、標本平均 $\overline{x}$ を使って、母分散 σ^2 を推定します。まず4つの標本を用意します。各標本に5つの観測値があります。

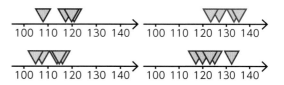

もし帰無仮説 H_0 が正しいなら、4つの標本の、合計 20個の観測値は「**同一の母集団から無作為に得られた20個の観測値**」と見なせます。

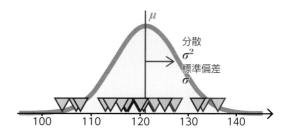

次に、各標本で、標本平均 $\overline{x}_j$ を計算します。

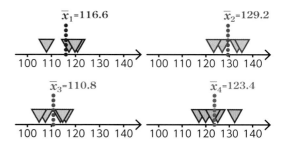

もし帰無仮説 H_0 が正しいなら、標本平均 $\overline{x}_j$ は、下図の正規分布 $N(\mu, \sigma^2/n)$ に従います。この正規分布 $N(\mu, \sigma^2/n)$ の分散は

$$\frac{\sigma^2}{n}$$

です。もとの正規分布より **1/n倍** だけ小さくなります。

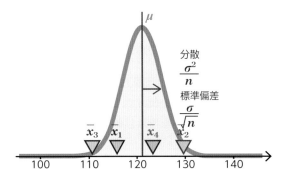

次に、4つの標本平均 $\overline{x}_j$ を、あたかも新しい観測値のように見立てて、その標本分散を計算します。この記号を $s_{\overline{x}}^2$ としておきます。

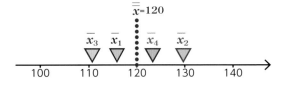

計算の手順を見ていきます。偏差の起点には、総平均 $\overline{\overline{x}}$ を使います。例題10.1のように、全ての標本で標本サイズ n が等しい場合は「**標本平均の標本平均**」を計算すれば、これが総平均 $\overline{\overline{x}}$ になります。そこで、4つの標本平均 $\overline{x}_j$ を使い、総平均 $\overline{\overline{x}}$ を

$$\overline{\overline{x}} = \frac{116.6 + 129.2 + 110.8 + 123.4}{4} = 120$$

と計算します。

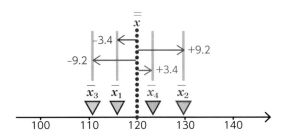

次に、総平均 $\overline{\overline{x}}$ を起点にして、偏差を計算します。

ここまでをまとめます。起点は総平均 $\overline{\overline{x}}$、終点は各標本の標本平均 $\overline{x}_j$、偏差は $(\overline{x}_j - \overline{\overline{x}})$ です。

偏差を2乗して

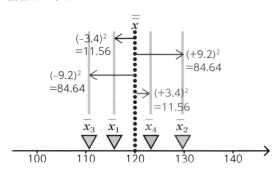

足し合わせて、偏差平方和 $SS_{\overline{x}}$ を得ます。

$$SS_{\overline{x}} = (-3.4)^2 + (+9.2)^2 + (-9.2)^2 + (+3.4)^2$$
$$= 11.56 + 84.64 + 84.64 + 11.56$$
$$= 192.4$$

偏差平方和 $SS_{\overline{x}}$ を一般的な形で書くと

偏差平方和 $SS_{\overline{x}}$
$$SS_{\overline{x}} = \sum_{j=1}^{k} (\overline{x}_j - \overline{\overline{x}})^2$$

となります。

次いで自由度 $df_{\overline{x}}$ です。ここでは4つの偏差があります。偏差の起点に総平均 $\overline{\overline{x}}$ を使っています。全ての標本サイズ n が等しい場合、偏差の総和はゼロです。

$$0 = (-3.4) + (+9.2) + (-9.2) + (+3.4)$$

そこで、1つの偏差を失っても、残りの3つがあれば、復元できます。そこで自由度 $df_{\overline{x}}$ は

$$df_{\overline{x}} = 4 - 1 = 3$$

となります。一般には

自由度 $df_{\overline{x}}$
$$df_{\overline{x}} = k - 1$$

と書けます。

この結果、標本平均 $\overline{x}$ の標本分散 $s_{\overline{x}}^2$ は、$SS_{\overline{x}}$ を $df_{\overline{x}}$ で割って

$$s_{\overline{x}}^2 = \frac{SS_{\overline{x}}}{df_{\overline{x}}} = = \frac{192.4}{3} = 64.1333\cdots$$

となります。一般には

標本分散 $s_{\overline{x}}^2$

$$s_{\overline{x}}^2 = \frac{SS_{\overline{x}}}{df_{\overline{x}}} = \frac{\displaystyle\sum_{j=1}^{k} (\overline{x}_j - \overline{\overline{x}})^2}{k-1}$$

と書けます。

ここからが肝心です。注意深く読んでください。この計算で得た、標本平均 $\overline{x}$ の標本分散 $s_{\overline{x}}^2$ は、もし帰無仮説 H_0 が正しいのであれば、標本平均 $\overline{x}$ が従う正規分布 $N(\mu, \sigma^2/n)$

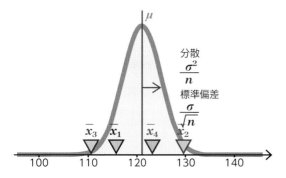

の分散である

$$\frac{\sigma^2}{n}$$

の推定値となります。ここで、n は標本サイズです。

σ^2/n を推定

$$s_{\overline{x}}^2 \quad \boxed{推定} \Rightarrow \quad \frac{\sigma^2}{n}$$

そして、私たちが推定したいのは

$$\frac{\sigma^2}{n}$$

ではなく、母分散の σ^2 です。そこで、標本平均 $\overline{x}$ の標本分散 $s_{\overline{x}}^2$ に、標本サイズの n を掛けます。

母分散 σ^2 を推定

$$n \times s_{\overline{x}}^2 \quad \boxed{推定} \Rightarrow \quad \sigma^2$$

こうすれば、母分散の σ^2 を推定できます。

例題 10.1 で計算してみます。$\overline{x}$ を使った標本分散

$s_{\overline{x}}^2$ に、標本サイズである

$$n = 5$$

を掛けます。

$$n \times s_{\overline{x}}^2 = 5 \times (64.1333\cdots) = 320.666\cdots$$

これが、標本平均 $\overline{x}$ の散らばりを使った、母分散 σ^2 の推定値です。そして、この推定法こそが、処理平均平方（群間分散）MS_{between} の計算そのものに、他なりません。

処理平均平方（群間分散）MS_{between}

$$MS_{\text{between}} = n \times s_{\overline{x}}^2$$

MS_{between} は、帰無仮説 H_0 が正しいとき、母集団が従う正規分布 $N(\mu, \sigma^2)$

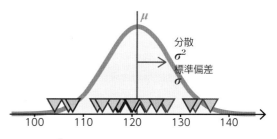

の母分散 σ^2 の推定値となります。

③ 処理平均平方（群間分散）MS_{between}

処理平均平方（群間分散）MS_{between} を、以下のように定義し直します。

処理平均平方（群間分散）MS_{between}

$$MS_{\text{between}} = \frac{SS_{\text{between}}}{df_{\text{between}}} = \frac{n \displaystyle\sum_{j=1}^{k} (\overline{x}_j - \overline{\overline{x}})^2}{k-1}$$

【注】この式は、標本サイズが等しい場合にしか使えません

ここで、n は標本サイズです。k は標本の数です。$\overline{x}_j$ は標本 j の標本平均です。$\overline{\overline{x}}$ は総平均です。

Advice 標本サイズが不揃いの場合は

$$MS_{\text{between}} = \frac{SS_{\text{between}}}{df_{\text{between}}} = \frac{\displaystyle\sum_{j=1}^{k} n_j (\overline{x}_j - \overline{\overline{x}})^2}{k-1}$$

を使います。この場合の計算例は、節 **10-17** に示し

ます。必要に応じて参照してください。なお、この計算式は、標本サイズが揃っていても、揃っていなくても、正しい計算をします。そこで、通常の解説書では、この式が紹介されています。

4 偏差平方和 $SS_{between}$ と 自由度 $df_{between}$

処理平均平方（群間分散）$MS_{between}$ を、偏差平方和 $SS_{between}$ と自由度 $df_{between}$ に分割しておきます。偏差平方和は

処理平均平方（群間分散）の偏差平方和 $SS_{between}$

$$SS_{between} = n \sum_{j=1}^{k} (\overline{x}_j - \overline{\overline{x}})^2$$

【注】この式は、標本サイズが等しい場合にしか使えません

です。ここで、n は標本サイズです。$\overline{x}_j$ は標本 j の標本平均です。$\overline{\overline{x}}$ は総平均です。

計算式の説明をしておきます。

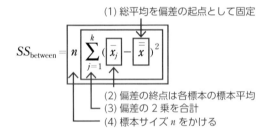

(1) 総平均を偏差の起点として固定

$$SS_{between} = n \sum_{j=1}^{k} (\overline{x}_j - \overline{\overline{x}})^2$$

(2) 偏差の終点は各標本の標本平均
(3) 偏差の 2 乗を合計
(4) 標本サイズ n をかける

自由度は

処理平均平方（群間分散）の自由度 $df_{between}$
$$df_{between} = k - 1$$

となります。ここで、k は標本の数です。

例題 10.1 で、分散分析表の空欄を埋めるための計算をしておきます。母分散 σ^2 の推定値は

$$MS_{between} = n \times s_{\overline{x}}^2 = 320.666\cdots$$

で、すでに計算しています。自由度は

$$df_{between} = k - 1 = 4 - 1 = 3$$

です。そこで偏差平方和 $SS_{between}$ を、

$$SS_{between} = MS_{between} \times df_{between} = 320.666\cdots \times 3 = 962$$

と計算します。

これで、分散分析表の 1 行目の、3 つの空欄を埋めることができます。

	偏差平方和 SS	自由度 df	平均平方（分散）MS	分散比 検定統計量 F
処理変動（群間変動）between	$SS_{between}$ 962	$df_{between}$ 3	$MS_{between}$ 320.666…	$\dfrac{MS_{between}}{MS_{within}}$
誤差変動（群内変動）within	SS_{within} 446	df_{within} 16	MS_{within} 27.875	
全変動 total	SS_{total}	df_{total}		

10–10 練習問題 S

問　例題 10.2 のニジマスのデータを使い、偏差平方和 $SS_{between}$、自由度 $df_{between}$、処理平均平方（群間分散）$MS_{between}$ を計算しなさい。

moonrise / stock.adobe.com

飼料 1	飼料 2	飼料 3	飼料 4
3.10	2.76	3.19	2.84
3.14	2.88	3.13	2.72
3.07	2.88	3.45	2.61
3.20	3.08	3.34	2.65
2.84	2.93	3.00	2.61

Column $SS_{between}$ の実際の計算

このコラムは、関数電卓や Excel で実際の計算をするときだけ、読んでください。標本サイズ n が全標本で等しい場合の、実際の計算を説明します。2つ説明します。1つめは、関数電卓でも Excel でも使える、手軽な計算手順です。2つめは、Excel だけでできる方法です。

1つめの方法では、注意があります。節 **10-7** の MS_{within} では「① 偏差平方和 SS → ② 自由度 df → ③ 平均平方 MS」という、素直な順番で計算できました。しかし、今回の計算では、順番を逆転させ「③ 平均平方 MS → ② 自由度 df → ① 偏差平方和 SS」と計算します。その方が、計算の作業が楽になるからです。計算の順番の逆転で、読者が戸惑う可能性があります。どうか、混乱しないよう、気を付けてください。

まず、各標本の標本平均 $\overline{x}_j$ を計算します。Excel では関数 AVERAGE を使います。

$$\overline{x}_1,\ \overline{x}_2,\ \overline{x}_3,\ \cdots,\ \overline{x}_k$$

例題 10.1 なら

$$\overline{x}_1 = 116.6$$
$$\overline{x}_2 = 129.2$$
$$\overline{x}_3 = 110.8$$
$$\overline{x}_4 = 123.4$$

です。次に、この標本平均 $\overline{x}_j$ を新たな観測値と見立てて、標本分散 $s_{\overline{x}}^2$ を計算します。Excel では関数 VAR.S（標本分散）を使います。例題 10.1 なら

$$s_{\overline{x}}^2 = 64.1333\cdots$$

となります。この標本分散 $s_{\overline{x}}^2$ に標本サイズ n をかけると、処理平均平方（群間分散）$MS_{between}$ が得られます。

$$MS_{between} = n \times s_{\overline{x}}^2$$

例題 10.1 なら、標本サイズが $n = 5$ なので

$$MS_{between} = 5 \times 64.1333\cdots = 320.666\cdots$$

です。次に、自由度 $df_{between}$ を数えます。標本の数を k として

$$df_{between} = k - 1$$

と計算します。例題 10.1 なら

$$df_{between} = 4 - 1 = 3$$

です。最後に $SS_{between}$ を求めます。$MS_{between}$ と $SS_{between}$ と $df_{between}$ の間の関係は

$$MS_{between} = \frac{SS_{between}}{df_{between}}$$

です。これを以下のように整理し直しておきます。

$$SS_{between} = MS_{between} \times df_{between}$$

ここに、すでに数値を得ている $MS_{between}$ と $df_{between}$ を代入すれば、$SS_{between}$ が得られます。例題 10.1 なら

$$SS_{between} = 320.666\cdots \times 3 = 962$$

となります。これで、分散分析表に必要な3つの数値が揃います。

次に、Excel を使った計算を示します。Excel であれば「① 偏差平方和 SS → ② 自由度 df → ③ 平均平方 MS」という、素直な順番で、計算ができます。これを説明します。

まず、各標本での標本平均を計算します。関数 AVERAGE を使います。

$$\overline{x}_1,\ \overline{x}_2,\ \overline{x}_3,\ \cdots,\ \overline{x}_k$$

次に、この k 個の標本平均を、新しい観測値と見立て、関数 DEVSQ で偏差平方和を計算します。この偏差平方和の記号を「$SS_{\overline{x}}$」としておきます。$SS_{between}$ は

$$SS_{between} = n \times SS_{\overline{x}}$$

で計算されます。ここで、n は標本サイズです。自由度 $df_{between}$ は

$$df_{between} = k - 1$$

です。最後に、$MS_{between}$ を計算します。

$$MS_{between} = \frac{SS_{between}}{df_{between}}$$

10–11 全平均平方 MS_{total}

全平均平方 MS_{total} は、全ての観測値を使って計算する標本分散 s^2 のことです。

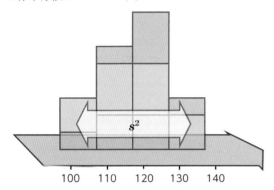

全平均平方 MS_{total} は、検定統計量 F の計算には直接に関わりません。しかし、分散分析表を作成するのに必要な計算です。また、MS_{within} や MS_{between} の計算ミスをチェックするためにも重宝します。

計算の説明をします。例題10.1を使います。まず、全ての標本を用意します。

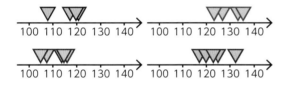

全ての観測値を、同じ数直線上に並べます。

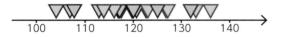

偏差の起点には、全ての観測値を使った標本平均である総平均 $\overline{\overline{x}}$ を使います。この値はすでに計算していて

$$\overline{\overline{x}} = 120$$

です。

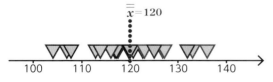

これを起点に、偏差を計算します。

この結果、全部で20個の偏差を得ました。

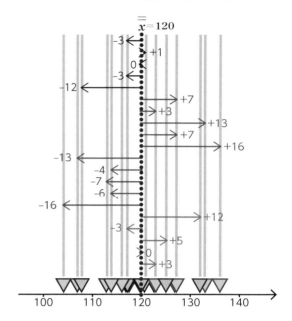

この偏差全てを2乗して、全て足し合わせると、偏差平方和 SS_{total} が得られます。

$$\begin{aligned}
SS_{\text{total}} &= (-3)^2+(1)^2+(0)^2+(-3)^2+(-12)^2 \\
&\quad +(7)^2+(3)^2+(13)^2+(7)^2+(16)^2+(-13)^2 \\
&\quad +(-4)^2+(-7)^2+(-6)^2+(-16)^2+(12)^2 \\
&\quad +(-3)^2+(5)^2+(0)^2+(3)^2 \\
&= 9+1+0+9+144+49+9+169+49+256 \\
&\quad +169+16+49+36+256+144+9+25 \\
&\quad +0+9 \\
&= 1408
\end{aligned}$$

次に自由度 df_{total} です。偏差が20個あります。起点となる総平均は1個です。そこで、偏差を1個失っても、残った19個から復元できます。自由度は

$$df_{\text{total}} = 20 - 1 = 19$$

です。偏差平方和 SS_{total} を自由度 df_{total} で割れば、全平均平方 MS_{total} を得ます。

$$MS_{\text{total}} = \frac{SS_{\text{total}}}{df_{\text{total}}} = \frac{1408}{19} = 74.1052\cdots$$

ここまでの計算を、一般化した形でまとめます。偏差平方和は

全平均平方の偏差平方和 SS_{total}

$$SS_{\text{total}} = \sum_{j=1}^{k} \sum_{i=1}^{n_j} \left(x_{ji} - \overline{\overline{x}} \right)^2$$

です。ここで、kは標本の数、n_jは標本jの標本サイズ、x_{ji}は標本jのi番目の観測値、$\overline{\overline{x}}$は総平均です。計算式を説明しておきます。

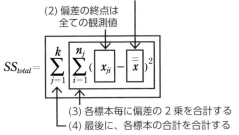

(1) 総平均を偏差の起点として固定する
(2) 偏差の終点は全ての観測値

$$SS_{total} = \sum_{j=1}^{k} \sum_{i=1}^{n_j} \left(x_{ji} - \overline{\overline{x}} \right)^2$$

(3) 各標本毎に偏差の2乗を合計する
(4) 最後に、各標本の合計を合計する

全平均平方の自由度は

全平均平方の自由度df_{total}
$$df_{total} = N - 1$$

です。ここで、Nは観測値の総数です。全平均平方は

全平均平方MS_{total}
$$MS_{total} = \frac{SS_{total}}{df_{total}} = \frac{\sum_{j=1}^{k} \sum_{i=1}^{n_j} \left(x_{ji} - \overline{\overline{x}} \right)^2}{N - 1}$$

です。

ここで、分散分析表の空欄に、必要な数値を加えておきます。

	偏差平方和 SS	自由度 df	平均平方（分散） MS	分散比 検定統計量 F
処理変動（群間変動）between	$SS_{between}$ 962	$df_{between}$ 3	$MS_{between}$ 320.666	$\dfrac{MS_{between}}{MS_{within}}$
誤差変動（群内変動）within	SS_{within} 446	df_{within} 16	MS_{within} 27.875	
全変動 total	SS_{total} 1408	df_{total} 19		

Advice 分散分析表では、偏差平方和SS_{total}と自由度df_{total}だけを使います。全平均平方MS_{total}は必要ありません。

Column　SS_{total}の実際の計算

このコラムは、実際の計算をするときだけ、読んでください。関数電卓やExcelを使った計算について補足します。この計算でも「③ 平均平方MS → ② 自由度df → ① 偏差平方和SS」という、逆の順番で計算すると、作業が楽です。計算の説明とは逆ですが、混乱しないよう、気を付けてください。

まず、全ての観測値を使って標本標準偏差を計算します（標本分散s^2を計算できる電卓なら、標本分散s^2を計算してください）。記号に「s_{total}」を使います。例題10.1なら

$$s_{total} = 8.60844\cdots$$

です。この2乗である標本分散s_{total}^2が、全平均平方MS_{total}そのものの値となります。

$$MS_{total} = s_{total}^2$$

例題10.1なら

$$MS_{total} = (8.60844\cdots)^2 = 74.1052\cdots$$

です。次に自由度です。観測値の総数をNとして、自由度df_{total}は

$$df_{total} = N - 1$$

です。例題10.1なら

$$df_{total} = 20 - 1 = 19$$

です。最後に、MS_{total}とdf_{total}から、偏差平方和のSS_{total}を求めます。

$$SS_{total} = MS_{total} \times df_{total}$$

例題10.1なら

$$SS_{total} = (74.1052\cdots) \times 19 = 1408$$

です。

なお、Excelの場合は、関数DEVSQを使って、偏差平方和を直接計算できます。

10-12 練習問題 T

問　例題10.2のニジマスのデータを使い、偏差平方和 SS_{total}、自由度 df_{total}、全平均平方 MS_{total} を計算しなさい。

moonrise / stock.adobe.com

飼料 1	飼料 2	飼料 3	飼料 4
3.10	2.76	3.19	2.84
3.14	2.88	3.13	2.72
3.07	2.88	3.45	2.61
3.20	3.08	3.34	2.65
2.84	2.93	3.00	2.61

10-13 分散分析表と検定統計量 F

検定統計量 F を計算します。F は、母分散 σ^2 の2つの推定値の比です。分子は、処理平均平方（群間分散）MS_{between} です。分母は、誤差平均平方（群内分散）MS_{within} です。

検定統計量 F

$$F = \frac{MS_{\text{between}}}{MS_{\text{within}}} = \frac{\dfrac{\sum\limits_{j=1}^{k} n_j \left(\overline{x}_j - \overline{\overline{x}} \right)^2}{k-1}}{\dfrac{\sum\limits_{j=1}^{k} \sum\limits_{i=1}^{n_j} (x_{ji} - \overline{x}_j)^2}{N-k}}$$

例題10.1の場合、必要な数値

$MS_{\text{between}} = 320.666\cdots$

$MS_{\text{within}} = 27.875$

はすでに計算しています。そこで検定統計量 F は、この2つを使って

$$F = \frac{MS_{\text{between}}}{MS_{\text{within}}} = \frac{320.666\cdots}{27.875} = 11.5037\cdots$$

となります。

これで分散分析表が完成します。

	偏差平方和 SS	自由度 df	平均平方（分散）MS	分散比 検定統計量 F
処理変動（群間変動）between	SS_{between} 962	df_{between} 3	MS_{between} 320.666	$\dfrac{MS_{\text{between}}}{MS_{\text{within}}}$ 11.5037…
誤差変動（群内変動）within	SS_{within} 446	df_{within} 16	MS_{within} 27.875	
全変動 total	SS_{total} 1408	df_{total} 19		

ただし、これで計算が終わりではありません。分散分析表が完成した時点で、検算を行う必要があります。検算は2つ行います。

1つめの検算は偏差平方和 SS に対して行います。

正しい計算が行われていれば、3つの偏差平方和

	偏差平方和 SS	自由度 df	平均平方（分散） MS	分散比 検定統計量 F
処理変動（群間変動） **between**	$SS_{between}$ 962	$df_{between}$ 3	$MS_{between}$ 320.666	$\dfrac{MS_{between}}{MS_{within}}$ 11.5037
誤差変動（群内変動） **within**	SS_{within} 446	df_{within} 16	MS_{within} 27.875	
全変動 **total**	SS_{total} 1408	df_{total} 19		

の間に、簡単な等式が成立します。$SS_{between}$ と SS_{within} を足すと SS_{total} になります。

$$SS_{total} = SS_{between} + SS_{within}$$

実際に数値を代入すると

$$1408 = 962 + 446$$

となって、確かに等式が成立しています。もしこの等式が成立しない場合、どこかに計算ミスがあります。この等式は**平方和の原理**（sum-of-squares principle）と呼ばれる性質に基づいています。

平方和の原理
$$SS_{total} = SS_{between} + SS_{within}$$

$$\sum_{j=1}^{k} \sum_{i=1}^{n_j} \left(x_{ji} - \overline{\overline{x}} \right)^2 =$$
$$\sum_{j=1}^{k} n_j \left(\overline{x}_j - \overline{\overline{x}} \right)^2 + \sum_{j=1}^{k} \sum_{i=1}^{n_j} \left(x_{ji} - \overline{x}_j \right)^2$$

Advice この原理の理解は本書のレベルをはるかに超えています。読者はこの式を知識として受け入れる必要があります。もし、読者がさらなる統計学の勉強を進め、統計モデルを学ぶことがあれば、この原理に対する解説に出会うことになります。今の時点では、こうした重要な定理があることだけを知っておいてください。

もう1つの検算は、自由度 df

	偏差平方和 SS	自由度 df	平均平方（分散） MS	分散比 検定統計量 F
処理変動（群間変動） **between**	$SS_{between}$ 962	$df_{between}$ 3	$MS_{between}$ 320.666	$\dfrac{MS_{between}}{MS_{within}}$ 11.5037
誤差変動（群内変動） **within**	SS_{within} 446	df_{within} 16	MS_{within} 27.875	
全変動 **total**	SS_{total} 1408	df_{total} 19		

に対して行います。3つの自由度 df の間に、以下の関係が成立します。

3つの自由度の関係
$$df_{total} = df_{between} + df_{within}$$

試してみると、たしかに、例題10.1でも

$$19 = 3 + 16$$

となって、等式が成立しています。もしこの等式が成立していない場合は、自由度 df の数え方で、どこかに間違いがあります。

自由度 df の関係式は、理解が簡単です。誤差平均平方（群内分散）MS_{within} と処理平均平方（群間分散）$MS_{between}$ の自由度の定義は

$$df_{between} = k - 1$$
$$df_{within} = N - k$$

でした。この2つを足し合わせると

$$df_{between} + df_{within} = (k-1) + (N-k) = N - 1$$

となって、これは確かに、全平均平方 MS_{total} の自由度

$$df_{total} = N - 1$$

の定義に等しいです。

以上の2つの検算を終えて、分散分析表の計算が正しいことを確認しました。これで、全ての計算が終了しました。

10-14 検定統計量 F の定性的理解

検定統計量 F は、異なる視点から母分散 σ^2 を推定する、2つの推定値（MS_{within} と $MS_{between}$）を、分数にして、比較します。

$$F = \frac{MS_{between}}{MS_{within}}$$

本節では、今まで学習してきたことを復習しながら、

Fの性質を理解することを目指します。

まず最初に、大前提を確認します。この2つの推定（MS_{within}とMS_{between}）は、ともに、一元配置分散分析の前提である**等分散の仮定**を土台にしています。帰無仮説H_0が正しくても

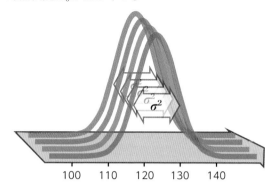

間違っていても

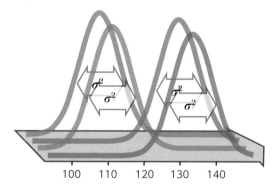

どんな場合であっても、一元配置分散分析では「**全ての母集団の母分散σ^2が等しい**」と仮定します。

それでは、Fの分母のMS_{within}の復習から始めます。

1 分母のMS_{within}の役割

誤差平均平方（群内分散）MS_{within}の計算を復習します。偏差の起点は、各標本の標本平均$\overline{x}_j$です。

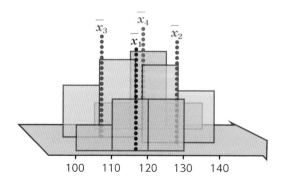

偏差の終点は、各標本内の観測値x_{ji}です。

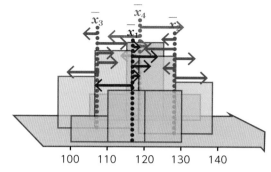

このように、MS_{within}は、各標本内の観測値x_{ji}の散らばりを使って母分散σ^2を推定します。

誤差平均平方（群内分散）MS_{within}の特徴は、帰無仮説H_0が正しくても、間違っていても、適切に母分散σ^2を推定する点です。この内容を、図で確認しておきます。まず、帰無仮説H_0が正しい場合を見てみます。このとき、比較する母集団は、全て同一です。

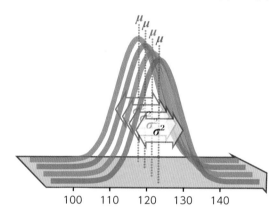

その結果、標本も、狭い範囲に集中します。

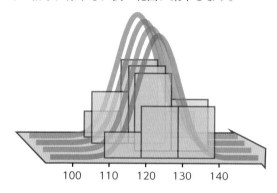

誤差平均平方（群内分散）MS_{within} は、各標本の標本平均 $\overline{x}_j$ を偏差の起点にして

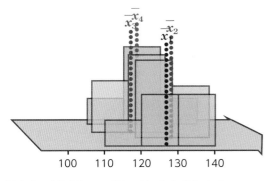

標本内の観測値 x_{ji} の散らばりを計算します。

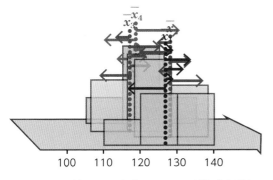

そして、この散らばりを使って、母分散 σ^2 を適切に推定します。

次に、帰無仮説 H_0 が間違っている場合を見てみます。このとき、比較する母集団が、散らばっています。

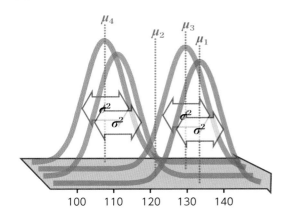

その結果、標本も、互いに距離が離れて、散らばります。

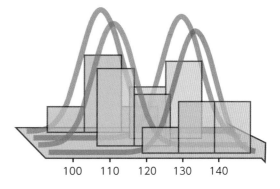

しかしこんなときでも、誤差平均平方（群内分散）MS_{within} は、各標本の標本平均 $\overline{x}_j$ を偏差の起点にして

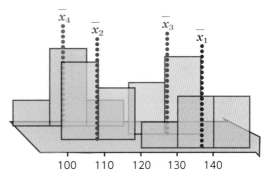

それぞれの標本の中での、観測値 x_{ji} の散らばりを計算します。

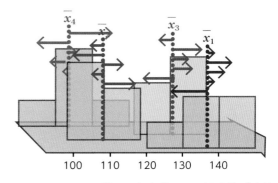

そして、これらの散らばりを使って、母分散 σ^2 を適切に推定します。

以上をまとめます。MS_{within} は、各標本内の観測値 x_{ji} の散らばりだけを利用して、母分散 σ^2 を推定します。

そこで、帰無仮説 H_0 が正しくても

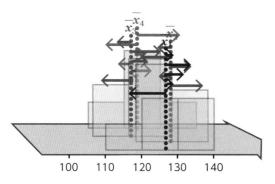

間違っていても

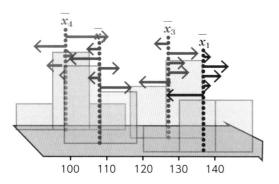

どちらにしても、適切に母分散 σ^2 を推定してくれます。これが、誤差平均平方（群内分散）MS_{within} の役割です。

検定統計量 F の分母

$$F = \frac{MS_{\text{between}}}{MS_{\text{within}}}$$

↑
どんなときでも、母分散を適切に推定

もちろん、数が限られた観測値を使った推定です。MS_{within} が100%正確に母分散 σ^2 を推定することは、あり得ません。しかし、σ^2 が未知の状況では、貴重なヒントです。

② 分子の MS_{between} の役割

本節では、処理平均平方（群間分散）MS_{between} の計算を復習します。MS_{between} は、一元配置分散分析の主役です。

❶帰無仮説 H_0 が正しいとき

帰無仮説 H_0 が正しい場合を見てみます。このとき、比較する全ての母集団で、母分散 σ^2 も母平均 μ も、同じです。

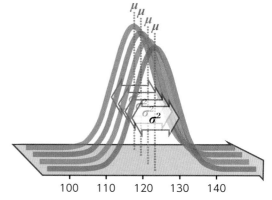

そして、この「帰無仮説 H_0 が正しい」という条件こそが、MS_{between} による母分散 σ^2 の推定に、不可欠の条件です。帰無仮説 H_0 が正しいとき、標本は、狭い範囲に集中します。

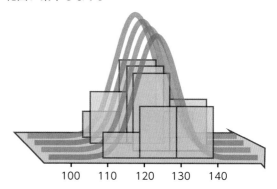

MS_{between} では、偏差の起点は総平均 $\overline{\overline{x}}$ です。

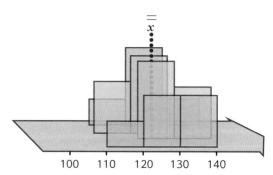

偏差の終点は、各標本の標本平均$\overline{x}_j$です。

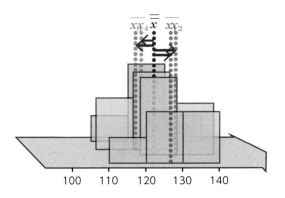

帰無仮説H_0が正しいとき、標本平均$\overline{x}_j$が狭い範囲に集中するので、偏差（赤矢印）は短いです。

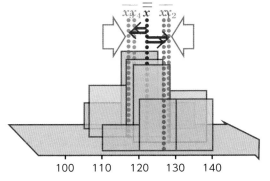

まさしくこんなときに、MS_{between}は母分散σ^2を適切に推定します。その結果、検定統計量Fは1に近い値を示します。

帰無仮説が正しいとき

$$F = \frac{MS_{\text{between}} \quad \leftarrow 母分散 \sigma^2 を適切に推定}{MS_{\text{within}} \quad \leftarrow 母分散 \sigma^2 を適切に推定}$$

帰無仮説が正しいとき

検定統計量Fは1に比較的近い数値

❷帰無仮説H_0が間違っているとき

ところが、MS_{between}による母分散σ^2の推定は、帰無仮説H_0が間違っているときは、使い物になりません。帰無仮説H_0が間違っているときは

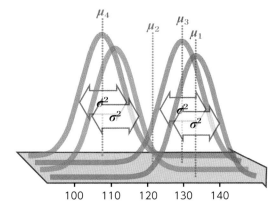

標本同士が互いに離れて、散らばります。

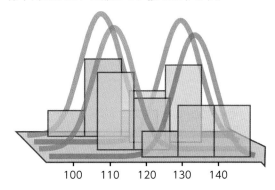

当然、標本平均$\overline{x}_j$同士も、互いに離れて散らばります。

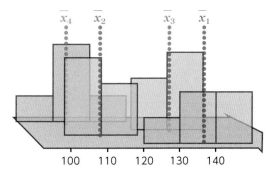

その結果、総平均 $\overline{\overline{x}}$ を起点にした偏差が、とんでもなく、長くなってしまいます。

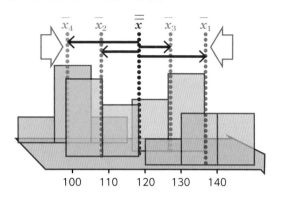

こうなったら、おしまいです。MS_{between} は、もはや、母分散 σ^2 を推定してくれません。母分散 σ^2 より、はるかに大きな、デタラメな数値を計算するだけです。

帰無仮説が間違っているとき

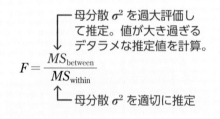

その結果、検定統計量 F は、1を離れて大きな数値を示します。

帰無仮説が間違っているとき

以上が、検定統計量 F の性質です。

こうした理由から、F が大きくなるほど、私たちは「帰無仮説 H_0 は間違っているに違いない。k 個の標本は、異なる母集団に由来するに違いない」と確信します。

③ 例題 10.1 の場合

MS_{within} と MS_{between} の解説を終えたので、例題 10.1 を使って、この2つを見比べてみます。

まず、F の分母の誤差平均平方（群内分散）MS_{within} から見てみます。この推定値は、帰無仮説 H_0 が正しくても間違っていても、適切な母分散 σ^2 の推定を行ってくれます。例題 10.1 では

$$MS_{\text{within}} = 27.875$$

でした。MS_{within} が予想した母分散 σ^2 は

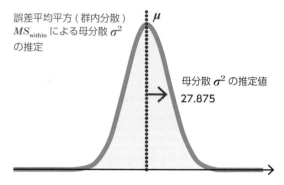

となります。

一方、F の分子の処理平均平方（群間分散）MS_{between} は、帰無仮説 H_0 が正しいときだけ、母分散 σ^2 の適切な推定を行います。帰無仮説 H_0 が間違っていると、母分散 σ^2 を過大評価し、デタラメな、大きな推定値を計算します。例題 10.1 では

$$MS_{\text{between}} = 320.666\cdots$$

でした。図にすると

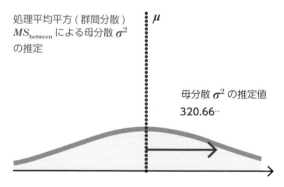

となります。2つの図を見比べると、まったく異なることが分かります。2つの推定値が10倍以上異なっています。

検定統計量 F はこの2つの推定値の比なので

$$F = \frac{MS_{\text{between}}}{MS_{\text{within}}} = \frac{320.666\cdots}{27.875} = 11.5037\cdots$$

です。この値から、2つの推定値は約11.5倍も異なることが分かりました。食い違いが大きいです。そ

こで、この時点で「**帰無仮説 H_0 は、かなりあやしい**」という印象を受けます。

4 F分布と臨界値$F_{0.05}$

一元配置分散分析の前提条件「**全ての母集団が等しい母分散 σ^2 をもつ正規分布に従う**」と帰無仮説 H_0「**全ての母集団が等しい母平均 μ をもつ**」が成立しているとき

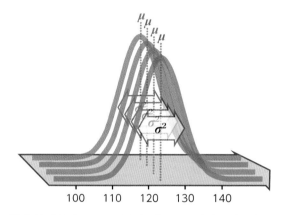

検定統計量 F は、F 分布と呼ばれる確率分布に従います。これが帰無分布となります。

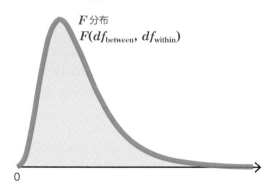

F 分布

$$F(df_{\text{between}}, df_{\text{within}})$$

F 分布は、左右非対称の確率分布です。検定統計量 F は、帰無仮説 H_0 が間違っているときに大きい値をとるので、棄却域は F 分布の右側のみに設定します。

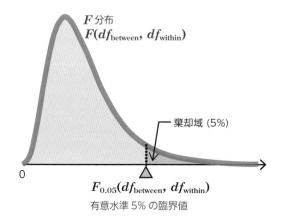

F 分布

$$F(df_{\text{between}}, df_{\text{within}})$$

棄却域 (5%)

$$F_{0.05}(df_{\text{between}}, df_{\text{within}})$$

有意水準 5% の臨界値

F 分布は、t 分布と同様に、自由度 df によって形状が変化します。F 分布の母数（パラメータ）は、2つの自由度、① 処理平均平方（群間分散）の自由度 df_{between} と、② 誤差平均平方（群内分散）の自由度 df_{within} です。本書では、自由度が df_{between} と df_{within} の F 分布を

F 分布の表記

$$F(df_{\text{between}}, df_{\text{within}})$$

と表記することにします。ここで、df_{between} は**処理平均平方（群間分散）の自由度**、df_{within} は**誤差平均平方（群内分散）の自由度**です。

F 分布の形状は、2つの自由度によって変化します。いくつかの例を示します。

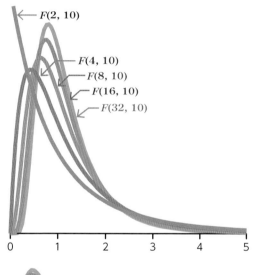

$F(2, 10)$
$F(4, 10)$
$F(8, 10)$
$F(16, 10)$
$F(32, 10)$

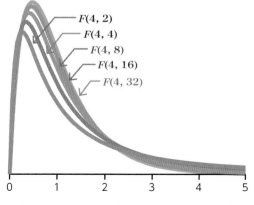

$F(4, 2)$
$F(4, 4)$
$F(4, 8)$
$F(4, 16)$
$F(4, 32)$

この結果、臨界値も、2つの自由度によって変化します。本書では、有意水準5%の臨界値の記号に

F 分布の臨界値（$\alpha=0.05$）

$$F_{0.05}(df_{\text{between}}, df_{\text{within}})$$

を使うことにします。臨界値を求めるとき、2つの自由度、df_{between} と df_{within} が必要になります。

例題10.1を使って、手順を説明します。2つの自由度は

$df_{\text{between}} = 3$

$df_{\text{within}} = 16$

です。次に、**付表4**（p.325参照）のF分布表で、上の一覧から3を探します。左の一覧から16を探します。この2つから伸ばした矢印が交差する場所に、臨界値 $F_{0.05}(df_{\text{between}}, df_{\text{within}})$ があります。

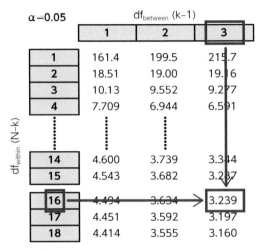

この場合

$F_{0.05}(3, 16) = 3.239$

です。

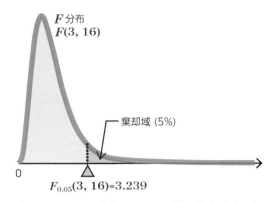

一方、例題10.1の実験データから得た検定統計量Fは

$F = 11.5037\cdots$

でした。この値は棄却域に入ります。

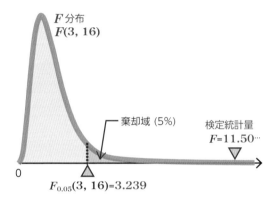

この結果から、帰無仮説H_0は棄却されます。そこで「異なるサプリメントの愛用者の間に、LDLコレステロール値の統計的に有意な差が認められた（$P<0.05$）」と結論します。

10-15　一元配置分散分析の手順（まとめ）

一元配置分散分析の手順をまとめます。

STEP1

誤差変動（群内変動）の偏差平方和、自由度、平均平方（分散）を計算する

● 偏差平方和 SS_{within}

$$SS_{\text{within}} = \sum_{j=1}^{k} \sum_{i=1}^{n_j} (x_{ji} - \overline{x}_j)^2$$

● 自由度 df_{within}

$$df_{\text{within}} = N - k$$

● 平均平方 MS_{within}

$$MS_{\text{within}} = \frac{SS_{\text{within}}}{df_{\text{within}}}$$

STEP2

処理変動（群間変動）の偏差平方和、自由度、平均平方（分散）を計算する

● 偏差平方和 SS_{between}

$$SS_{\text{between}} = \sum_{j=1}^{k} n_j (\overline{x}_j - \overline{\overline{x}})^2$$

● 自由度 df_{between}

$$df_{\text{between}} = k - 1$$

● 平均平方 MS_{between}

$$MS_{\text{between}} = \frac{SS_{\text{between}}}{df_{\text{between}}}$$

STEP3

全変動の偏差平方和、自由度を計算する

● 偏差平方和 SS_{total}

$$SS_{\text{total}} = \sum_{j=1}^{k} \sum_{i=1}^{n_j} \left(x_{ji} - \overline{\overline{x}} \right)^2$$

● 自由度 df_{total}

$$df_{\text{total}} = N - 1$$

STEP4

検定統計量 F を計算する

$$F = \frac{MS_{\text{between}}}{MS_{\text{within}}}$$

STEP5

分散分析表に計算結果をまとめる

	偏差平方和	自由度	平均平方	分散比
処理変動 （群間変動）	SS_{between}	df_{between}	MS_{between}	F
誤差変動 （群内変動）	SS_{within}	df_{within}	MS_{within}	
全変動	SS_{total}	df_{total}		

STEP6

2つの自由度

$$df_{\text{between}} = k - 1$$
$$df_{\text{within}} = N - k$$

から検定統計量 F の臨界値 $F_{0.05}(df_{\text{between}}, df_{\text{within}})$ を読み取る。

STEP7

F分布表から得た臨界値 $F_{0.05}(df_{\text{between}}, df_{\text{within}})$ と、実験や調査から得た検定統計量 F を比較し、以下の不等式が成立すれば「統計的に有意な差が認められた (P<0.05)」と結論する。

$$F_{0.05}(df_{\text{between}}, df_{\text{within}}) < F$$

この不等式が満たされなければ「統計的に有意な差は認められなかった」と結論する。

Advice 処理変動（群間変動）の偏差平方和 SS_{between} の計算式は、標本サイズが等しくても不揃いでも使える式の形で書いています。ここで n_j は j 番目の標本の標本サイズです。標本サイズが等しいなら、n_j を n に置き換えてください。

10-16 練習問題 U

問　例題10.2のニジマスのデータを使い、練習問題R〜Tの計算結果を利用して、有意水準5%で一元配置分散分析を実行しなさい。

moonrise / stock.adobe.com

飼料 1	飼料 2	飼料 3	飼料 4
3.10	2.76	3.19	2.84
3.14	2.88	3.13	2.72
3.07	2.88	3.45	2.61
3.20	3.08	3.34	2.65
2.84	2.93	3.00	2.61

Advice 一元配置分散分析の計算の原理を理解したいだけなのであれば、本節は、読む必要はありません。

本章では、計算のたやすさと、理解が簡単になることから、これまで標本サイズが等しい場合について解説しました。本節では、標本サイズが不揃いの場合の、処理平均平方（群間分散）$MS_{between}$ の偏差平方和 $SS_{between}$ の計算手順を説明します。

標本サイズが揃っていても不揃いでも使える、偏差平方和 $SS_{between}$ の計算式は

処理平均平方（群間分散）の偏差平方和 $SS_{between}$

$$SS_{between} = \sum_{j=1}^{k} n_j \left(\overline{x}_j - \overline{\overline{x}} \right)^2$$

です。ここで、n_j は、j 番目の標本の標本サイズです。

例題 10.1 のデータを、少し変更します。

サプリ1	サプリ2	サプリ3	サプリ4
117	127	107	132
121	123	116	117
120	133	113	125
117	127	114	120
108		104	123
		109	

標本サイズが不揃いになっています。各標本の標本サイズ n_j は

n_1	n_2	n_3	n_4
5	4	6	5

です。全部で 20 個の観測値があります。

偏差の起点となるのは総平均 $\overline{\overline{x}}$ です。これを計算すると

$$\overline{\overline{x}} = \frac{1}{20}(117+121+120+117+108+127+123$$
$$+133+127+107+116+113+114+104+109$$
$$+132+117+125+120+123)$$
$$= 118.65$$

となります。これが偏差の起点になります。

次いで、各標本の標本平均を計算します。これが偏差の終点になります。

$\overline{x}_1$	$\overline{x}_2$	$\overline{x}_3$	$\overline{x}_4$
116.6	127.5	110.5	123.4

偏差平方和の計算を行います。まず、4 つの偏差の 2 乗を計算します。

$$(\overline{x}_1 - \overline{\overline{x}})^2 = (116.6 - 118.65)^2 = 4.2025$$
$$(\overline{x}_2 - \overline{\overline{x}})^2 = (127.5 - 118.65)^2 = 78.3225$$
$$(\overline{x}_3 - \overline{\overline{x}})^2 = (110.5 - 118.65)^2 = 66.4225$$
$$(\overline{x}_4 - \overline{\overline{x}})^2 = (123.4 - 118.65)^2 = 22.5625$$

次に、これらの値に、各標本の標本サイズをかけます。

$$n_1 (\overline{x}_1 - \overline{\overline{x}})^2 = 5 \times 4.2025 = 21.0125$$
$$n_2 (\overline{x}_2 - \overline{\overline{x}})^2 = 4 \times 78.3225 = 313.29$$
$$n_3 (\overline{x}_3 - \overline{\overline{x}})^2 = 6 \times 66.4225 = 398.535$$
$$n_4 (\overline{x}_4 - \overline{\overline{x}})^2 = 5 \times 22.5625 = 112.8125$$

最後に、これらの値を合計すると偏差平方和が完成します。

$$SS_{between} = \sum_{j=1}^{k} n_j (\overline{x}_j - \overline{\overline{x}})^2$$
$$= 21.0125 + 313.29 + 398.535 + 112.8125$$
$$= 845.65$$

11章 多重比較
Bonferroni補正とTukey-Kramer法

一元配置分散分析では、3群以上の比較をして「統計的に有意な差の有無」だけを問いました。本章で学ぶ多重比較は「母平均が1番高いのはどれか？2番目は？3番目は？…」という、順番を決める作業をします。多重比較には多くの手法があります。本章では、最も基本的な2つの手法、Bonferroni補正とTukey-Kramer法を学びます。多重比較の出発点は、比較する標本間の、全ての対に対して、独立2群のt検定を行うことです。ただし、この方法には問題があります。この問題を「多重性」と呼びます。本章では、多重性の理解が最重要な学習項目となります。Bonferroni補正もTukey-Kramer法も、多重性の問題をクリアするために、独立2群のt検定に工夫を加えています。多重比較では、この、工夫を加えたt検定で、全ての標本の間で総当たり戦を行います。手順が多いため、計算量は多いです。しかし、独立2群のt検定と一元配置分散分析を理解できていれば、どの作業も、理解は容易です。

11-1 多重比較のデータの特徴

多重比較のデータの構造は、一元配置分散分析と同じです。そこで、本章では、前章の例題をそのまま使います。ただし、標本サイズを不揃いなものに変更しました。

サプリ1	サプリ2	サプリ3	サプリ4
117	127	107	132
121	123	116	117
120	133	113	125
117	136	114	120
108		104	123

① 例題11.1：サプリメントの効果

1つめは、LDLコレステロール値を低下させるサプリメントの例でした。

標本サイズが$n=4$と$n=5$の2種類があります。この調査での疑問は「最もコレステロール値が低いのは、どのサプリメントの愛用者か？2番目は？3番目は？」です。**多重比較**（multiple comparison）が、この疑問に答えてくれます。

② 例題：11.2. ニジマスに与える餌

2つめは、ニジマスに与える飼料の例でした。

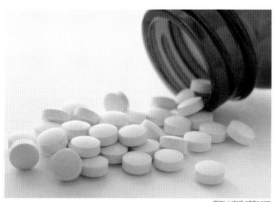

飼料 1	飼料 2	飼料 3	飼料 4
3.10	2.76	3.19	2.84
3.14	2.88	3.13	2.72
3.07	2.88	3.45	2.61
3.20	3.08	3.34	2.65
2.84	2.93		2.61

ここでも、標本サイズが$n=4$と$n=5$の2種類があるとします。この実験での疑問は**最も体重が重かったのは、どの飼料を与えたニジマスか？2番目は？3番目は？**です。多重比較が、この疑問に答えてくれます。

11–2 アルファベットを使った結果の表示

多重比較は、3標本以上の比較において「これが1番。これが2番。これが3番。…」と順位を付けることを目的にしています。しかし、明確な順位を付けられないことが多いです。観測値の散らばりが大きい場合や、標本サイズnが不十分な場合に、こうした問題が起こります。

そこで多重比較では、慣習的に、アルファベットを用いて結果を示す場合が多いです。本節では、この表記法の基礎を学びます。

例を見てみます。例題11.1の結果です。箱ひげ図にアルファベットが付いています。

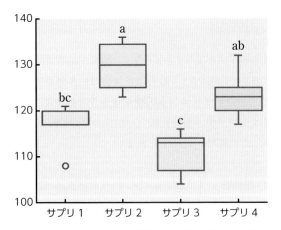

アルファベットの見方を説明します。基本は「**同じアルファベットを持つ標本の間には、有意差はない。一方、共通するアルファベットを持たない標本の間には、有意差がある**」です。

具体例を見ます。サプリ1と、他の3つの比較をしてみます。サプリ1が持つアルファベットは$\underset{\sim}{bc}$で、$\underset{\sim}{b}$と$\underset{\sim}{c}$を持ちます。ですから、$\underset{\sim}{b}$も$\underset{\sim}{c}$も持たない標本との間のみ、有意差があります。サプリ2は$\underset{\sim}{a}$です。サプリ1($\underset{\sim}{bc}$)とサプリ2($\underset{\sim}{a}$)の間には、共通するアルファベットがありません。ですから、サプリ1とサプリ2の間には有意差があります。一方、サプリ3は$\underset{\sim}{c}$を持ち、サプリ4は$\underset{\sim}{b}$を持ちます。そこで、サプリ1($\underset{\sim}{bc}$)は、サプリ3(c)とサプリ4(ab)とは1つずつ共通のアルファベットを持ちます。ですから、有意差がありません。

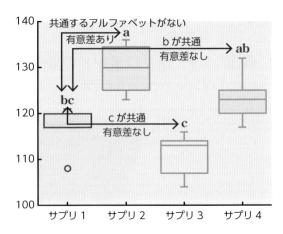

なお、アルファベットによる結果の表示は、表でも使います。この場合、標本平均の一覧表を作り、その右肩にアルファベットを示します。例題11.1なら右のようになります。

サプリ1	117 [bc]
サプリ2	130 [a]
サプリ3	111 [c]
サプリ4	123 [ab]

11-3 多重比較の出発点

多重比較の出発点は「**標本間の全ての対で、総当たり戦の、独立2群のt検定を行う**」です。本節では、総当たり戦の対戦表を作っておきます。この作業は、多重比較を行ううえで「**必ず行わなければならない作業**」ではありません。しかし、多重比較は計算が多いため、情報を整理するのに重宝します。アルファベットの割り当ても簡単です。初学者の場合、本書のスタイルに従うことを薦めます。

例題11.1を使います。まず、各標本の標本平均を計算します。

サプリ1 $\overline{x_1}$	サプリ2 $\overline{x_2}$	サプリ3 $\overline{x_3}$	サプリ4 $\overline{x_4}$
116.6	129.75	110.8	123.4

次に、これを降順で並べます。

サプリ2 $\overline{x_2}$		サプリ4 $\overline{x_4}$		サプリ1 $\overline{x_1}$		サプリ3 $\overline{x_3}$
129.75	>	123.4	>	116.6	>	110.8

この序列を使って、対戦表を作ります。まず$4 \times 4 = 16$の升目の表を用意します。

	サプリ2 129.75	サプリ4 123.4	サプリ1 116.6	サプリ3 110.8
サプリ2 129.75				
サプリ4 123.4				
サプリ1 116.6				
サプリ3 110.8				

この表は、無駄な升目が多いので減らします。

まず、対角線上の升目は、同じ標本同士の対決なので、意味がありません。

	サプリ2 129.75	サプリ4 123.4	サプリ1 116.6	サプリ3 110.8
サプリ2 129.75	2 vs. 2			
サプリ4 123.4		4 vs. 4		
サプリ1 116.6			1 vs. 1	
サプリ3 110.8				3 vs. 3

次に、対角線の左下の升目は、対角線の右上に同じ対戦があるので意味がありません。

	サプリ2 129.75	サプリ4 123.4	サプリ1 116.6	サプリ3 110.8
サプリ2 129.75		2 vs. 4	2 vs. 1	2 vs. 3
サプリ4 123.4	4 vs. 2		4 vs. 1	4 vs. 3
サプリ1 116.6	1 vs. 2	1 vs. 4		1 vs. 3
サプリ3 110.8	3 vs. 2	3 vs. 4	3 vs. 1	

結局、6個の升目が残ります。そこで、6回の独立2群のt検定を行えば「**全ての標本間の総当たり戦**」を行うことができます。これが、多重比較の出発点です。

	サプリ2 129.75	サプリ4 123.4	サプリ1 116.6	サプリ3 110.8
サプリ2 129.75		t検定 有意水準5%	t検定 有意水準5%	t検定 有意水準5%
サプリ4 123.4			t検定 有意水準5%	t検定 有意水準5%
サプリ1 116.6				t検定 有意水準5%
サプリ3 110.8				

ただし、実際の多重比較では、この「**全ての標本の対で、有意水準5%の独立2群のt検定を行う**」という方法は使いません。次節で説明する**多重性**という問題があるためです。多重性の問題をクリアするために、多重比較では、独立2群のt検定に工夫を加え

11章

多重比較

ます。

Advice 本章では、多重比較の基本となる「標本間の総当たり戦の比較」を紹介します。この場合、k個の標本があるときに、行う検定の数は

$$_kC_2 = \frac{k!}{2!\,(k-2)!} = \frac{k(k-1)}{2}$$

で与えられます。本章の例題では、$k=4$です。そこで

$$\frac{4(4-1)}{2} = \frac{4 \times 3}{2} = 6$$

と計算して、検定の数は「6」となります。

11-4 多重性という課題

Advice 多重性は、統計学の初学者には、難しい概念です。そこで、ここでの解説は、理解のしやすさを最優先しています。その結果、多重比較を支える数学として、厳密さに、かなりの欠陥があります。ただし、統計学のエンドユーザーである私たちには、必要十分な解説となっています。読者は「多重性という問題の、全体像を掴む」に集中してください。

多重比較の出発点は「独立2群のt検定を使い、全ての標本の間で総当たり戦を行う」です。この場合、1回の多重比較の中で、何回も独立2群のt検定を行うことになります。この **「何回も独立2群のt検定を行う」** ことで、新たな問題が生じます。この問題を **多重性** （multiplicity）と呼びます。多重性は、多重比較の学習で、最も重要な概念です。

多重性を理解するためには、第3章で学んだ第一種の過誤を復習する必要があります。そのうえで familywise error rate 略して FWER という、新しい視点が必要となります。本書では、この用語を **「全体としての有意水準」** と、意訳して、呼んでおきます。

1 帰無仮説 H_0 が正しいとき

まず、本節の解説の、前提の話をします。比較する全ての母集団が、同一の正規分布 $N(\mu, \sigma^2)$ に従う状況を考えます。例題11.1なら

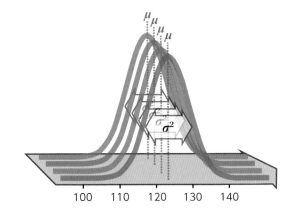

です。以下の解説では、この状況を設定しておきます。この設定なら、説明も楽です。学ぶのも楽です。

2 第1種の過誤と有意水準 α

本題に入る前に、第3章を復習します。「有意水準 $\alpha=0.05$」と「第1種の過誤」との関係を確認します。

2つの標本の比較を考えます。「帰無仮説 H_0 が正しい」が真実であるとします。この状況で、独立2群のt検定を行うことを考えます。このとき、Student の t は95%の確率で棄却域に入りません。このとき、正しく「**有意差なし**」という判断をします。

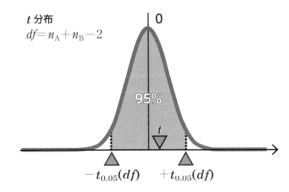

しかし、帰無仮説 H_0 が正しくても、5%の確率で、

Studentの t は棄却域に入ります。

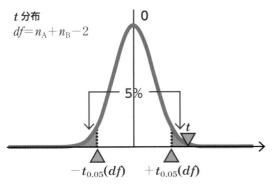

t 分布
$df = n_A + n_B - 2$

5%

$-t_{0.05}(df)$　$+t_{0.05}(df)$

このとき「有意差あり」と間違った結論を下します。この過ちを**第1種の過誤**と呼びました。1回の独立2群の t 検定において、この過ちを犯す確率は、有意水準 α そのもので、5%です。

この「**帰無仮説 H_0 が正しいときに、第1種の過誤を犯す確率は、有意水準 α そのもので、5%である**」を確認したうえで、次節に進んでください。

③ FWER（全体としての有意水準）

多重比較の出発点に戻ります。出発点は「全ての標本間での、総当たり戦の、独立2群の t 検定」です。例題11.1なら、有意水準 $\alpha = 0.05$ の検定を6回行います。

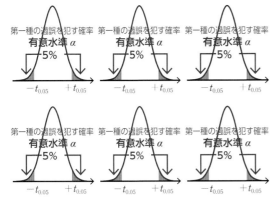

第一種の過誤を犯す確率
有意水準 α
5%
$-t_{0.05}$　$+t_{0.05}$

ここにFWER（全体としての有意水準）という、新しい視点を加えます。

FWER（全体としての有意水準）
（1回以上の第一種の過誤を犯す確率）

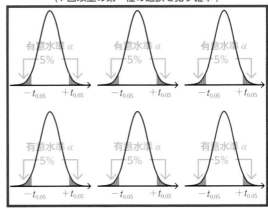

有意水準 α
5%
$-t_{0.05}$　$+t_{0.05}$

FWER（全体としての有意水準）は「複数回の t 検定を行ったとき、1回以上の第1種の過誤を犯す確率」です。

例題11.1の場合、6回の t 検定を行います。この場合のFWER（全体としての有意水準）の計算を、次節で行います。

④ ライフルで的を狙う

FWER（全体としての有意水準）の、単純化した計算を、例題11.1を使って紹介します。理解を容易にするために、ここでは、誰もが慣れ親しんだ射撃の問題になぞらえて、説明します。

ライフルで的を狙います。

命中する確率は95%とします。

95%

この「命中する確率95%」は「帰無仮説 H_0 が正しい場合に、正しく『有意差なし』と結論する確率95%」に対応すると考えてください。

一方、的を外す確率は5%です。

この「的を外す確率5%」は「帰無仮説 H_0 が正しいのに、間違って『有意差あり』と、第一種の過誤を犯す確率5%」に対応すると考えてください。

ここから本番です。6回連続で射撃することを考えます。

この6回の射撃は、**帰無仮説 H_0 が正しい状況下で、t 検定6回からなる多重比較を行うこと**に対応します。

6回の射撃で、全て命中する確率は

$(0.95)^6 = 0.735091\cdots$

と計算して、**約74%** です。1回だけの射撃なら、95%の確率で命中します。しかし6回も撃つと、全て命中する確率が約74%まで低下します。

次に、6回の射撃で1回以上、的を外す確率を考えます。

この計算は、高校で学んだ「余事象」を使えば簡単です。1から、全て命中する確率を引くだけです。そこで

$1 - (0.95)^6 = 0.264908\cdots$

と計算して、**約26%** です。1回だけの射撃なら、外す確率は5%です。しかし6回も撃つと、1回以上外す確率が約26%まで高くなります。

以上の計算から、例題11.1の「独立2群の t 検定を6回行う」という多重比較ではFWER（全体としての有意水準）が約26%となることが分かりました。

FWER（全体としての有意水準）
（1回以上の第一種の過誤を犯す確率）

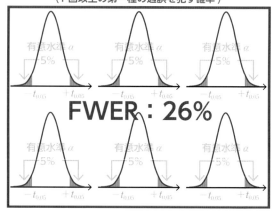

帰無仮説 H_0 が正しく、比較する母集団が全て、同じ確率分布 $N(\mu, \sigma^2)$ に従う状況を考えます。このとき、当然、6回全ての独立2群の t 検定で「有意差なし」の判断をしたいです。しかし、約26%という高い確率で、1回以上「有意差あり」という誤った判断を犯してしまいます。これは、見過ごせない問題です。

5 多重性（まとめ）

例題11.1を使い、以上をまとめます。帰無仮説 H_0 が正しく、比較する母集団たちが同一の正規分布 $N(\mu, \sigma^2)$ に従うとします。このとき、1回の独立2群の t 検定が、第一種の過誤を犯す確率は5%です。

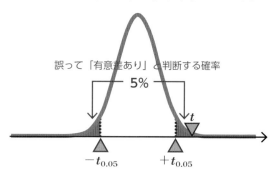

しかし、例題11.1なら6回の独立2群の t 検定を「**1セットの検定**」と考える多重比較では、1回以上の第一種の過誤を犯す確率は約26%です。過ちの確率が約5倍に上昇します。

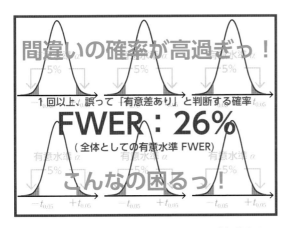

比較する標本の数が増えるほどFWER（全体としての有意水準）は上昇します。

このように、多重比較のFWER（全体としての有意水準）が、本来の5%より上昇する性質を**多重性**と呼びます。

そして、**多重性**と呼ばれる概念が提起しているのは「FWER（全体としての有意水準）は、5%を超えるべきではない」という問題意識です。

こうした理由から、多重比較では「FWER（全体としての有意水準）が5%を超えないようにするための調整」が、必要になります。

> **Advice** 多重性は、統計学の初学者には、いまひとつピンと来ない概念かもしれません。最初に学ぶときは、それでも構いません。「多重性」という概念があることを知っておけば十分です。

多重比較には多くの手法があります。本章では、大半の読者が最初に学ぶ、2つの手法を紹介します。「Bonferroni補正」と「Tukey-Kramer法」です。

11-5　Bonferroni補正

1つめの手法です。Bonferroni補正は英語でBonferroni correctionです。日本語では、解説書によって「調整」とか「補正」とか「修正」といった表現が使われます。Bonferroniは日本語の読み方で「ボンフェローニ」です。

1 Bonferroni補正の方法

Bonferroni補正は、多重性の問題をクリアするための、最もシンプルな方法です。多重比較のFWER（全体としての有意水準）が5%を超えないように、個々の独立2群のt検定の有意水準を下げます。この方法は、図で理解しやすいシンプルさがあります。

例題11.1を使います。まず、前節までの、多重性を一切考慮しない、6回の独立2群のt検定からなる多重比較を見てみます。棄却域の面積（確率）の合計を考えます。

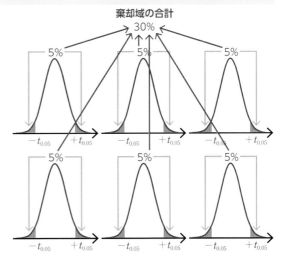

有意水準5%のt検定を6回行うので、棄却域の面積（確率）の合計は

$5\% \times 6 = 30\%$

となります。

Bonferroni補正では、この棄却域の合計を、5%になるように、個々のt検定の有意水準を下げます。

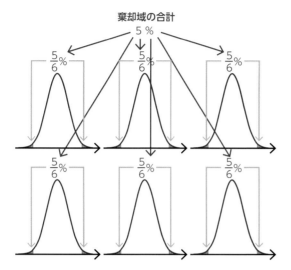

その結果、1回毎のt検定では、有意水準を

$$\frac{5\%}{6} = 0.8333\cdots\%$$

まで小さくします。この結果FWER（全体としての有意水準）が5%を超えることがなくなります。これがBonferroni補正の手順です。

Bonferroni補正による有意水準 $\alpha_{\text{Bonferroni}}$

$$\alpha_{\text{Bonferroni}} = \frac{0.05}{m}$$

m：1回の多重比較の中で行う検定の数

Bonferroni補正は、棄却域の確率を「検定回数分の1」に低下させるだけの、とても簡単な方法です。独立2群のt検定以外の、様々な手法で使えます。本書で学ぶ手法であれば、第2章のWilcoxon−Mann−Whitney検定や第7章の関連2群のt検定（対応のあるt検定）とともに、Bonferroni補正を行うことができます。

Advice 手法の名前を1つ紹介しておきます。Bonferroni補正を改良した手法に、Holm法もしくはHolm–Bonferroni法と呼ばれる手法があります。本書のレベルを超えるので、解説はしていません。しかし、多くの研究者が重宝している手法の1つです。もし興味があったら、さらに統計学の学習を続けてください。

Bonferroni補正は、その方法を図示しやすいので、多重比較の特徴を理解するうえでも、便利です。下図では、独立2群のt検定の棄却域と、Bonferroni補正した場合の棄却域を、並べてみました。

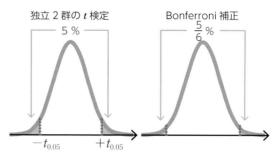

Bonferroni補正を行うことで、棄却域が小さくなりました。例題11.1の場合、棄却域が1/6になりました。図を見ると、かなり小さくなったことが分かります。

② 多重比較の欠点

ここで、多重比較の欠点について触れておきます。多重比較では、多重性の問題をクリアするために、本節のBonferroni補正のように、1回の検定当たりの棄却域を5%より小さくします。これを行わずに多重性をクリアする手段が、存在しないからです。その結果、「独立2群のt検定なら有意差あり」なのに「Bonferroni補正すると有意差なし」ということが起こり得ます。

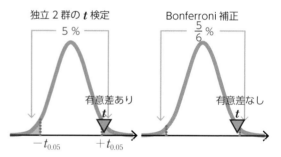

この特徴は、Bonferroni補正に限りません。多重比較の全ての手法において「**多重性の問題をクリアした結果、有意差を見抜く能力が、単独のt検定と比べて、低下してしまう**」という特徴があります。私たちは、多重比較のこの性質を、知識として持っておく必要があります。

多重比較には、多くの種類があります。実践の研究では、実験や調査の設定に合った手法を選ぶ必要があります。例えば、本章で例題にしている「3つ以上の標本の総当たり戦の比較」の場合、Bonferroni補正よりも、次節で紹介するTukey–Kramer法の方が、有意差を見抜く能力が高いことが知られています。

11-6 Tukey-Kramer法

2つめの手法です。本章の主役です。**Tukey-Kramer 法**（Tukey-Kramer test）は **Tukey 法**とか **Tukey の多重比較**とも呼ばれます。「Tukey」は日本語の読み方で「テューキー」です。「Kramer」は「クレイマー」です。英語では **Tukey HSD**（HSD は「honestly significant difference」の略）と表記されることも多いです。Tukey-Kramer 法は、独立2群の t 検定が、多重比較用に改良されています。しかし、検定統計量の基本的な枠組みは、独立2群の t 検定と何ひとつ変わりません。

① Tukey-Kramer法の前提条件

Tukey-Kramer 法の前提条件は、一元配置分散分析と同じです。まず、母集団が**正規分布**に従うことを前提とします。

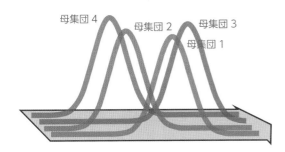

加えて、全ての母集団が等しい母標準偏差 σ をもつ**等分散の仮定**を前提とします。

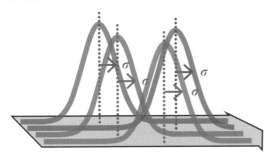

Advice データがこうした前提条件から逸脱している場合、2つの選択肢があります。1つは、正規分布を仮定し、しかし等分散は仮定しない、Games–Howell 法です。もう1つは、正規分布すら仮定しない、ノンパラメトリック統計の Steel–Dwass 法です。これは、第2章で学んだ Wilcoxon–Mann–Whitney 検定を多重比較に拡張した手法です。この2つの手法とも、本書のレベルを超えるため、解説はしていません。もし興味があったら、さらに統計学の学習を続けてください。

② 帰無仮説 H_0 と対立仮説 H_A

Tukey-Kramer 法の帰無仮説 H_0 も、一元配置分散分析と基本的に同じです。「全ての母集団が等しい母平均 μ を持つ」です。

帰無仮説 (H_0)

$$\mu_1 = \mu_2 = \mu_3 = \cdots = \mu_k$$

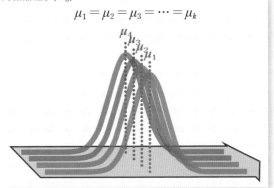

ただし多重比較では、この等式

$$\mu_1 = \mu_2 = \mu_3 = \cdots = \mu_k$$

を分割します。例題 11.1 なら、標本が4つなので、合計6個の等式（細分化された帰無仮説 H_0）に分割し、6個それぞれを個別に調べます。

帰無仮説 (H_0)

$$\mu_1 = \mu_2$$
$$\mu_1 = \mu_3$$
$$\mu_1 = \mu_4$$
$$\mu_2 = \mu_3$$
$$\mu_2 = \mu_4$$
$$\mu_3 = \mu_4$$

この、1つ1つの、細分化された帰無仮説 H_0 を**部分帰無仮説**（subset null hypothesis）と呼びます。部分帰無仮説の集合を**ファミリー**（family）と呼びます。

次いで、対立仮説 H_A です。標本 A と標本 B の対に対する部分帰無仮説を

標本ＡとＢの対に対する部分帰無仮説
$$\mu_A = \mu_B$$

と書くと、これに対応する部分対立仮説は

標本ＡとＢの対に対する部分対立仮説
$$\mu_A \neq \mu_B$$

となります。

多重比較では、標本間の対の1つ1つに対して「**部分帰無仮説が正しいと仮定したときに、得られたデータは十分に起こり得る結果だったか？**」を調べます。この結果を使い、標本間の対の1つ1つに対して、有意差の有無を結論していきます。

③ 検定統計量 q

Tukey–Kramer法の検定統計量には「q」という記号が使われます。q の計算の原理は、基本的に、独立2群の t 検定と同じです。

ただし計算の細部が、1カ所だけ、異なります。母標準偏差 σ の推定法が、異なっています。

Tukey–Kramer法の、標本ＡとＢの対に対する、検定統計量 q の定義を示します。

Tukey–Kramer法の検定統計量 q
$$q_{A-B} = \frac{\overline{x}_A - \overline{x}_B}{\sqrt{MS_{within}}\sqrt{\frac{1}{2}\left(\frac{1}{n_A} + \frac{1}{n_B}\right)}}$$

ここで、$\overline{x}_A$ と $\overline{x}_B$ は比較する標本ＡとＢの標本平均です。MS_{within} は、前章の一元配置分散分析で学んだ誤差平方（群内分散）です。n_A と n_B は、標本ＡとＢの標本サイズです。

本節ではこれ以降、Tukey–Kramer法と独立2群の t 検定の、検定統計量の、類似点と相違点を見ていきます。第8章の復習も兼ねます。

共通点は2つあります。

まず分子を見ます。検定統計量 q も t も、ともに、標本平均の差（$\overline{x}_A - \overline{x}_B$）が分子となります。

Tukey–Kramer法の検定統計量 q
$$q_{A-B} = \frac{\boxed{\overline{x}_A - \overline{x}_B}}{\sqrt{MS_{within}}\sqrt{\frac{1}{2}\left(\frac{1}{n_A} + \frac{1}{n_B}\right)}}$$

独立2群の t 検定のStudentの t
$$t = \frac{\boxed{\overline{x}_A - \overline{x}_B}}{s_p\sqrt{\frac{1}{n_A} + \frac{1}{n_B}}}$$

この成分の意味は「標本平均の差（$\overline{x}_A - \overline{x}_B$）が大きいほど『差がある』ことを確信できる」。

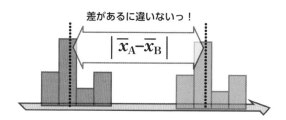

差があるに違いないっ！
$$\left|\overline{x}_A - \overline{x}_B\right|$$

一方「標本平均の差が小さくなるほど『差がある』ことに自信を持てなくなる」という内容です。

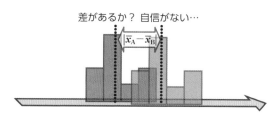

差があるか？ 自信がない…
$\overline{x}_A - \overline{x}_B$

次に、分母を見てみます。

Tukey–Kramer法の検定統計量 q
$$q_{A-B} = \frac{\overline{x}_A - \overline{x}_B}{\sqrt{MS_{within}}\boxed{\sqrt{\frac{1}{2}\left(\frac{1}{n_A} + \frac{1}{n_B}\right)}}}$$

独立2群の t 検定のStudentの t
$$t = \frac{\overline{x}_A - \overline{x}_B}{s_p\boxed{\sqrt{\frac{1}{n_A} + \frac{1}{n_B}}}}$$

検定統計量 q も t も、ともに、標本サイズを使った
$$\sqrt{\frac{1}{n_A} + \frac{1}{n_B}}$$
という成分があります。Tukey–Kramer法の q には

$\sqrt{1/2}$ という係数があります。しかしこれは定数なので、無視して問題ありません。

この成分の意味は「標本サイズ n が大きいほど『差がある』ことに自信を深める」。

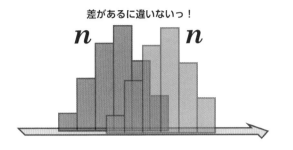

一方、「標本サイズ n が小さくなると『差がある』ことへの自信が薄れていく」という内容です。

次に、検定統計量 q と t の相違点を見てみます。異なるのは、母標準偏差 σ の推定法です。

Tukey–Kramer 法の検定統計量 q

$$q_{A-B} = \frac{\overline{x}_A - \overline{x}_B}{\sqrt{MS_{\text{within}}}\sqrt{\dfrac{1}{2}\left(\dfrac{1}{n_A} + \dfrac{1}{n_B}\right)}}$$

独立 2 群の t 検定の Student の t

$$t = \frac{\overline{x}_A - \overline{x}_B}{s_p\sqrt{\dfrac{1}{n_A} + \dfrac{1}{n_B}}}$$

独立 2 群の t 検定では、合算標準偏差 s_p を使って母標準偏差 σ を推定します。Tukey–Kramer 法では、一元配置分散分析で学んだ誤差平均平方（群内分散）MS_{within} の平方根を使って、母標準偏差 σ を推定します。

ただし、2 つとも目的は同じで「母標準偏差 σ の推定」です。この成分の意味は「観測値が狭い範囲に集中して、散らばりが小さければ『差がある』ことに自信が持てる。」

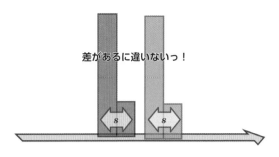

一方、「散らばりが大きいと『差があるのかどうか明確な判断が難しい』という状況に陥る」です。

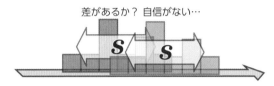

Tukey–Kramer 法と独立 2 群の t 検定の、σ の推定法の違いを、確認しておきます。例題 11.1 の、サプリ 1 とサプリ 2 の比較を行うことを考えます。

独立 2 群の t 検定の σ の推定法を見てみます。標本サイズは $n=5$ と $n=4$ です。そこで、合計 9 個の偏差があります。

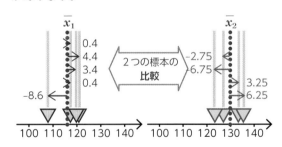

そこで、母標準偏差 σ を推定するために、この 9 個の偏差を使います。

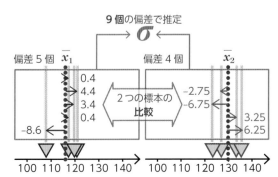

要点をまとめます。「**2つの標本を比較する時、当然、その2つの標本を使って、母標準偏差 σ を推定する**」です。

念のため、具体的な計算をしておきます。9個の偏差を、全て2乗して、合計して、偏差平方和 SS_p を得ます。

$$SS_p = (0.4)^2 + (4.4)^2 + (3.4)^2 + (0.4)^2 + (-8.6)^2 \\ + (-2.75)^2 + (-6.75)^2 + (3.25)^2 + (6.25)^2 \\ = 207.95$$

次に自由度です。偏差は全部で**9個**です。偏差の起点に標本平均を2つ使っています。そこで自由度は

$$df_p = 9 - 2 = 7$$

です。合算分散は

$$s_p{}^2 = \frac{SS_p}{df_p} = \frac{207.95}{7} = 29.7071\cdots$$

です。この平方根を計算すれば、母標準偏差 σ の推定値となる合算標準偏差 s_p が得られます。

$$s_p = \sqrt{s_p{}^2} = \sqrt{29.7071\cdots} = 5.45042\cdots$$

次に、Tukey–Kramer 法の σ の推定を見てみます。ここでも、サプリ1とサプリ2の比較を考えます。

Tukey–Kramer 法では、母標準偏差 σ の推定を行う際、残りの標本、サプリ3もサプリ4も参照するのが特徴です。

というのも、Tukey–Kramer 法では、比較する全ての母集団で「母標準偏差 σ が等しい」と仮定しているからです。そこで、全ての標本の偏差

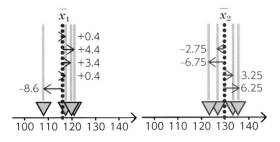

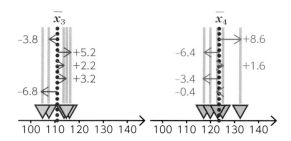

が、母標準偏差 σ の推定に役立ちます。要点は「**母標準偏差 σ を推定するために、全ての標本を活用する！**」です。偏差の数は、サプリ1で5個、サプリ2で4個、サプリ3で5個、サプリ4で5個です。合計19個です。

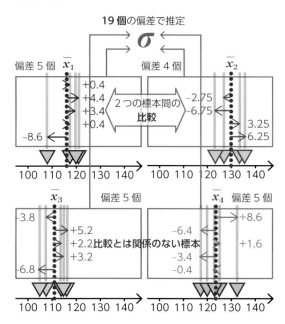

独立2群の t 検定では9個の偏差を使いましたが、それより多い19個の偏差を使うことで、母標準偏差 σ の推定の精度が上がります。

具体的な計算をしておきます。全部で19個の偏差を、全て2乗して、合計して、偏差平方和 SS_{within} を得ます。

$$SS_{within} = (0.4)^2 + (4.4)^2 + (3.4)^2 + (0.4)^2 \\ + (-8.6)^2 + (-2.75)^2 + (-6.75)^2 + (3.25)^2 \\ + (6.25)^2 + (-3.8)^2 + (5.2)^2 + (2.2)^2 + (3.2)^2 \\ + (-6.8)^2 + (8.6)^2 + (-6.4)^2 + (1.6)^2 + (-3.4)^2 \\ + (-0.4)^2 \\ = 439.95$$

次に、自由度 df_{within} です。偏差は全部で19個です。偏差の起点に標本平均を4つ使っています。そこで

$df_{\text{within}} = 19 - 4 = 15$

となります。誤差平均平方（群内分散）MS_{within} は、

$$MS_{\text{within}} = \frac{SS_{\text{within}}}{df_{\text{within}}} = \frac{439.95}{15} = 29.33$$

です。この平方根が、母標準偏差 σ の推定値を与えます。

$$\sqrt{MS_{\text{within}}} = \sqrt{29.33} = 5.41571\cdots$$

このように、母標準偏差 σ の推定において、比較する2つの標本だけではなく、他の標本の情報も全て使うのが、Tukey–Kramer 法の特徴です。これによって、より精度の高い母標準偏差 σ の推定が可能になります。σ の推定の精度が高まれば、より適切な「有意差の有無」の判断を行えます。

11-7　Tukey–Kramer 法の計算

本節では、例題11.1を使い、Tukey–Kramer 法の実際の計算手順を紹介します。

① 対戦表

Tukey–Kramer 法は、計算は簡単ですが、量が多いです。計算のミスを防ぐため、かつ、計算の全体像を見やすくするため、本書では、節 **11–3** で作った対戦表に情報をまとめていきます。

	サプリ 2 129.75	サプリ 4 123.4	サプリ 1 116.6	サプリ 3 110.8
サプリ 2 129.75				
サプリ 4 123.4				
サプリ 1 116.6				
サプリ 3 110.8				

② 検定統計量 q の分子

検定統計量 q の分子を計算します。分子は、各標本の標本平均の差です。

Tukey–Kramer 法の検定統計量 q

$$q_{\text{A}-\text{B}} = \frac{\overline{x}_{\text{A}} - \overline{x}_{\text{B}}}{\sqrt{MS_{\text{within}}}\sqrt{\dfrac{1}{2}\left(\dfrac{1}{n_{\text{A}}} + \dfrac{1}{n_{\text{B}}}\right)}}$$

6つの引き算をします。

$\overline{x}_2 - \overline{x}_4 = 129.75 - 123.4 = 6.35$

$\overline{x}_2 - \overline{x}_1 = 129.75 - 116.6 = 13.15$

$\overline{x}_2 - \overline{x}_3 = 129.75 - 110.8 = 18.95$

$\overline{x}_4 - \overline{x}_1 = 123.4 - 116.6 = 6.8$

$\overline{x}_4 - \overline{x}_3 = 123.4 - 110.8 = 12.6$

$\overline{x}_1 - \overline{x}_3 = 116.6 - 110.8 = 5.8$

この結果を、対戦表に書き込んでおきます。

	サプリ 2 129.75	サプリ 4 123.4	サプリ 1 116.6	サプリ 3 110.8
サプリ 2 129.75		6.35	13.15	18.95
サプリ 4 123.4			6.8	12.6
サプリ 1 116.6				5.8
サプリ 3 110.8				

③ 検定統計量 q の分母

検定統計量 q の分母を計算します。

Tukey–Kramer 法の検定統計量 q

$$q_{\text{A}-\text{B}} = \frac{\overline{x}_{\text{A}} - \overline{x}_{\text{B}}}{\sqrt{MS_{\text{within}}}\sqrt{\dfrac{1}{2}\left(\dfrac{1}{n_{\text{A}}} + \dfrac{1}{n_{\text{B}}}\right)}}$$

分母の計算は、標本サイズ n の組み合わせに応じて、異なる計算をします。例題11.1では、$n = 5$ の標本が3つ、$n = 4$ の標本が1つです。そこで

$n_{\text{A}} = 5, \quad n_{\text{B}} = 5$

の場合の

$$\sqrt{MS_{\text{within}}}\sqrt{\frac{1}{2}\left(\frac{1}{n_A}+\frac{1}{n_B}\right)}$$

$$=5.41571\cdots\times\sqrt{\frac{1}{2}\left(\frac{1}{5}+\frac{1}{5}\right)}=2.42198\cdots$$

と

$$n_A=4,\quad n_B=5$$

の場合の

$$\sqrt{MS_{\text{within}}}\sqrt{\frac{1}{2}\left(\frac{1}{n_A}+\frac{1}{n_B}\right)}$$

$$=5.41571\cdots\times\sqrt{\frac{1}{2}\left(\frac{1}{4}+\frac{1}{5}\right)}=2.56890\cdots$$

と、2つのケースで計算をしておきます。この計算結果を、対戦表の中段に書き込んでおきます。

	サプリ2 129.75	サプリ4 123.4	サプリ1 116.6	サプリ3 110.8
サプリ2 129.75		6.35 2.56890…	13.15 2.56890…	18.95 2.56890…
サプリ4 123.4			6.8 2.42198…	12.6 2.42198…
サプリ1 116.6				5.8 2.42198…
サプリ3 110.8				

4 検定統計量 q

最後の計算です。分子を分母で割り、検定統計量 q を計算します。計算は簡単です。対戦表の上段の数値を中段の数値で割るだけです。個々の計算は

$$q_{2-4}=\frac{6.35}{2.56890\cdots}=2.47187\cdots$$

$$q_{2-1}=\frac{13.15}{2.56890\cdots}=5.11892\cdots$$

$$q_{2-3}=\frac{18.95}{2.56890\cdots}=7.37669\cdots$$

$$q_{4-1}=\frac{6.8}{2.42198\cdots}=2.80761\cdots$$

$$q_{4-3}=\frac{12.6}{2.42198\cdots}=5.20234\cdots$$

$$q_{1-3}=\frac{5.8}{2.42198\cdots}=2.39473\cdots$$

です。結果を、対戦表に書き込み、これで計算は終了です。

	サプリ2 129.75	サプリ4 123.4	サプリ1 116.6	サプリ3 110.8
サプリ2 129.75		6.35 2.56890… 2.47187…	13.15 2.56890… 5.11892…	18.95 2.56890… 7.37669…
サプリ4 123.4			6.8 2.42198… 2.80761…	12.6 2.42198… 5.20234…
サプリ1 116.6				5.8 2.42198… 2.39473…
サプリ3 110.8				

5 臨界値 $q_{0.05}(k, df_{\text{within}})$

検定統計量 q の計算を終えたら、臨界値 $q_{0.05}(k, df_{\text{within}})$ と大小を比較します。臨界値 $q_{0.05}(k, df_{\text{within}})$ の値は、**付表5**（p.326参照）にあります。臨界値 $q_{0.05}(k, df_{\text{within}})$ を知るために必要な情報は、誤差平均平方（群内分散）MS_{within} の自由度 df_{within} と、比較する標本の数（群数）の k です。例題11.1の場合、自由度は

$$df_{\text{within}}=19-4=15$$

です。標本の数は

$$k=4$$

です。そこで

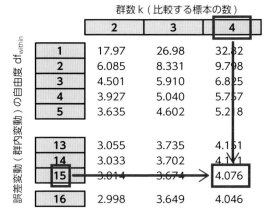

	群数 k（比較する標本の数）		
誤差変動（群内変動）の自由度 df_{within}	2	3	4
1	17.97	26.98	32.82
2	6.085	8.331	9.798
3	4.501	5.910	6.825
4	3.927	5.040	5.757
5	3.635	4.602	5.218
13	3.055	3.735	4.151
14	3.033	3.702	4.111
15	3.014	3.674	4.076
16	2.998	3.649	4.046

となります。もしデータから得た q の絶対値が、この値

$$q_{0.05}(4, 15)=4.076$$

より大きければ

$$q_{0.05}(4, 15)<|q|$$

部分帰無仮説である $\mu_A=\mu_B$ を棄却し、統計的に有意な差（$P<0.05$）があると判断します。

Advice 一部の読者は、この時点で「Bonferroni補正のときに行ったような、多重性の問題をクリアするための作業は必要ないのだろうか？」と不思議に感じるかもしれません。そこは、安心してください。臨界値の数値は、FWER（全体としての有意水準）が5%を超えないように調整された数値となっています。

対戦表に、この結果を書き込みます。有意水準5%で有意差がある場合、アスタリスク1個「*」を付けておきます。

Advice 統計解析の結果を示すとき、アスタリスクを使った結果の表示を行うことがあります。慣習的なスタイルは、「*」は有意水準5%での有意差あり、

	サプリ2 129.75	サプリ4 123.4	サプリ1 116.6	サプリ3 110.8
サプリ2 129.75		6.35 2.56890… 2.47187…	13.15 2.56890… 5.11892*	18.95 2.56890… 7.37669*
サプリ4 123.4			6.8 2.42198… 2.80761…	12.6 2.42198… 5.20234*
サプリ1 116.6				5.8 2.42198… 2.39473…
サプリ3 110.8				

「**」は有意水準1%での有意差あり、「***」は有意水準0.1%での有意差あり、です。

11–8 Tukey–Kramer 法の手順（まとめ）

Tukey–Kramer 法の手順をまとめます。

STEP1

検定統計量 q の計算に必要な数値を計算する。

[1] 群数（比較する標本の数）
$$k$$

[2] 標本平均
$$\overline{x}_1,\ \overline{x}_2,\ \overline{x}_3,\ \cdots,\ \overline{x}_k$$

[3] 標本サイズ
$$n_1,\ n_2,\ n_3,\ \cdots,\ n_k$$

[4] 観測値の総数
$$N = n_1 + n_2 + n_3 + \cdots + n_k$$

[5] 誤差平均平方（群内分散）の平方根
$$\sqrt{MS_{\mathrm{within}}} = \sqrt{\frac{\sum_{j=1}^{k}\sum_{i=1}^{n_j}(x_{ji} - \overline{x}_j)^2}{N - k}}$$

[6] 誤差平均平方（群内分散）の自由度
$$df_{\mathrm{within}} = N - k$$

STEP2

全ての標本の対に対して、検定統計量 q を計算する
$$q_{\mathrm{A-B}} = \frac{\overline{x}_{\mathrm{A}} - \overline{x}_{\mathrm{B}}}{\sqrt{MS_{\mathrm{within}}}\sqrt{\frac{1}{2}\left(\frac{1}{n_{\mathrm{A}}} + \frac{1}{n_{\mathrm{B}}}\right)}}$$

STEP3

数表で、上側確率5%（有意水準5%）
$$\alpha = 0.05$$
と、群数（比較する標本の数）
$$k$$
と、誤差平均平方（群内分散）の自由度
$$df_{\mathrm{within}} = N - k$$
から、臨界値
$$q_{0.05}\,(k,\ df_{\mathrm{within}})$$
を読み取る

STEP4

数表から得た臨界値 $q_{0.05}(k, df_{\mathrm{within}})$ と、実験や調査から得た検定統計量 q を比較し、以下の不等式が成立していれば「統計的に有意な差が認められた（$P<0.05$）」と結論する。
$$q_{0.05}\,(k,\ df_{\mathrm{within}}) < |q|$$
この不等式が満たされなければ「統計的に有意な差は認められなかった」と結論する。

アルファベットの割り当て

有意差の有無を示すアルファベットの割り当ては、比較する標本の数が3つ程度なら、試行錯誤的に簡単に行えます。しかし、それ以上であると、面倒ではあっても、確実な方法が必要になります。本節では、新たな例を使い、手順を説明します。

① 割り当ての方法

標本Aから標本Fまでの6つの標本を、Tukey–Kramer法で検定したとします。前節までの方法に準じた方法を行います。赤い矢印の方向に沿って、標本平均が**降順**に並んでいます。

降順 →

	標本D	標本B	標本F	標本A	標本C	標本E
標本D						
標本B						
標本F						
標本A						
標本C						
標本E						

Tukey–Kramer法の結果が、以下のようになったとします。ここで「5%有意」と書かれた升目では、有意水準5%で有意差があります。一方「ns」と書かれた升目では有意差がありません。nsは「not significant（有意差なし）」の略号です。

降順 →

	標本D	標本B	標本F	標本A	標本C	標本E
標本D		ns	5%有意	5%有意	5%有意	5%有意
標本B			ns	ns	5%有意	5%有意
標本F				ns	ns	5%有意
標本A					ns	5%有意
標本C						ns
標本E						

次に、この対戦表に、升目を追加します。「標本A vs. 標本A」といった形の、同じ標本同士の対戦となる升目を加えます。対戦表の対角線を構成する升目です。

降順 →

	標本D	標本B	標本F	標本A	標本C	標本E
標本D	D vs D	ns	5%有意	5%有意	5%有意	5%有意
標本B		B vs B	ns	ns	5%有意	5%有意
標本F			F vs F	ns	ns	5%有意
標本A				A vs A	ns	5%有意
標本C					C vs C	ns
標本E						E vs E

そして、有意差のある升目以外を空欄にします。

降順 →

	標本D	標本B	標本F	標本A	標本C	標本E
標本D			5%有意	5%有意	5%有意	5%有意
標本B					5%有意	5%有意
標本F						5%有意
標本A						5%有意
標本C						
標本E						

この対戦表の、左上端を起点にして、右下端を終点とします。

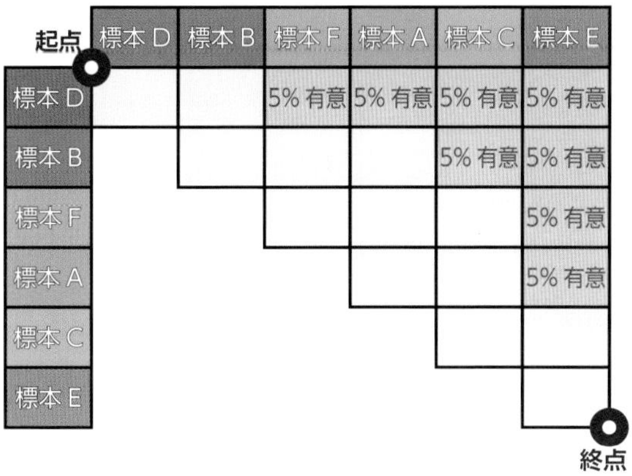

起点	標本D	標本B	標本F	標本A	標本C	標本E
標本D			5%有意	5%有意	5%有意	5%有意
標本B					5%有意	5%有意
標本F						5%有意
標本A						5%有意
標本C						
標本E						

（右下端に 終点）

起点から終点まで、階段状の線を引きます。この際、有意差のある升目と、空欄の升目の、境界線を縁取るように線を引きます。

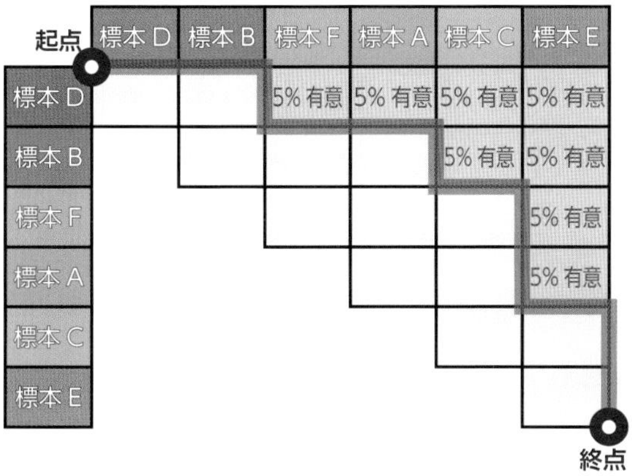

起点	標本D	標本B	標本F	標本A	標本C	標本E
標本D			5%有意	5%有意	5%有意	5%有意
標本B					5%有意	5%有意
標本F						5%有意
標本A						5%有意
標本C						
標本E						

（右下端に 終点）

こうして引いた線のうち、必要なのは、垂直方向の線分だけです。

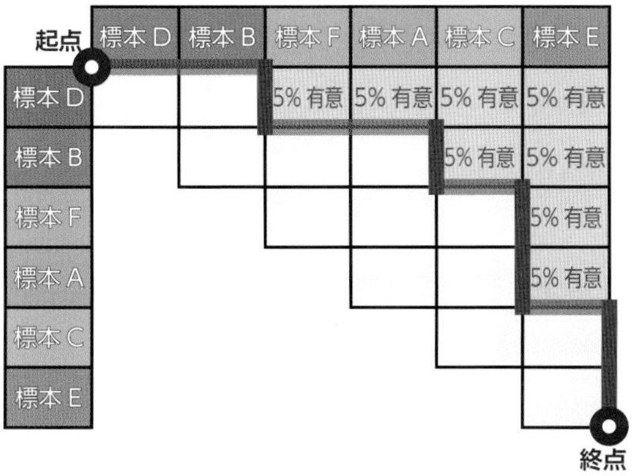

起点	標本D	標本B	標本F	標本A	標本C	標本E
標本D			5%有意	5%有意	5%有意	5%有意
標本B					5%有意	5%有意
標本F						5%有意
標本A						5%有意
標本C						
標本E						

（右下端に 終点）

これで準備が終了しました。次に、アルファベットを割り当てていきます。

最初の縦の線分の左側にある空欄に a と書き込みます。

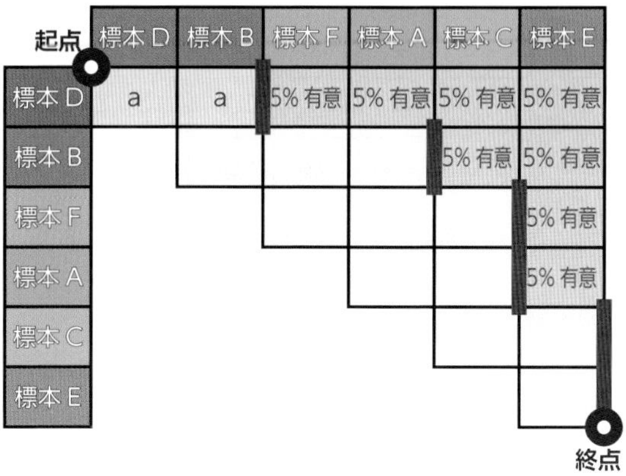

起点	標本D	標本B	標本F	標本A	標本C	標本E
標本D	a	a	5%有意	5%有意	5%有意	5%有意
標本B					5%有意	5%有意
標本F						5%有意
標本A						5%有意
標本C						
標本E						

（右下端に 終点）

2番目の縦の線分の左側を、b で埋めます。

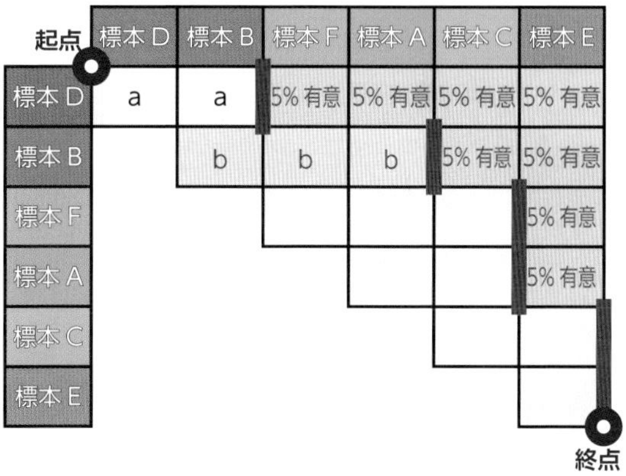

起点	標本D	標本B	標本F	標本A	標本C	標本E
標本D	a	a	5%有意	5%有意	5%有意	5%有意
標本B		b	b	b	5%有意	5%有意
標本F						5%有意
標本A						5%有意
標本C						
標本E						

（右下端に 終点）

3番目の縦の線分の左側を、c で埋めます。

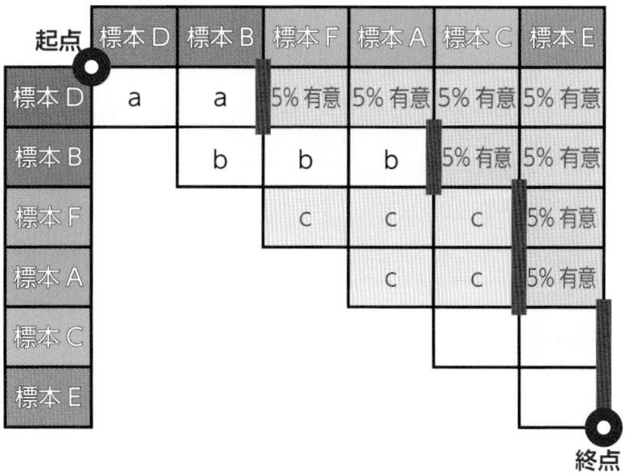

起点	標本D	標本B	標本F	標本A	標本C	標本E
標本D	a	a	5%有意	5%有意	5%有意	5%有意
標本B		b	b	b	5%有意	5%有意
標本F			c	c	c	5%有意
標本A				c	c	5%有意
標本C						
標本E						

（右下端に 終点）

4番目の縦の線分の左側を、d̰で埋めます。

起点	標本D	標本B	標本F	標本A	標本C	標本E
標本D	a	a	5%有意	5%有意	5%有意	5%有意
標本B		b	b	b	5%有意	5%有意
標本F			c	c	c	5%有意
標本A				c	c	5%有意
標本C					d	d
標本E						d

次に、集計していきます。左端の標本Dから始めます。標本Dの下にはa̰だけがあります。そこで、標本Dに割り当てるアルファベットはa̰です。

	a					
起点	標本D	標本B	標本F	標本A	標本C	標本E
標本D	a	a	5%有意	5%有意	5%有意	5%有意
標本B		b	b	b	5%有意	5%有意
標本F			c	c	c	5%有意
標本A				c	c	5%有意
標本C					d	d
標本E						d

標本Bの下にあるのはa̰とb̰です。そこで、割り当てるアルファベットはa̰b̰です。

	a	ab				
起点	標本D	標本B	標本F	標本A	標本C	標本E
標本D	a	a	5%有意	5%有意	5%有意	5%有意
標本B		b	b	b	5%有意	5%有意
標本F			c	c	c	5%有意
標本A				c	c	5%有意
標本C					d	d
標本E						d

標本Fの下にあるのはb̰とc̰です。そこで、割り当てるアルファベットはb̰c̰です。

	a	ab	bc			
起点	標本D	標本B	標本F	標本A	標本C	標本E
標本D	a	a	5%有意	5%有意	5%有意	5%有意
標本B		b	b	b	5%有意	5%有意
標本F			c	c	c	5%有意
標本A				c	c	5%有意
標本C					d	d
標本E						d

標本Aの下にあるのはb̰とc̰です。そこで、割り当てるアルファベットはb̰c̰です。

	a	ab	bc	bc		
起点	標本D	標本B	標本F	標本A	標本C	標本E
標本D	a	a	5%有意	5%有意	5%有意	5%有意
標本B		b	b	b	5%有意	5%有意
標本F			c	c	c	5%有意
標本A				c	c	5%有意
標本C					d	d
標本E						d

以下、同様にして

a	ab	bc	bc	cd	d
標本D	標本B	標本F	標本A	標本C	標本E

となります。

例題11.1なら、以下のようになります。

	a	ab	bc	c
起点	サプリ2	サプリ4	サプリ1	サプリ3
サプリ2	a	a	5%有意	5%有意
サプリ4		b	b	5%有意
サプリ1			c	c
サプリ3				c

Advice「なぜ、この方法で適切にアルファベットを割り当てられるのか？」を不思議に感じる読者がいるかもしれません。その場合は、自分なりに試行錯誤して、自分なりのアルファベットの割り当て方を作ってみてください。そのうえで、本節の方法を改めて見直してみることです。本質的に、まったく同じことをしていることに気付くはずです。

② アルファベットの役割（まとめ）

前節では、標本Aから標本Fまで、6つの標本を例にして、アルファベットを割り当てました。

本節では、改めて、アルファベットを付けることの意味を見直してみます。

この6標本の比較では、全部で15回の検定からなる総当たり戦を行いました。そこで、合計15個の、「有意差あり ($P<0.05$)」もしくは「有意差なし」という検定結果を得ます。

	標本D	標本B	標本F	標本A	標本C	標本E
標本D		ns	5% 有意	5% 有意	5% 有意	5% 有意
標本B			ns	ns	5% 有意	5% 有意
標本F				ns	ns	5% 有意
標本A					ns	5% 有意
標本C						ns
標本E						

この15回の検定結果は、上のような対戦表にまとめると、紙面のスペースを使います。ところが、ひとたび、アルファベットを割り当ててしまうと

標本と標本の対の間に「共通するアルファベットはあるか？」を確認するだけで、15回分の検定結果の全てを知ることができます。

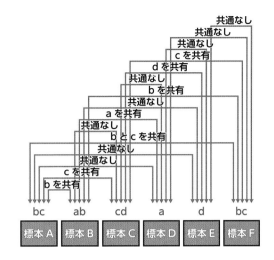

アルファベットの表記はコンパクトで、スペースをとりません。それなのに、15回分の検定結果の全てを教えてくれます。

アルファベットの役割は、これだけではありません。アルファベットは、標本平均の順位に対しても、分かりやすく情報をまとめてくれます。アルファベットを割り当てたら、まず全体を見通してください。

すると、アルファベットは「a, b, c, d」の4つであることが分かります。そこで、この6つの標本が、4つのグループに分類されたことが分かります。

標本平均 が最も高いグループを知りたければ、aを探せばよいです。

逆に、標本平均 が最も低いグループを知りたければ、dを探せばよいです。

11章 多重比較

中間のグループも見ておきます。2番手のグループは、bを探します。

2位のグループ

bc	ab	cd	a	d	bc
標本 A	標本 B	標本 C	標本 D	標本 E	標本 F

3番手のグループは、cを探します。

3位のグループ

bc	ab	cd	a	d	bc
標本 A	標本 B	標本 C	標本 D	標本 E	標本 F

多重比較の結果をアルファベットを使って表記する方法は、慣れれば、とても便利な道具となります。ただし、初めて学ぶときには、その便利さを実感できないかもしれません。その場合は、徐々に時間をかけて、この表記のスタイルに慣れてください。

11–10　練習問題 V

問　例題11.2のニジマスのデータを使い、多重比較のTukey–Kramer法を行いなさい。

飼料 1	飼料 2	飼料 3	飼料 4
3.10	2.76	3.19	2.84
3.14	2.88	3.13	2.72
3.07	2.88	3.45	2.61
3.20	3.08	3.34	2.65
2.84	2.93		2.61

moonrise / stock.adobe.com

2つの変数 x と y の間の関係

第III部では、1つの変数 x を扱いました。第IV部では、2つの変数 x と y の間の関係を調べます。2つの分析手法を学びます。

1つめの手法は相関分析です。x が上昇するに従い、y が上昇もしくは低下していく傾向を示すとき、この関係を**相関**と呼びます。第12章では、相関の有無を判断するために重要な**相関係数 r** の計算の仕組みを学びます。

2つめの手法は単回帰分析です。単回帰分析は、x と y の間に直線的な関係があるとき、x と y の関係をシンプルに要約する直線を引く手法です。第13章では、この直線の傾きや y –切片の決まり方を学びます。次に、回帰直線のデータへの当てはまりの良さの指標として、決定係数を学びます。

12章 相関分析

本書では、これまで、1つの変数 x を調べる方法（平均の比較）を解説してきました。例えば、コレステロール値を調べるときは、t 検定でも一元配置分散分析でも、コレステロール値という1つの変数 x に着目してきました。本章と次章では、2つの変数、x と y、の関係を調べる手法の基礎を学びます。x が上昇すると、y が上昇したり低下する直線的な変化がある場合「相関がある」と表現します。相関の有無や強弱の客観的な評価を行うのが、相関係数 r です。相関係数 r を理解するには、共分散 s_{xy} を学ぶ必要があります。本章の前半では、r と s_{xy} の計算の仕組みについて、定性的な理解を目指します。そして、相関の有無を調べる検定を学びます。後半では、2つの内容を学びます。1つめ。相関係数 r の苦手な状況を学びます。そして、それに対処するための2つの方法、対数変換と、Spearman の順位相関係数を学びます。2つめ。相関分析の学習で重要な「相関は因果関係の証明にはならない」という内容を学びます。

12-1　例題12：2つの変数の関係は？

1 例題12.1：かき氷の売上と気温

かき氷の売上を左右する要因を調べるとします。いろいろな要因が思い浮かびますが、誰でも思いつくのは、気温です。おそらく、かき氷は、寒い日には売れず、暑い日に売れそうです。

Photo by iStock

これを確認するために、とある甘味処で、晩春から秋までの週末の売上と、その日の日最高気温を記録したとします。合計で16個の（**日最高気温**, **売上**）

という**観測値の対**を得たとします。

日最高気温	売上
28.1	2.55
32.3	3.65
28.8	3.00
29.9	3.15
26.9	2.20
27.2	2.30
23.6	1.50
24.4	1.90

35.2	4.70
29.1	2.10
28.0	1.85
26.6	1.75
23.6	1.95
29.3	2.85
22.9	0.95
32.1	3.65

ここでの疑問は「**日最高気温が高くなると、売上が増える傾向はあるのか？**」です。

2 例題12.2：ホタルと農薬

ホタルを研究対象にする生態学者がいたとします。

上：花火 / PIXTA(ピクスタ)，下：バック / PIXTA(ピクスタ)

この生態学者が、ホタルの生息数に与える、水田での農薬散布量の影響を調べたとします。16個の小さな集水域を選び、農薬の散布量を調べたとします。と同時に、隣接する小川に捕獲器を設置し、ホタルの幼虫の数を数えたとします。その結果、**(農薬散布量, 捕獲したホタルの幼虫の数)** という、16個の**観測値の対**を得たとします。

農薬散布	ホタルの数		
1.0	10	1.6	7
0.7	15	0.6	14
0.1	32	0.8	14
1.6	6	2.2	0
0.9	13	0.2	19
1.4	4	0.3	16
1.2	7	1.1	5
0.9	14	1.5	1

この調査での疑問は「農薬散布が増えると、生息するホタルの数は減る傾向があるのか？」です。

12-2 新しい記号：(x_i, y_i)

記号について説明します。相関分析では、2つの観測値があり、対を作っています。一方をxとし、一方をyとします。

Advice 相関分析では、どちらをxにしても、yにしても、問題ありません。どちらでも、同じ結論が得られます。一方、次章の単回帰分析では、xとyを入れ替えると、結果が変わります。

xとyの対を(x_i, y_i)と表記します。ここでiは
$$i = 1, 2, 3, \cdots, n$$
です。nは対(x_i, y_i)の数、標本サイズです。

例題12.1を見ます。(x_i, y_i)の数、標本サイズnは
$$n = 16$$
です。x_iとy_iは

日最高気温		売上					
x_1	28.1	y_1	2.55	x_9	35.2	y_9	4.70
x_2	32.3	y_2	3.65	x_{10}	29.1	y_{10}	2.10
x_3	28.8	y_3	3.00	x_{11}	28.0	y_{11}	1.85
x_4	29.9	y_4	3.15	x_{12}	26.6	y_{12}	1.75
x_5	26.9	y_5	2.20	x_{13}	23.6	y_{13}	1.95
x_6	27.2	y_6	2.30	x_{14}	29.3	y_{14}	2.85
x_7	23.6	y_7	1.50	x_{15}	22.9	y_{15}	0.95
x_8	24.4	y_8	1.90	x_{16}	32.1	y_{16}	3.65

となります。

12-3 正の相関と負の相関

xとyの間にある、直線的に、互いに関係がある傾向を、**相関**（correlation）と呼びます。かき氷とホタルを具体例に見てみます。

相関を調べるために、最初にすべきことは図の作成です。かき氷の例題なら、日最高気温をx軸（横軸）にして、かき氷の売上をy軸（縦軸）にします。こ

の図を**散布図**（scatter plot）と呼びます。

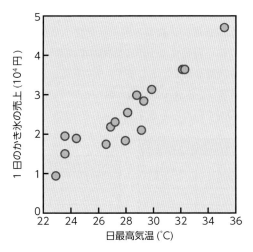

散布図を作ると、この2つの観測値の関係を、視覚的に観察できます。

この図を見ると、日最高気温が高くなるほど、かき氷の売上が増える傾向が分かります。日最高気温と売上の関係はざっくりと「直線状」と言えそうな関係になっています。こうした関係を、**正の相関**（positive correlation）と呼びます。

次に、ホタルの例題を見てみます。農薬散布量をx軸にして、ホタルの幼虫の捕獲数をy軸にします。

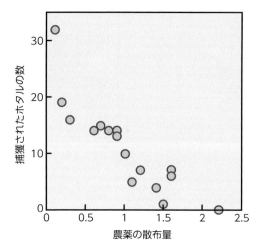

農薬の散布が増えるほど、ホタルの数が低下する傾向が分かります。農薬散布とホタルの数の関係は「直線的」と言ってしまうと言い過ぎですが、明瞭な関係を示しています。この関係を**負の相関**（negative correlation）と呼びます。

12-4　強い相関と弱い相関

相関には「正」と「負」だけではなく、「強い」と「弱い」があります。強い相関の例を示します。

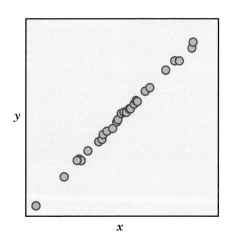

強い相関があるときは、点 (x_i, y_i) が、1つの直線に向かって、集中する傾向があります。

次いで、弱い相関の例を示します。

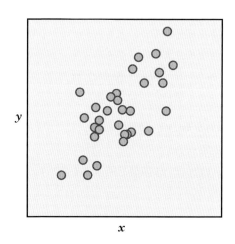

弱い相関のときは、点 (x_i, y_i) はかなり散らばっています。しかしそれでも、x が大きくなると、y も大きくなる傾向が見られます。

最後に、相関がまったくない例を示します。**無相関**

（no correlation）と呼ばれる状態です。

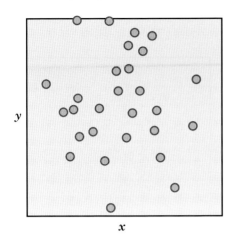

この場合、点 (x_i, y_i) は完全に散らばり、x と y の間には何の傾向も見つかりません。

このように、x と y の間には、相関があったりなかったり、相関が強かったり弱かったりします。私たちは、相関の有無や正負、強弱を評価する客観的な基準を必要とします。

この客観的基準が、本章の主役である**相関係数**（correlation coefficient）です。正確には **Pearson の積率相関係数**（Pearson product-moment correlation coefficient）と呼びます。Pearson は「ピアソン」です。実験や調査の結果から得る数値ですから、**標本相関係数**（sample correlation coefficient）と呼ばれることもあります。ただし、一般には、単に「相関係数」と呼ばれることがほとんどです。本書でも、単に「相関係数」と呼ぶときは「Pearson の積率相関係数（標本相関係数）」を意図しています。

12–5 相関係数 r の性質

相関係数は記号に小文字の「r」を使います。計算の詳細は、次節以降で説明します。ここでは、簡単に表記した定義だけを紹介しておきます。相関係数 r は、3つの成分からなる分数です。

Pearson の積率相関係数 r

$$r = \frac{s_{xy}}{s_x s_y}$$

分母の s_x と s_y は、それぞれ、x と y の標本標準偏差です。この2つは、第4章で学んだ通りに計算すれば得られます。本章で新しく学ぶのは、分子にある s_{xy} です。これを**標本共分散**（sample covariance）と呼びます。これを次節で学びます。

本節では、まず、相関係数 r の性質だけを説明します。知識として、身につけてください。ただし大半の読者にとって、高校で学習済みの内容だと思います。

相関係数 r は、相関の正負や強弱によって、-1 から $+1$ までの値をとります。

最高値は $+1$ です。完全な正の相関があるときに、相関係数は $r = +1$ になります。このとき、全ての点 (x_i, y_i) が1本の直線の上に乗ります。

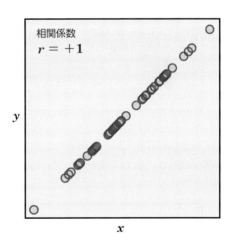

点 (x_i, y_i) が散らばり始めると、相関係数は少しずつゼロに向かって低下し始めます。

$r=+0.9$では、点 (x_i, y_i) は若干散らばります。しかし、明瞭な正の相関があります。

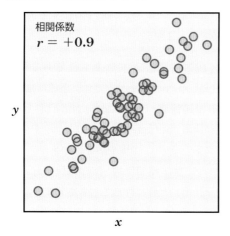

さらに$r=+0.5$まで低下すると、点 (x_i, y_i) がかなり散らばります。しかしわずかに、xが上昇すればyも上昇する傾向が確認できます。

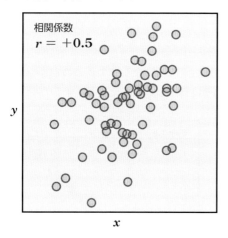

そして、完全に相関を失い、**無相関**の状態になると、相関係数rはゼロ、もしくはゼロ付近の小さな値を示します。

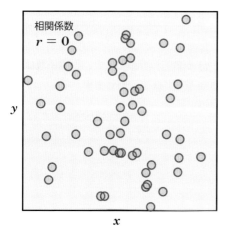

相関係数rがゼロを超えて、負の値を示すようになると、負の相関が現れてきます。$r=-0.5$では、わずかに負の傾向が見えるようになります。

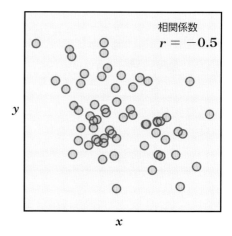

$r=-0.9$になると、明瞭な負の相関が見えてきます。

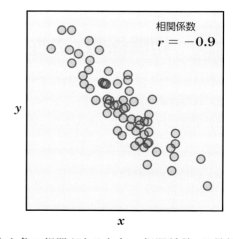

完全な負の相関があるとき、相関係数rは最低値$r=-1$となります。

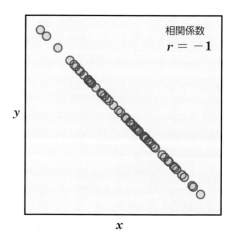

以上をまとめます。相関係数rは、相関の正負と強

弱を－1から＋1までの客観的な数値にして、私たちに教えてくれます。

相関係数rの性質

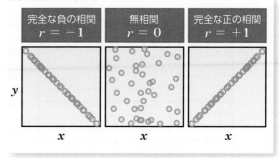

完全な負の相関 $r = -1$	無相関 $r = 0$	完全な正の相関 $r = +1$

12-6　標本共分散 s_{xy}

本節では、相関係数rにおいて中心的な役割を果たす、標本共分散s_{xy}を学びます。定義は

標本共分散 s_{xy}

$$s_{xy} = \frac{\sum_{i=1}^{n}(x_i - \overline{x})(y_i - \overline{y})}{n - 1}$$

です。**標本共分散s_{xy}は、相関の強弱や正負によって、その数値を変化させます。相関分析において、最も重要な計算です。**

以下、この計算のステップを、1つずつ見ていきます。

理解を容易にするため、無相関の場合での計算を見るところから始めます。

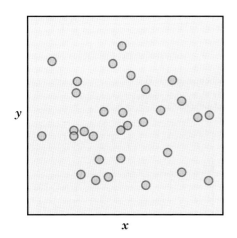

① 偏差の積

標本共分散s_{xy}の計算では、まず最初に、xとyの偏差の積$(x_i - \overline{x})(y_i - \overline{y})$を計算します。

標本共分散の計算（その1）　偏差の積

$$s_{xy} = \frac{\sum_{i=1}^{n}(x_i - \overline{x})(y_i - \overline{y})}{n - 1}$$

偏差の起点には、xとyの標本平均、$\overline{x}$と$\overline{y}$を使います。

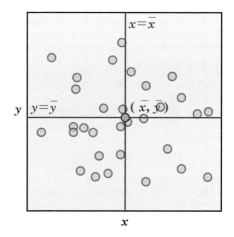

2つの直線

$x = \overline{x}$

$y = \overline{y}$

によって、図は4分割されます。この2つの直線を、新しい縦軸と横軸と見なし、4つの領域を右上から反時計まわりに「第1象限」「第2象限」「第3象限」「第4象限」と呼んでおきます。偏差の積$(x_i - \overline{x})(y_i - \overline{y})$の計算では、この4つを区別すると、計算の仕組みを理解しやすくなります。

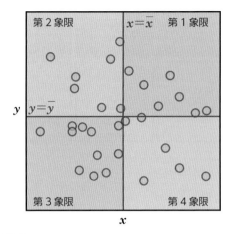

Advice 「第1象限」から「第4象限」といった用語
は、本来は、2つの直線

$$x = 0$$
$$y = 0$$

で区切られる4つの範囲に対する名称です。そこで、本書での呼び方は、明らかな誤用です。読者は「間違った表現だが、よく慣れた概念なので、伝えたい意図は理解できる」という立場で、以下を読んでください。

❶第1象限は正

第1象限から始めます。赤い三角で示した点で、計算してみます。

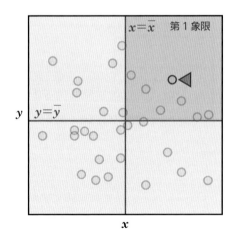

第1象限では、xの偏差は正です。

$$(x_i - \overline{x}) > 0$$

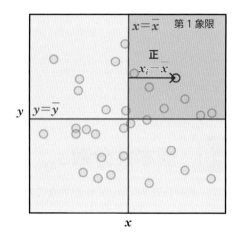

yの偏差も正です。

$$(y_i - \overline{y}) > 0$$

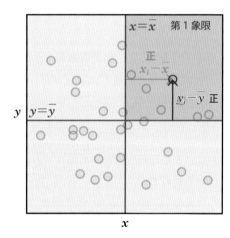

そこで、xとyの偏差の積は正で

$$(x_i - \overline{x})(y_i - \overline{y}) > 0$$

下の青い長方形の面積となります。

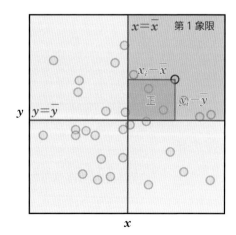

第1象限の中にある、xの偏差$(x_i - \overline{x})$とyの偏差$(y_i - \overline{y})$からなる長方形は、以下のようになります。

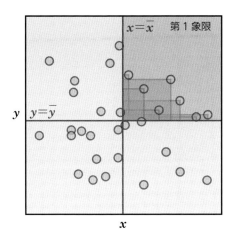

第1象限では、全て正です。これを青い長方形で示しました。

❷第2象限は負

次に、第2象限です。第2象限では、xの偏差は負です。

$(x_i - \overline{x}) < 0$

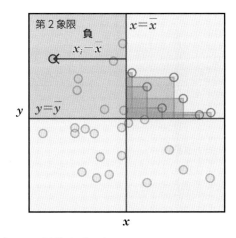

一方、yの偏差は正です。

$(y_i - \overline{y}) > 0$

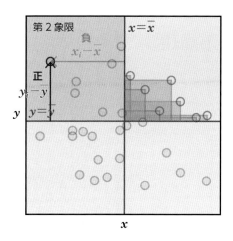

そこで、xの偏差$(x_i - \overline{x})$と、yの偏差$(y_i - \overline{y})$の積

$(x_i - \overline{x})(y_i - \overline{y}) < 0$

は負になります。下の赤い長方形の面積に、-1を乗じた数値になります。負の値なので、正の値と区別するために、赤色の長方形で示しました。

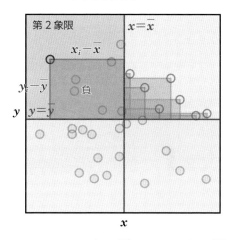

第2象限の、xの偏差$(x_i - \overline{x})$とyの偏差$(y_i - \overline{y})$からなる長方形は

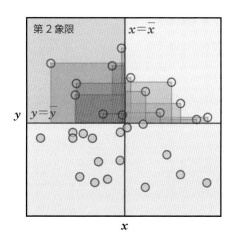

です。第2象限では、全て負（赤い長方形）です。

❸第3象限は正

次に、第3象限です。第3象限では、xの偏差は負です。

$$(x_i - \overline{x}) < 0$$

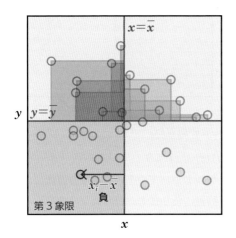

加えて、yの偏差も負です。

$$(y_i - \overline{y}) < 0$$

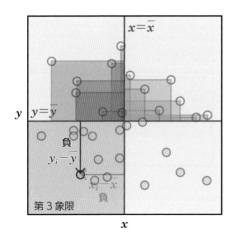

そこで、xの偏差$(x_i - \overline{x})$と、yの偏差$(y_i - \overline{y})$の積

$$(x_i - \overline{x})(y_i - \overline{y}) > 0$$

は、正の値となります。

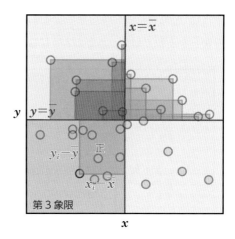

第3象限の、xの偏差$(x_i - \overline{x})$とyの偏差$(y_i - \overline{y})$からなる長方形は

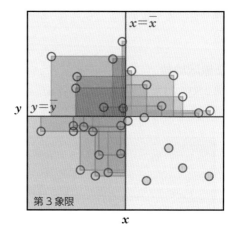

です。第3象限では、全て正（青い長方形）です。

❹第4象限は負

最後に第4象限です。第4象限では、xの偏差は正です。

$$(x_i - \overline{x}) > 0$$

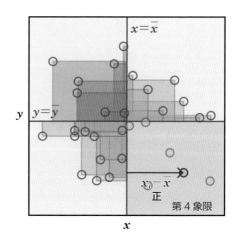

一方、yの偏差は負です。

$$(y_i - \overline{y}) < 0$$

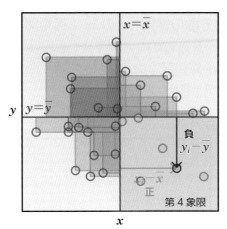

そこで、xの偏差$(x_i - \overline{x})$と、yの偏差$(y_i - \overline{y})$の積

$$(x_i - \overline{x})(y_i - \overline{y}) < 0$$

は、負となります。

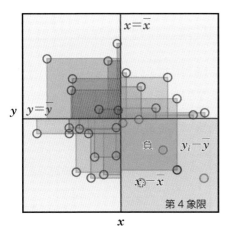

第4象限の、xの偏差$(x_i - \overline{x})$とyの偏差$(y_i - \overline{y})$からなる長方形は

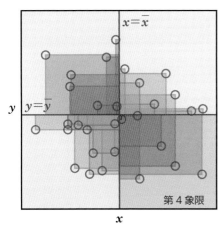

です。第4象限では、全て負（赤い長方形）です。

② 偏差の積の和

これで、全ての、xとyの偏差の積

$$(x_i - \overline{x})(y_i - \overline{y})$$

もしくは、正負を色分けした長方形が揃いました。

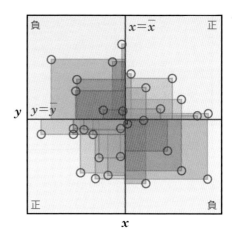

標本共分散s_{xy}の計算の、次のステップは、xとyの偏差の積、もしくは正負を色分けした長方形の面積を、合計することです。

標本共分散の計算（その2）　偏差の積を合計

$$s_{xy} = \frac{\sum_{i=1}^{n}(x_i - \overline{x})(y_i - \overline{y})}{n-1}$$

③ 自由度

標本共分散s_{xy}の計算の最後のステップは、偏差の積の和を、自由度dfで割ることです。これは、**偏差の積の平均を求める作業**と見なせます。ただし、点(x_i, y_i)の数nで割るのではありません。標本分散s^2の計算と同様に、自由度$n-1$で割ります。

標本共分散の計算（その3）　自由度で割る

$$s_{xy} = \frac{\sum_{i=1}^{n}(x_i - \overline{x})(y_i - \overline{y})}{n-1}$$

自由度dfを説明します。標本共分散s_{xy}の計算では、偏差の起点にxとyの標本平均、$\overline{x}$と$\overline{y}$を使います。

x の偏差 $(x_i - \overline{x})$ は

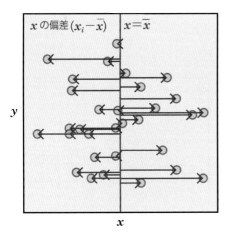

です。$\overline{x}$ を起点にするので、x の偏差 $(x_i - \overline{x})$ の総和はゼロです。y の偏差 $(y_i - \overline{y})$ は

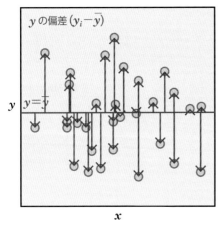

です。y の偏差 $(y_i - \overline{y})$ も、$\overline{y}$ を起点にするので、総和はゼロです。

そこで、n 個ある偏差の積 $(x_i - \overline{x})(y_i - \overline{y})$ のうち、どの1個を失っても「x の偏差 $(x_i - \overline{x})$ の総和がゼロ」かつ「y の偏差 $(y_i - \overline{y})$ の総和がゼロ」という2つの制約条件から、失った偏差の積 $(x_i - \overline{x})(y_i - \overline{y})$ を復元できます。そこで自由度は

$$df = n - 1$$

となります。

標本共分散は、偏差の積の和

$$\sum_{i=1}^{n} (x_i - \overline{x})(y_i - \overline{y})$$

を自由度 $df = n-1$ で割っていますが、基本的な意味は「偏差の積 $(x_i - \overline{x})(y_i - \overline{y})$ の平均」です。これを心に留めて、以下を読み進めてください。

④ 共分散の性質（その1）：無相関のとき

標本共分散 s_{xy} の計算の作業を見てきました。次に、相関の有無や正負、強弱によって、標本共分散 s_{xy} が示す性質を観察します。

まず、無相関の場合です。

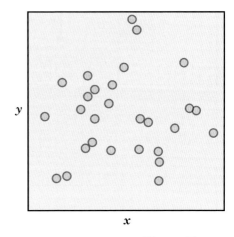

無相関の場合、偏差の積 $(x_i - \overline{x})(y_i - \overline{y})$ は、正の値（青い長方形）と負の値（赤い長方形）が混在します。

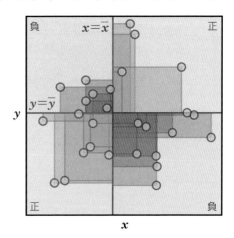

標本共分散 s_{xy} は、偏差の積 $(x_i - \overline{x})(y_i - \overline{y})$ の平均と見なせる数値です。無相関の場合、正の値と負の値が相殺し合い、ゼロに近い、小さな値になります。

⑤ 共分散の性質（その2）：正の相関があるとき

正の相関がある場合を見てみます。相関が弱いケースから始めます。

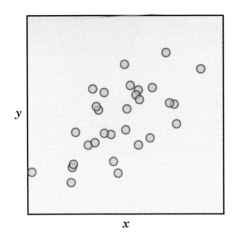

偏差の積$(x_i - \overline{x})(y_i - \overline{y})$は

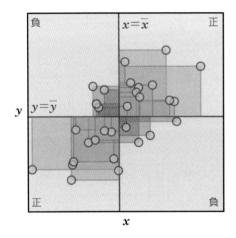

となります。偏差の積$(x_i - \overline{x})(y_i - \overline{y})$は、正の値が多く、負の値が少なくなります。この結果、標本共分散s_{xy}は正の値を示します。

次に、相関を強くしてみます。

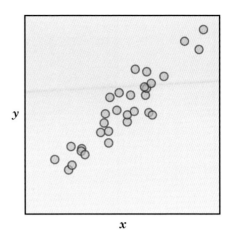

偏差の積$(x_i - \overline{x})(y_i - \overline{y})$は

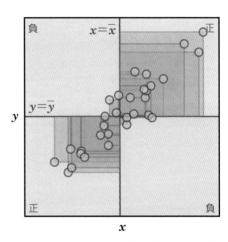

です。相関が強くなると、負の値がさらに少なくなります。ほとんど正の値です。

最後に、完全な正の相関を見てみます。

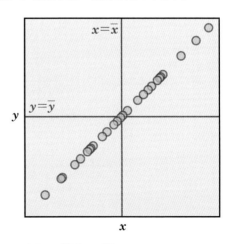

偏差の積$(x_i - \overline{x})(y_i - \overline{y})$は

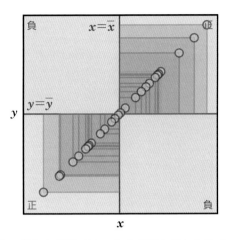

です。完全な相関では、全てが正の値となります。

以上から、2つの性質が分かります。第一に、x と y の間に正の相関があるとき、**標本共分散 s_{xy} は正の値を示します**。第二に、**正の相関が強いほど、標本共分散 s_{xy} は正の大きな値を示します**。

6 共分散の性質（その3）：負の相関があるとき

次いで、負の相関がある場合を見てみます。相関が弱いケースから始めます。

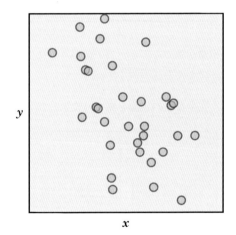

偏差の積 $(x_i - \overline{x})(y_i - \overline{y})$ は

となります。偏差の積 $(x_i - \overline{x})(y_i - \overline{y})$ は、負の値が多く、正の値が少なくなります。この結果、標本共分散 s_{xy} は負の値を示します。

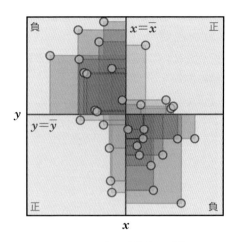

次に、相関を強くしてみます。

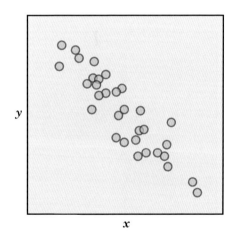

偏差の積 $(x_i - \overline{x})(y_i - \overline{y})$ は

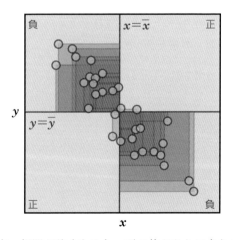

です。相関が強くなると、正の値がさらに少なくな

ります。ほとんど負の値です。

最後に、完全な負の相関を見てみます。

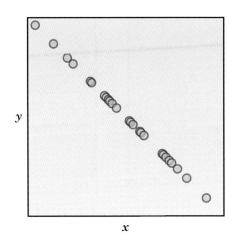

偏差の積 $(x_i - \overline{x})(y_i - \overline{y})$ は

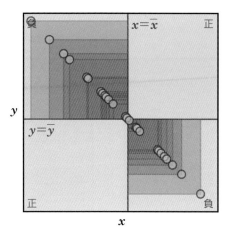

です。完全な相関では、全てが負の値となります。

以上をまとめます。x と y の間に**負の相関**があるとき、**標本共分散 s_{xy} は負の値**を示します。負の相関が強いほど、**標本共分散 s_{xy} は負の大きな値**を示します。

12-7 相関係数 r

標本共分散 s_{xy} は、相関を表現するための、有用な計算です。そこで「相関の正負と強弱の表現には、標本共分散 s_{xy} があれば十分」と思うかもしれません。しかし、標本共分散 s_{xy} には、致命的な欠点があります。観測値の単位の選択に応じて、数値が変わってしまいます。

1 共分散 s_{xy} は単位に依存する

かき氷の例題で、これを説明します。この例題では、気温の単位に摂氏「℃」を使いました。売上の単位は、日本では「円」です。ただしここでは、グラフ内に数値を表示するスペースを節約するために、「10^4 円（＝1万円）」を単位に使うことにします。

日最高気温	売上		
℃	10^4 円		
28.1	2.55	35.2	4.70
32.3	3.65	29.1	2.10
28.8	3.00	28.0	1.85
29.9	3.15	26.6	1.75
26.9	2.20	23.6	1.95
27.2	2.30	29.3	2.85
23.6	1.50	22.9	0.95
24.4	1.90	32.1	3.65

一方、この結果を、異なる単位で表すことも可能です。例えば、アメリカ合衆国では、日常的に使う気温の単位は華氏「℉」です。お金の単位は「ドル」です。そこで、この2つの単位で、かき氷の結果を表記することもできます。なおここでは、売上の単位に、上述した表示の都合で「10^2 ドル（＝100ドル）」を使います。

日最高気温	売上		
℉	10^2 ドル		
82.5⋯	2.32⋯	95.3⋯	4.27⋯
90.1⋯	3.32⋯	84.3⋯	1.91⋯
83.8⋯	2.73⋯	82.4⋯	1.68⋯
85.8⋯	2.86⋯	79.8⋯	1.59⋯
80.4⋯	2.00⋯	74.4⋯	1.77⋯
80.9⋯	2.09⋯	84.7⋯	2.59⋯
74.4⋯	1.36⋯	73.2⋯	0.86⋯
75.9⋯	1.73⋯	89.7⋯	3.32⋯

その結果、まったく異なる数値になりました。

この2つの異なる単位のグラフを描いて、並べました。

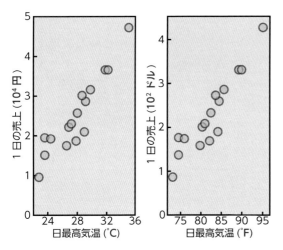

単位を変えたところで、点 (x_i, y_i) の分布が作る形状は、まったく変わりません。相関の強さも、何ひとつ変わりません。

ところが、この2つのグラフで、それぞれ標本共分散 s_{xy} を計算すると、まったく異なった数値になります。**摂氏°C** と **10^4円** なら $3.038\cdots$。**華氏°F** と **10^2 ドル** なら $4.972\cdots$ です。値が1.5倍程度異なります。

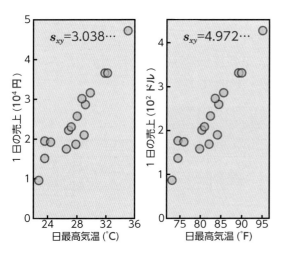

そこで、標本共分散 s_{xy} に一工夫を加えます。

まず、2つそれぞれで、x の標本標準偏差 s_x を計算します。

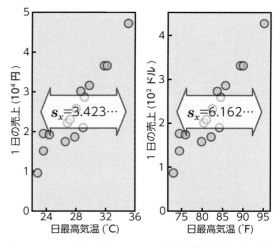

次いで、2つそれぞれで、y の標本標準偏差 s_y を計算します。

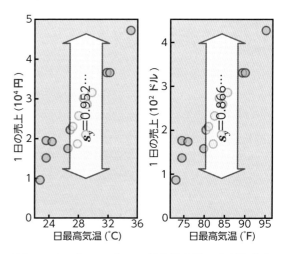

そして、この2つ、s_x と s_y で標本共分散 s_{xy} を割ります。すると、まったく同じ数値 $0.931\cdots$ が得られます。

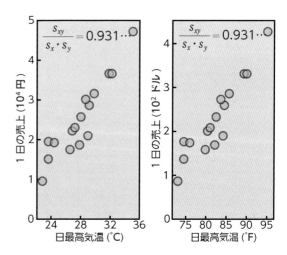

この数値が、**相関係数 r** です。

2 s_{xy} を標準偏差 s_x と s_y で割る理由

相関係数 r が単位の選択によらない理由を、確認しておきます。例として、下図の、赤い三角で示した点 (x_i, y_i) の偏差の積を見てみます。まず、偏差の起点となる、x と y の標本平均を計算します。

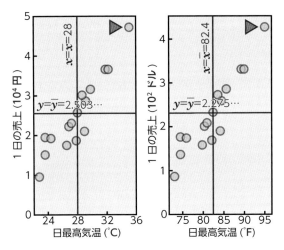

x の偏差から見てみます。

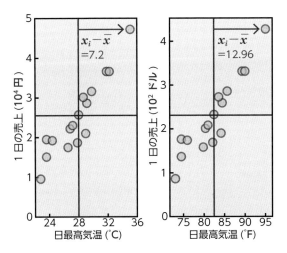

偏差 $(x_i - \overline{x})$ は、**摂氏 ℃** を単位にすると 7.2、**華氏 ℉** にすると 12.96 です。2つの数値は異なります。

そこで、この2つの偏差を、それぞれの標本標準偏差 s_x で割ります。

$$\frac{x_i - \overline{x}}{s_x}$$

すると、**摂氏 ℃** の図でも **華氏 ℉** の図でも、2.103… と同一の数値になります。

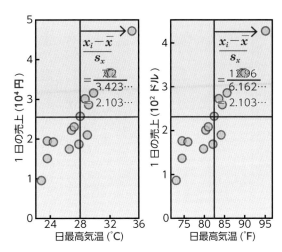

これは、偏差の単位が、摂氏 ℃ や華氏 ℉ から「x の偏差 $(x_i - \overline{x})$ は、x の標本標準偏差 s_x の何倍か？」という新しい単位に変更されることに対応します。

y の偏差も同様です。偏差 $(y_i - \overline{y})$ は

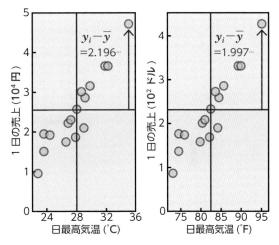

です。10^4 円を単位にすると 2.196…、10^2 ドルを単位にすると 1.997… です。2つの値は異なります。

しかし、この2つの偏差を、それぞれの標本標準偏差 s_y で割ると

$$\frac{y_i - \overline{y}}{s_y}$$

同一の値、2.305… になります。

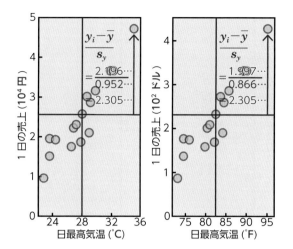

この場合も同様です。偏差の単位が、10^4 円や 10^2 ドルから「y の偏差 $(y_i - \overline{y})$ は、y の標本標準偏差 s_y の何倍か？」という新しい単位に変更されることに対応します。

以上をまとめます。x の偏差 $(x_i - \overline{x})$ を、x の標本標準偏差 s_x を新しい単位として、以下のように、書き直します。

$$\frac{x_i - \overline{x}}{s_x}$$

y の偏差 $(y_i - \overline{y})$ も、y の標本標準偏差 s_y を新しい単位として、以下のように、書き直します。

$$\frac{y_i - \overline{y}}{s_y}$$

こうすれば、単位の選択に依存しない偏差が得られます。基本は「偏差は標本標準偏差 s の何倍か？」です。

この 2 つの積（青や赤の、符号付きの長方形の面積）

$$\frac{x_i - \overline{x}}{s_x} \times \frac{y_i - \overline{y}}{s_y}$$

を合計して

$$\sum_{i=1}^{n} \frac{x_i - \overline{x}}{s_x} \times \frac{y_i - \overline{y}}{s_y}$$

自由度 $df = n-1$ で割って得た平均が、相関係数 r

$$r = \frac{\displaystyle\sum_{i=1}^{n} \frac{x_i - \overline{x}}{s_x} \times \frac{y_i - \overline{y}}{s_y}}{n-1}$$

$$= \frac{\displaystyle\sum_{i=1}^{n} \frac{(x_i - \overline{x})(y_i - \overline{y})}{n-1}}{s_x \, s_y} = \frac{s_{xy}}{s_x \, s_y}$$

となります。

この結果、相関係数 r は、観測値の単位の選択にまったく依存しない、相関の正負や強弱を表現する、普遍的な指標となります。

最後に、相関係数 r の定義を再度示しておきます。

Pearson の積率相関係数 r

$$r = \frac{s_{xy}}{s_x s_y} = \frac{\dfrac{\displaystyle\sum_{i=1}^{n}(x_i - \overline{x})(y_i - \overline{y})}{n-1}}{\sqrt{\dfrac{\displaystyle\sum_{i=1}^{n}(x_i - \overline{x})^2}{n-1}}\sqrt{\dfrac{\displaystyle\sum_{i=1}^{n}(y_i - \overline{y})^2}{n-1}}}$$

もしくは、分母と分子にある $n-1$ を約分して

Pearson の積率相関係数 r

$$r = \frac{s_{xy}}{s_x s_y} = \frac{\displaystyle\sum_{i=1}^{n}(x_i - \overline{x})(y_i - \overline{y})}{\sqrt{\displaystyle\sum_{i=1}^{n}(x_i - \overline{x})^2}\sqrt{\displaystyle\sum_{i=1}^{n}(y_i - \overline{y})^2}}$$

とも書きます。

Advice ここまで、相関係数 r の基本的な性質を解説してきました。しかし、相関係数 r の、もう 1 つの大きな特徴「最低値は -1、最高値は $+1$」を解説していません。この性質は、図で説明するのが難しいです。数式を使う方が、教える立場からも、学ぶ立場からも、楽です。そこで、**Web特典 A.9** で解説しました。相関係数 r を「n 次元空間の 2 つの単位ベクトルの内積」と見なすと、この性質を容易に理解できます。興味のある人は、目を通してみてください。

12-8 相関係数 r の計算

相関係数 r は使用頻度が高いため、その計算は、関数電卓や PC で簡単に行えます。定義式に従って四苦八苦する必要はありません。

Excel を使う場合は、関数 CORREL を使います。関数電卓でも相関係数 r は簡単に計算できます。メー

カーや機種によって操作法が異なります。詳細はマニュアルを参照してください。

かき氷の例題 12.1 の場合、相関係数 r は

$r = 0.93140\cdots$

と計算されます。

12-9 練習問題 W

問 例題 12.2 のホタルのデータを使い、農薬散布量とホタルの幼虫の捕獲数の間の、相関係数 r を計算しなさい。

花火 / PIXTA(ピクスタ)

農薬散布	ホタルの数		農薬散布	ホタルの数
1.0	10		1.6	7
0.7	15		0.6	14
0.1	32		0.8	14
1.6	6		2.2	0
0.9	13		0.2	19
1.4	4		0.3	16
1.2	7		1.1	5
0.9	14		1.5	1

12 章 相関分析

12-10 相関の検定

これまで見てきた通り、相関には「強い相関」と「弱い相関」があります。相関を調べる場合は「**統計的に有意な相関なのか？**」をチェックする必要があります。本節では、この方法を説明します。

① 相関分析の前提条件

相関の検定では、点 (x_i, y_i) が **2 変数正規分布**（bivariate normal distribution）と呼ばれる確率分布に従うことを仮定します。

2 変数正規分布は、3 次元の曲面で表現されます。この確率分布の形を、見ておきます。x と y の間に相関がない場合は、このような形です。

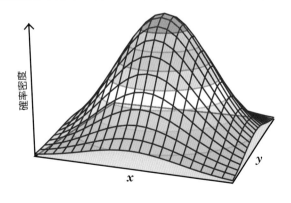

一方、x と y の間に相関がある場合は、このような形です。

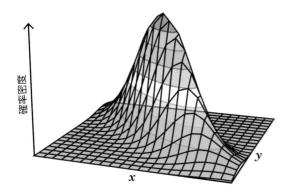

確率密度

x

y

私たちが実験や調査で得た (x_i, y_i) は、こうした確率分布に従う母集団から無作為に抽出されたと仮定します。

② 母相関係数 ρ

ここまで学んできた相関係数 r は、数が限られた観測値の対 (x_i, y_i) に対して計算されます。そこで「**標本**相関係数 r」と呼ぶべき計算です。そして、標本平均 $\overline{x}$ に**母平均** μ があり、標本分散 s^2 に**母分散** σ^2 があるように、標本相関係数 r に**母相関係数** ρ があります。記号は「ρ」で「ロー」と読みます。定義は以下の通りです。

母相関係数 ρ

$$\rho = \frac{\sigma_{xy}}{\sigma_x \sigma_y} = \frac{\dfrac{\displaystyle\sum_{i=1}^{N}(x_i - \mu_x)(y_i - \mu_y)}{N}}{\sqrt{\dfrac{\displaystyle\sum_{i=1}^{N}(x_i - \mu_x)^2}{N}}\sqrt{\dfrac{\displaystyle\sum_{i=1}^{N}(y_i - \mu_y)^2}{N}}}$$

ここで、N は母集団サイズです。μ_x は x の母平均、μ_y は y の母平均です。σ_x は x の母標準偏差、σ_y は y の母標準偏差です。σ_{xy} は母共分散です。

母相関係数 ρ は、母集団を構成する全ての要素に対して観測値 x_i と観測値 y_i が測定され、その対 (x_i, y_i) を使って計算された相関係数です。

③ 帰無仮説 H_0 と対立仮説 H_A

この検定の帰無仮説 H_0 は「相関がない」です。

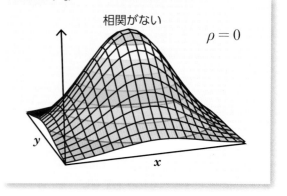

相関がない　　$\rho = 0$

y　　x

一方、対立仮説 H_A は「相関がある」です。

対立仮説 (H_A)

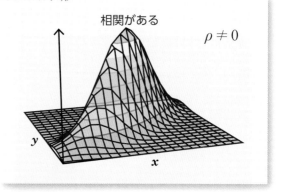

相関がある　　$\rho \neq 0$

y　　x

④ 検定統計量 t と帰無分布

Advice 本節 ④ と次節 ⑤ は、2つの意味で、サラッと読み流してください。第一に、この検定の検定統計量の数学としての解説は、本書のレベルをはるかに超えています。第二に、実際のデータ解析では、ここで示す検定を簡略化した方法を使います。この簡略化した方法を、次節 **12–11** で解説します。そこで本節では「こういう検定の方法がある」ということを、知識として知っておけば十分です。

この検定の前提条件「(x_i, y_i) は2変数正規分布に従う」と帰無仮説 H_0「相関がない」が正しいとき、以下の計算で、Student の t が計算されます。

「相関の検定」の検定統計量 t

$$t = r\sqrt{\frac{n-2}{1-r^2}}$$

この Student の t は、帰無仮説 H_0 が正しいなら、自由度が $df = n-2$ の t 分布に従います。

検定統計量tの帰無分布

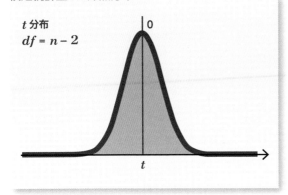

t分布
$df = n-2$

棄却域はt検定と同じで、両側に2.5%ずつ、合計5%をとります。

検定統計量tの棄却域（有意水準5%）

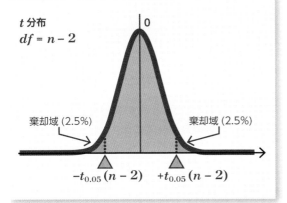

t分布
$df = n-2$

棄却域 (2.5%)　　　棄却域 (2.5%)

$-t_{0.05}(n-2)$　　$+t_{0.05}(n-2)$

5 例題12.1の解答

この方法による検定を行ってみます。例題12.1のかき氷の問題を使います。

相関係数rを計算すると

$r = 0.9314\cdots$

となります。次に、Studentのtを計算します。必要

な数値は、rと点(x_i, y_i)の数n

$n = 16$

です。この2つを使い、Studentのtは

$$t = r\sqrt{\frac{n-2}{1-r^2}} = (0.9314\cdots) \times \sqrt{\frac{16-2}{1-(0.9314\cdots)^2}}$$
$$= 9.57464\cdots$$

と計算されます。帰無仮説H_0「xとyに相関はない」が正しいとき、このStudentのtは、自由度が

$df = n-2 = 16-2 = 14$

のt分布$t(df)$に従います。そこで、**付表3**（p.324参照）から、Studentのtの臨界値$t_{0.05}(df)$を読み取ります。すると

$t_{0.05}(14) = 2.145$

を得ます。以下の不等式

$2.145 = t_{0.05}(14) < |t| = 9.57464\cdots$

が成立するので、Studentのtが棄却域に入ることが分かります。

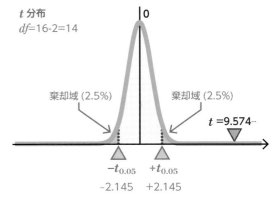

t分布
df=16-2=14

棄却域 (2.5%)　　　棄却域 (2.5%)

t =9.574…

$-t_{0.05}$　$+t_{0.05}$
–2.145　+2.145

そこで、帰無仮説H_0を棄却し「**日最高気温とかき氷の売上の間に、統計的に有意な正の相関が認められた（$P<0.05$）**」と結論します。

12–11　より簡便な検定方法

相関の検定は、データ解析を行うようになると、日常的な道具として多用されます。そこで、前節のt検定には簡略化されたバージョンがあります。相関係数rさえ計算すれば「**t検定で有意になるかどうか？**」を教えてくれる、早見表が作成されています。わざわざStudentのtを計算する必要はありません。

実験や調査で検定をする場合は、この方法を使うのが楽です。

手順を説明します。まず相関係数rを計算します。例題12.1のかき氷の場合

$r = 0.9314\cdots$

でした。もう1つ数値が必要です。標本サイズnで

す。点 (x_i, y_i) の数です。かき氷の例題なら

$n = 16$

です。最後に、**付表6**（p.327参照）を見ます。上の一覧から有意水準5%の$\alpha = 0.05$を選びます。左の一覧から$n = 16$を選びます。それぞれから伸ばした矢印が交差する数値が、相関係数rの臨界値$r_{0.05}$です。

(x, y)の数	$\alpha = 0.05$	$\alpha = 0.01$
n	$r_{0.05}$	$r_{0.01}$
1	–	–
2	–	–
3	0.997	1.000
4	0.950	0.990
15	0.514	0.641
16	0.497	0.623
17	0.482	0.606

この**付表6**から、臨界値

$r_{0.05} = 0.497$

を得ます。実験や調査で得た相関係数rの絶対値が、この数値より大きければ

$r_{0.05} < |r|$

統計的に有意な相関があると判断します。かき氷の場合は、この不等式を満たします。

$0.497 = r_{0.05} < |r| = 0.9314\cdots$

そこで「日最高気温とかき氷の売上の間に、統計的に有意な正の相関が認められた（$P < 0.05$）」と、前節と同じ結論を得ます。

以上の作業をまとめます。

STEP1

検定に必要な数値を用意する。
相関係数

$$r$$

(x_i, y_i) の数（標本サイズ）

$$n$$

STEP2

数表から、(x_i, y_i) の数 n と有意水準 α（通常は $\alpha = 0.05$）を使い、臨界値を得る。

$$r_{0.05}$$

STEP3

以下の不等式が成立している場合「**統計的に有意な相関が認められた（$P < 0.05$）**」と結論する。

$$r_{0.05} < |r|$$

不等式が成立していない場合「**統計的に有意な相関は認められなかった**」と結論する。

12–12　練習問題 X

問　例題12.2のホタルのデータを使い、農薬散布量とホタルの幼虫の捕獲数の間に統計的に有意な相関があるか？有意水準5%で検定しなさい。

花火 / PIXTA(ピクスタ)

農薬散布	ホタルの数			
1.0	10		1.6	7
0.7	15		0.6	14
0.1	32		0.8	14
1.6	6		2.2	0
0.9	13		0.2	19
1.4	4		0.3	16
1.2	7		1.1	5
0.9	14		1.5	1

12–13 線形 vs. 非線形（相関係数 r の苦手な状況）

相関係数 r は、x と y の間に、直線的な関係があることを前提にしています。この関係を**線形**（linear）と呼びます。線形な関係の例を示します。

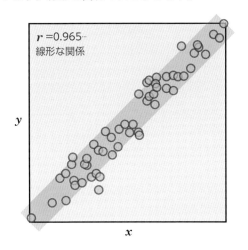

明瞭な線形関係がある場合、相関係数 r は、その実力を最大限に発揮します。この例では $r = 0.965\cdots$ という、高い相関係数が得られます。

しかし私たちが実験や調査を行うと、正直なところ、線形な関係なんて、滅多に出会えません。出会うのは、**非線形**（non–linear）と呼ばれる関係です。非線形の場合、x と y の関係は、直線ではなく、曲線で表現されます。

非線形の、かなり極端な例を示します。

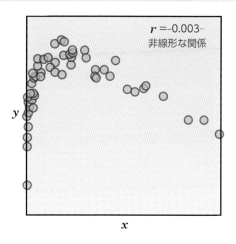

相関係数 r は、非線形な関係が苦手です。というか、そもそも相関係数 r は、線形な関係だけを対象にしています。この例では、x と y の間に強い関係が見られます。しかし、相関係数 r は $r = -0.003\cdots$ と、ほぼゼロに近い数値となります。

私たちは「相関係数 r は線形な関係の検出にのみ、**長けている。線形の関係がなければ、効果が落ちる。場合によっては、完全に無力**」という性質を、知っておく必要があります。

より適切な表現をすると「相関係数 r は線形な関係を前提にした理論に基づいている。**相関係数 r を非線形な関係に対して計算することは、そもそも相関係数 r の誤用であり、避ける必要がある**」となります。

12–14 対数変換

相関係数 r は、非線形な関係を想定していません。しかし、非線形な関係ではあっても、x と y の関係が**単調増加**（monotonic increase）や**単調減少**（monotonic decrease）であれば、相関の有無を判断できます。そのための手段は2つあります。1つは**データ変換**（data transformation）です。もう1つは、**順位相関係数**（rank correlation coefficient）を使うことです。本節で前者を、次節で後者を説明します。

Advice x が上昇するとき、y も上昇する傾向を「単調増加」と呼びます。x が上昇するとき、y が低下する傾向を「単調減少」と呼びます。

データ変換は**変数変換**（variable transformation）とも呼ばれます。データ変換には、いくつかの種類があります。そのうち、最も基本的な方法が**対数変換**（logarithmic transformation）です。方法は簡単です。3つの組み合わせ「① y だけ対数、② x だけ対数、③ x も y も対数」で、3つの散布図を作ってみま

す。対数は、自然対数（ln）でも常用対数（log）でも、どちらでもよいです。

対数変換

	横軸（x軸）	縦軸（y軸）
1	x	$\log y$
2	$\log x$	y
3	$\log x$	$\log y$

もしかしたら、このうちの1つで、(x_i, y_i)が直線性を示すかもしれません。

対数変換は「いつでも必ず上手くいく」という手法ではありません。しかし、直線性のないデータを得たときには、必ず試してください。

例を示します。例えばこの図は、単調増加の関係を示します。xが上昇すればyも上昇する傾向があります。しかし、直線性は示しません。曲がっています。

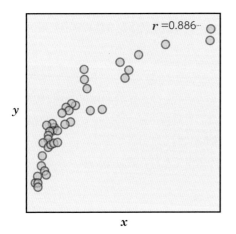

$r = 0.886\cdots$

そこで、上の3つの組み合わせで、1つずつ、散布図を作ってみます。

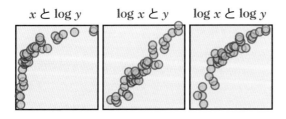

xと$\log y$　　$\log x$とy　　$\log x$と$\log y$

すると、2つめの散布図「横軸は$\log x$、縦軸はy」で、点$(\log x_i, y_i)$が直線性を示しました。

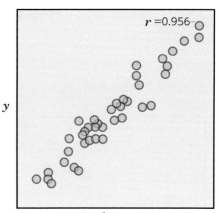

$r = 0.956\cdots$

相関係数rは、xとyの線形な関係を前提としています。そこで、対数変換によって直線性が得られるならば、この例だったら「$\log x$」と「y」に対して、検定を行ってください。

対数変換の有効性は、実例を見るのが良いです。実例を2つ見てもらいます。

① 実例（その1）：北海道の湖沼

1つめの例は、北海道の湖沼です。北海道には大小さまざまな湖沼が存在します。

上：toratora / PIXTA（ピクスタ）、下：とまと / PIXTA（ピクスタ）

こうした湖沼で、様々な測定が行われてきました。

ここでは、湖の透明度と、湖水のクロロフィルa濃度の関係を見てみます。クロロフィルa濃度は、植物プランクトン濃度の推定として、広く使われます。

クロロフィルa	透明度		
54.24	0.79	5.88	3.50
7.10	1.48	0.17	17.50
3.54	3.33	1.50	10.30
0.25	26.50	0.61	17.14
109.63	0.48	6.67	2.02
1.83	4.45	12.27	2.07
31.73	1.02	1.02	9.22
0.85	6.30	0.77	13.63
0.58	10.00	11.00	1.45

北海道環境科学研究センター「北海道の湖沼 改訂版」(2005) から引用

これを散布図にします。

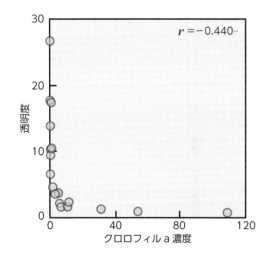

すると、点 (x_i, y_i) はx軸とy軸に張り付くように分布します。xとyの間には、何らかの、強い関係がありそうです。しかし、明らかに非線形な関係です。相関係数は$r = -0.440\cdots$で、統計的に有意な相関は認められません。

そこで、対数変換を試してみます。3つの散布図を作ってみます。

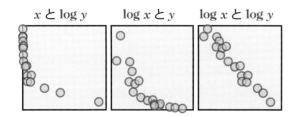

すると、3つめの散布図「横軸は$\log x$、縦軸は$\log y$」で、点 (x_i, y_i) が直線性を示し、強い負の相関が現

れます。

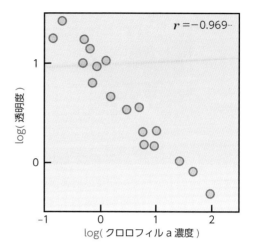

相関係数は $r = -0.969\cdots$まで、その絶対値が一気に上昇します。$\log x$と$\log y$を使って検定を行うと、統計的に有意な相関 $(P < 0.05)$ が得られました。

2 実例（その2）：ガラパゴス諸島

対数変換は、前節で見たように、主に「曲線を直線にする」という目的で使用されます。しかし時々「一見しただけでは存在しない相関を明らかにする」という仕事を果たすことがあります。本節では、この一例、ガラパゴス諸島の面積と植物種の数の関係を見てもらいます。

kem / PIXTA(ピクスタ)

ガラパゴス諸島の様々な島で、生育する植物種の数を調べる調査が行われました。

treetstreet / PIXTA(ピクスタ)

この結果と、それぞれの島の面積の関係が検討されました。このデータの一部を示します。

島の面積	植物種の数
23.7	103
66.7	119
213.4	319
3.0	7
1296.9	193
650.1	306

3.3	52
6.2	42
0.7	48
816.8	80
60.0	79
25.0	48

Preston FW : Ecology, 43, 185-215, 1962 より引用

これを散布図にします。

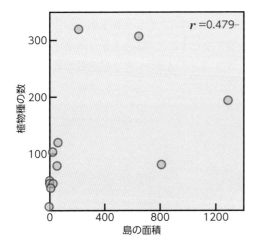

この図を見る限り、相関があるようには見えません。線形な関係も、非線形な関係も、見えません。(x_i, y_i) は、散らばっています。相関係数を計算すると $r=0.479\cdots$ で、統計的に有意な相関は認められません。

しかし、統計解析の経験を積むと、このグラフには可能性を感じます。この図の原点付近（右上図の赤い四角で囲った部分）に点 (x_i, y_i) が集中しているからです。原点付近に点 (x_i, y_i) が集中していたり、x 軸

や y 軸に点 (x_i, y_i) が集中してへばりついているとき、対数変換によって、相関が現れることがあります。

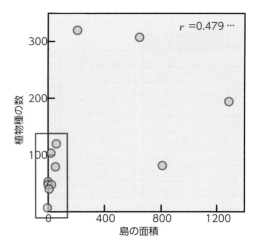

そこで、対数変換を試してみます。3つの散布図を作ってみます。

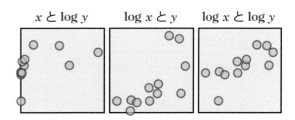

すると、3つめの散布図「横軸は $\log x$、縦軸は $\log y$」で、弱いながらも、正の相関が現れます。

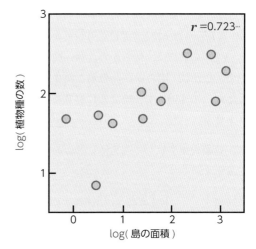

相関係数も $r=0.723\cdots$ まで上昇します。$\log x$ と $\log y$ を使って検定を行うと、統計的に有意な相関（$P<0.05$）が得られました。

12–15 Spearmanの順位相関係数

「非線形ではあるが、単調増加もしくは単調減少」という場合、順位相関係数を使うのが、もう1つの方法です。よく使われる順位相関係数に、**Spearmanの順位相関係数**（Spearman rank correlation coefficient）と**Kendallの**τ（Kendall's τ）があります。Kendallは「ケンドール」、「τ」は「タウ」です。

1 順位で散布図を描く

本節では「学習が容易」という理由から、Spearmanの順位相関係数を学びます。本書では、記号に「r_S」を使います。「S」は「Spearman」の頭文字です。Spearmanは「スピアマン」です。

例として、以下のデータを使います。

x	y		
0.98	1.26	4.75	3.17
2.61	2.35	0.50	0.24
0.38	0.42	1.64	1.53
0.79	0.89	1.94	1.56
0.67	1.28	1.47	2.16
0.59	1.12	0.28	0.22
0.71	1.20	3.58	2.87
1.13	1.31	2.40	2.50

散布図にすると、点 (x_i, y_i) が緩い曲線を描いています。直線性があるとは言えません。

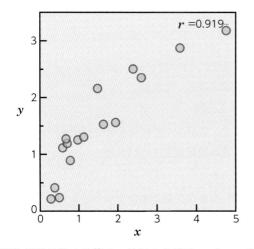

順位相関係数の計算の、最初の作業は、x と y、それぞれ別に、昇順で順位を割り当てることです。記号は、x_i の順位を rx_i、y_i の順位を ry_i としておきます。

「r」は「rank（順位）」の頭文字です。

x	rx	y	ry
0.98	8	1.26	7
2.61	14	2.35	13
0.38	2	0.42	3
0.79	7	0.89	4
0.67	5	1.28	8
0.59	4	1.12	5
0.71	6	1.20	6
1.13	9	1.31	9

4.75	16	3.17	16
0.50	3	0.24	2
1.64	11	1.53	10
1.94	12	1.56	11
1.47	10	2.16	12
0.28	1	0.22	1
3.58	15	2.87	15
2.40	13	2.50	14

Advice タイ（同順位）がある場合は、節 **2-8** **2** と同じように、順位の算術平均を計算してください。

順位の rx_i と ry_i で散布図を作ってみます。(x_i, y_i) の散布図と見比べてください。驚きの変化があります。

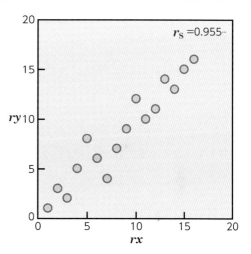

順位の対 (rx_i, ry_i) をプロットすることで、観測値の対 (x_i, y_i) での曲がりが消え、直線性が現れます。この手法の美点は「**順位をプロットすることで、曲線状の並びを、強制的に直線状にしてくれる**」です。これだけの線形の関係が現れてくれれば、Pearsonの積率相関係数 r の使用は、まったく問題ありません。

2 順位相関係数 r_s の計算

Spearmanの順位相関係数 r_S の計算方法には、2種類あります。好みの方を使ってください。

1つめの方法。順位の対 (rx_i, ry_i) に対し、節 **12-7** で学んだPearsonの積率相関係数 r を、学んだ通りに計算します。この例では

$r_S = 0.955882\cdots$

となります。これを公式として書くと

Spearman の順位相関係数 r_S（その1）

$$r_s = \frac{\sum_{i=1}^{n}(rx_i - \overline{rx})(ry_i - \overline{ry})}{\sqrt{\sum_{i=1}^{n}(rx_i - \overline{rx})^2}\sqrt{\sum_{i=1}^{n}(ry_i - \overline{ry})^2}}$$

となります。この式は、Pearson の積率相関係数 r の定義式において、x_i を rx_i に、y_i を ry_i に変更しただけです。要点を繰り返します。Spearman の順位相関係数 r_S は「**順位の対 $(rx_i,\ ry_i)$ に対して、Pearson の積率相関係数 r を計算するだけ**」です。

2つめの方法。この方法は「タイ（同順位）があると使えない」という欠点があります。しかし、計算が簡単です。以下の公式を使います。

Spearman の順位相関係数 r_S（その2）

$$r_s = 1 - \frac{6\sum_{i=1}^{n}d_i^2}{n^3 - n}$$

n は標本サイズ、$d_i = rx_i - ry_i$ です。この公式に従って、計算してみます。まず最初に、順位 rx_i と ry_i の差 d_i を計算します。

$d_i = rx_i - ry_i$

どちらからどちらを引いても構いません。ここでは rx_i から ry_i を引きました。

rx	ry	d
8	7	1
14	13	1
2	3	-1
7	4	3
5	8	-3
4	5	-1
6	6	0
9	9	0

rx	ry	d
16	16	0
3	2	1
11	10	1
12	11	1
10	12	-2
1	1	0
15	15	0
13	14	-1

差 d_i の2乗を合計します。

$$\sum_{i=1}^{n}d_i^2 = 1^2 + 1^2 + (-1)^2 + 3^2 + (-3)^2 + (-1)^2 + 0^2$$
$$+ 0^2 + 0^2 + 1^2 + 1^2 + 1^2 + (-2)^2 + 0^2 + 0^2 + (-1)^2$$
$$= 30$$

標本サイズ（順位の対 $(rx_i,\ ry_i)$ の数）は

$n = 16$

です。そこで

$$r_S = 1 - \frac{6\sum_{i=1}^{n}d_i^2}{n^3 - n} = 1 - \frac{6 \times 30}{16^3 - 16} = 0.955882\cdots$$

となります。たしかに、順位の対 $(rx_i,\ ry_i)$ に対して Pearson の積率相関係数を計算したのと、まったく同じ値が計算されています。

r_S を計算したら、**付表7**（p.328参照）を見ます。上の一覧から有意水準5%の $\alpha = 0.05$ を選びます。左の一覧から標本サイズの $n = 16$ を選びます。それぞれから伸ばした矢印が交差する数値が、順位相関係数 r_S の臨界値 $r_{S\,0.05}$ です。

(x, y)の数	$\alpha=0.05$	$\alpha=0.01$
n	$r_{S\,0.05}$	$r_{S\,0.01}$
1		–
2		–
3		–
4		–
⋮	⋮	⋮
15	0.521	0.654
16	0.503	0.635
17	0.485	0.615

Advice 付表を間違えないようにしてください。今回の検定では、**付表7**を使います。**付表6**ではありません。節 **12-10** で学んだ、Pearson の積率相関係数 r を使った検定とは、臨界値の一覧表が異なります。

この**付表7**から、臨界値

$r_{S\,0.05} = 0.503$

を得ます。実験や調査で得た順位相関係数 r_S の絶対値が、この数値より大きければ

$r_{S\,0.05} < |r_S|$

統計的に有意な相関があると判断します。今回の例では、この不等式を満たします。

$0.503 = r_{S\,0.05} < |r_S| = 0.955882\cdots$

そこで「**x と y の間に、統計的に有意な正の相関が認められた（$P<0.05$）**」と結論します。

12-16 相関は因果関係の証明にはならない

本章の最後の話題です。私たちが変数xとyの相関を調べる場合、その目的は、多くの場合、因果関係を探すことです。本章の例題なら「**高い気温は、かき氷の売上を上げるのか?**」とか「**農薬の散布は、ホタルの数を減らすのか?**」といった疑問を解決するために、散布図を描いたり、相関係数rを計算して、検定を行います。

相関関係は、因果関係を探るうえで、私たちに大きなヒントを与えてくれます。しかし「**統計的に有意な相関さえあれば、それが因果関係の証明となる**」とはなりません。相関を調べる実験や調査では、私たちは、慎重になる必要があります。

分かりやすい、1つの例を見てみます。38カ国を対象にした統計データです。

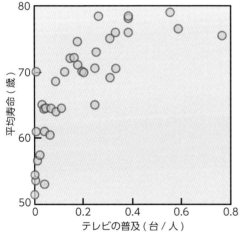

Rossman AJ : Journal of Statistics Education , 2, 1994 より引用

図を説明します。縦軸は、各国の平均寿命です。横軸は、テレビの普及を示しています。各国で利用されているテレビの台数を、その国の人口で割りました。「国民1人当たりのテレビの所有台数」と言える数値です。

この散布図を見ると、非線形な関係になっています。そこで、x軸もy軸も、対数変換してみます。

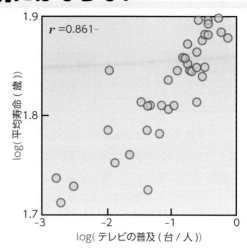

すると、直線性が良くなります。$\log x$と$\log y$を使って相関係数を計算すると$r=0.861\cdots$です。統計的に有意な相関 ($P<0.05$) が確認できます。

しかし、この正の相関が、因果関係を示しているとは思えません。もし、これが因果関係なのであれば「**テレビの普及が、人間の寿命を長くする**」となります。

この因果関係を鵜呑みにすると、人間の寿命を伸ばす手段は「**テレビを手に入れる**」になります。

実際の因果関係は、以下のように考えるのが妥当です。

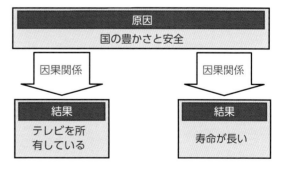

この例で、行うべき妥当な考察は「**豊かで安全な国では、テレビが良く普及している。また、豊かで安全な国では、平均寿命が長い傾向がある**」です。

用語を2つ紹介しておきます。まず**擬似相関**

（spurious correlation）です。本節の例では、テレビの所有と平均寿命の関係です。因果関係がないのに、相関があります。

もう1つは**交絡変数**（confounding variable）です。**交絡因子**（confounding factor）とも呼びます。これは、測定されてはいない、真の原因となりえる変数です。この例では「国の豊かさと安全」が交絡変数となります。

相関という手法を使ってデータ解析する場合は、以上の教訓を役立てる必要があります。

テレビと寿命の関係は、簡単に擬似相関と見抜けます。しかし、私たちが未知の現象を探求するときは、擬似相関と因果関係の違いを見抜くのが困難です。この2つの混同が、頻繁に起こり得ます。これを避ける唯一の手段は、それぞれの専門分野を深く勉強し、深く考察することです。そのうえで、もし可能であれば、因果関係を証明するための、新しい実験を計画し、実行することです。

統計手法は、実験や調査を進めるうえで、頼りになる道具です。しかし、単なる道具でしかありません。真実を見抜くのは、統計学の仕事ではなく、統計手法を使う私たちの仕事になります。

13_章 単回帰分析

x と y の間に関係があるとき、x と y の関係をシンプルな直線や曲線で要約する手法を、回帰分析（regression analysis）と呼びます。回帰分析には様々な種類があります。本書で紹介するのは、もっとも簡単で基本的な「単回帰分析」と呼ばれる手法です。x と y の間に、線形の関係があるときに、点 (x_i, y_i) の集合の間を、適切に通る直線を作ってくれます。この直線を「回帰直線」と呼びます。回帰直線があれば、私たちは、x の値から y の値を予測することができます。単回帰分析は、実験や調査に携わる人たちにとって、日常的なツールです。本章は、大きく3つの内容に分けることができます。1つめは、回帰直線の基礎知識です。その傾きや y-切片の性質を学びます。2つめは「決定係数」です。前章で学んだ相関係数は x と y の線形の関係の強さを教えてくれます。しかし決定係数は、一歩踏み込んで「y の変動を、x が何%説明してくれるのか？」を教えてくれます。3つめは、単回帰分析で行われる、推定や検定の手法について学びます。

13-1　例題13：他の変数から予測できるか？

1 例題13.1：かき氷の売上と気温

前章のかき氷の例題を、再度、使います。

そよかぜ / PIXTA(ピクスタ)

（日最高気温, 売上）という x と y の値も前章と同じです。

日最高気温	売上
28.1	2.55
32.3	3.65
28.8	3.00
29.9	3.15
26.9	2.20
27.2	2.30
23.6	1.50
24.4	1.90

日最高気温	売上
35.2	4.70
29.1	2.10
28.0	1.85
26.6	1.75
23.6	1.95
29.3	2.85
22.9	0.95
32.1	3.65

本章では「予測」という問題を考えます。結果を示す散布図に、点 (x_i, y_i) の間を通る直線（一次関数）を引きます。

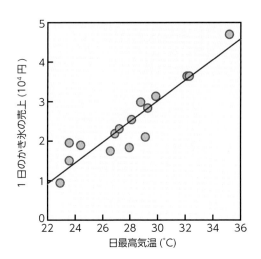

直線を引けば、予測が可能になります。週間天気予報から、次の週末の日最高気温が、土曜日が29℃、日曜日が34℃と予想されたとします。

すると、この直線を使い、土曜日のかき氷の売上が2.8万円、日曜日が4.1万円と予想できます。

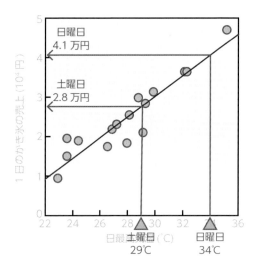

点 (x_i, y_i) は一直線上には並んでいません。散らばりがあります。ですから、この予測は正確ではありません。しかし、大雑把な予想でも、店舗の運営を行ううえでは、役に立つ情報となります。

本章では、**点 (x_i, y_i) の間を通る、適切な直線（一次関数）を求める手法**を学びます。この手法を単回帰分析 (simple linear regression analysis) と呼びます。

② 例題 13.2：定量実験における基本的な作業

本章ではもう1つ、例題を紹介します。理系の学生なら、学生実験で必ず学ぶ定量実験の基本作業です。ここでは、例として、試験管の中に入った水溶液のP濃度（リン濃度）を測定する作業を見てみます。P濃度は不明です。

この測定を行うために、**標準溶液**とか**スタンダード**と呼ばれる、P濃度が既知の溶液を準備します。ここでは 0 ppm、0.5 ppm、1 ppm、1.5 ppm、2 ppmの、5段階の濃度を揃えました。

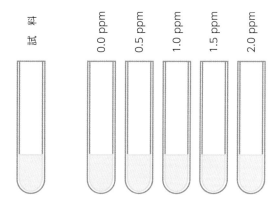

次に、発色液と呼ばれる試薬を添加します。

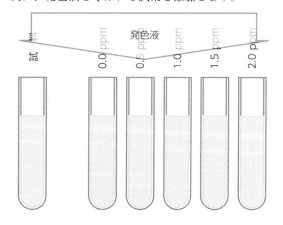

一定時間が経った後、P濃度に応じて、溶液に色がつきます。色の濃さは、濃度に対応します。

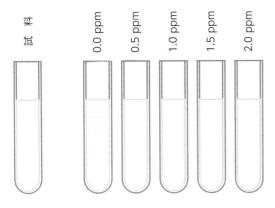

分光光度計という、理系の研究室なら必ず備えている測定装置があります。これを使うと、色の濃さ（吸光度）を測定してくれます。この結果を示します。

吸光度	濃度
0.002	0.0
0.179	0.5
0.387	1.0
0.554	1.5
0.761	2.0

吸光度	濃度
0.216	?

標準溶液の結果を散布図にします。そして、本章で学ぶ単回帰分析を行います。すると、以下の直線（一次関数）を得ます。これを**検量線**（calibration curve, standard curve）と呼びます。

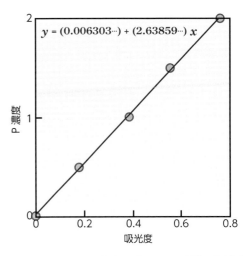

検量線があれば、吸光度を使って、試料のP濃度が計算できます。

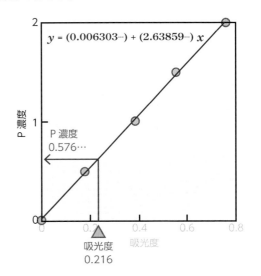

13-2 単回帰分析の前提条件

前章の相関分析では、(x_i, y_i) は2変数正規分布に従うと仮定しました。単回帰分析では、前提とする確率分布が、相関分析とは異なります。

かき氷の例題13.1を使って説明します。まず、x軸が「日最高気温」でy軸が「売上」のxy平面を考えます。予測に使う「x」を、**説明変数**（explanatory variable）とか、**予測変数**とか、**独立変数**と呼びます。予測したい「y」は、**応答変数**（response variable）とか、**従属変数**と呼びます。

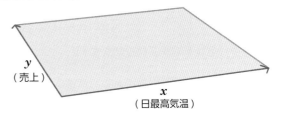

回帰分析では、このxとyの間に「真の直線」とでも形容すべき直線が存在すると想定します。この直線を

$$E[y|x] = \alpha + \beta x$$

と表現します。新しい用語を覚えてください。$E[y|x]$

はyの**条件付き期待値**（conditional expectation of y given x）と呼ばれます。「**とある特定のxに対応するyの期待値**」という意味です。「とある特定のx」という条件の下での期待値なので「条件付き」という表現を使います。αとβは未知の定数です。傾きβは**母回帰係数**（population regression coefficient）と呼びます。そして、この直線を**母回帰直線**（population regression line）と呼びます。

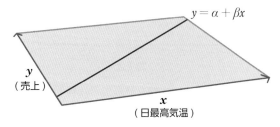

Advice 記号について補足します。本書では、y 切片と傾きに「α と β」を使います。しかし「β_0 と β_1」とする解説書や「β_1 と β_2」とする解説書も多いです。読者は、解説書間の記号の違いに混乱しないでください。

母回帰直線は、任意の x に対し、対応する y の条件付き期待値 $E[y|x]$ を教えてくれます。かき氷の場合なら、日最高気温から、その気温 x での、売上の期待値を教えてくれます。

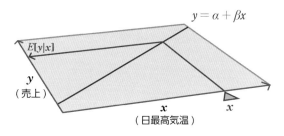

しかし、実際に測定された x と y の関係は「正確な1:1の対応」ではありません。点 (x_i, y_i) は、この直線にピッタリとは乗らず、散らばります。

単回帰分析では、説明変数の x は、誤差なく正確に測定されている（もしくは正確に制御されている）と仮定します。そして、点 (x_i, y_i) の散らばりは、応答変数の y の散らばりに起因すると考えます。

これを、かき氷の例で説明します。例として、29℃と34℃を使います。何年もかけて、日最高気温が29℃の週末の売上を記録し続けたとします。すると、

同じ29℃なのに、良く売れる日もあれば、あまり売れない日もあることが分かります。

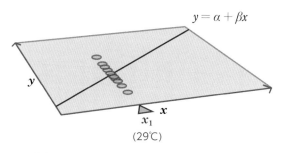

日最高気温が34℃の場合も同様です。良く売れる日もあれば、あまり売れない日もあります。

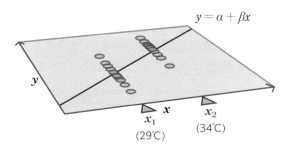

単回帰分析では、それぞれの x に対して、y が正規分布に従うと仮定します。

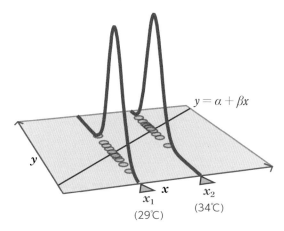

この正規分布には、2つの特徴があります。

1つめ。それぞれのx_iに対応するyの期待値$E[y|x_i]$は、母回帰直線

$$E[y|x_i] = \alpha + \beta x_i$$

で与えられます。どのxに対する正規分布も「**その中心の期待値（平均）$E[y|x]$が、常にこの直線上にある**」ということです。

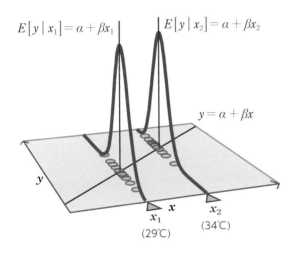

2つめ。この正規分布の標準偏差σは、xの値によらず、常に一定であると仮定します。

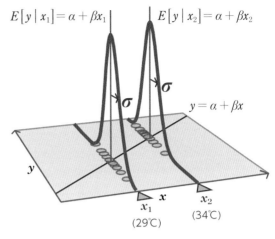

以上の仮定を土台に、y-切片のαと傾きβに対して推論を行うのが、単回帰分析です。

13-3 最小2乗法

母回帰直線

$$E[y|x] = \alpha + \beta x$$

の定数、αとβは未知です。そこで、私たちは実験や調査で得られた結果から、αとβの推定値を得る必要があります。

この目的のために、**最小2乗法**（method of least squares）という手法を使い、**標本回帰直線**（sample regression line）と呼ばれる直線

$$\hat{y} = a + bx$$

を得ます。記号を説明します。まず$\hat{y}$は「ワイ・ハット」と読みます。これは、xを使ったyの推定値です。「^」を使い、実測値yと区別します。定数aとbは、αとβに対する推定値です。傾きbは**回帰係数**（regression coefficient）と呼ばれます。

Advice 多くの読者は、高校の時、一次式を

$$y = ax + b$$

と表記する形に慣れ親しんできたと思います。この表記では、傾きがaでy-切片がbです。統計学では逆になります。aがy-切片で、bが傾きになります。

混同しないように、注意が必要です。

Advice 呼び方を補足します。「標本回帰直線」は、慣習的に「標本」を省略して、単に**回帰直線**と呼ばれる場合がほとんどです。ですから、本書でも、必要がない限り「回帰直線」と呼びます。

最小2乗法の原理は簡単です。以下のような点(x_i, y_i)の並びに対し、直線を引くことを考えます。

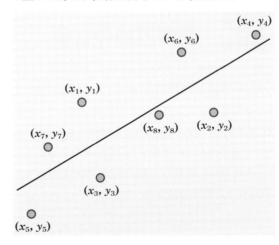

この直線から、鉛直方向に各 (x_i, y_i) へ矢印を引きます。これを**残差**（residual）と呼びます。記号に小文字の「e」を使います。

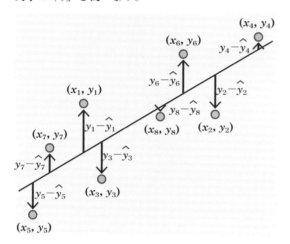

残差 e の計算は、点 (x_i, y_i) に対して

$$e_i = y_i - \hat{y}_i$$

です。実測値の y から、直線を使った y の予測値 $\hat{y}$ を引きます。残差 e は正の値も負の値もあります。そこで2乗して

$$e_i^2 = (y_i - \hat{y}_i)^2$$

全て正の値にします。そして、合計します。

$$SS_{\text{residual}} = \sum_{i=1}^{n} e_i^2 = \sum_{i=1}^{n} (y_i - \hat{y}_i)^2$$

これを**残差平方和**（residual sum of squares）と呼びます。記号は「SS_{residual}」です。

この**残差平方和 SS_{residual} が最小値になるように、y–切片の a と傾きの b を決める**のが、最小2乗法です。

13–4 回帰直線の性質

直線（一次関数）の基礎を思い出してみます。1本の特定の直線（一次関数）を定めるには、2つの方法があります。1つの方法は「直線が通る2つの点 (x_1, y_1) と (x_2, y_2)」を決めることです。もう1つの方法は「**通る点 (x, y) と傾きの2つ**」を決めることです。本節では、後者の立場に立ち、回帰直線が通る点 (x, y) と、傾きの性質を、学びます。

$$SS_{\text{residual}} = \sum_{i=1}^{n} e_i^2 = \sum_{i=1}^{n} (y_i - y_i)^2$$

最小値

最小2乗法を使うと、回帰直線は以下のようになります。

回帰直線

回帰直線	$\hat{y} = a + bx$

$$\text{傾き} \quad b = \frac{s_{xy}}{s_x^2} = \frac{\sum_{i=1}^{n}(x_i - \overline{x})(y_i - \overline{y})}{\sum_{i=1}^{n}(x_i - \overline{x})^2}$$

$$y\text{–切片} \quad a = \overline{y} - b\,\overline{x}$$

ここで、s_{xy} は前章で学んだ標本共分散です。s_x は説明変数 x の標本標準偏差です。最小2乗法で回帰直線を得ると、y–切片 a は α の不偏推定量

$$E[a] = \alpha$$

となり、傾き b は β の不偏推定量

$$E[b] = \beta$$

となります。

Advice 最小2乗法を用いた回帰直線の導出は、**web特典A.10** で行っています。y–切片 a と傾き b も、ここで導いています。この計算の過程に興味のある読者は、目を通してみてください。

1 回帰直線が通る点

y–切片の定義式

$$a = \overline{y} - b\,\overline{x}$$

を整理して

$$\overline{y} = a + b\,\overline{x}$$

を得ます。これは、回帰直線

$$\hat{y} = a + bx$$

において

$$\hat{y} = \overline{y}$$
$$x = \overline{x}$$

を代入した式になります。この結果は「**回帰直線は必ず、xの標本平均$\overline{x}$とyの標本平均$\overline{y}$からなる点$(\overline{x}, \overline{y})$を通る**」を意味します。

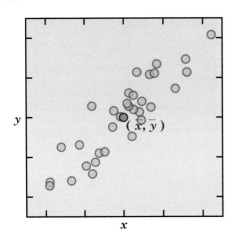

② 回帰直線の傾き

回帰直線の傾きbの定義式

$$b = \frac{s_{xy}}{s_x^2} = \frac{\displaystyle\sum_{i=1}^{n}(x_i - \overline{x})(y_i - \overline{y})}{\displaystyle\sum_{i=1}^{n}(x_i - \overline{x})^2}$$

は、このままの形では、その性質の直感的な理解が難しいです。

この式の意味を読みやすくするために、式を変形します。この式の分子と分母に、yの標本標準偏差

$$s_y = \sqrt{\frac{\displaystyle\sum_{i=1}^{n}(y_i - \overline{y})^2}{n-1}}$$

を掛けます。

$$b = \frac{s_{xy}}{s_x^2} \cdot \frac{s_y}{s_y} = \frac{s_{xy}}{s_x s_y} \cdot \frac{s_y}{s_x}$$

次に、この式に、前章で学んだ相関係数rの定義式

$$r = \frac{s_{xy}}{s_x s_y}$$

を代入します。すると、傾きbの定義式は、以下のように、書き直せることが分かります。

傾きbのもう1つの表現

$$b = r\frac{s_y}{s_x}$$

こう書き直しておくと、回帰直線の傾きbの性質を、定性的に理解しやすくなります。傾きbは、2つの要因で決まります。1つは、標本標準偏差s_xとs_yの比です。

$$b = r\frac{s_y}{s_x}$$

もう1つは、相関係数rです。

$$b = r\frac{s_y}{s_x}$$

以下、この2つの内容を、図で確認しておきます。

❶ xとyの標本標準偏差の比

下図の例、例 (a) と例 (b) を見てみます。どちらの例でも、点 (x_i, y_i) が一直線に並んでいます。

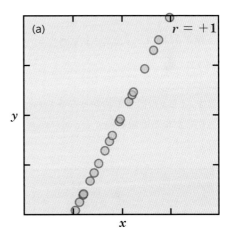

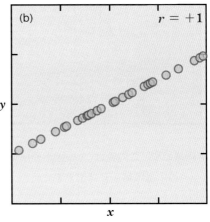

一直線に並んでいるので、相関係数rは1です。このとき、傾きbは

$$b = r\frac{s_y}{s_x} = 1 \times \frac{s_y}{s_x} = \frac{s_y}{s_x}$$

となり、標本標準偏差s_xとs_yの比で与えられます。

これを図で確認しておきます。

例 (a) では、x の標本標準偏差 s_x は 1 です。y の標本標準偏差 s_y は 2 です。

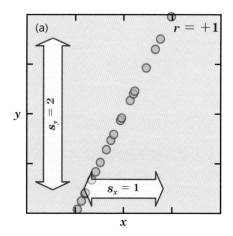

そこで、傾き b は、$s_y = 2$ を $s_x = 1$ で割って

$$b = \frac{s_y}{s_x} = \frac{2}{1} = 2$$

となります。x と y の標本平均からなる点 $(\overline{x}, \overline{y})$ を通り、傾きが 2 となる直線を描くと、点 (x_i, y_i) とピッタリ一致します。

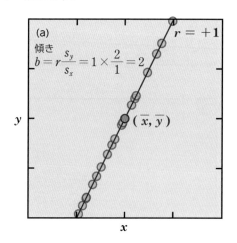

例 (b) も同様です。この場合、x の標本標準偏差 s_x は 2 です。y の標本標準偏差 s_y は 1 です。

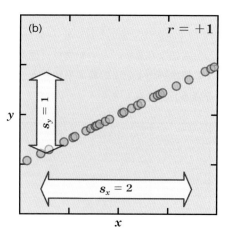

そこで、傾き b は、$s_y = 1$ を $s_x = 2$ で割って

$$b = \frac{s_y}{s_x} = \frac{1}{2} = 0.5$$

となります。標本平均からなる点 $(\overline{x}, \overline{y})$ を通り、傾きが 0.5 となる直線を描くと、点 (x_i, y_i) とピッタリ一致します。

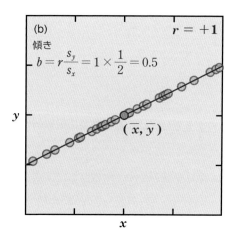

このように、回帰直線の傾きを決める 1 つめの要素は、y の散らばり（標本標準偏差 s_y）と、x の散らばり（標本標準偏差 s_x）の比です。

❷相関係数 r

回帰直線の傾き b を決める、もう 1 つの要因は、相関係数 r です。点 (x_i, y_i) の散らばりが、傾き b に影響します。

下図の2つの例、例 (c) と例 (d) を見てみます。この2つは、相関係数 r が異なります。例 (c) では $r=0.9$ です。

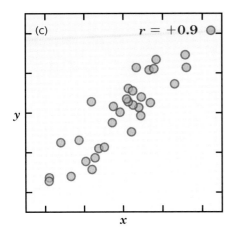

例 (d) では $r=0.6$ です。

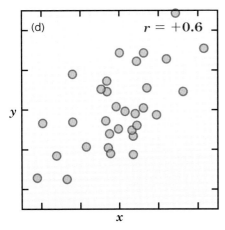

この2つの例では、ともに、x の標本標準偏差 s_x は1です。y の標本標準偏差 s_y も1です。

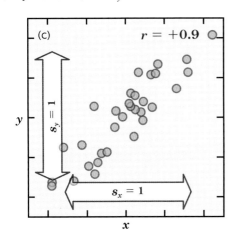

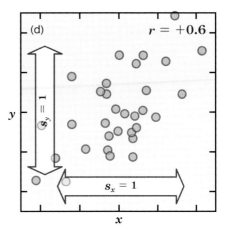

そこで、もし傾き b が、標本標準偏差 s_x と s_y の比だけで決まるのであれば、例 (c) でも例 (d) でも、傾き b は1になります。点 $(\overline{x}, \overline{y})$ を通る傾き $b=1$ の直線を、緑色の線で示しました。

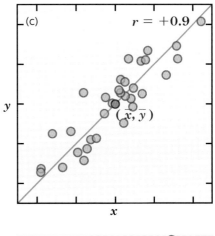

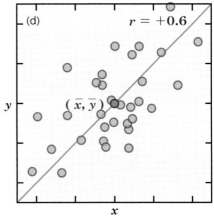

この緑色の直線は、点 (x_i, y_i) の間を、上手に通り抜けているように見えます。

しかし実際には、傾き b は、相関係数 r の影響も受け

ます。例 (c) でも例 (d) でも、s_xとs_yは、1です。そこで傾きbは、相関係数rそのものになります。

$$b = r\frac{s_y}{s_x} = r\frac{1}{1} = r$$

例 (c) であれば、$r=0.9$なので傾きは$b=0.9$です。

$$b = r = 0.9$$

例 (d) であれば、$r=0.6$なので傾きは$b=0.6$です。

$$b = r = 0.6$$

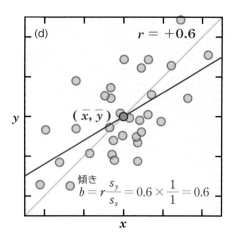

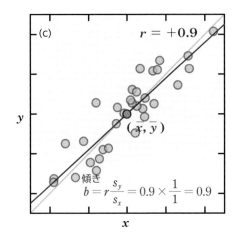

このようにして、回帰直線の傾きbは、xとyの散らばりの比 s_y/s_x と、相関係数rによって決まります。

13-5　*x*と*y*を逆にしない

回帰直線について、1つ、知っておくべき知識があります。単回帰分析では、xとyを入れ替えると、異なる直線が得られます。

これを、図で確認しておきます。例題13.1を使います。まず、xを日最高気温にして、yの売り上げを予測する回帰直線を示します。

次に、今度は、xを売り上げにして、yの日最高気温を予測する回帰直線を示します。

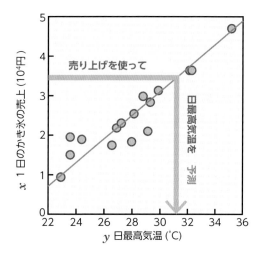

この2つの回帰直線を、同じ図の上に載せます。

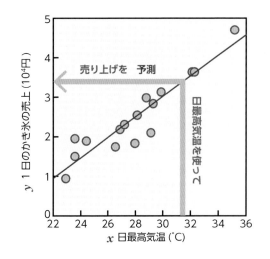

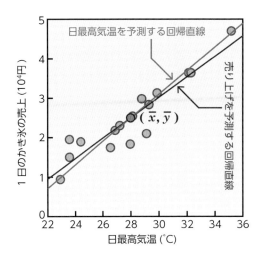
日最高気温を予測する回帰直線

売り上げを予測する回帰直線

$(\bar{x}, \bar{y})$

すると、2つの直線が異なっていることが分かります。2つの直線は、ともに、xの標本平均$\bar{x}$とyの標本平均$\bar{y}$からなる点$(\bar{x}, \bar{y})$を通ります。しかし、傾きが異なります。

Advice もし点(x_i, y_i)が正確に一直線に並び、相関係数が$r = 1$になるときは、2つの回帰直線は一致します。一方、xとyの間の相関が低い場合は、相関が低くなるほど、傾きの違いが大きくなります。

回帰直線のこうした性質は、前章で学んだ相関分析とは対照的です。相関分析では、xとyを入れ替えても、結果は同じです。かき氷の場合、気温をxにしても、売り上げをxにしても、計算される相関係数rは同じです。

このように、単回帰分析には「xとyを入れ替えると、異なる直線が得られる」という、面倒な性質があります。そこで「どちらの変数を、xにするか？yにするか？」が大切です。原則は「予測したい変数をyにする」です。これを、間違えないようにしてください。

Advice この原則はシンプルです。なかなか、間違えることはないように思えます。しかし、例題13.2のような定量実験では、間違える人が現れます。この定量実験では「予測したいのはP濃度」です。そこで「**P濃度がy（応答変数）**」となります。P濃度を、吸光度を使って推定します。ですから「**吸光度がx（説明変数）**」となります。これが、原則に基づいた、正しい手段です。ところが「『P濃度が吸光度を決める』という因果関係がある以上『P濃度をxにして、吸光度をyにする』のが正しい」と、的外れな勘違いを実行する人がいます。定量実験では、この間違いを犯さないよう、注意してください。

13-6 　y-切片aと傾きbの計算

回帰直線は、相関係数rと同様に、使用頻度が高いです。計算は、PCや関数電卓で簡単に行えます。定義式に忠実に従って計算する必要はありません。データを入力すれば、すぐにy-切片aと傾きbを計算してくれます。

表計算ソフトExcelを使う場合は、傾きbの計算には関数SLOPEを、y-切片aには関数INTERCEPTを使います。関数電卓でも、統計計算機能の中に、y-切片aと傾きbを計算する単回帰メニューがあります。メーカーや機種によって操作法が異なります。詳細はマニュアルを参照してください。

かき氷の例題13.1の場合
$$\hat{y} = (-4.75648\cdots) + (0.259271\cdots)x$$

と計算されます。

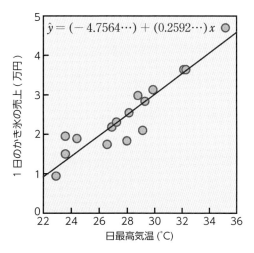
$\hat{y} = (-4.7564\cdots) + (0.2592\cdots)x$

この式があれば、任意の日最高気温における、かき氷の売上が予想できます。

13-7　内挿と外挿

かき氷の例題13.1のグラフを、横軸と縦軸の範囲を変更して、再度、使います。

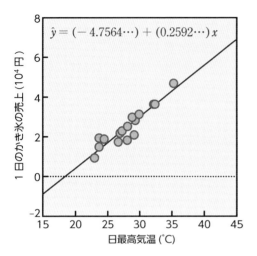

説明変数xの、実測された最低値は22.9℃、最高値は35.2℃です。

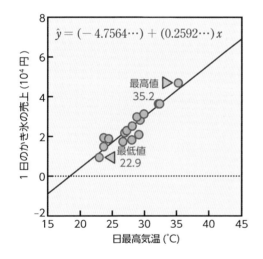

この2つの間の範囲内（22.9℃〜35.2℃）で、yを推定する作業を**内挿**（interpolation）と呼びます。

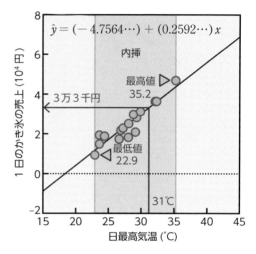

この範囲内（22.9℃〜35.2℃）で線形な関係がある以上、内挿では、信頼できるyの推定値が得られます。

一方、この範囲（22.9℃〜35.2℃）の外でyを推定する作業を、**外挿**（extrapolation）と呼びます。

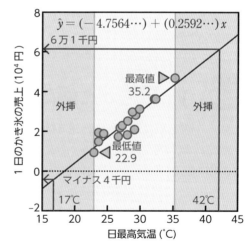

外挿には、注意が必要です。実測範囲内（22.9℃〜35.2℃）での直線的な関係が、この範囲外でも続いている保証は、一切、ありません。

この例題で、2つの例を見てみます。まず17℃です。yは約−4千円と予測されます。

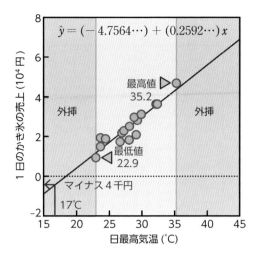

$$\hat{y} = (-4.7564\cdots) + (0.2592\cdots)x$$

しかし、これはあり得ないです。かき氷の売上は、1皿も注文がないときには0円です。マイナスにはなりえません。

次いで42℃です。yは約6万1千円と予測されます。

この予測値にも疑問が残ります。この回帰直線は「日最高気温が上昇すれば、売上もドンドン直線的に上昇する」と予測します。極端な話、気温が100℃とか1,000℃といった非現実的な高温になっても、「売上はドンドン上昇し続ける」と予測します。一方、42℃という気温は、熱中症のリスクが高い気温です。そこで「ここまで気温が上昇しても、客が店に来るのか？」や「売上は本当に、回帰直線の予測通りに上昇するのか？」を考えると、不安が残ります。結局、42℃付近までの実際のデータがない限り、回帰直線の妥当性を判断できません。

回帰直線を用いた外挿には、くれぐれも、慎重になってください。理論的に直線性が保証されている場合のみ、外挿は有効な手法となります。そうでない限り「**外挿は厳禁**」です。絶対にやめてください。

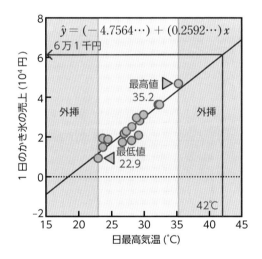

$$\hat{y} = (-4.7564\cdots) + (0.2592\cdots)x$$

13-8 決定係数 r^2

決定係数（coefficient of determination）と呼ばれる統計量があります。回帰や相関を使ったデータ解析で多用する、重要な計算です。決定係数には、いくつかの定義があります。本書では、最も広く使われている定義を紹介します。

決定係数

$$決定係数 = 1 - \frac{SS_{\text{residual}}}{SS_{\text{total}}} = \frac{SS_{\text{regression}}}{SS_{\text{total}}}$$

かき氷の例題13.1を使い、まず、決定係数の使い方から説明します。

Photo by iStock

この後に説明する計算法に従い、決定係数を計算すると、0.8675…となります。**約0.87**です。この数値から、レポートや論文では「かき氷の売上の変動の87%を日最高気温が説明した」と記述します。

以下、例題13.1を例にして、決定係数を学びます。まず、決定係数の計算に必要な、3つの偏差（残差）平方和SSを紹介するところから始めます。

1 全平方和 SS_total

1つめの平方和SSです。ここでは「かき氷の売上が日最高気温に依存する」なんてことは、まったく知らぬふりをして、単純に、y（かき氷の売上）の散らばりを計算します。この散らばりを全平方和SS_totalと呼びます。計算方法は、第4章で学んだ偏差平方和SSそのものです。定義は

全平方和SS_total

$$SS_\text{total} = \sum_{i=1}^{n} (y_i - \overline{y})^2$$

です。

偏差の起点は、yの標本平均$\overline{y}$です。

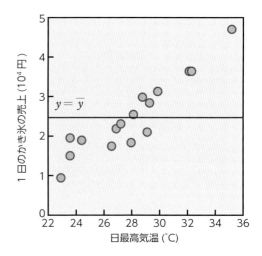

偏差の終点は点(x_i, y_i)です。矢印は鉛直方向に引きます。そこで偏差は

$$(y_i - \overline{y})$$

です。

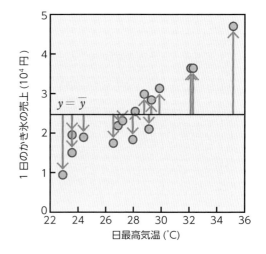

偏差$(y_i - \bar{y})$の具体的な数値は、以下のようになります。

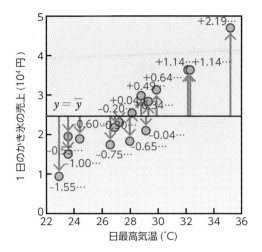

そして、全ての偏差を2乗して、合計して、偏差平方和を計算します。記号には「SS_{total}」を使います。**全平方和**（total sum of squares）と呼びます。

$$
\begin{aligned}
SS_{\text{total}} &= \sum_{i=1}^{n} (y_i - \bar{y})^2 \\
&= (-1.55\cdots)^2 + (-1.00\cdots)^2 + (-0.55\cdots)^2 \\
&\quad + (-0.60\cdots)^2 + (-0.75\cdots)^2 + (-0.30\cdots)^2 \\
&\quad + (-0.20\cdots)^2 + (-0.65\cdots)^2 + (+0.04\cdots)^2 \\
&\quad + (+0.49\cdots)^2 + (-0.40\cdots)^2 + (+0.34\cdots)^2 \\
&\quad + (+0.64\cdots)^2 + (+1.14\cdots)^2 + (+1.14\cdots)^2 \\
&\quad + (+2.19\cdots)^2 \\
&= 13.6223\cdots
\end{aligned}
$$

この計算で、全平方和SS_{total}は$13.622\cdots$となりました。

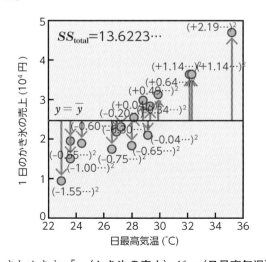

まとめます。「y（かき氷の売上）がx（日最高気温）

と関係するなんて、まったく知らなかった」という前提で、y（かき氷の売上）の散らばり（変動）を計算するのが、全平方和SS_{total}の役割です。

2 残差平方和 SS_{residual}

2つめの平方和SSです。ここでは「y（かき氷の売上）は、回帰直線を使えば、x（日最高気温）である程度の予測ができる」と考えます。節**13-3**で学んだ残差平方和SS_{residual}を計算します。定義は

残差平方和SS_{residual}

$$
SS_{\text{residual}} = \sum_{i=1}^{n} (y_i - \hat{y}_i)^2
$$

です。

残差の起点は、最小2乗法で得た回帰直線です。

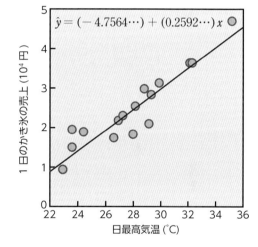

残差の終点は点(x_i, y_i)です。矢印は鉛直方向に引きます。そこで残差は

$(y_i - \hat{y}_i)$

です。ここで$\hat{y}_i$は、x_iと回帰直線を使った、yの予測値

$\hat{y}_i = a + bx_i$

です。

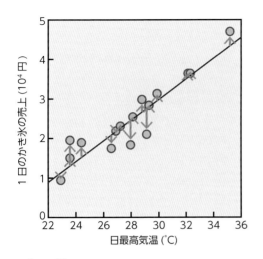

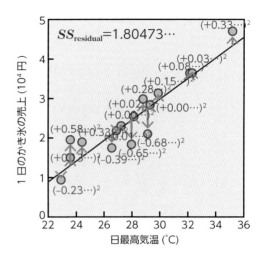

残差 $(y_i - \hat{y}_i)$ の具体的な数値は、以下のようになります。

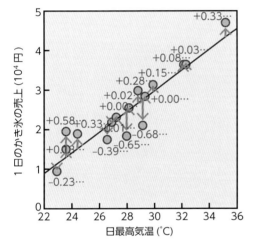

そして、全ての残差を2乗して、合計します。これで**残差平方和** (SS_{residual}) が得られます。

$$SS_{\text{residual}} = \sum_{i=1}^{n} (y_i - \hat{y}_i)^2$$
$$= (-0.23\cdots)^2 + (+0.13\cdots)^2 + (+0.58\cdots)^2$$
$$+ (+0.33\cdots)^2 + (-0.39\cdots)^2 + (-0.01\cdots)^2$$
$$+ (+0.00\cdots)^2 + (-0.65\cdots)^2 + (+0.02\cdots)^2$$
$$+ (+0.28\cdots)^2 + (-0.68\cdots)^2 + (+0.00\cdots)^2$$
$$+ (+0.15\cdots)^2 + (+0.08\cdots)^2 + (+0.03\cdots)^2$$
$$+ (+0.33\cdots)^2$$
$$= 1.80473\cdots$$

まとめます。「**y（かき氷の売上）は、x（日最高気温）で、ある程度は予測できる**」という前提で、回帰直線を起点に、y（かき氷の売上）の散らばり（変動）を計算するのが、残差平方和 SS_{residual} です。

③ 回帰平方和 $SS_{\text{regression}}$

3つめの平方和 SS です。**回帰平方和**（regression sum of squares）と呼びます。記号は $SS_{\text{regression}}$ です。統計学の初学者には「何の意味があるのだろうか？」と、感じずにはいられない計算です。しかし、疑問は胸にしまったまま、最後まで読み切ってください。

回帰平方和 $SS_{\text{regression}}$ の定義は

回帰平方和 $SS_{\text{regression}}$

$$SS_{\text{regression}} = \sum_{i=1}^{n} (\hat{y}_i - \overline{y})^2$$

です。

偏差の起点は、yの標本平均$\overline{y}$です。そして、**偏差の終点は回帰直線**です。

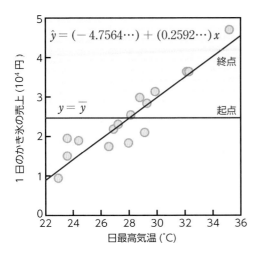

そこで偏差は

$$(\hat{y}_i - \overline{y})$$

となります。この偏差では、観測された点(x_i, y_i)を使いません。偏差を図で示すと

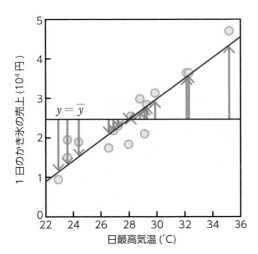

となります。

偏差$(\hat{y}_i - \overline{y})$の具体的な数値は、以下の通りです。

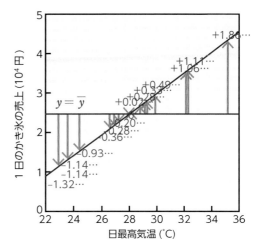

そして、全ての偏差を2乗して、合計します。これで回帰平方和$(SS_{regression})$が得られます。

$$
\begin{aligned}
SS_{regression} &= \sum_{i=1}^{n} (\hat{y}_i - \overline{y})^2 \\
&= (-1.32\cdots)^2 + (-1.14\cdots)^2 + (-1.14\cdots)^2 \\
&\quad + (-0.93\cdots)^2 + (-0.36\cdots)^2 + (-0.28\cdots)^2 \\
&\quad + (-0.20\cdots)^2 + (0)^2 + (+0.02\cdots)^2 \\
&\quad + (+0.20\cdots)^2 + (+0.28\cdots)^2 + (+0.33\cdots)^2 \\
&\quad + (+0.49\cdots)^2 + (+1.06\cdots)^2 + (+1.11\cdots)^2 \\
&\quad + (+1.86\cdots)^2 \\
&= 11.8176\cdots
\end{aligned}
$$

13
章

単回帰分析

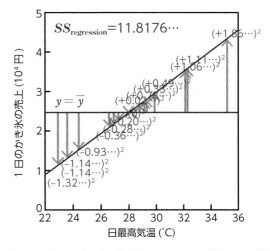

まとめます。回帰平方和$SS_{regression}$は、観測値yの散らばりは計算しません。その代わり、yの標本平均$\overline{y}$を起点に、回帰直線 ($\hat{y}_i = a + bx_i$) が予測した$\hat{y}$の散らばり（変動）を計算します。

④ 回帰の恒等式

決定係数を計算するのに必要な、3つの平方和を紹介しました。決定係数の説明に入る前に、もう1つ、知識を身につけてください。

3種類の平方和に使った、3種類の偏差（もしくは残差）を、並べてみます。

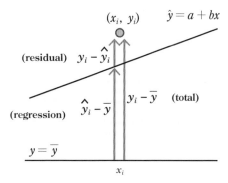

この図を見ると、以下の等式が確認できます。

$$(y_i - \overline{y}) = (\hat{y}_i - \overline{y}) + (y_i - \hat{y}_i)$$

そして、この3種類の偏差（もしくは残差）を使った、3種類の平方和にも、同じ形の等式が成立します。

$$\sum_{i=1}^{n} (y_i - \overline{y})^2 = \sum_{i=1}^{n} (\hat{y}_i - \overline{y})^2 + \sum_{i=1}^{n} (y_i - \hat{y}_i)^2$$

この関係を**回帰の恒等式**（regression identity）と呼びます。一元配置分散分析における「平方和の原理」とよく似た関係です。重要な式です。

回帰の恒等式

$$SS_{\text{total}} = SS_{\text{regression}} + SS_{\text{residual}}$$

$$\sum_{i=1}^{n} (y_i - \overline{y})^2 = \sum_{i=1}^{n} (\hat{y}_i - \overline{y})^2 + \sum_{i=1}^{n} (y_i - \hat{y}_i)^2$$

Advice この恒等式の証明は、**web特典A.11**の中で行っています。興味のある読者は目を通してください。もちろん、統計学の数学的な側面に興味のない読者や、数学を不得手とする読者は、読まなくても構いません。

例題13.1のかき氷の例で、回帰の恒等式を確認してみます。3つの平方和は、すでに計算しています。

$$SS_{\text{total}} = 13.6223\cdots$$
$$SS_{\text{regression}} = 11.8176\cdots$$
$$SS_{\text{residual}} = 1.80473\cdots$$

そして

$$(13.6223\cdots) = (11.8176\cdots) + (1.80473\cdots)$$

であることから、確かに

$$SS_{\text{total}} = SS_{\text{regression}} + SS_{\text{residual}}$$

が成立しています。

⑤ 決定係数（その1）：一般的な定義

決定係数の説明に入ります。決定係数の定義には、8種類あります。本書では、そのうち、最も広く用いられている定義の2つを紹介します。なお、読者の混乱を避けるため、3つの話題を、別個の節で別々に説明します。

まず、本節の理解に必要な情報を、まとめます。「**yはxで予測できない**」という立場で、yの散らばり（変動）を計算したのが全平方和SS_{total}でした。偏差の起点は標本平均$\overline{y}$です。

$$SS_{\text{total}} = \sum_{i=1}^{n} (y_i - \overline{y})^2 = 13.6223\cdots$$

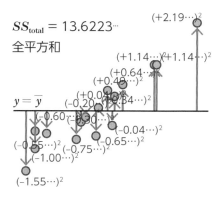

一方「**yはxで予測できる**」という立場で、回帰直線を起点にしたyの散らばり（変動）を計算したのが残差平方和SS_{residual}です。残差の起点は、回帰直線による予測値$\hat{y}_i$です。

$$SS_{\text{residual}} = \sum_{i=1}^{n} (y_i - \hat{y}_i)^2 = 1.80473\cdots$$

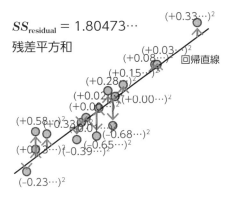

$$SS_{\text{residual}} = 1.80473\cdots$$
残差平方和

SS_{total} と SS_{residual} は、8倍近く異なります。

この2つの値の比を計算します。

$$\frac{SS_{\text{residual}}}{SS_{\text{total}}} = \frac{1.8047\cdots}{13.622\cdots} = 0.1324\cdots\,(\simeq 13\%)$$

この計算から、偏差（もしくは残差）の起点が、y の標本平均 $\overline{y}$ から回帰直線 $\hat{y} = a + bx$ に変わったことで、散らばり（変動）が、約13%まで低下したことが分かります。

次に、この比を1から引きます。

$$1 - \frac{SS_{\text{residual}}}{SS_{\text{total}}} = 1 - \frac{1.8047\cdots}{13.622\cdots} = 1 - 0.13248\cdots$$
$$= 0.86751\cdots\,(\simeq 87\%)$$

すると $0.86751\cdots$ を得ます。この数値を**決定係数**と呼びます。x で y を予想する回帰直線を使ったことで「**y の散らばり（変動）の約87%は回帰直線で説明できるようになった。その結果、y の散らばり（変動）が約13%まで低下した**」という意味です。そこで、例題13.1の場合

そよかぜ / PIXTA(ピクスタ)

なら「**かき氷の売上の変動の87%を、日最高気温が説明した**」と表現します。

ここまでをまとめます。

$$\text{決定係数} = 1 - \frac{SS_{\text{residual}}}{SS_{\text{total}}}$$

6 決定係数（その2）：もう1つの定義

前節で、決定係数の最も基本的な定義を学びました。本節では、前節の定義と等価な、もう1つの定義を紹介します。

回帰の恒等式を用意します。

$$SS_{\text{total}} = SS_{\text{regression}} + SS_{\text{residual}}$$

これを並べ替えて

$$SS_{\text{total}} - SS_{\text{residual}} = SS_{\text{regression}}$$

とし、決定係数に代入すると

$$\text{決定係数} = 1 - \frac{SS_{\text{residual}}}{SS_{\text{total}}} = \frac{SS_{\text{total}} - SS_{\text{residual}}}{SS_{\text{total}}}$$
$$= \frac{SS_{\text{regression}}}{SS_{\text{total}}}$$

を得ます。

この結果から、決定係数を、次のようにも表現できます。「**y を x で予測できるとは知らなかった**」という立場で、y の散らばり（変動）を計算したのが全平方和 SS_{total} でした。

$$SS_{\text{total}} = \sum_{i=1}^{n}(y_i - \overline{y})^2 = 13.6223\cdots$$

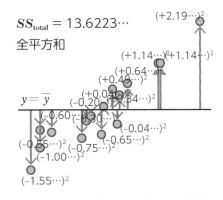

$$SS_{\text{total}} = 13.6223\cdots$$
全平方和

一方、回帰直線で予測した $\hat{y}$ を使って「**回帰直線で、これだけの散らばり（変動）を説明できますよ**」と、教えてくれるのが回帰平方和 $SS_{\text{regression}}$ です。

$$SS_{\text{regression}} = \sum_{i=1}^{n}(\hat{y}_i - \overline{y})^2 = 11.8176\cdots$$

13章

単回帰分析

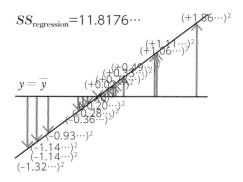

$$SS_{\text{regression}}=11.8176\cdots$$

そこで、回帰直線が説明する変動 $SS_{\text{regression}}$ を、y の全変動 SS_{total} で割り算します。

$$\frac{SS_{\text{regression}}}{SS_{\text{total}}}=\frac{11.8176\cdots}{13.6223\cdots}=0.867516\cdots\ (\fallingdotseq 87\%)$$

すると $0.86751\cdots$ という数値を得ます。この数値から「**y の全変動の約87% は回帰直線の変動で説明できる**」と結論します。

単回帰分析の場合、回帰の恒等式があるため、決定係数を

$$1-\frac{SS_{\text{residual}}}{SS_{\text{total}}}$$

と定義しても

$$\frac{SS_{\text{regression}}}{SS_{\text{total}}}$$

と定義しても、全く同一の数値が計算されます。

以上をまとめます。

決定係数（その2）

$$決定係数=1-\frac{SS_{\text{residual}}}{SS_{\text{total}}}=\frac{SS_{\text{regression}}}{SS_{\text{total}}}$$

7 決定係数（その3）：実際の計算方法

ここまで、決定係数の定義を学んできました。ただし、ここまで見てきたように、決定係数を、その定義通りに計算するのは、計算が面倒です。

ここで、とても美しい数学的な関係があります。実例を見てみます。前章で、相関係数 r を学びました。例題13.1では、相関係数 r は

$$r=0.93140\cdots$$

です（節**12–8**）。この値を2乗してみます。

$$r^2=(0.93140\cdots)^2=0.867516\cdots$$

すると、前節までに得た決定係数

$$1-\frac{SS_{\text{residual}}}{SS_{\text{total}}}=\frac{SS_{\text{regression}}}{SS_{\text{total}}}=0.867516\cdots$$

と正確に一致します。

以下の等式が成立します。相関係数 r を2乗すると、これが、本節で紹介した決定係数と、一致します。

決定係数（その3）

$$r^2=1-\frac{SS_{\text{residual}}}{SS_{\text{total}}}=\frac{SS_{\text{regression}}}{SS_{\text{total}}}$$

これは、とても重要な公式です。相関係数 r の計算はPCでも関数電卓でも簡単です。これを2乗すれば決定係数になります。そこで、決定係数の記号には「r^2」を使います。大文字の「R^2」を使う場合もあります。

Advice この等式の導出を **web特典A.11** で行っています。興味のある読者は目を通してください。統計学の数学的な側面に興味のない読者や、数学を不得手とする読者は、読まなくても構いません。こうした公式があることを知っておくだけで、十分です。

13-9 練習問題 Y

例題12.2のホタルのデータを使い、回帰直線を求めなさい。次いで、決定係数 r^2 を計算しなさい。

農薬散布	ホタルの数		
1.0	10	1.6	7
0.7	15	0.6	14
0.1	32	0.8	14
1.6	6	2.2	0
0.9	13	0.2	19
1.4	4	0.3	16
1.2	7	1.1	5
0.9	14	1.5	1

花火 / PIXTA(ピクスタ)

13-10 単回帰分析における検定と推定

Advice 統計学の初学者は、本節の内容には「きつい」と感じるかもしれません。もし、読み進める中で「きつい」と感じたら、その時点で、本章の学習は終えても構いません。

単回帰分析では「回帰直線を求めれば終わり」という場合もあります。しかし、さらに詳細な推定や検定をする場合もあります。本節では、基本的な手法を紹介します。検定が1つ、推定が3つです。

本節では、多くの公式が登場します。全ての公式は、その導出や理論的基礎が、本書のレベルを遥かに超えます。そこで本節では「**公式を天下り式に紹介し、例題13.1を使って、計算例を示す**」を淡々と繰り返します。ですから、読者は、軽く目を通す程度で、読み流してください。「理解しよう」なんて、一切、考える必要はありません。「こうした手法がある」という知識を得ることが目的です。もしかしたら、ここで身につけた知識が、将来の研究や業務で役立つかもしれません。

なお、ここで紹介する手法は、実際のデータ解析の現場では、統計解析専用のソフトウェアに計算させてしまいます。そこで、本節では、計算例を示しますが、飛ばし読みしても、まったく問題ありません。

本節の構成を説明します。まず、以降の推定や検定で必要とする統計量を2つ、紹介して計算します。これを終えた後に、②～⑤で4つの手法を紹介します。

① 計算に必要な2つの統計量 SS_x と $MS_{residual}$

これから紹介する手法では、2つの統計量を多用します。そこで、この2つの統計量 SS_x と $MS_{residual}$ を、あらかじめ計算しておきます。

❶ x の偏差平方和 SS_x

1つめの統計量は、x の偏差平方和 SS_x です。定義は

x の偏差平方和 SS_x

$$SS_x = \sum_{i=1}^{n} (x_i - \overline{x})^2$$

です。偏差の起点は標本平均 $\overline{x}$ で、終点は点 (x_i, y_i) です。この偏差を2乗して

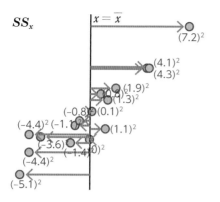

SS_x

合計します。例題13.1の場合

$$SS_x = \sum_{i=1}^{n}(x_i - \overline{x})^2$$
$$=(-5.1)^2+(-4.4)^2+(-4.4)^2+(-3.6)^2+(-1.4)^2$$
$$+(-1.1)^2+(-0.8)^2+(0)^2+(+0.1)^2+(+0.8)^2$$
$$+(+1.1)^2+(+1.3)^2+(+1.9)^2+(+4.1)^2+(+4.3)^2$$
$$+(7.2)^2$$
$$= 175.8$$

となります。

❷残差平均平方 $MS_{residual}$

2つめの統計量は、**残差平均平方**（residual mean square）です。記号は $MS_{residual}$ です。定義は

残差平均平方 $MS_{residual}$

$$MS_{residual} = \frac{SS_{residual}}{df_{residual}} = \frac{\sum_{i=1}^{n}(y_i - \hat{y}_i)^2}{n-2}$$

です。$MS_{residual}$ の分子は、すでに節 **13-8** **2** で「残差平方和 $SS_{residual}$」として学んでいます。$SS_{residual}$ は、残差の起点が回帰直線で、終点が点 (x_i, y_i) です。かき氷の例題13.1の場合、残差の2乗は

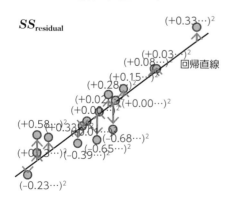

$SS_{residual}$

回帰直線

でした。これを合計して、残差平方和 $SS_{residual}$ を得

ます。計算は、すでに節 **13-8** **2** で終えています。

$$SS_{residual} = \sum_{i=1}^{n}(y_i - \hat{y}_i)^2 = 1.80473\cdots$$

$MS_{residual}$ の分母にある自由度 $df_{residual}$ は

$$df_{residual} = n - 2$$

です。例題13.1なら

$$df_{residual} = 16 - 2 = 14$$

です。標本サイズ（点 (x_i, y_i) の数）の n から2を引いています。2を引く理由を説明します。まず、直線（一次関数）の基礎を思い出すところから始めます。直線（一次関数）を決めるには、2つの方法があります。1つの方法は「**通る点** (x_i, y_i) **と傾きの2つ**」を決めることです。もう1つの方法は「**通る点2つ、(x_1, y_1) と (x_2, y_2)**」を決めることです。ここでは、後者の立場に立ちます。「2つの点 (x_1, y_1) と (x_2, y_2) が決まれば直線が決まる」ということは「1本の直線は、点2個分の情報量を持つ」ことを意味します。そこで「n 個の点から回帰直線が1本計算されたので、この過程で、点2個分の情報量を失った」と考えます。その結果、自由度では、点 (x_i, y_i) の数 n から2を引いて

$$df_{residual} = n - 2$$

となります。

残差平均平方 $MS_{residual}$ は、$SS_{residual}$ を $df_{residual}$ で割って計算します。例題13.1なら

$$MS_{residual} = \frac{SS_{residual}}{df_{residual}} = \frac{1.80473\cdots}{14} = 0.128909\cdots$$

となります。

以上、予備的な計算の解説を終えました。次節から、実践的な手法を1つずつ紹介していきます。

② 傾き b の必要性を確認する検定

単回帰分析で一番重要なのは、母回帰直線

$$E[y|x] = \alpha + \beta x$$

の傾きである、母回帰係数 β の推定です。β は「x が1単位上昇したときに、y がどれだけ変化するか？」を決めます。そこで、研究の種類によっては、β の推定が最重要の役割を果たします。

回帰直線の傾き b に対する統計手法には、検定が1

つ、推定が1つあります。本節は検定を学びます。

帰無仮説 H_0 と対立仮説 H_A は

帰無仮説 H_0

$$\beta = 0$$

傾き β はゼロ。そこで、単回帰分析を行う必要はない。

対立仮説 H_A

$$\beta \neq 0$$

傾き β はゼロではない。単回帰分析を行う必要がある。

です。この検定は「そもそも、このデータに対して**単回帰分析を行う必要はあるのだろうか?**」という疑問に答えてくれます。

検定統計量は Student の t です。定義は

検定統計量 t

$$t = \frac{b}{\sqrt{\dfrac{MS_{\text{residual}}}{SS_x}}}$$

です。b は回帰直線の傾き、MS_{residual} は残差平均平方、SS_x は x の偏差平方和です。もし帰無仮説 H_0 が正しい場合、Student の t が従う帰無分布は、自由度 $df = n-2$ の t 分布です。

帰無分布と棄却域（有意水準5%）

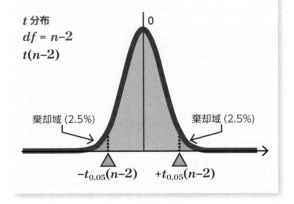

例題 13.1 を使って、この検定を実行してみます。計算に必要な数値は、すでに計算しています。

$$b = 0.259271\cdots \qquad （節\ \mathbf{13\text{-}6}）$$

$$MS_{\text{residual}} = 0.128909\cdots \qquad （節\ \mathbf{13\text{-}10}\ \boxed{1}\ \boldsymbol{❷}）$$

$$SS_x = 175.8 \qquad （節\ \mathbf{13\text{-}10}\ \boxed{1}\ \boldsymbol{❶}）$$

そこで Student の t は

$$t = \frac{b}{\sqrt{\dfrac{MS_{\text{residual}}}{SS_x}}} = \frac{0.259271\cdots}{\sqrt{\dfrac{0.128909\cdots}{175.8}}} = 9.57464\cdots$$

となります。次いで、**付表3**（p.324 参照）の t 分布表で、自由度を $df = n-2 = 14$、両側確率を $\alpha = 0.05$ として、臨界値 $t_{0.05}(n-2)$ を読み取ると

$$t_{0.05}(14) = 2.145$$

となります。この結果から、以下の不等式が成立します。

$$2.145 = t_{0.05}(14) < |t| = 9.57464\cdots$$

そこで、Student の t が棄却域に入ることが分かります。

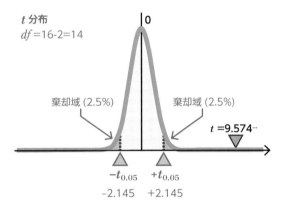

以上の結果から「統計的に有意な非ゼロの傾き β が確認できた（$P < 0.05$）」と結論します。この結果は、例題 13.1 に単回帰分析を行う必要性を示しています。

Advice 1つ、知っておいた方が良い知識があります。前章で、統計的に有意な相関の有無を調べる検定を学びました。その手法での Student の t の定義は

$$t = r\sqrt{\frac{n-2}{1-r^2}}$$

でした。今回の Student の t

$$t = \frac{b}{\sqrt{\dfrac{MS_{\text{residual}}}{SS_x}}}$$

とは、一見、まったく異なります。しかし、かき氷の例題 13.1（もしくは 12.1）を使って Student の t を計算してみると、2つの計算どちらでも

$$t = 9.57464\cdots$$

と、まったく同一の数値になります。これは、どんなデータを使っても、同じです。そこで、この2つの検定は、どちらか1つを行っておけば、もう1つの結果も同じです。

③ 母回帰係数 β の95%信頼区間

母回帰直線

$$E[y|x] = \alpha + \beta x$$

の傾きである「母回帰係数 β」の推定が重要になる研究では、回帰直線の傾き b を得ただけでは不十分な場合があります。傾き b の期待値は

$$E[b] = \beta$$

という性質があるため、b は β の不偏推定量です。しかし、点 (x_i, y_i) の数は限られています。b が β と正確に等しくなることは、期待できません。そこで、幅をもった推定を行うのが安全です。本節では、β の95%信頼区間を求める公式を紹介します。

公式は、以下のようになります。

母回帰係数 β の95%信頼区間

$$\left[b - t_{0.05}(n-2)\sqrt{\frac{MS_{\text{residual}}}{SS_x}}, \right.$$
$$\left. b + t_{0.05}(n-2)\sqrt{\frac{MS_{residual}}{SS_x}} \right]$$

b は回帰直線の傾き、$t_{0.05}(n-2)$ は $df = n-2$ の Student の t の臨界値、MS_{residual} は残差平均平方、SS_x は x の偏差平方和です。

例題13.1を使って、この推定を行ってみます。計算に必要な数値は、すでに計算しています。

$b = 0.259271\cdots$ （節 **13-6**）

$t_{0.05}(14) = 2.145$ （節 **13-10②**）

$MS_{\text{residual}} = 0.128909\cdots$ （節 **13-10①❷**）

$SS_x = 175.8$ （節 **13-10①❶**）

そこで、β の下側信頼限界は

$$b - t_{0.05}(n-2)\sqrt{\frac{MS_{\text{residual}}}{SS_x}}$$

$$= (0.259271\cdots) - 2.145 \times \sqrt{\frac{0.128909\cdots}{175.8}}$$

$$= 0.201187\cdots$$

となります。上側信頼限界は

$$b + t_{0.05}(n-2)\sqrt{\frac{MS_{\text{residual}}}{SS_x}}$$

$$= (0.259271\cdots) + 2.145 \times \sqrt{\frac{0.128909\cdots}{175.8}}$$

$$= 0.317356\cdots$$

となります。

傾き β の95%信頼区間を図に示すと、以下のようになります。

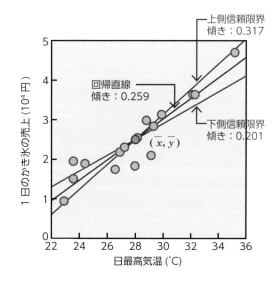

④ 条件付き期待値 E[y|x] の 95%信頼区間（信頼帯）

母回帰直線

$$E[y|x] = \alpha + \beta x$$

の左辺 $E[y|x]$ は「とある特定の x における y の期待値」です。「条件付き期待値」と呼びました。

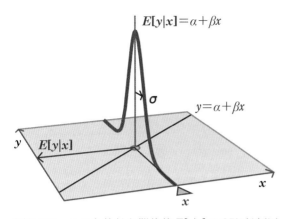

$$E[y|x] = \alpha + \beta x$$

$$y = \alpha + \beta x$$

本節では、この条件付き期待値 $E[y|x]$ の95%信頼区間を計算する公式を紹介します。

条件付き期待値 $E[y|x]$ の95%信頼区間

$$\left[\hat{y} - t_{0.05}(n-2)\sqrt{MS_{\text{residual}}\left(\frac{1}{n} + \frac{(x-\overline{x})^2}{SS_x}\right)}, \right.$$

$$\left. \hat{y} + t_{0.05}(n-2)\sqrt{MS_{\text{residual}}\left(\frac{1}{n} + \frac{(x-\overline{x})^2}{SS_x}\right)} \right]$$

$\hat{y}$ は回帰直線で予測した y、$t_{0.05}(n-2)$ は $df = n-2$ の Student の t の臨界値、MS_{residual} は残差平均平方、n は標本サイズ、$\overline{x}$ は x の標本平均、SS_x は x の偏差平方和です。

例題13.1を使って、この推定を行ってみます。必要な数値は

$$\hat{y} = (-4.75648\cdots) + (0.259271\cdots)x$$

$$t_{0.05}(14) = 2.145 \qquad (節\ \textbf{13-10}\ \boxed{2})$$

$$MS_{\text{residual}} = 0.128909\cdots \qquad (節\ \textbf{13-10}\ \boxed{1}\ \textbf{❷})$$

$$n = 16$$

$$\overline{x} = 28$$

$$SS_x = 175.8 \qquad (節\ \textbf{13-10}\ \boxed{1}\ \textbf{❶})$$

です。これらを代入すると、下側信頼限界が

$$\hat{y} - t_{0.05}(n-2)\sqrt{MS_{\text{residual}}\left(\frac{1}{n} + \frac{(x-\overline{x})^2}{SS_x}\right)}$$

$$= (-4.75648\cdots) + (0.259271\cdots)x - 2.145$$

$$\times \sqrt{(0.128909\cdots)\left(\frac{1}{16} + \frac{(x-28)^2}{175.8}\right)}$$

で、上側信頼限界が

$$\hat{y} + t_{0.05}(n-2)\sqrt{MS_{\text{residual}}\left(\frac{1}{n} + \frac{(x-\overline{x})^2}{SS_x}\right)}$$

$$= (-4.75648\cdots) + (0.259271\cdots)x + 2.145$$

$$\times \sqrt{(0.128909\cdots)\left(\frac{1}{16} + \frac{(x-28)^2}{175.8}\right)}$$

となります。式が煩雑なので、x を赤で示しました。上側信頼限界も下側信頼限界も、x の関数となることが分かります。この2つを、例題13.1の散布図と重ねます。

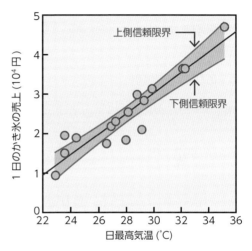

上側信頼限界と下側信頼限界で囲まれた領域は**信頼帯**（confidence band）と呼ばれます。

⑤ 観測値 y の 95%予測区間（予測帯）

前節では、条件付き期待値 $E[y|x]$ を考えました。本節では、1つ1つの点 (x_i, y_i) を考えます。同じ x でも、何度も測定を繰り返すと、y の値は散らばります。

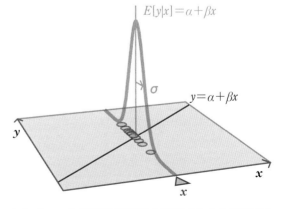

$$E[y|x] = \alpha + \beta x$$

$$y = \alpha + \beta x$$

ここで、y の観測値が95%の頻度で入ると予想される区間を考えます。

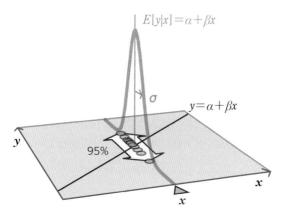

$$E[y|x] = \alpha + \beta x$$

$$y = \alpha + \beta x$$

95%

これを**予測区間**（prediction interval）と呼びます。予測区間の公式は

観測値 y の95%予測区間

$$\left[\hat{y} - t_{0.05}(n-2)\sqrt{MS_{\text{residual}}\left(1 + \frac{1}{n} + \frac{(x - \overline{x})^2}{SS_x}\right)}, \right.$$
$$\left. \hat{y} + t_{0.05}(n-2)\sqrt{MS_{\text{residual}}\left(1 + \frac{1}{n} + \frac{(x - \overline{x})^2}{SS_x}\right)} \right]$$

$\hat{y}$ は回帰直線で予測した y、$t_{0.05}(n-2)$ は $df = n-2$ の Student の t の臨界値、MS_{residual} は残差平均平方、n は標本サイズ、$\overline{x}$ は x の標本平均、SS_x は x の偏差平方和です。計算に必要な数値は、前節と同じです。例題13.1なら

$$\hat{y} = (-4.75648\cdots) + (0.259271\cdots)x$$
$$t_{0.05}(14) = 2.145$$

（節 **13-10** 2）

$$MS_{\text{residual}} = 0.128909\cdots$$

（節 **13-10** 1❷）

$$n = 16$$
$$\overline{x} = 28$$
$$SS_x = 175.8$$

（節 **13-10** 1❶）

です。これらを代入すると、予測区間の下限が

$$\hat{y} - t_{0.05}(n-2)\sqrt{MS_{\text{residual}}\left(1 + \frac{1}{n} + \frac{(x - \overline{x})^2}{SS_x}\right)}$$
$$= (-4.75648\cdots) + (0.259271\cdots)x - 2.145$$
$$\times \sqrt{(0.128909\cdots)\left(1 + \frac{1}{16} + \frac{(x - 28)^2}{175.8}\right)}$$

で、上限が

$$\hat{y} + t_{0.05}(n-2)\sqrt{MS_{\text{residual}}\left(1 + \frac{1}{n} + \frac{(x - \overline{x})^2}{SS_x}\right)}$$
$$= (-4.75648\cdots) + (0.259271\cdots)x + 2.145$$
$$\times \sqrt{(0.128909\cdots)\left(1 + \frac{1}{16} + \frac{(x - 28)^2}{175.8}\right)}$$

となります。式が煩雑なので、x を赤で示しました。この2つを、例題13.1の散布図と重ねます。

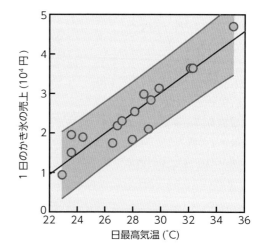

上限と下限の間の領域を**予測帯**（prediction band）と呼びます。新しい観測を通して、新しい点 (x_i, y_i) が1個、この図に追加されることを想像してみてください。このとき、95%の頻度で、この点 (x_i, y_i) が、予測帯の中に入ると期待されます。

付 録

第1章

解答　練習問題 A

期待値 $E[X]$ を計算すると

$$E[X] = 0 \times 0.015625 + 1 \times 0.09375$$
$$+ 2 \times 0.234375 + 3 \times 0.3125 + 4 \times 0.234375$$
$$+ 5 \times 0.093750 + 6 \times 0.015625$$
$$= 3$$

となる。この3回という計算結果は、私たちの、素朴で直感的な予想「コインを6回投げれば、おそらく3回、表が出るだろう」と一致する。

確率分布（二項分布）における期待値 $E[X]$ の位置は右のようになる。期待値 $E[X]$ は、この二項分布の頂点の位置に一致する。

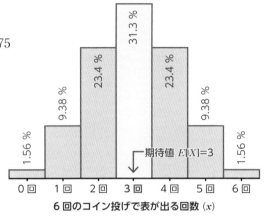

6回のコイン投げで表が出る回数 (x)

解答　練習問題 B

問1　帰無仮説 H_0 は「利き耳が右耳の確率 p と左耳の確率 $(1-p)$ は等しく、ともに0.5である」となる。式で簡潔に書くと「$p=1-p=0.5$」となる。

問2
$$P(X=x) = {}_nC_x \cdot p^x \cdot (1-p)^{n-x}$$
$$= {}_{18}C_x \cdot 0.5^x \cdot (1-0.5)^{18-x}$$
$$= {}_{18}C_x \cdot 0.5^x \cdot 0.5^{18-x}$$
$$= {}_{18}C_x \cdot 0.5^{18}$$

問3　右に示す。

問4

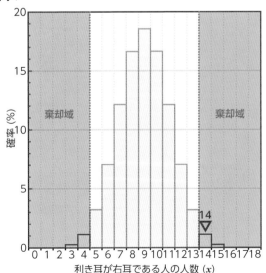

利き耳が右耳である人の人数 (x)

右耳が利き耳の人数	確率	
0人	0.000381…	%
1人	0.006866…	%
2人	0.058364…	%
3人	0.311279…	%
4人	1.167297…	%
5人	3.268432…	%
6人	7.081604…	%
7人	12.139892…	%
8人	16.692352…	%
9人	18.547058…	%
10人	16.692352…	%
11人	12.139892…	%
12人	7.081604…	%
13人	3.268432…	%
14人	1.167297…	%
15人	0.311279…	%
16人	0.058364…	%
17人	0.006866…	%
18人	0.000381…	%

問5

利き耳が右耳である人の割合は、利き耳が左耳である人よりも統計的に有意に高い（$P<0.05$）。

解答　練習問題 C

問1　U_1 は

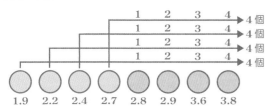

と数えて

$U_1 = 4 + 4 + 4 + 4 = 16$

となる。U_2 は

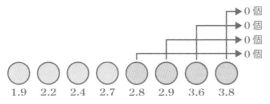

と数えて

$U_2 = 0 + 0 + 0 + 0 = 0$

となる。U は、16 と 0 のうち、より小さい数値を選ぶ。

$U = U_2 = 0$

有意水準 5% の場合、臨界値 $U_{0.05}$ の数表で

$n_1 = 4$

$n_2 = 4$

として

$U_{0.05} = 0$

を得る。そこで、データから得た U は臨界値 $U_{0.05}$ 以下である。

$U \leq U_{0.05}$

そこで、標本 A と標本 B の間には「統計的に有意な差が認められた（$P<0.05$）」と結論する。

問2　U_1 は

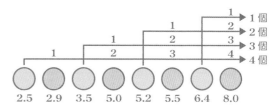

と数えて

$U_1 = 1 + 2 + 3 + 4 = 10$

となる。U_2 は

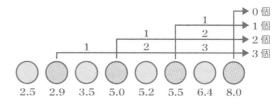

と数えて

$U_2 = 0 + 1 + 2 + 3 = 6$

となる。U は、10 と 6 のうち、より小さい数値を選ぶ。

$U = U_2 = 6$

有意水準 5% の場合、臨界値 $U_{0.05}$ の数表で

$n_1 = 4$

$n_2 = 4$

として

$U_{0.05} = 0$

を得る。そこで、データから得た U は臨界値 $U_{0.05}$ 以下とはならない。

$U > U_{0.05}$

そこで、標本 A と標本 B の間には「統計的に有意な差は認められなかった」と結論する。

解答　練習問題 D

帰無仮説 H_0 は「肥満と肥満でない 25 歳男性の年収は、同じ確率分布に従う」である。以下、有意水準 5% の WMW 検定を使い、帰無仮説 H_0 の妥当性をチェックする。

「肥満」を標本 A とし、「肥満ではない」を標本 B とする。全ての観測値を昇順で並べ

3.2	3.2	3.7	3.9	4.0	4.6	4.6	4.6	4.9	5.0	5.2	5.3	5.6	5.8	6.0	7.1

順位を割り当てる。

1	2	3	4	5	6	7	8	9	10	11	12	13	14	15	16
3.2	3.2	3.7	3.9	4.0	4.6	4.6	4.6	4.9	5.0	5.2	5.3	5.6	5.8	6.0	7.1

この際、タイが2カ所あることに気付く。

1	2	3	4	5	6	7	8	9	10	11	12	13	14	15	16
3.2	3.2	3.7	3.9	4.0	4.6	4.6	4.6	4.9	5.0	5.2	5.3	5.6	5.8	6.0	7.1

最初のタイの順位を

$$\frac{1+2}{2} = 1.5$$

に変更し、2つめのタイの順位を

$$\frac{6+7+8}{3} = 7$$

に変更する。

1.5	1.5	3	4	5	7	7	7	9	10	11	12	13	14	15	16
3.2	3.2	3.7	3.9	4.0	4.6	4.6	4.6	4.9	5.0	5.2	5.3	5.6	5.8	6.0	7.1

こうして得られた順位を、標本毎にまとめると

標本A 肥満	
4.6	7
5.6	13
3.2	1.5
3.2	1.5
3.7	3
4.0	5
5.0	10
4.6	7

標本B 肥満ではない	
4.6	7
4.9	9
7.1	16
6.0	15
5.2	11
3.9	4
5.3	12
5.8	14

となる。この一覧表に基づいて、順位和を計算すると

$$R_A = 7+13+1.5+1.5+3+5+10+7 = 48$$
$$R_B = 7+9+16+15+11+4+12+14 = 88$$

となる。標本サイズは

$$n_A = 8$$
$$n_B = 8$$

である。そこで、U_1とU_2は

$$U_1 = 8 \times 8 + \frac{1}{2} \times 8 \times (8+1) - 48 = 52$$

$$U_2 = 8 \times 8 + \frac{1}{2} \times 8 \times (8+1) - 88 = 12$$

となる。検定統計量Uは、より小さい値を選んで

$$U = U_2 = 12$$

となる。

有意水準5%の場合、臨界値$U_{0.05}$の数表で

$$n_1 = 8$$
$$n_2 = 8$$

として

$$U_{0.05} = 13$$

を得る。

そこで、データから得た$U=12$は臨界値$U_{0.05}=13$以下である。

$$U \leq U_{0.05}$$

そこで帰無仮説H_0は棄却される。その結果「肥満の人と肥満ではない人の年収は、統計的に有意に異なった（$P<0.05$）」と結論できる。

ただし、この結論だけでは、不十分である。2標本の比較の場合、2つの大小関係を明確にする必要がある。

肥満の人の年収の算術平均は

$$\frac{4.6+5.6+3.2+3.2+3.7+4.0+5.0+4.6}{8}$$

$$= 4.2375$$

と計算して、約424万円となる。一方、肥満でない人の年収の算術平均は

$$\frac{4.6+4.9+7.1+6.0+5.2+3.9+5.3+5.8}{8}$$

$$= 5.35$$

と計算して、535万円となる。この2つの数値の比較から、肥満の人の平均年収は、肥満でない人の平均年収より低いことが分かる。

Advice ここでは算術平均を比較していますが、正直なところ、この選択は不適切です。WMW検定は一般には「2つの中央値を比較する手法」と見なされています。そこで、WMW検定では、中央値で比較した方が、より適切な比較となります。読者が自身のデータでWMW検定を行う場合は、中央値を使って比較してください。なお、この練習問題では、どちらで比較しても同じ結論になります。

加えて、2つの標本の観測値の分布を比較してみる。肥満の人は

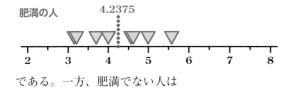

である。一方、肥満でない人は

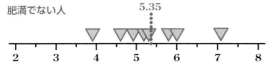

である。2つの分布を比較すると明らかに、肥満の人の年収が、より低め（より左側）の位置に分布していることが分かる。

そこで、上の結論をさらに一歩進めて「肥満の人の年収は、肥満ではない人の年収よりも、統計的に有意に低かった（$P<0.05$）」と結論する。

Advice 明確に「低かった」と述べる結論に、若干の違和感を感じる読者もいると思います。というのも、**WMW検定**は「**有意差の有無**」だけを調べます。「AよりBが大きい」といった判断を、検定の結果自体は、明示していません。検定の結果が示しているのは「AとBは等しくない」だけです。しかし、2つの標本の比較です。統計的に有意な差がある以上、どちらかが大きくて、どちらかが小さいです。この練習問題では、肥満の人より、そうでない人の方が年収が高いです。当然、このことを明示すべきです。実践の研究の場では、普通、ここまで踏み込んで結論を述べます。

第4章

解答　練習問題 E

$\overline{x} = 6.35$
$s = 1.66218\cdots$
$s^2 = 2.76285\cdots$

第5章

解答　練習問題 F

1.52 を
$1.52 = 1.5 + 0.02$
と分割し、標準正規分布表から

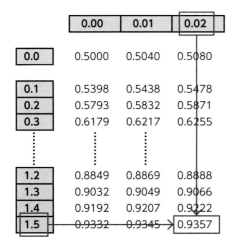

と選び、下側確率の
0.9357
を得る。求めるのは上側確率なので、この値を1から引いて
$1 - 0.9357 = 0.0643$
を得る。

解答　練習問題 G

対象とする正規分布の母数は

$\mu = 6$

$\sigma = 2$

である。そこで、これらの値を使って9を標準化すると

$$z = \frac{x - \mu}{\sigma} = \frac{9 - 6}{2} = 1.50$$

となる。標準正規分布表から、1.50の下側確率は

0.9332

である。求めるのは上側の確率（面積）なので、この値を1から引いて

$1 - 0.9332 = 0.0668$

を得る。

解答　練習問題 H

問1　標本平均 $\overline{x}$ が従う正規分布は、その母数が

$\mu_{\overline{x}} = \mu = 4$

$\sigma_{\overline{x}} = \dfrac{\sigma}{\sqrt{n}} = \dfrac{2}{\sqrt{4}} = 1$

となる。

問2　問1の値を使って3を標準化すると

$$z = \frac{\overline{x} - \mu_{\overline{x}}}{\sigma_{\overline{x}}} = \frac{3 - 4}{1} = -1.00$$

となる。標準正規分布表から、-1.00の下側確率

0.1587

を得る。

解答　練習問題 I

問1　2つの観測値（確率変数）の差

$x_A - x_B$

が従う正規分布の母数は、期待値（平均）が

$\mu_{x_A - x_B} = \mu_A - \mu_B = 8 - 5 = 3$

で、分散が

$\sigma_{x_A - x_B}{}^2 = \sigma_A{}^2 + \sigma_B{}^2 = 1^2 + 1.2^2 = 2.44$

である。そこで、標準偏差は

$\sigma_{x_A - x_B} = \sqrt{\sigma_{x_A - x_B}{}^2} = \sqrt{2.44} = 1.56204\cdots$

となる。

問2　問1で得た数値を使って

$x_A - x_B = 4$

を標準化すると

$$z = \frac{(x_A - x_B) - \mu_{x_A - x_B}}{\sigma_{x_A - x_B}} = \frac{4 - 3}{1.56204\cdots} = 0.640184\cdots$$

を得る。この数値の小数第三位を四捨五入すると

$z \simeq 0.64$

となる。そこで、標準正規分布表から下側確率

0.7389

を得る。

解答　練習問題 J

問1　標本平均 $\overline{x}_A$ が従う確率分布は、母数が

$\mu_{\overline{x}_A} = \mu_A = 8$

$\sigma_{\overline{x}_A} = \dfrac{\sigma_A}{\sqrt{n_A}} = \dfrac{1}{\sqrt{3}}$

の正規分布である。一方、標本平均 $\overline{x}_B$ が従う確率分布は、母数が

$\mu_{\overline{x}_B} = \mu_B = 5$

$\sigma_{\overline{x}_B} = \dfrac{\sigma_B}{\sqrt{n_B}} = \dfrac{1.2}{\sqrt{4}}$

の正規分布である。

問2　この2つの標本平均の差

$$\overline{x}_A - \overline{x}_B$$

が従う正規分布の母数は、期待値（平均）が

$$\mu_{\overline{x}_A - \overline{x}_B} = \mu_{\overline{x}_A} - \mu_{\overline{x}_B} = 8 - 5 = 3$$

で、分散は

$$\sigma_{\overline{x}_A - \overline{x}_B}^2 = \sigma_{\overline{x}_A}^2 + \sigma_{\overline{x}_B}^2 = \left(\frac{1}{\sqrt{3}}\right)^2 + \left(\frac{1.2}{\sqrt{4}}\right)^2$$

$$= \frac{1}{3} + \frac{1.2^2}{4} = 0.69333\cdots$$

となる。そこで標準偏差は

$$\sigma_{\overline{x}_A - \overline{x}_B} = \sqrt{\sigma_{\overline{x}_A - \overline{x}_B}^2} = \sqrt{0.69333\cdots} = 0.832666\cdots$$

である。

問3　問2で得た数値を使って4を標準化すると

$$z = \frac{(\overline{x}_A - \overline{x}_B) - \mu_{\overline{x}_A - \overline{x}_B}}{\sigma_{\overline{x}_A - \overline{x}_B}} = \frac{4 - 3}{0.832666\cdots} = 1.20096\cdots$$

を得る。この数値の小数第三位を四捨五入すると

$$z \simeq 1.20$$

となる。そこで、標準正規分布表から下側確率を

0.8849

と得る。

第6章

解答　練習問題 K

計算に必要な数値は

$\overline{x} = 129.4$

$\sigma = 6$

$n = 10$

$z_{0.05} = 1.96$

である。

95%信頼区間の下限は

$$\overline{x} - z_{0.05} \times \frac{\sigma}{\sqrt{n}} = 129.4 - 1.96 \times \frac{6}{\sqrt{10}}$$

$$= 129.4 - 1.96 \times \frac{6}{3.16227\cdots}$$

$$= 125.681\cdots$$

となる。上限は

$$\overline{x} + z_{0.05} \times \frac{\sigma}{\sqrt{n}} = 129.4 + 1.96 \times \frac{6}{\sqrt{10}}$$

$$= 129.4 + 1.96 \times \frac{6}{3.16227\cdots}$$

$$= 133.118\cdots$$

となる。最後に、有効数字を考える。観測値xは、有効数字3桁である。そこで、これに合わせて

[126, 133]

を得る。

解答　練習問題 L

計算に必要な数値を揃える。標本から得られる情報は

$\overline{x} = 129.4$

$s = 7.42667\cdots$

$n = 10$

である。標本標準偏差sの自由度は

$df = 10 - 1 = 9$

そこで、Studentのtの臨界値$t_{0.05}(9)$は

$t_{0.05}(9) = 2.262$

である。

95%信頼区間の下限は

$$\overline{x} - t_{0.05}(9) \times \frac{s}{\sqrt{n}}$$

$$= 129.4 - 2.262 \times \frac{7.42667\cdots}{\sqrt{10}}$$

$$= 129.4 - 2.262 \times \frac{7.42667\cdots}{3.16227\cdots} = 124.087\cdots$$

となる。上限は

$$\overline{x} + t_{0.05}(9) \times \frac{s}{\sqrt{n}}$$

$$= 129.4 + 2.262 \times \frac{7.42667\cdots}{\sqrt{10}}$$

$$= 129.4 + 2.262 \times \frac{7.42667\cdots}{3.16227\cdots} = 134.712\cdots$$

となる。有効数字は3桁が無難であると判断して $[124, 135]$ を得る。

第7章

解答　練習問題 M

この問題での帰無仮説 H_0 は「肥料Aでの収量と肥料Bでの収量は等しい」である。以下、この帰無仮説 H_0 の妥当性をチェックする。

肥料Aの収量と肥料Bの収量の差を計算する。ここではBからAを引く（AからBを引くのでもよい）。

$d_1 = 3.4 - 3.2 = +0.2$
$d_2 = 4.3 - 4.0 = +0.3$
$d_3 = 3.9 - 3.5 = +0.4$
$d_4 = 3.5 - 3.1 = +0.4$
$d_5 = 3.1 - 3.2 = -0.1$

差 d の標本平均は

$\overline{d} = 0.24$

標本サイズは

$n = 5$

である。母標準偏差 σ_d は

$\sigma_d = 0.2$

と、予め与えられている。この3つの数値を使い、検定統計量 z を計算すると

$$z = \frac{\overline{d}}{\sigma_d / \sqrt{n}} = \frac{0.24 \times \sqrt{5}}{0.2} = 2.683281\cdots$$

を得る。有意水準5%の臨界値 $z_{0.05}$ は 1.96 であるので、以下の不等式が成立し

$1.96 = z_{0.05} < |z| = 2.683281\cdots$

検定統計量 z は棄却域に入ることが分かる。

差 d の標本平均 $\overline{d}$ が正であることから、肥料Bの収量が肥料Aの収量より高いことが分かる。そこで「肥料Bの収量は肥料Aの収量よりも統計的に有意に高かった（$P<0.05$）」と結論する。

解答　練習問題 N

この問題での帰無仮説 H_0 は「肥料Aでの収量と肥料Bでの収量は等しい」である。以下、この帰無仮説 H_0 の妥当性をチェックする。

練習問題7.1と同じく、肥料Aの収量と肥料Bの収量の差を計算する。ここではBからAを引く（AからBを引くのでもよい）。

$d_1 = 3.4 - 3.2 = +0.2$
$d_2 = 4.3 - 4.0 = +0.3$
$d_3 = 3.9 - 3.5 = +0.4$
$d_4 = 3.5 - 3.1 = +0.4$
$d_5 = 3.1 - 3.2 = -0.1$

差 d の標本平均は

$\overline{d} = 0.24$

差 d の標本標準偏差は

$s_d = 0.207364\cdots$

となる。標本サイズは

$n = 5$

で、標本標準偏差s_dの自由度は

$df = n - 1 = 4$

である。そこで、検定統計量のStudentのtは

$$t = \frac{d}{s_d/\sqrt{n}} = \frac{0.24 \times \sqrt{5}}{0.207364\cdots} = 2.58798\cdots$$

となる。t分布表を見ると、$df = 4$と$\alpha = 0.05$から、臨界値$t_{0.05}(4)$は

$t_{0.05}(4) = 2.776$

である。そこで、以下の不等式が成立する。

$2.58798\cdots = |t| < t_{0.05}(4) = 2.776$

この結果、検定統計量tは棄却域に入らないことが分かった。

そこで「肥料Aと肥料Bの収量の間に統計的に有意な差は認められなかった」と結論する。

第8章

解答　練習問題 O

精神障害の患者をAとし、健常者をBとする。帰無仮説H_0は「尾状核の体積の母平均が等しい（$\mu_A = \mu_B$）」である。以下、この仮説をチェックする。2つの標本の標本平均を計算すると

$\overline{x}_A = 0.342$

$\overline{x}_B = 0.46$

となる。その差は

$\overline{x}_A - \overline{x}_B = -0.118$

である。ここではAからBを引いたが、BからAを引いてもよい。標本サイズは

$n_A = 5$

$n_B = 5$

である。予め与えられた母標準偏差σは

$\sigma = 0.07$

である。

そこで、検定統計量zは

$$z = \frac{-0.118}{0.07 \times \sqrt{\dfrac{1}{5} + \dfrac{1}{5}}} = -2.66534\cdots$$

となる。zの臨界値$z_{0.05}$は

$z_{0.05} = 1.96$

で、以下の不等式が成立する。

$1.96 = z_{0.05} < |z| = 2.66534\cdots$

これで、統計的に有意な差（$P<0.05$）があることが分かった。さらに、標本平均

$\overline{x}_A = 0.342$

$\overline{x}_B = 0.46$

の比較から、健常者の方が大きいことが分かる。そこで最終的に「精神障害の患者の尾状核の体積は、健常者の尾状核の体積と比べて、統計的に有意に小さかった（$P<0.05$）」と結論する。

解答　練習問題 P

精神障害の患者をAとし、健常者をBとする。帰無仮説H_0は「尾状核の体積の母平均が等しい（$\mu_A = \mu_B$）」である。以下、この仮説をチェックする。2つの標本の標本平均を計算すると

$\overline{x}_A = 0.342$

$\overline{x}_B = 0.46$

となる。その差は

$\overline{x}_A - \overline{x}_B = -0.118$

である。ここではAからBを引いたが、BからAを引いてもよい。

次に、この2つの標本の偏差平方和を計算する。2つの標本分散s^2を計算すると

$s_A^2 = 0.00277$

$s_B^2 = 0.0049$

となる。ともに標本サイズは

$n = 5$

なので、この2つの標本分散の自由度dfは、ともに

$df = 5 - 1 = 4$

となる。そこで、偏差平方和SSは

$SS_A = 0.00277 \times 4 = 0.01108$

$SS_B = 0.0049 \times 4 = 0.0196$

次に合算標準偏差s_pを計算する。偏差平方和は

$SS_p = 0.01108 + 0.0196 = 0.03068$

自由度は

$n_A = 5$

$n_B = 5$

から

$df_p = n_A + n_B - 2 = 5 + 5 - 2 = 8$

となる。そこで

$$s_p = \sqrt{\frac{0.03068}{8}} = 0.0619273\cdots$$

を得る。

Student のtは

$$t = \frac{-0.118}{(0.0619273\cdots) \times \sqrt{\dfrac{1}{5} + \dfrac{1}{5}}} = -3.01279\cdots$$

となる。

t分布表を使い

$\alpha = 0.05$

$df_p = 8$

から、臨界値を

$t_{0.05}(8) = 2.306$

と得る。そこで、以下の不等式が成立する。

$2.306 = t_{0.05}(8) < |t| = 3.01279\cdots$

これで、統計的に有意な差 ($P < 0.05$) があることが分かった。さらに、標本平均

$\overline{x}_A = 0.342$

$\overline{x}_B = 0.46$

の比較から、健常者の方が大きいことが分かる。そこで最終的に「精神障害の患者の尾状核の体積は、健常者の尾状核の体積と比べて、統計的に有意に小さかった ($P < 0.05$)」と結論する。

解答　練習問題 Q

Student のtの計算式

$$t = \frac{\overline{x}_A - \overline{x}_B}{\sqrt{\dfrac{\sum\limits_{i=1}^{n_A}(x_{Ai} - \overline{x}_A)^2 + \sum\limits_{i=1}^{n_B}(x_{Bi} - \overline{x}_B)^2}{n_A + n_B - 2}}\sqrt{\dfrac{1}{n_A} + \dfrac{1}{n_B}}}$$

において

$n = n_A = n_B$

を代入して、n_Aとn_Bを全てnに置き換える。すると

$$t = \frac{\overline{x}_A - \overline{x}_B}{\sqrt{\dfrac{\sum\limits_{i=1}^{n}(x_{Ai} - \overline{x}_A)^2 + \sum\limits_{i=1}^{n}(x_{Bi} - \overline{x}_B)^2}{n + n - 2}}\sqrt{\dfrac{1}{n} + \dfrac{1}{n}}}$$

$$= \frac{\overline{x}_A - \overline{x}_B}{\sqrt{\dfrac{\sum\limits_{i=1}^{n}(x_{Ai} - \overline{x}_A)^2 + \sum\limits_{i=1}^{n}(x_{Bi} - \overline{x}_B)^2}{2n - 2}}\sqrt{\dfrac{2}{n}}}$$

$$= \frac{\overline{x}_A - \overline{x}_B}{\sqrt{\dfrac{\sum\limits_{i=1}^{n}(x_{Ai} - \overline{x}_A)^2}{n - 1} + \dfrac{\sum\limits_{i=1}^{n}(x_{Bi} - \overline{x}_B)^2}{n - 1}}\sqrt{\dfrac{1}{n}}}$$

$$= \frac{(\overline{x}_A - \overline{x}_B)\sqrt{n}}{\sqrt{\dfrac{\sum\limits_{i=1}^{n}(x_{Ai} - \overline{x}_A)^2}{n - 1} + \dfrac{\sum\limits_{i=1}^{n}(x_{Bi} - \overline{x}_B)^2}{n - 1}}}$$

となる。次いで、標本標準偏差に関する仮定

$$s = \sqrt{\frac{\sum\limits_{i=1}^{n_A}(x_{Ai} - \overline{x}_A)^2}{n_A - 1}} = \sqrt{\frac{\sum\limits_{i=1}^{n_B}(x_{Bi} - \overline{x}_B)^2}{n_B - 1}}$$

において

$n = n_A = n_B$

を代入して、n_A と n_B を全て n に置き換えると

$$s = \sqrt{\frac{\sum_{i=1}^{n}(x_{Ai} - \overline{x}_A)^2}{n-1}} = \sqrt{\frac{\sum_{i=1}^{n}(x_{Bi} - \overline{x}_B)^2}{n-1}}$$

を得る。

全ての辺を2乗すると

$$s^2 = \frac{\sum_{i=1}^{n}(x_{Ai} - \overline{x}_A)^2}{n-1} = \frac{\sum_{i=1}^{n}(x_{Bi} - \overline{x}_B)^2}{n-1}$$

となる。これを Student の t の式に代入すると

$$t = \frac{(\overline{x}_A - \overline{x}_B)\sqrt{n}}{\sqrt{\dfrac{\sum_{i=1}^{n}(x_{Ai} - \overline{x}_A)^2}{n-1} + \dfrac{\sum_{i=1}^{n}(x_{Bi} - \overline{x}_B)^2}{n-1}}}$$

$$= \frac{(\overline{x}_A - \overline{x}_B)\sqrt{n}}{\sqrt{s^2 + s^2}}$$

$$= \frac{(\overline{x}_A - \overline{x}_B)\sqrt{n}}{\sqrt{2}\ s}$$

を得る。

第10章

解答　練習問題 R

4つの標本で、標本分散 s^2 を計算する。

$s_1^2 = 0.0189$

$s_2^2 = 0.01338$

$s_3^2 = 0.03117$

$s_4^2 = 0.00943$

4つの標本は、全て、標本サイズが

$n = 5$

である。そこで、上の4つの標本分散 s^2 の自由度は

$df = 5 - 1 = 4$

である。そこで、4つの標本の偏差平方和 SS は

$SS_1 = 0.0189\ \ \times 4 = 0.0756$

$SS_2 = 0.01338 \times 4 = 0.05352$

$SS_3 = 0.03117 \times 4 = 0.12468$

$SS_4 = 0.00943 \times 4 = 0.03772$

となる。この4つを足し合わせて、誤差変動（群内変動）の偏差平方和 SS_{within} は

$SS_{within} = SS_1 + SS_2 + SS_3 + SS_4$
$\qquad\quad = 0.0756 + 0.05352 + 0.12468 + 0.03772$
$\qquad\quad = 0.29152$

となる。自由度 df_{within} は

$N = 20$

$k = 4$

から

$df_{within} = N - k = 20 - 4 = 16$

となる。そこで、誤差平均平方（群内分散）MS_{within} は

$$MS_{within} = \frac{SS_{within}}{df_{within}} = \frac{0.29152}{16} = 0.01822$$

となる。

解答　練習問題 S

4つの標本で、それぞれ標本平均 $\overline{x}$ を計算する。

$\overline{x}_1 = 3.07$

$\overline{x}_2 = 2.906$

$\overline{x}_3 = 3.222$

$\overline{x}_4 = 2.686$

この4つの標本平均を、新たな観測値と見なし、その標本分散 $s_{\overline{x}}^2$ を計算する。

$s_{\overline{x}}^2 = 0.0527506\cdots$

この値と、全ての標本で標本サイズが

$n = 5$

であることから、処理平均平方（群間分散）MS_{between}を

$$
\begin{aligned}
MS_{\mathrm{between}} &= n \cdot s_{\bar{x}}^2 = 5 \times 0.0527506\cdots \\
&= 0.263753\cdots
\end{aligned}
$$

と計算する。自由度df_{between}は、標本の数

$$
k = 4
$$

から

$$
df_{\mathrm{between}} = 4 - 1 = 3
$$

となる。処理平均平方（群間分散）MS_{between}と自由度df_{between}の値から、処理変動（群間変動）の偏差平方和SS_{between}は

$$
\begin{aligned}
SS_{\mathrm{between}} &= MS_{\mathrm{between}} \times df_{\mathrm{between}} \\
&= (0.263753\cdots) \times 3 = 0.79126
\end{aligned}
$$

となる。

解答　練習問題 T

20個全ての観測値を使って、標本分散s_{total}^2を計算すると

$$
s_{\mathrm{total}}^2 = 0.0569884\cdots
$$

この標本分散s_{total}^2が全平均平方MS_{total}となる。

$$
MS_{\mathrm{total}} = s_{\mathrm{total}}^2 = 0.0569884\cdots
$$

自由度は

$$
N = 20
$$

から

$$
df_{\mathrm{total}} = N - 1 = 20 - 1 = 19
$$

となる。全平均平方MS_{total}と自由度df_{total}の値から、全変動の偏差平方和SS_{total}は

$$
\begin{aligned}
SS_{\mathrm{total}} &= MS_{\mathrm{total}} \times df_{\mathrm{total}} \\
&= (0.0569884\cdots) \times 19 = 1.08278
\end{aligned}
$$

となる。

解答　練習問題 U

帰無仮説H_0「飼料の違いはニジマスの体重に影響しない」の妥当性をチェックしていく。まず、MS_{between}とMS_{within}を使って、検定統計量Fを計算する。

$$
F = \frac{MS_{\mathrm{between}}}{MS_{\mathrm{within}}} = \frac{0.263753\cdots}{0.01822} = 14.4760\cdots
$$

そこで、分散分析表は

	偏差平方和	自由度	平均平方	分散比
	SS	df	MS	F
処理変動 （群間変動）	0.79126	3	0.263753…	14.4760…
誤差変動 （群内変動）	0.29152	16	0.01822	
全変動	1.08278	19		

となる。ここで検算を行う。まず

$$
SS_{\mathrm{total}} = SS_{\mathrm{between}} + SS_{\mathrm{within}}
$$

は

$$
1.08278 = 0.79126 + 0.29152
$$

で、確かに等式が成立している。次いで

$$
df_{\mathrm{total}} = df_{\mathrm{between}} + df_{\mathrm{within}}
$$

$$
19 = 3 + 16
$$

でも、確かに等式が成立している。次いで、最後の作業に入る。検定統計量Fの臨界値$F_{0.05}(df_{\mathrm{between}}, df_{\mathrm{within}})$は

$$
df_{\mathrm{within}} = 16
$$

$$
df_{\mathrm{between}} = 3
$$

から

$$
F_{0.05}(3, 16) = 3.239
$$

となる。そこで

$$
3.239 = F_{0.05}(3, 16) < F = 14.4760\cdots
$$

となる。この結果から、調査で得られた検定統計量Fは棄却域に入ることが分かる。そこで帰無仮説H_0を棄却する。そして「ニジマスに与える飼料の違いは、ニジマスの体重に統計的に有意な影響を与えた（$P<0.05$）」と結論する。

第11章

解答　練習問題 Ⅴ

各標本の標本平均を計算する。

$\overline{x}_1 = 3.07$

$\overline{x}_2 = 2.906$

$\overline{x}_3 = 3.2775$

$\overline{x}_4 = 2.686$

標本平均を降順で並べると

$\overline{x}_3 > \overline{x}_1 > \overline{x}_2 > \overline{x}_4$

となる。この順序を使い、対戦表を作成する。

	飼料3 3.2775	飼料1 3.07	飼料2 2.906	飼料4 2.686
飼料3 3.2775				
飼料1 3.07				
飼料2 2.906				
飼料4 2.686				

標本平均の差を計算し、対戦表に書き込む。

$\overline{x}_3 - \overline{x}_1 = 0.2075$

$\overline{x}_3 - \overline{x}_2 = 0.3715$

$\overline{x}_3 - \overline{x}_4 = 0.5915$

$\overline{x}_1 - \overline{x}_2 = 0.164$

$\overline{x}_1 - \overline{x}_4 = 0.384$

$\overline{x}_2 - \overline{x}_4 = 0.22$

	飼料3 3.2775	飼料1 3.07	飼料2 2.906	飼料4 2.686
飼料3 3.2775		0.2075	0.3715	0.5915
飼料1 3.07			0.164	0.384
飼料2 2.906				0.22
飼料4 2.686				

次に、誤差平均平方（群内分散）MS_{within} を計算す

る。まず、各標本で標本分散 s^2 を計算する。

$s_1^2 = 0.0189$

$s_2^2 = 0.01338$

$s_3^2 = 0.021025$

$s_4^2 = 0.00943$

標本分散 s^2 から偏差平方和 SS を取り出す。

$SS_1 = s_1^2 \times df_1 = 0.0189 \times 4 = 0.0756$

$SS_2 = s_2^2 \times df_2 = 0.01338 \times 4 = 0.05352$

$SS_3 = s_3^2 \times df_3 = 0.021025 \times 3 = 0.063075$

$SS_4 = s_4^2 \times df_4 = 0.00943 \times 4 = 0.03772$

偏差平方和 SS_{within} は

$SS_{within} = SS_1 + SS_2 + SS_3 + SS_4 = 0.229915$

自由度 df_{within} は

$df_{within} = N - k = 19 - 4 = 15$

そこで

$$MS_{within} = \frac{SS_{within}}{df_{within}} = \frac{0.229915}{15} = 0.0153276\cdots$$

を得る。

次に検定統計量 q の分母

$$\sqrt{MS_{within}}\sqrt{\frac{1}{2}\left(\frac{1}{n_A} + \frac{1}{n_B}\right)}$$

を計算し、対戦表に書き込む。標本サイズが $n=5$ と $n=5$ の組み合わせでは

$$\sqrt{0.0153276\cdots} \times \sqrt{\frac{1}{2}\left(\frac{1}{5} + \frac{1}{5}\right)} = 0.0553672\cdots$$

標本サイズが $n=4$ と $n=5$ の組み合わせでは

$$\sqrt{0.0153276\cdots} \times \sqrt{\frac{1}{2}\left(\frac{1}{4} + \frac{1}{5}\right)} = 0.0587258\cdots$$

となる。

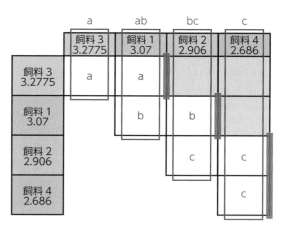

	飼料3 3.2775	飼料1 3.07	飼料2 2.906	飼料4 2.686
飼料3 3.2775		0.2075 0.05872…	0.3715 0.05872…	0.5915 0.05872…
飼料1 3.07			0.164 0.05536…	0.384 0.05536…
飼料2 2.906				0.22 0.05536…
飼料4 2.686				

検定統計量

$$q_{\mathrm{A\text{-}B}} = \frac{\overline{x}_{\mathrm{A}} - \overline{x}_{\mathrm{B}}}{\sqrt{MS_{\mathrm{within}}}\sqrt{\dfrac{1}{2}\left(\dfrac{1}{n_{\mathrm{A}}}+\dfrac{1}{n_{\mathrm{B}}}\right)}}$$

を計算して、対戦表に記入する。

$$q_{3\text{-}1} = \frac{0.2075}{0.0587258\cdots} = 3.53336\cdots$$

$$q_{3\text{-}2} = \frac{0.3715}{0.0587258\cdots} = 6.32600\cdots$$

$$q_{3\text{-}4} = \frac{0.5915}{0.0587258\cdots} = 10.0722\cdots$$

$$q_{1\text{-}2} = \frac{0.164}{0.0553672\cdots} = 2.96203\cdots$$

$$q_{1\text{-}4} = \frac{0.384}{0.0553672\cdots} = 6.93550\cdots$$

$$q_{2\text{-}4} = \frac{0.22}{0.0553672\cdots} = 3.97346\cdots$$

	飼料3 3.2775	飼料1 3.07	飼料2 2.906	飼料4 2.686
飼料3 3.2775		0.2075 0.05872… 3.53336…	0.3715 0.05872… 6.32600…	0.5915 0.05872… 10.0722…
飼料1 3.07			0.164 0.05536… 2.96203…	0.384 0.05536… 6.93550…
飼料2 2.906				0.22 0.05536… 3.97346…
飼料4 2.686				

検定統計量の臨界値 $q_{0.05}(k, df_{\mathrm{within}})$ を数表で調べる。

$df_{\mathrm{within}} = 15$

$k = 4$

から

$q_{0.05}(4, 15) = 4.076$

を得る。そこで

$q_{0.05}(4, 15) < |q|$

を満たす q を探すと、以下の3つの対が見つかる。この3つで有意差 $(P<0.05)$ がある。

	飼料3 3.2775	飼料1 3.07	飼料2 2.906	飼料4 2.686
飼料3 3.2775		0.2075 0.05872… 3.53336…	0.3715 0.05872… 6.32600…*	0.5915 0.05872… 10.0722…*
飼料1 3.07			0.164 0.05536… 2.96203…	0.384 0.05536… 6.93550…*
飼料2 2.906				0.22 0.05536… 3.97346…
飼料4 2.686				

次いで、アルファベットを割り当てる。

	飼料3 3.2775	飼料1 3.07	飼料2 2.906	飼料4 2.686
飼料3 3.2775	a	a	0.3715 0.05872… 6.32600…*	0.5915 0.05872… 10.0722…*
飼料1 3.07		b	b	0.384 0.05536… 6.93550…*
飼料2 2.906			c	c
飼料4 2.686				c

	a	ab	bc	c
	飼料3 3.2775	飼料1 3.07	飼料2 2.906	飼料4 2.686
飼料3 3.2775	a	a		
飼料1 3.07		b	b	
飼料2 2.906			c	c
飼料4 2.686				c

以上をまとめて、以下の、標本平均をまとめた一覧表を作成する。

飼料 1	3.07^{ab}
飼料 2	2.91^{bc}
飼料 3	3.28^{a}
飼料 4	2.69^{c}

以上の結果から「体重が最も重くなったのは飼料3だった。そこで、飼料3を使えば、ニジマスの体重が最も大きくなると期待できる。ただし、飼料3の体重と飼料1の体重の間に有意差が見られなかった。そこで、飼料1を使っても、飼料3と同じ程度の体重に育てられる可能性がある」と結論する。

第12章

解答　練習問題 W

$r = -0.887978\cdots$

解答　練習問題 X

まず、節**12–10**で解説した方法を行う。

帰無仮説H_0は「x（農薬散布量）とy（ホタルの捕獲数）の間に相関がない」となる。以下、この帰無仮説H_0の妥当性をチェックしていく。

相関係数rを計算すると

$r = -0.887978\cdots$

となる。標本サイズは

$n = 16$

で、Studentのtを計算すると

$$t = r\sqrt{\frac{n-2}{1-r^2}}$$
$$= (-0.887978\cdots) \times \sqrt{\frac{16-2}{1-(-0.887978\cdots)^2}}$$
$$= -7.22467\cdots$$

となる。帰無仮説「xとyの間に相関がない」が正しいなら、Studentのtは自由度

$df = n - 2 = 16 - 2 = 14$

のt分布に従う。そこで、有意水準αと自由度df

$\alpha = 0.05$

$df = 14$

を使い、t分布表から、Studentのtの臨界値を

$t_{0.05}(14) = 2.145$

と得る。以下の不等式

$2.145 = t_{0.05}(14) < |t| = 7.22467\cdots$

が成立するため、帰無仮説は棄却される。そこで「農薬散布量とホタルの幼虫の捕獲数の間に、統計的に有意な負の相関が認められた（$P<0.05$）」と結論する。

次いで、節**12–11**で解説した方法を行う。

帰無仮説H_0は「x（農薬散布量）とy（ホタルの捕獲数）の間に相関がない」となる。以下、この帰無仮説H_0の妥当性をチェックしていく。

相関係数rは

$r = -0.887978\cdots$

である。(x_i, y_i)の数nは

$n = 16$

である。この数値と有意水準

$\alpha = 0.05$

から、相関係数rの臨界値は

$r_{0.05} = 0.497$

となる。以下の不等式

$0.497 = r_{0.05} < |r| = 0.887978\cdots$

が成立するため、帰無仮説は棄却される。そこで「農薬散布量とホタルの幼虫の捕獲数の間に、有意な負の相関が認められた（$P<0.05$）」と結論する。

第13章

解答　練習問題 Y

y-切片は

$a = 23.4833\cdots$

傾きは

$b = -12.3437\cdots$

で、回帰直線は

$\hat{y} = (23.4833\cdots) - (12.3437\cdots)x$

となる。相関係数 r は

$r = -0.88797\cdots$

である。決定係数 r^2 は、これを2乗して

$r^2 = (-0.88797\cdots)^2 = 0.78850\cdots$

となる。そこで「ホタルの幼虫の捕獲数の変動の79%を、水田での農薬散布量が説明した」ことが分かる。

付表1 Wilcoxon-Mann-Whitney検定の検定統計量Uの臨界値$U_{0.05}$

有意水準 5%

									n_1										
	2	3	4	5	6	7	8	9	10	11	12	13	14	15	16	17	18	19	20
2	–	–	–	–	–	–	0	0	0	0	1	1	1	1	1	2	2	2	2
3	–	–	–	0	1	1	2	2	3	3	4	4	5	5	6	6	7	7	8
4	–	–	0	1	2	3	4	4	5	6	7	8	9	10	11	11	12	13	13
5	–	0	1	2	3	5	6	7	8	9	11	12	13	14	15	17	18	19	20
6	–	1	2	3	5	6	8	10	11	13	14	16	17	19	21	22	24	25	27
7	–	1	3	5	6	8	10	12	14	16	18	20	22	24	26	28	30	32	34
8	0	2	4	6	8	10	13	15	17	19	22	24	26	29	31	34	36	38	41
9	0	2	4	7	10	12	15	17	20	23	26	28	31	34	37	39	42	45	48
10	0	3	5	8	11	14	17	20	23	26	29	33	36	39	42	45	48	52	55
n_2 11	0	3	6	9	13	16	19	23	26	30	33	37	40	44	47	51	55	58	62
12	1	4	7	11	14	18	22	26	29	33	37	41	45	49	53	57	61	65	69
13	1	4	8	12	16	20	24	28	33	37	41	45	50	54	59	63	67	72	76
14	1	5	9	13	17	22	26	31	36	40	45	50	55	59	64	67	74	78	83
15	1	5	10	14	19	24	29	34	39	44	49	54	59	64	70	75	80	85	90
16	1	6	11	15	21	26	31	37	42	47	53	59	64	70	75	81	86	92	98
17	2	6	11	17	22	28	34	39	45	51	57	63	67	75	81	87	93	99	105
18	2	7	12	18	24	30	36	42	48	55	61	67	74	80	86	93	99	106	112
19	2	7	13	19	25	32	38	45	52	58	65	72	78	85	92	99	106	113	119
20	2	8	13	20	27	34	41	48	55	62	69	76	83	90	98	105	112	119	127

有意水準 1%

									n_1										
	2	3	4	5	6	7	8	9	10	11	12	13	14	15	16	17	18	19	20
2	–	–	–	–	–	–	–	–	–	–	–	–	–	–	–	–	–	0	0
3	–	–	–	–	–	–	–	0	0	0	1	1	1	2	2	2	2	3	3
4	–	–	–	–	0	0	1	1	2	2	3	3	4	5	5	6	6	7	8
5	–	–	–	1	1	1	2	3	4	5	6	7	7	8	9	10	11	12	13
6	–	–	0	1	2	3	4	5	6	7	9	10	11	12	13	15	16	17	18
7	–	–	0	1	3	4	6	7	9	10	12	13	15	16	18	19	21	22	24
8	–	–	1	2	4	6	7	9	11	13	15	17	18	20	22	24	26	28	30
9	–	0	1	3	5	7	9	11	13	16	18	20	22	24	27	29	31	33	36
10	–	0	2	4	6	9	11	13	16	18	21	24	26	29	31	34	37	39	42
n_2 11	–	0	2	5	7	10	13	16	18	21	24	27	30	33	36	39	42	45	48
12	–	1	3	6	9	12	15	18	21	24	27	31	34	37	41	44	47	51	54
13	–	1	3	7	10	13	17	20	24	27	31	34	38	42	45	49	53	57	60
14	–	1	4	7	11	15	18	22	26	30	34	38	42	46	50	54	58	63	67
15	–	2	5	8	12	16	20	24	29	33	37	42	46	51	55	60	64	69	73
16	–	2	5	9	13	18	22	27	31	36	41	45	50	55	60	65	70	74	79
17	–	2	6	10	15	19	24	29	34	39	44	49	54	60	65	70	75	81	86
18	–	2	6	11	16	21	26	31	37	42	47	53	58	64	70	75	81	87	92
19	0	3	7	12	17	22	28	33	39	45	51	57	63	69	74	81	87	93	99
20	0	3	8	13	18	24	30	36	42	48	54	60	67	73	79	86	92	99	105

付表2 標準正規分布表（下側確率）

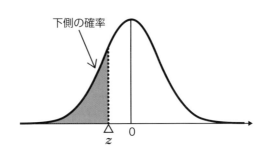

下側の確率

	−0.00	−0.01	−0.02	−0.03	−0.04	−0.05	−0.06	−0.07	−0.08	−0.09
−3.0	0.0013	0.0013	0.0013	0.0012	0.0012	0.0011	0.0011	0.0011	0.0010	0.0010
−2.9	0.0019	0.0018	0.0018	0.0017	0.0016	0.0016	0.0015	0.0015	0.0014	0.0014
−2.8	0.0026	0.0025	0.0024	0.0023	0.0023	0.0022	0.0021	0.0021	0.0020	0.0019
−2.7	0.0035	0.0034	0.0033	0.0032	0.0031	0.0030	0.0029	0.0028	0.0027	0.0026
−2.6	0.0047	0.0045	0.0044	0.0043	0.0041	0.0040	0.0039	0.0038	0.0037	0.0036
−2.5	0.0062	0.0060	0.0059	0.0057	0.0055	0.0054	0.0052	0.0051	0.0049	0.0048
−2.4	0.0082	0.0080	0.0078	0.0075	0.0073	0.0071	0.0069	0.0068	0.0066	0.0064
−2.3	0.0107	0.0104	0.0102	0.0099	0.0096	0.0094	0.0091	0.0089	0.0087	0.0084
−2.2	0.0139	0.0136	0.0132	0.0129	0.0125	0.0122	0.0119	0.0116	0.0113	0.0110
−2.1	0.0179	0.0174	0.0170	0.0166	0.0162	0.0158	0.0154	0.0150	0.0146	0.0143
−2.0	0.0228	0.0222	0.0217	0.0212	0.0207	0.0202	0.0197	0.0192	0.0188	0.0183
−1.9	0.0287	0.0281	0.0274	0.0268	0.0262	0.0256	0.0250	0.0244	0.0239	0.0233
−1.8	0.0359	0.0351	0.0344	0.0336	0.0329	0.0322	0.0314	0.0307	0.0301	0.0294
−1.7	0.0446	0.0436	0.0427	0.0418	0.0409	0.0401	0.0392	0.0384	0.0375	0.0367
−1.6	0.0548	0.0537	0.0526	0.0516	0.0505	0.0495	0.0485	0.0475	0.0465	0.0455
−1.5	0.0668	0.0655	0.0643	0.0630	0.0618	0.0606	0.0594	0.0582	0.0571	0.0559
−1.4	0.0808	0.0793	0.0778	0.0764	0.0749	0.0735	0.0721	0.0708	0.0694	0.0681
−1.3	0.0968	0.0951	0.0934	0.0918	0.0901	0.0885	0.0869	0.0853	0.0838	0.0823
−1.2	0.1151	0.1131	0.1112	0.1093	0.1075	0.1056	0.1038	0.1020	0.1003	0.0985
−1.1	0.1357	0.1335	0.1314	0.1292	0.1271	0.1251	0.1230	0.1210	0.1190	0.1170
−1.0	0.1587	0.1562	0.1539	0.1515	0.1492	0.1469	0.1446	0.1423	0.1401	0.1379
−0.9	0.1841	0.1814	0.1788	0.1762	0.1736	0.1711	0.1685	0.1660	0.1635	0.1611
−0.8	0.2119	0.2090	0.2061	0.2033	0.2005	0.1977	0.1949	0.1922	0.1894	0.1867
−0.7	0.2420	0.2389	0.2358	0.2327	0.2296	0.2266	0.2236	0.2206	0.2177	0.2148
−0.6	0.2743	0.2709	0.2676	0.2643	0.2611	0.2578	0.2546	0.2514	0.2483	0.2451
−0.5	0.3085	0.3050	0.3015	0.2981	0.2946	0.2912	0.2877	0.2843	0.2810	0.2776
−0.4	0.3446	0.3409	0.3372	0.3336	0.3300	0.3264	0.3228	0.3192	0.3156	0.3121
−0.3	0.3821	0.3783	0.3745	0.3707	0.3669	0.3632	0.3594	0.3557	0.3520	0.3483
−0.2	0.4207	0.4168	0.4129	0.4090	0.4052	0.4013	0.3974	0.3936	0.3897	0.3859
−0.1	0.4602	0.4562	0.4522	0.4483	0.4443	0.4404	0.4364	0.4325	0.4286	0.4247
−0.0	0.5000	0.4960	0.4920	0.4880	0.4840	0.4801	0.4761	0.4721	0.4681	0.4641

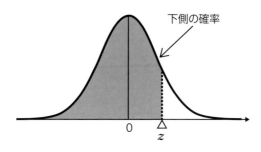

下側の確率

	0.00	0.01	0.02	0.03	0.04	0.05	0.06	0.07	0.08	0.09
0.0	0.5000	0.5040	0.5080	0.5120	0.5160	0.5199	0.5239	0.5279	0.5319	0.5359
0.1	0.5398	0.5438	0.5478	0.5517	0.5557	0.5596	0.5636	0.5675	0.5714	0.5753
0.2	0.5793	0.5832	0.5871	0.5910	0.5948	0.5987	0.6026	0.6064	0.6103	0.6141
0.3	0.6179	0.6217	0.6255	0.6293	0.6331	0.6368	0.6406	0.6443	0.6480	0.6517
0.4	0.6554	0.6591	0.6628	0.6664	0.6700	0.6736	0.6772	0.6808	0.6844	0.6879
0.5	0.6915	0.6950	0.6985	0.7019	0.7054	0.7088	0.7123	0.7157	0.7190	0.7224
0.6	0.7257	0.7291	0.7324	0.7357	0.7389	0.7422	0.7454	0.7486	0.7517	0.7549
0.7	0.7580	0.7611	0.7642	0.7673	0.7704	0.7734	0.7764	0.7794	0.7823	0.7852
0.8	0.7881	0.7910	0.7939	0.7967	0.7995	0.8023	0.8051	0.8078	0.8106	0.8133
0.9	0.8159	0.8186	0.8212	0.8238	0.8264	0.8289	0.8315	0.8340	0.8365	0.8389
1.0	0.8413	0.8438	0.8461	0.8485	0.8508	0.8531	0.8554	0.8577	0.8599	0.8621
1.1	0.8643	0.8665	0.8686	0.8708	0.8729	0.8749	0.8770	0.8790	0.8810	0.8830
1.2	0.8849	0.8869	0.8888	0.8907	0.8925	0.8944	0.8962	0.8980	0.8997	0.9015
1.3	0.9032	0.9049	0.9066	0.9082	0.9099	0.9115	0.9131	0.9147	0.9162	0.9177
1.4	0.9192	0.9207	0.9222	0.9236	0.9251	0.9265	0.9279	0.9292	0.9306	0.9319
1.5	0.9332	0.9345	0.9357	0.9370	0.9382	0.9394	0.9406	0.9418	0.9429	0.9441
1.6	0.9452	0.9463	0.9474	0.9484	0.9495	0.9505	0.9515	0.9525	0.9535	0.9545
1.7	0.9554	0.9564	0.9573	0.9582	0.9591	0.9599	0.9608	0.9616	0.9625	0.9633
1.8	0.9641	0.9649	0.9656	0.9664	0.9671	0.9678	0.9686	0.9693	0.9699	0.9706
1.9	0.9713	0.9719	0.9726	0.9732	0.9738	0.9744	0.9750	0.9756	0.9761	0.9767
2.0	0.9772	0.9778	0.9783	0.9788	0.9793	0.9798	0.9803	0.9808	0.9812	0.9817
2.1	0.9821	0.9826	0.9830	0.9834	0.9838	0.9842	0.9846	0.9850	0.9854	0.9857
2.2	0.9861	0.9864	0.9868	0.9871	0.9875	0.9878	0.9881	0.9884	0.9887	0.9890
2.3	0.9893	0.9896	0.9898	0.9901	0.9904	0.9906	0.9909	0.9911	0.9913	0.9916
2.4	0.9918	0.9920	0.9922	0.9925	0.9927	0.9929	0.9931	0.9932	0.9934	0.9936
2.5	0.9938	0.9940	0.9941	0.9943	0.9945	0.9946	0.9948	0.9949	0.9951	0.9952
2.6	0.9953	0.9955	0.9956	0.9957	0.9959	0.9960	0.9961	0.9962	0.9963	0.9964
2.7	0.9965	0.9966	0.9967	0.9968	0.9969	0.9970	0.9971	0.9972	0.9973	0.9974
2.8	0.9974	0.9975	0.9976	0.9977	0.9977	0.9978	0.9979	0.9979	0.9980	0.9981
2.9	0.9981	0.9982	0.9982	0.9983	0.9984	0.9984	0.9985	0.9985	0.9986	0.9986
3.0	0.9987	0.9987	0.9987	0.9988	0.9988	0.9989	0.9989	0.9989	0.9990	0.9990

付表3　*t*分布表（パーセント点）

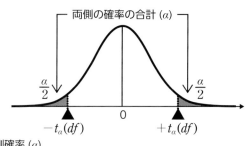

両側確率 (α)

自由度 df	0.05	0.01	0.001
1	12.71	63.66	636.6
2	4.303	9.925	31.60
3	3.182	5.841	12.92
4	2.776	4.604	8.610
5	2.571	4.032	6.869
6	2.447	3.707	5.959
7	2.365	3.499	5.408
8	2.306	3.355	5.041
9	2.262	3.250	4.781
10	2.228	3.169	4.587
11	2.201	3.106	4.437
12	2.179	3.055	4.318
13	2.160	3.012	4.221
14	2.145	2.977	4.140
15	2.131	2.947	4.073
16	2.120	2.921	4.015
17	2.110	2.898	3.965
18	2.101	2.878	3.922
19	2.093	2.861	3.883
20	2.086	2.845	3.850
21	2.080	2.831	3.819
22	2.074	2.819	3.792
23	2.069	2.807	3.768
24	2.064	2.797	3.745
25	2.060	2.787	3.725
26	2.056	2.779	3.707
27	2.052	2.771	3.690
28	2.048	2.763	3.674
29	2.045	2.756	3.659
30	2.042	2.750	3.646
31	2.040	2.744	3.633
32	2.037	2.738	3.622
33	2.035	2.733	3.611
34	2.032	2.728	3.601
35	2.030	2.724	3.591
36	2.028	2.719	3.582
37	2.026	2.715	3.574
38	2.024	2.712	3.566
39	2.023	2.708	3.558
40	2.021	2.704	3.551

両側確率 (α)

自由度 df	0.05	0.01	0.001
42	2.018	2.698	3.538
44	2.015	2.692	3.526
46	2.013	2.687	3.515
48	2.011	2.682	3.505
50	2.009	2.678	3.496
52	2.007	2.674	3.488
54	2.005	2.670	3.480
56	2.003	2.667	3.473
58	2.002	2.663	3.466
60	2.000	2.660	3.460
62	1.999	2.657	3.454
64	1.998	2.655	3.449
66	1.997	2.652	3.444
68	1.995	2.650	3.439
70	1.994	2.648	3.435
72	1.993	2.646	3.431
74	1.993	2.644	3.427
76	1.992	2.642	3.423
78	1.991	2.640	3.420
80	1.990	2.639	3.416
82	1.989	2.637	3.413
84	1.989	2.636	3.410
86	1.988	2.634	3.407
88	1.987	2.633	3.405
90	1.987	2.632	3.402
92	1.986	2.630	3.399
94	1.986	2.629	3.397
96	1.985	2.628	3.395
98	1.984	2.627	3.393
100	1.984	2.626	3.390
102	1.983	2.625	3.388
104	1.983	2.624	3.387
106	1.983	2.623	3.385
108	1.982	2.622	3.383
110	1.982	2.621	3.381
112	1.981	2.620	3.380
114	1.981	2.620	3.378
116	1.981	2.619	3.376
118	1.980	2.618	3.375
120	1.980	2.617	3.373

付表4　F分布表（パーセント点）

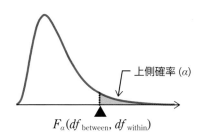

$$F_\alpha(df_{\text{between}}, df_{\text{within}})$$

上側確率 (α)

$\alpha=0.05$

$df_{\text{between}}(k-1)$

	1	2	3	4	5	6	7	8	9	10
1	161.4	199.5	215.7	224.6	230.2	234.0	236.8	238.9	240.5	241.9
2	18.51	19.00	19.16	19.25	19.30	19.33	19.35	19.37	19.38	19.40
3	10.13	9.552	9.277	9.117	9.013	8.941	8.887	8.845	8.812	8.786
4	7.709	6.944	6.591	6.388	6.256	6.163	6.094	6.041	5.999	5.964
5	6.608	5.786	5.409	5.192	5.050	4.950	4.876	4.818	4.772	4.735
6	5.987	5.143	4.757	4.534	4.387	4.284	4.207	4.147	4.099	4.060
7	5.591	4.737	4.347	4.120	3.972	3.866	3.787	3.726	3.677	3.637
8	5.318	4.459	4.066	3.838	3.687	3.581	3.500	3.438	3.388	3.347
9	5.117	4.256	3.863	3.633	3.482	3.374	3.293	3.230	3.179	3.137
10	4.965	4.103	3.708	3.478	3.326	3.217	3.135	3.072	3.020	2.978
11	4.844	3.982	3.587	3.357	3.204	3.095	3.012	2.948	2.896	2.854
12	4.747	3.885	3.490	3.259	3.106	2.996	2.913	2.849	2.796	2.753
13	4.667	3.806	3.411	3.179	3.025	2.915	2.832	2.767	2.714	2.671
14	4.600	3.739	3.344	3.112	2.958	2.848	2.764	2.699	2.646	2.602
15	4.543	3.682	3.287	3.056	2.901	2.790	2.707	2.641	2.588	2.544
16	4.494	3.634	3.239	3.007	2.852	2.741	2.657	2.591	2.538	2.494
17	4.451	3.592	3.197	2.965	2.810	2.699	2.614	2.548	2.494	2.450
18	4.414	3.555	3.160	2.928	2.773	2.661	2.577	2.510	2.456	2.412
19	4.381	3.522	3.127	2.895	2.740	2.628	2.544	2.477	2.423	2.378
20	4.351	3.493	3.098	2.866	2.711	2.599	2.514	2.447	2.393	2.348
21	4.325	3.467	3.072	2.840	2.685	2.573	2.488	2.420	2.366	2.321
22	4.301	3.443	3.049	2.817	2.661	2.549	2.464	2.397	2.342	2.297
23	4.279	3.422	3.028	2.796	2.640	2.528	2.442	2.375	2.320	2.275
24	4.260	3.403	3.009	2.776	2.621	2.508	2.423	2.355	2.300	2.255
25	4.242	3.385	2.991	2.759	2.603	2.490	2.405	2.337	2.282	2.236
26	4.225	3.369	2.975	2.743	2.587	2.474	2.388	2.321	2.265	2.220
27	4.210	3.354	2.960	2.728	2.572	2.459	2.373	2.305	2.250	2.204
28	4.196	3.340	2.947	2.714	2.558	2.445	2.359	2.291	2.236	2.190
29	4.183	3.328	2.934	2.701	2.545	2.432	2.346	2.278	2.223	2.177
30	4.171	3.316	2.922	2.690	2.534	2.421	2.334	2.266	2.211	2.165
32	4.149	3.295	2.901	2.668	2.512	2.399	2.313	2.244	2.189	2.142
34	4.130	3.276	2.883	2.650	2.494	2.380	2.294	2.225	2.170	2.123
36	4.113	3.259	2.866	2.634	2.477	2.364	2.277	2.209	2.153	2.106
38	4.098	3.245	2.852	2.619	2.463	2.349	2.262	2.194	2.138	2.091
40	4.085	3.232	2.839	2.606	2.449	2.336	2.249	2.180	2.124	2.077
42	4.073	3.220	2.827	2.594	2.438	2.324	2.237	2.168	2.112	2.065
44	4.062	3.209	2.816	2.584	2.427	2.313	2.226	2.157	2.101	2.054
46	4.052	3.200	2.807	2.574	2.417	2.304	2.216	2.147	2.091	2.044
48	4.043	3.191	2.798	2.565	2.409	2.295	2.207	2.138	2.082	2.035
50	4.034	3.183	2.790	2.557	2.400	2.286	2.199	2.130	2.073	2.026

付表5 Student化された範囲の分布の上側5%点

（Tukey–Kramer法の有意水準5%の臨界値 $q_{0.05}(k, df_{within})$）

$\alpha=0.05$

群数 k（比較する標本の数）

	2	3	4	5	6	7	8	9
1	17.97	26.98	32.82	37.08	40.41	43.12	45.40	47.36
2	6.085	8.331	9.798	10.88	11.73	12.43	13.03	13.54
3	4.501	5.910	6.825	7.502	8.037	8.478	8.852	9.177
4	3.927	5.040	5.757	6.287	6.706	7.053	7.347	7.602
5	3.635	4.602	5.218	5.673	6.033	6.330	6.582	6.801
6	3.460	4.339	4.896	5.305	5.629	5.895	6.122	6.319
7	3.344	4.165	4.681	5.060	5.359	5.605	5.814	5.995
8	3.261	4.041	4.529	4.886	5.167	5.399	5.596	5.766
9	3.199	3.948	4.415	4.755	5.023	5.244	5.432	5.594
10	3.151	3.877	4.327	4.654	4.912	5.124	5.304	5.460
11	3.113	3.820	4.256	4.574	4.829	5.028	5.202	5.353
12	3.081	3.773	4.199	4.508	4.750	4.949	5.118	5.265
13	3.055	3.734	4.151	4.453	4.690	4.884	5.049	5.192
14	3.033	3.701	4.111	4.407	4.639	4.829	4.990	5.130
15	3.014	3.673	4.076	4.367	4.595	4.782	4.940	5.077
16	2.998	3.649	4.046	4.333	4.557	4.741	4.896	5.031
17	2.984	3.628	4.020	4.303	4.524	4.705	4.858	4.991
18	2.971	3.609	3.997	4.276	4.494	4.673	4.824	4.955
19	2.960	3.593	3.977	4.253	4.468	4.645	4.794	4.924
20	2.950	3.578	3.958	4.232	4.445	4.620	4.768	4.895
21	2.941	3.565	3.942	4.213	4.424	4.597	4.743	4.870
22	2.933	3.553	3.927	4.196	4.405	4.577	4.722	4.847
23	2.926	3.542	3.914	4.180	4.388	4.558	4.702	4.826
24	2.919	3.532	3.901	4.166	4.373	4.541	4.684	4.807
25	2.913	3.523	3.890	4.153	4.358	4.526	4.667	4.789
26	2.907	3.514	3.880	4.141	4.345	4.511	4.652	4.773
27	2.902	3.506	3.870	4.130	4.333	4.498	4.638	4.758
28	2.897	3.499	3.861	4.120	4.322	4.486	4.625	4.745
29	2.892	3.493	3.853	4.111	4.311	4.475	4.613	4.732
30	2.888	3.487	3.845	4.102	4.301	4.464	4.601	4.720
31	2.884	3.481	3.838	4.094	4.292	4.454	4.591	4.709
32	2.881	3.475	3.832	4.086	4.284	4.445	4.581	4.698
33	2.877	3.470	3.825	4.079	4.276	4.436	4.572	4.689
34	2.874	3.465	3.820	4.072	4.268	4.428	4.563	4.680
35	2.871	3.461	3.814	4.066	4.261	4.421	4.555	4.671
36	2.868	3.457	3.809	4.060	4.255	4.414	4.547	4.663
37	2.865	3.453	3.804	4.054	4.249	4.407	4.540	4.655
38	2.863	3.449	3.799	4.049	4.243	4.400	4.533	4.648
39	2.861	3.445	3.795	4.044	4.237	4.394	4.527	4.641
40	2.858	3.442	3.791	4.039	4.232	4.388	4.521	4.634
41	2.856	3.439	3.787	4.035	4.227	4.383	4.515	4.628
42	2.854	3.436	3.783	4.030	4.222	4.378	4.509	4.622
43	2.852	3.433	3.779	4.026	4.217	4.373	4.504	4.617
44	2.850	3.430	3.776	4.022	4.213	4.368	4.499	4.611
45	2.848	3.428	3.773	4.018	4.209	4.364	4.494	4.606
46	2.847	3.425	3.770	4.015	4.205	4.359	4.489	4.601
47	2.845	3.423	3.767	4.011	4.201	4.355	4.485	4.597
48	2.844	3.420	3.764	4.008	4.197	4.351	4.481	4.592
49	2.842	3.418	3.761	4.005	4.194	4.347	4.477	4.588
50	2.841	3.416	3.758	4.002	4.190	4.344	4.473	4.584
60	2.829	3.399	3.737	3.977	4.163	4.314	4.441	4.550
80	2.814	3.377	3.711	3.947	4.129	4.278	4.402	4.509
100	2.806	3.365	3.695	3.929	4.109	4.256	4.379	4.484
120	2.800	3.356	3.685	3.917	4.096	4.241	4.363	4.468
∞	2.772	3.314	3.633	3.858	4.030	4.170	4.286	4.387

誤差変動（群内変動）の自由度 df_{within}

「統計的多重比較法の基礎」（永田靖，吉田道弘），サイエンティスト社，1997年，163ページより引用

付表6 Pearsonの積率相関係数 r の
有意水準5%(α=0.05)と1%(α=0.01)の臨界値 $r_{0.05}$ と $r_{0.01}$

(x, y)の数	α=0.05	α=0.01	(x, y)の数	α=0.05	α=0.01	(x, y)の数	α=0.05	α=0.01
n	$r_{0.05}$	$r_{0.01}$	n	$r_{0.05}$	$r_{0.01}$	n	$r_{0.05}$	$r_{0.01}$
1	–	–	51	0.276	0.358	105	0.192	0.250
2	–	–	52	0.273	0.354	110	0.187	0.245
3	0.997	1.000	53	0.271	0.351	115	0.183	0.239
4	0.950	0.990	54	0.268	0.348	120	0.179	0.234
5	0.878	0.959	55	0.266	0.345	125	0.176	0.230
6	0.811	0.917	56	0.263	0.341	130	0.172	0.225
7	0.754	0.875	57	0.261	0.339	135	0.169	0.221
8	0.707	0.834	58	0.259	0.336	140	0.166	0.217
9	0.666	0.798	59	0.256	0.333	145	0.163	0.213
10	0.632	0.765	60	0.254	0.330	150	0.160	0.210
11	0.602	0.735	61	0.252	0.327	155	0.158	0.206
12	0.576	0.708	62	0.250	0.325	160	0.155	0.203
13	0.553	0.684	63	0.248	0.322	165	0.153	0.200
14	0.532	0.661	64	0.246	0.320	170	0.151	0.197
15	0.514	0.641	65	0.244	0.317	175	0.148	0.194
16	0.497	0.623	66	0.242	0.315	180	0.146	0.192
17	0.482	0.606	67	0.240	0.313	185	0.144	0.189
18	0.468	0.590	68	0.239	0.310	190	0.142	0.186
19	0.456	0.575	69	0.237	0.308	195	0.141	0.184
20	0.444	0.561	70	0.235	0.306	200	0.139	0.182
21	0.433	0.549	71	0.234	0.304	220	0.132	0.173
22	0.423	0.537	72	0.232	0.302	240	0.127	0.166
23	0.413	0.526	73	0.230	0.300	260	0.122	0.159
24	0.404	0.515	74	0.229	0.298	280	0.117	0.154
25	0.396	0.505	75	0.227	0.296	300	0.113	0.149
26	0.388	0.496	76	0.226	0.294	320	0.110	0.144
27	0.381	0.487	77	0.224	0.292	340	0.106	0.140
28	0.374	0.479	78	0.223	0.290	360	0.103	0.136
29	0.367	0.471	79	0.221	0.288	380	0.101	0.132
30	0.361	0.463	80	0.220	0.286	400	0.098	0.129
31	0.355	0.456	81	0.219	0.285	420	0.096	0.126
32	0.349	0.449	82	0.217	0.283	440	0.093	0.123
33	0.344	0.442	83	0.216	0.281	460	0.091	0.120
34	0.339	0.436	84	0.215	0.280	480	0.090	0.117
35	0.334	0.430	85	0.213	0.278	500	0.088	0.115
36	0.329	0.424	86	0.212	0.276	550	0.084	0.110
37	0.325	0.418	87	0.211	0.275	600	0.080	0.105
38	0.320	0.413	88	0.210	0.273	650	0.077	0.101
39	0.316	0.408	89	0.208	0.272	700	0.074	0.097
40	0.312	0.403	90	0.207	0.270	750	0.072	0.094
41	0.308	0.398	91	0.206	0.269	800	0.069	0.091
42	0.304	0.393	92	0.205	0.267	850	0.067	0.088
43	0.301	0.389	93	0.204	0.266	900	0.065	0.086
44	0.297	0.384	94	0.203	0.264	950	0.064	0.084
45	0.294	0.380	95	0.202	0.263	1000	0.062	0.081
46	0.291	0.376	96	0.201	0.262			
47	0.288	0.372	97	0.200	0.260			
48	0.285	0.368	98	0.199	0.259			
49	0.282	0.365	99	0.198	0.258			
50	0.279	0.361	100	0.197	0.256			

付表7 Spearman の順位相関係数 r_s の
有意水準5%(α=0.05)と1%(α=0.01)の臨界値 $r_{s\,0.05}$ と $r_{s\,0.01}$

(x, y)の数	α=0.05	α=0.01	(x, y)の数	α=0.05	α=0.01
n	$r_{s\,0.05}$	$r_{s\,0.01}$	n	$r_{s\,0.05}$	$r_{s\,0.01}$
1	–	–	51	0.276	0.359
2	–	–	52	0.274	0.356
3	–	–	53	0.271	0.352
4	–	–	54	0.268	0.349
5	1.000	–	55	0.266	0.346
6	0.886	1.000	56	0.264	0.343
7	0.786	0.929	57	0.261	0.340
8	0.738	0.881	58	0.259	0.337
9	0.700	0.833	59	0.257	0.334
10	0.648	0.794	60	0.255	0.331
11	0.618	0.755	61	0.252	0.329
12	0.587	0.727	62	0.250	0.326
13	0.560	0.703	63	0.248	0.323
14	0.538	0.679	64	0.246	0.321
15	0.521	0.654	65	0.244	0.318
16	0.503	0.635	66	0.243	0.316
17	0.485	0.615	67	0.241	0.314
18	0.472	0.600	68	0.239	0.311
19	0.460	0.584	69	0.237	0.309
20	0.447	0.570	70	0.235	0.307
21	0.435	0.556	71	0.234	0.305
22	0.425	0.544	72	0.232	0.303
23	0.415	0.532	73	0.230	0.301
24	0.406	0.521	74	0.229	0.299
25	0.398	0.511	75	0.227	0.297
26	0.390	0.501	76	0.226	0.295
27	0.382	0.491	77	0.224	0.293
28	0.375	0.483	78	0.223	0.291
29	0.368	0.475	79	0.221	0.289
30	0.362	0.467	80	0.220	0.287
31	0.356	0.459	81	0.219	0.285
32	0.350	0.452	82	0.217	0.284
33	0.345	0.446	83	0.216	0.282
34	0.340	0.439	84	0.215	0.280
35	0.335	0.433	85	0.213	0.279
36	0.330	0.427	86	0.212	0.277
37	0.325	0.421	87	0.211	0.276
38	0.321	0.415	88	0.210	0.274
39	0.317	0.410	89	0.209	0.272
40	0.313	0.405	90	0.207	0.271
41	0.309	0.400	91	0.206	0.269
42	0.305	0.395	92	0.205	0.268
43	0.301	0.391	93	0.204	0.267
44	0.298	0.386	94	0.203	0.265
45	0.294	0.382	95	0.202	0.264
46	0.291	0.378	96	0.201	0.262
47	0.288	0.374	97	0.200	0.261
48	0.285	0.370	98	0.199	0.260
49	0.282	0.366	99	0.198	0.258
50	0.279	0.363	100	0.197	0.257

索　引

数字・記号

2 択だけの判断は不十分 ……………… 192
2 つの可能性 ……………………… 51, 199
2 つの標本 …………………………… 51
2 つの標本標準偏差 ………………… 176
2 つの変数の間の関係 ………… 27, 249
2 つの母集団 ………………………… 50
2 変数正規分布 ……………………… 267
2 本柱 ………………………………… 26
3 つの観測値 ………………………… 86
4 つの可能性 ………………………… 73
7 つの観測値の背後にいる母平均 μ は？
 …………………………………… 130
14 人に効果がある場合 ……………… 31
18 人に効果がある場合 ……………… 31
95% CI （95% confidence interval）
 …………………………………… 131
95% 信頼区間 …… 130, 131, 132, 302, 303
　　――の意味 ……………………… 144
　　――の前提条件 ………………… 131
95% 予測区間 ……………………… 303
(x_i, y_i) …………………………… 251
$\pm \sigma$ ………………………………… 111
$\pm 2\sigma$ ……………………………… 111
$\pm 3\sigma$ ……………………………… 111
α （有意水準） ……………… 43, 75, 232
α error ………………………………… 75
b （傾き） ……………… 285, 289, 300
　　――の計算 ……………………… 289
β （母回帰係数） ………………… 302
β error ………………………………… 80
β の 95% 信頼区間 ………………… 302
$_nC_x$ （二項係数） …………………… 32
χ^2 適合度検定 …………………… 84
d （観測値の差） ………… 152, 161, 163
df （自由度） ………… 95, 100, 141
　$df_{between}$ …………………………… 214
　df_p ……………………………… 179, 180
　df_{within} …………………………… 209
$E[X]$ （期待値） ……………… 38, 42, 43

$E[y|x]$ ……………………………… 302
F （検定統計量） ……… 205, 206, 218, 219
$F_{0.05}$ （F の臨界値） …………………… 225
H_0 ………………………… 40, 52, 72, 152,
 153, 173, 200, 237, 268, 301
H_A …………………………… 40, 52, 152, 153,
 173, 200, 237, 268, 301
k（標本の数, 群） …………………… 201
MS ………………………………… 203
　$MS_{between}$ …………… 204, 210, 213, 222
　$MS_{residual}$ ………………………… 299
　MS_{total} …………………… 205, 216
　MS_{within} ………… 203, 207, 209, 220
μ （母平均） ……… 87, 88, 90, 94, 112
　$\mu = 0$ で $\sigma = 1$ の正規分布 …… 112
N （観測値の総数） ………………… 201
n（標本サイズ） …………………… 140
v …………………………………… 95
ϕ …………………………………… 95
q （検定統計量） ………………… 238, 242
$q_{0.05}(k, df_{within})$ （q の臨界値） … 242, 326
r （相関係数） ……………… 253, 263
　$r_{0.05}$ …………………………… 270, 327
　$r_{s0.05}$ …………………………… 276, 328
r^2 （決定係数） …………………… 291
ρ （母相関係数） ………………… 268
σ （母標準偏差） … 92, 94, 96, 133, 154,
 155, 156, 159, 163, 173, 175, 176, 185,
 188
　　――が既知の場合 … 154, 155, 173, 175
　　――が未知の場合 … 156, 159, 176, 185
　　――の推定 ………………… 176, 178
　　――を s で代用してみる ……… 133
σ^2 （母分散） …………… 92, 93, 94
　　――の推定 ……………………… 211
s_p （合算標準偏差） ……………… 178, 180
s_p^2 （合算分散） ………………… 180
SS ………………………………… 92, 95
　$SS_{between}$ ………… 92, 95, 214, 215, 299
　SS_p （偏差平方和） ……………… 178
　$SS_{regression}$ （回帰平方和） …………… 294

$SS_{residual}$ （残差平方和） ……………… 293
SS_{total} （全平方和） …………… 292, 293
SS_{within} ……………………… 207, 208
SS_x ………………………………… 299
s_{xy} （標本共分散）
 …………… 253, 255, 260, 263, 265
t （検定統計量） ……………… 156, 160,
 182, 184, 186, 187, 190, 268, 301
$t_{0.05}(df)$（t の臨界値） …………… 142, 324
U（検定統計量） ……………… 53, 58, 65
$U_{0.05}$ （U の臨界値） ………………… 55, 321
$\bar{x}$（エックスバー） ………… 88, 119, 131
$\bar{\bar{x}}$ （総平均） ……………………… 201
y-切片 a …………………… 288, 289
　　――の計算 ……………………… 289
z （検定統計量） …………… 116, 154, 174
$z_{0.05}$ （z の臨界値） ………………… 113

欧文

A〜D

alternative hypothesis ……………… 40
ANOVA （analysis of variance） … 197
assumption of homogeneity of
 variance ………………………… 171
bell-shaped ………………………… 109
Bessel → Friedrich Bessel
Bessel補正 ………………………… 98
between-group variation ………… 204
bimodal ……………………………… 122
binomial coefficient ………………… 32
binomial distribution ……… 32, 51, 122
binomial test ………………………… 31
bivariate normal distribution …… 267
Bonferroni補正 （Bonferroni
 correction） ……………… 27, 229, 235
B薬は A薬より有効か？ …………… 30
calibration curve ………………… 281
Carl Friedrich Gauss ……………… 98
categorical data …………………… 28
central limit theorem …………… 122
coefficient of determination …… 291
combination ………………………… 32
conditional expectation of y given x
 …………………………………… 282
confidence band ………………… 303
confidence coefficient …………… 131
confounding factor ……………… 275
confounding variable …………… 275
continuous distribution ………… 109

correlation ················· 27, 251
correlation analysis ············· 27
correlation coefficient ··········· 253
critical region ················· 43
critical value ·················· 55
cumulative area from the left ····· 112
cumulative probability ·········· 112
data transformation ············· 271
degree of freedom ··············· 95
De Moivre–Laplace theorem ····· 109
dependent variable → 従属変数
deviation ····················· 90
discrete distribution ············· 36
Donald Ransom Whitney ········· 67

E〜I

expectation ···················· 38
expected value ·················· 38
explanatory variable ············· 281
extrapolation ·················· 290
family ······················· 237
familywise error rate ············· 232
Fisher → Ronald Aylmer Fisher
Frank Wilcoxon ················· 66
Friedrich Bessel ················· 97
FWER（全体としての有意水準）232,
233, 235
F分布 ···················· 225, 325
Gaussian distribution ············ 108
Games–Howell法 ··············· 237
Gosset → William Sealy Gosset
grand mean ···················· 202
Gregor Johann Mendel ··········· 20
Henry Berthold Mann ············ 67
Holm法 ······················ 236
homoscedasticity assumption ···· 171
independent variable → 独立変数
interpolation ·················· 290

K〜N

Karl Pearson ·················· 136
Kendallの τ ·················· 275
Kruskal–Wallis検定 ············· 200
law of large numbers ············ 120
level ························· 201
liner ························· 271
logarithmic transformation ······· 271
lower confidence limit ············ 132
Mann → Henry Berthold Mann
Mann–WhitneyのU検定（Mann-
Whitney U test）··········· 49, 68

mean deviation ················· 91
mean square ··················· 203
mean square(squared) error ····· 203
measurement ··················· 23
median ······················· 52
Mendel → Gregor Johann Mendel
monotonic decrease ············· 271
monotonic increase ············· 271
multiple comparison ········· 26, 229
multiplicity ··················· 232
negative correlation ············· 252
no correlation ················· 253
non-liner ····················· 291
nonparametric statistics ······ 53, 111
normal distribution ······ 107, 108, 111
null distribution ················ 41
null hypothesis ················· 40

O〜R

observation ················· 23, 50
one factor ANOVA ·············· 197
one-sided test ·················· 45
one-tailed test ·················· 45
one-way ANOVA ············· 26, 197
parameter ·················· 96, 111
parametric statistics ············· 111
Pearsonの積率相関係数（Pearson
product–moment correlation
coefficient）··········· 253, 327
pooled standard deviation ······· 178
population ····················· 23
population regression coefficient
··························· 282
population regression line ········· 282
population size ················· 87
positive correlation ············· 252
power ······················· 80
power analysis ·················· 80
prediction band ················ 304
prediction interval ·············· 304
predictor variable → 予測変数
probability density ·············· 109
probability density function ······· 110
probability distribution ········ 24, 32
proof by contradiction ············ 29
P値（P-value）········ 76, 191, 194
random variable ·············· 24, 35
rank correlation coefficient ······· 271
rank sum ····················· 64
regression analysis ············· 275
regression identity ·············· 296

regression sum of squares ······· 294
rejection region ················· 43
reproductive property ············ 125
residual ····················· 284
residual mean square ············ 300
residual sum of squares ·········· 284
response variable ··············· 281
Ronald Aylmer Fisher ············ 98
Rothamsted農事試験場 ··········· 99

S

sample ···················· 23, 50
sample correlation coefficient ····· 253
sample covariance ·············· 253
sample mean ··················· 88
sample size ···················· 50
sample variance ················· 98
sampling distribution ············ 120
scatter plot ················· 27, 252
SD（standard deviation）··· 90, 92, 121
SE（standard error）············· 121
SEM（standard error of the sample
mean）···················· 121
significance level ················ 43
simple linear regression analysis
··························· 280
simple random sample ········· 26, 51
single factor ANOVA ············· 197
skewed distribution ·············· 53
Spearmanの順位相関係数（Spearman
rank correlation coefficient）·· 275, 328
spurious correlation ············· 278
standard curve ················· 281
standardization ················· 114
standard normal distribution ······ 112
statistic ················· 86, 97, 120
statistical hypothesis test ······ 26, 29
『Statistical methods for research
workers』················ 99, 192
statistically significant ············ 44
Steel–Dwass法 ················· 237
Student化（studentization）······· 138
Studentの t（Student's t）
··········· 26, 158, 191, 269, 301
——をシンプルにする ········· 186
Studentの t分布（Student's t
distribution）··············· 138
subset null hypothesis ··········· 237
sum of squares ················· 92
sum of squared deviations ········ 92
sum of squares principle ········· 219

T

t 分布（t distribution）
.... 130, 136, 138, 139, 301
test statistic 41, 51
『The design of experiments』 ... 99
tie 65
Tukey HSD（Tukey honestly significant dif ference）... 27, 237
Tukey-Kramer 法（Tukey- Kramer test）.......... 28, 229, 237
　——の計算 241
　——の前提条件 237
　——の手順（まとめ）............ 243
two-sided test 43
two-tailed test 43
Type I error 71
Type II error 71

U〜W

U_1 の U_2 の小さい方を選ぶ 54
unbiased estimate(estimator) ... 89
unbiasedness 89
unimodal distribution 53
upper confidence limit 132
variable transformation 271
variance 90, 91
weighted arithmetic mean 39
weighted mean 39
Welch 検定 171
Welch の一元配置分散分析 200
Whitney → Donald Ransom Whitney
Wilcoxon → Frank Wilcoxon
Wilcoxon の順位和検定（Wilcoxon rank-sum test）........ 49, 67
William Sealy Gosset 100, 137
within-group variation 203
WMW 検定（Wilcoxon-Mann-Whitney 検定）... 26, 49, 236, 237
　——の実践的な技術 63
　——の手順 52, 53, 69
　——の目的 50
　——を発明した自然科学者たち ... 66

X〜Z

x と y の間の関係 249
x と y を逆にしない 288

和 文

あ行

アスタリスク 243

アルファ・エラー 75
アルファベット 230, 244
　——の割り当て 244
アンダーソン－ダーリング検定 ... 171
一元配置分散分析 ... 197, 199, 203, 226
　——の大まかな流れ 203
　——の前提条件 199
　——の手順（まとめ）............ 226
　——のデータの特徴 197
一要因分散分析 197
因子 201
上側信頼限界 132
応答変数 281

か行

回帰係数 283
回帰直線 284,285
　——が通る点 284
　——の傾き 285
　——の性質 284
回帰の恒等式 296
回帰平方和 294
外挿 290
街頭調査 37
ガウス分布 108
かき氷の売上と気温 250, 279
学術論文 84
確率分布
.... 32, 36, 117, 119, 126, 131, 171
確率変数 35
確率密度 109
確率密度関数 110
加重平均 39
片側検定 45
傾き h 289, 300
　——の必要性を確認する検定 300
合算標準偏差 s_p 178, 180, 182
合算分散 s_p^2 180
合併標準偏差 178
可能な結果の全て 57
ガラパゴス諸島 273
関数電卓 267, 289
観測値 23, 50, 303
　——の差 152
　——の総数 N 201
　——の対 250, 251
簡便な検定方法 269
関連 2 群 150, 156
　——の特徴 150
　——の t 検定の手順 156
棄却域 43, 62, 175, 184, 192

擬似相関 278
期待値 $E[X]$ 38, 42, 43, 88, 89, 93
　——から、かなり離れた値 43
　——周辺の値 42
基本的な概念 23
基本的な記号 50
基本的な検定の手順 56
基本的な用語 23, 50
帰無仮説 40, 72, 153, 301
　——が正しいとき
.... 74, 75, 76, 206, 223, 232
　——が間違っているとき 73, 76, 77, 206, 224
　——からの帰結 60
帰無仮説 H_0 と対立仮説 H_A
..... 40, 52, 152, 173, 200, 237, 268
帰無分布 ... 41, 60, 61, 72, 155, 158, 173, 174, 184, 192, 268
　——の計算 61
共分散 s_{xy} ... 260, 261, 262, 263, 265
　——は単位に依存する 263
　——を標準偏差 s_x と s_y で割る理由
.... 265
薬の効果 38
組み合わせ 32
群 k 201
群間分散 204, 210, 213
群内分散 203, 207, 209
計算に必要な 2 つの統計量 299
決定係数 r^2 ...... 291, 296, 297, 298
　——の計算方法 298
検算 218
検出力 80
検出力分析 80
検定 299
検定統計量 ... 28, 41, 51, 96, 97, 120, 154, 174, 184, 186, 206, 219, 238, 242, 268, 301
検定統計量 F 205, 218, 219
検定統計量 t ... 160, 186, 187, 190,268
　——の 3 つの判断基準 160, 187
　——の性質 190
　——の定性的理解 160
　——は煩雑 186
検定統計量 q 238, 241
検定統計量 U 51, 53, 58, 65
　——の計算 53
　——の性質 58
　タイ（等しい値）がある場合の——
.... 65
検定の手順 56

検定の論理 ······················· 30, 46, 71
検定の枠組み ··························· 191
検定力分析 ······························ 80
検量線 ································· 281
コイン投げ ······························ 37
公式の導出 ····························· 142
降順 ································· 244
合成標準偏差 ·························· 178
交絡因子 ······························ 278
交絡変数 ······························ 278
誤差平均平方 ················· 203, 207, 209
言葉遣い ······························· 83
コブ斜面を降りる ························· 33
コラム ············· 45, 84, 89, 98, 110, 181,
182, 208, 215, 217
コルモゴロフ-スミルノフ検定 ············· 171
ゴール2へ降りる確率 ····················· 34

さ行

差 d ····························· 161, 163
―― の標本標準偏差の効果 ··········· 163
――の標本平均の効果 ··············· 161
最小2乗法 ····························· 283
再生性 ································ 125
栽培実験 ······························· 49
サプリメントの効果 ··· 150, 168, 198, 229
残差 ································· 284
残差平均平方 ·························· 300
残差平方和 ················· 284, 293, 294
算術平均 ···························· 87, 93
散布図 ···························· 252, 275
サンプルサイズ ························· 50
視覚的な理解 ·························· 115
下側確率 ······························ 112
下側信頼限界 ·························· 132
実際の計算 ············· 208, 215, 217, 298
実例 ···························· 272, 273
シャピロ-ウィルク検定 ················· 171
従属変数 ····························· 281
自由度 ······· 86, 95, 100,141, 180, 209, 214,
219, 259
――の意味 ························ 101
――の概念を確立してきた自然科学者
たち ···························· 98
順位相関係数 r_s ····················· 271
――の計算 ······················· 275
順位和 ································ 64
順位和検定 ··················· 49, 67, 271
条件付き期待値 ·················· 282, 303
処理の数 ····························· 201

処理平均平方 ················· 204, 210, 213
信頼区間 ············· 130, 131, 132, 302, 303
信頼係数 ····························· 131
信頼帯 ································ 303
水準 ································· 201
推定 ································· 299
数学が得意なら ························· 10
数学者たちに感謝 ······················ 56
正規性 ································ 171
正規分布 ··························· 107, 237
――に近似的に従う ················ 122
――の再生性 ····················· 125
性質 ································· 253
回帰直線の―― ···················· 284
共分散の―― ············· 260, 261, 262
検定統計量 t の―― ················ 167
検定統計量 U の―― ················· 58
第1種の過誤と第2種の過誤の――
··································· 81
性質（まとめ）···················· 167, 190
精神障害 ····························· 169
正にする ······························ 91
正の相関 ····················· 251, 252, 261
制約条件 ·························· 100, 101
絶対値 ································ 91
説明変数 ····························· 281
線形 vs 非線形 ······················· 271
「全体としての有意水準」 ················ 232
前提条件 ····························· 171
全平均平方 ······················ 205, 216
全平方和 SS_{total} ··················· 292, 293
相関 ································· 251
――の検定 ······················· 267
――は因果関係の証明にはならない
··································· 277
相関分析 ·························· 250, 267
――の前提条件 ··················· 267
相関係数 r ············· 253, 263, 265, 286
――の計算 ······················· 267
――の苦手な状況 ·················· 271
総平均 $\bar{x}$ ······················· 202
双峰性 ··························· 53, 122
測定値 ································ 23

た行

タイがある場合 ··················· 65, 275
第1種の誤り ··························· 75
第1種の過誤 ········· 71, 73, 75, 81, 193, 232
第1象限 ····························· 256
第2種の誤り ··························· 80

第2種の過誤 ·············· 71, 76, 81, 193
第2象限 ····························· 257
第3象限 ····························· 258
第4象限 ····························· 258
対応のある t 検定 ···················· 150
対応のあるデータ ····················· 150
対応のない t 検定 ···················· 168
対応のないデータ ····················· 168
大数の法則 ······················ 119, 120
対数変換 ····························· 271
対戦表 ································ 241
タイプ・ツー・エラー ··················· 80
タイプ・ワン・エラー ··················· 75
代用 ································· 133
対立仮説 ········· 40, 52, 152, 153,
173, 200, 237, 268, 301
多重性 ··························· 232, 234
多重比較 ·························· 229, 231
――の欠点 ······················· 236
――の出発点 ····················· 231
――のデータの特徴 ················ 229
単回帰分析 ················· 279, 281, 299
――における検定と推定 ············ 299
――の前提条件 ··················· 281
単純化した Student の t ··············· 187
単純無作為標本 ··················· 25, 51
単調減少 ····························· 271
単調増加 ····························· 271
単峰性 ································ 53
中心極限定理 ·························· 122
散らばり ······················ 22, 117, 118
――が小さい ····················· 117
強い相関 ····························· 252
釣り鐘型 ····························· 109
定性的理解 ········· 57, 139, 160, 187, 219
t 分布の―― ····················· 139
WMW 検定の―― ·················· 57
検定統計量 t の―― ··········· 160, 187
検定統計量 F の―― ················ 219
定理1：標本平均が従う確率分布
······························ 117, 129
定理2：中心極限定理 ··········· 122, 129
定理3：正規分布の再生性 ······· 125, 129
定理4：2つの標本平均の差が従う確率分
布 ··························· 126,129
定理（まとめ）························· 129
定量実験における基本的な作業 ········ 280
データの解釈 ···················· 83, 171
――が正規分布からあまりにも逸脱し
ている場合 ······················ 171

データ変換 ……………………………… 271
手順 …… 40, 52, 53, 56, 115, 131, 241
手順（まとめ）…… 46, 69, 105, 146, 158,
　184, 226, 243
統計学の必要性 ………………………… 20
統計学の目的 …………………………… 24
統計学の理論を支える土台 …………… 24
統計学を学ぶための心がけ …………… 68
統計的に有意 … 44, 46, 69, 71, 159, 175,
　184, 196, 227, 243, 269, 270, 301
統計理論の初歩 ……………………… 107
統計量 …………………………………… 86
等分散性 ……………………………… 171
等分散の仮定 ……… 171, 200, 220, 237
独立2群 ………………… 168, 171, 184
　——の特徴 ……………………… 168
　——のt検定の前提条件 ………… 171
　——のt検定の手順 …………… 184
独立変数 ……………………………… 281
ド・モアブル - ラプラスの定理 …… 109

な行

内挿 …………………………………… 290
難所 …………………………………… 10
何倍か？ ………………………… 265, 266
二項係数 $_nC_x$ ……………………………… 32
二項検定 …………………………… 30, 40
二項分布 ……………… 32, 35, 36, 107
　——の特徴 ……………………… 42
ニジマスに与える餌 ………… 198, 229
ノンパラメトリック統計 ……… 53, 111
のんびり取り組む ……………………… 9

は行

背理法 …………………………………… 29
バラツキ ………………………………… 22
パラメータ ………… 96, 110, 111, 141
パラメトリック統計 ………………… 111
パーレット検定 ……………………… 171
ヒストグラム … 116, 135, 161, 188, 199
非線形 ………………………………… 271
等しい値がある場合 …………………… 65
肥料の効果 …………………………… 151
表計算ソフト ………………………… 289
標準化 …………… 114, 132, 134, 138
　——とStudent化（まとめ）…… 138
標準誤差 ………………………… 120, 121
標準正規分布 ………………………… 112
標準正規分布表 ………………… 112, 322
標準偏差 ………………………… 86, 90, 92
　——の基礎 ……………………… 90

標本 …………………………… 23, 50, 87
　——の大きさ …………………… 50
標本回帰直線 ………………………… 283
標本共分散 s_{xy} ………… 253, 255, 260
標本サイズ n ………………… 50, 64,
　140, 165, 189, 201, 228, 251
　——が大きい場合 ……………… 64
　——が不揃いのときの計算 …… 228
　——の効果 ……………………… 165
標本相関係数 ………………………… 253
標本の数 k ……………………………… 201
標本標準偏差
　94, 96, 163, 176, 188, 285
　——の比 ……………………… 285
標本分散 s^2 …………………… 94, 105
　——の計算の手順 …………… 105
標本分布 ……………………………… 120
標本平均 ……………… 88, 117, 161
　——の確率分布 ………… 119, 131
標本平均の差 …………… 126, 170, 187
　——の確率分布 ……………… 171
肥料Aと肥料Bの収量に差はあるか？
　………………………………………… 49
ファミリー …………………………… 237
復習 …………………………… 71, 211
負の相関 ……………… 251, 252, 262
部分帰無仮説 ………………………… 237
不偏推定量 ……………………… 89, 98
不偏性 …………………………………… 89
「不偏分散」 …………………………… 97
分散 ……………………… 86, 90, 91
　——の基礎 ……………………… 90
分散分析 ……………………………… 197
分散分析表 ………………… 205, 218
平均 …………………… 26, 38, 87
　——の比較 ……………………… 26
平均偏差 ………………………………… 91
併合標準偏差 ………………………… 178
平方和 …………………………………… 92
平方和の原理 ………………………… 219
ベータ・エラー ……………………… 80
ベッセル補正 ………………………… 98
ベル型 ………………………………… 109
偏差 ………………… 90, 91, 92, 94, 101
　——の起点に代役を使う ……… 94
偏差の積 ……………………………… 255
偏差の積の和 ………………………… 259
偏差平方和 …… 92, 95, 178, 181, 207,
　208, 214, 215, 299
変数変換 ……………………………… 271

母回帰係数 β ………………… 282, 302
　——の推定 ……………………… 300
母回帰直線 ………………… 282, 302
他の変数から予測できるか？ ……… 279
母集団 ……………………………… 23, 87
母集団サイズ ………………………… 87
母数 …………………… 96, 110, 111, 141
母相関係数 ρ ……………………… 268
ホタルと農薬 ………………………… 250
北海道の湖沼 ………………………… 272
母標準偏差 σ ………… 92, 94, 154
　——が既知の場合 …… 131, 154, 173
　——が未知の場合 …… 142, 156, 176
母分散 σ^2 ………… 92, 93, 110, 211
　——の推定 …………………… 211
母平均 μ
　87, 88, 89, 94, 110, 130, 146, 149
　——の95%信頼区間の手順 …… 146

ま・や行

学び方・心がけ ………………………… 9
無相関 ……………… 252, 254, 255, 260
有意 … 44, 46, 69, 71, 159, 175, 184, 196,
　227, 243, 269, 270, 301
有意差 ………………………… 43, 44, 55
　——の有無の判断 …………… 43, 55
有意差あり（$P<0.05$）
　……………………… 71, 75, 76, 83, 193
　——の意味 ……………………… 76
有意差なし … 71, 74, 77, 83, 84, 192
　——は帰無仮説 H_0 の証明ではない
　…………………………………………… 83
有意水準 α ……………… 43, 75, 232,
　270, 276, 321, 326, 327, 328
有効数字 …………………………… 61, 133
有効率 p ……………………………… 30
要因 …………………………………… 201
予測区間 ……………………………… 304
予測帯 ………………………………… 304
予測変数 ……………………………… 281
より簡便な検定方法 ………………… 269
弱い相関 ……………………………… 252

ら行

ライフルで的を狙う ………………… 233
離散型分布 ………………………… 36, 110
　——の母平均 μ と母分散 σ^2 の定義
　…………………………………………… 110
両側検定 ……………………………… 43
理論的基礎 …………………………… 85

臨界値 ……… 55, 113, 142, 158, 225, 242
臨界値 $F_{0.05}$ ……………………………… 225
臨界値 $q_{0.05}(k, df_{within})$ ……………………… 242
臨界値 $t_{0.05}(df)$ …………………… 142, 158
ルビーン検定 ………………………… 171
例題 1 B薬はA薬より有効か？ ……… 30
　──の解答 ………………………… 31
例題 2 肥料Aと肥料Bの収量に差はある
　か？ ……………………………… 49
例題 4 3つの観測値 ……………… 86
例題 6 7つの観測値の背後にいる母平均
　μ は？ ………………………… 130

　──の解答（σ が既知の場合）…… 133
　──の解答（σ が未知の場合）…… 144
例題 7.1/8.1/11.1 サプリメントの効果
　………………… 150, 168, 195, 229
　──の解答（σ が既知の場合）
　……………………………… 155, 175
　──の解答（σ が未知の場合）…… 159
例題 7.2 肥料の効果 …………………… 151
例題 8.2 精神障害 …………………… 169
例題 10.2/11.2 ニジマスに与える餌
　………………………… 198, 229
例題 12 2つの変数の関係は？ ……… 250

　──の解答 …………………………… 269
例題 13 他の変数から予測できるか？
　……………………………………… 279
レポート ……………………………… 84
練習問題 …… 40, 47, 56, 70, 106, 113, 117,
　121, 126, 128, 133, 147, 156, 160, 176,
　186, 210, 214, 218, 227, 248, 267, 270,
　299
連続型分布 ……………………………… 109
　──の母平均 μ と母分散 σ^2 の定義
　……………………………………… 110
論理（まとめ）………………………… 46

プロフィール

中原 治（なかはら おさむ）

1966年生まれ。博士（農学）。九州大学農学部博士後期課程中退。九州大学農学部助手を経て、現在、北海道大学大学院農学研究院准教授。北海道大学農学部で「実験計画法」を20年近く担当．必修36名の講義にも関わらず他学科・他学部からの履修が相次ぎ、近年120～140名が受講している．

基礎から学ぶ統計学
（きそからまなぶとうけいがく）

2022年 9月25日 第1版第1刷発行	
2024年 3月15日 第1版第5刷発行	

著者	中原 治（なかはら おさむ）
発行人	一戸敦子
発行所	株式会社 羊 土 社
	〒101-0052
	東京都千代田区神田小川町2-5-1
	TEL　03（5282）1211
	FAX　03（5282）1212
	E-mail　eigyo@yodosha.co.jp
	URL　www.yodosha.co.jp/
表紙画像	Photocreo Bednarek / stock.adobe.com
印刷	株式会社 加藤文明社印刷所

ⓒ YODOSHA CO., LTD. 2022
Printed in Japan

ISBN978-4-7581-2121-7

羊土社　発行書籍

論文図表を読む作法 はじめて出会う実験＆解析法も正しく解釈！生命科学・医学論文をスラスラ読むためのFigure事典

牛島俊和，中山敬一／編
定価 4,950円（本体 4,500円＋税10%）　A5判　288頁　ISBN 978-4-7581-2260-3

ジャーナルの図表を理解するのに苦労していませんか？ 115の頻出統計解析＆実験法について，図表から「何がわかるのか」を簡潔に示す．初めて論文を読む学生・異分野の論文を読む研究者に．

短期集中！オオサンショウウオ先生の医療統計セミナー 論文読解レベルアップ30

田中司朗，田中佐智子／著
定価 4,180円（本体 3,800円＋税10%）　B5判　198頁　ISBN 978-4-7581-1797-5

付録する論文5本を教材に，統計の読み取り方を実践的にマスター．臨床試験デザインから生存時間解析，メタアナリシスまで，「何となく」の解釈が「正しく」へとレベルアップする怒涛の30講．

みなか先生といっしょに統計学の王国を歩いてみよう 情報の海と推論の山を越える翼をアナタに！

三中信宏／著
定価 2,530円（本体 2,300円＋税10%）　A5判　191頁　ISBN 978-4-7581-2058-6

数学は苦手で…そんな負い目を乗り越え「統計的な見方」の真髄に迫る．まずすべき視覚化!? ノンパラとは？実験系パラメトリック統計学の捉え方を体感できる三中ファン待望の「統計思考の世界」．

カエル教える生物統計コンサルテーション その疑問，専門家と一緒に考えてみよう

毛呂山 学／著
定価 2,750円（本体 2,500円＋税10%）　A5判　196頁　ISBN 978-4-7581-2093-7

「p値が0.05より大きい」「サンプルが少ない」「外れ値がある」等，研究現場で遭遇しやすい11の悩みにプロの統計家はこう応える．親しみやすくも深堀りしていく対話には，目からウロコが満載．

Rをはじめよう 生命科学のためのRStudio入門

富永大介／翻訳，Andrew P. Beckerman，Dylan Z. Childs，Owen L. Petchey／原著編
定価 3,960円（本体 3,600円＋税10%）　B5判　254頁　ISBN 978-4-7581-2095-1

Rを使えるものにしたい学生・研究者へ．リンゴ収量，カサガイ産卵数…イメージしやすい8つのモデルデータで手を動かし，データ整形からsummaryの見方まで，基本を手取り足取り教える．

Pythonで実践 生命科学データの機械学習

あなたのPCで最先端論文の解析レシピを体得できる！

清水秀幸／編
定価 7,480円（本体 6,800円＋税10%）　AB判　445頁　ISBN 978-4-7581-2263-4

顕微鏡画像やトランスクリプトームといった生命科学データを題材に機械学習を学べる実践書．ダウンロードしたコードをブラウザで実行できるので，wet研究者でも今日から始められます．

医療統計，データ解析しながらいつの間にか基本が身につく本 Stataを使ってやさしく解説

道端伸明，麻生将太郎，藤雄木亨真／著
定価 3,520円（本体 3,200円＋税10%）　B5判　192頁　ISBN 978-4-7581-2379-2

Stataで臨床研究に必要なところだけ知りたい方へ．29の課題にサンプルデータを使って取り組むと，難しい統計手法もすんなりわかる．東大医局で開催されている人気セミナーを書籍化．